Voegele/Sommer
Kosten- und
Wirtschaftlichkeitsrechnung
für Ingenieure

Arno Alex. Voegele
Lutz Sommer

Kosten- und Wirtschaftlichkeitsrechnung für Ingenieure

Kostenmanagement im Engineering

Mit 124 Bildern und 166 Tabellen

Das Material der CD-ROM liegt unter
https://www.hanser-kundencenter.de/fachbuch/artikel/9783446426177

HANSER

Autoren:

Prof. asoc. univ. Dr. Dipl.-Wirtsch.-Ing. Arno Alex. Voegele
Direktor des Instituts „Entwicklung & Management" der Steinbeis-Hochschule-Berlin (SHB), sowie geschäftsführender Leiter des Steinbeis-Transferzentrums „Produktion & Management", Stuttgart. Mitinitiator der Steinbeis Engineering Group sowie des Steinbeis Engineering Forums.

Prof. Dr. Lutz Sommer
Hochschule Albstadt-Sigmaringen, Fakultät Engineering, Studiengang Wirtschaftsingenieurwesen. Er hält Vorlesungen zu den Themen Kostenrechnung und Cost Management in zahlreichen Bachelor- und Master-Programmen.

Bibliografische Information der Deutschen Nationalbibliothek
Die Deutsche Nationalbibliothek verzeichnet diese Publikation in der Deutschen National-bibliografie; detaillierte bibliografische Daten sind im Internet über http://dnb.d-nb.de ab-rufbar.

ISBN 978-3-446-42617-7
E-Book-ISBN 978-3-446-42975-8

Einbandbild: Fotolia

Die Wiedergabe von Gebrauchsnamen, Handelsnamen, Warenbezeichnungen usw. in diesem Werk berechtigt auch ohne besondere Kennzeichnung nicht zu der Annahme, dass solche Namen im Sinne der Warenzeichen- und Markenschutz-Gesetzgebung als frei zu betrachten wären und daher von jedermann benutzt werden dürften.

Dieses Werk ist urheberrechtlich geschützt.
Alle Rechte, auch die der Übersetzung, des Nachdrucks und der Vervielfältigung des Buches oder Teilen daraus, vorbehalten. Kein Teil des Werkes darf ohne schriftliche Genehmigung des Verlages in irgendeiner Form (Fotokopie, Mikrofilm oder ein anderes Verfahren), auch nicht für Zwecke der Unterrichtsgestaltung, reproduziert oder unter Verwendung elektronischer Systeme verarbeitet, vervielfältigt oder verbreitet werden.

© 2012 Carl Hanser Verlag München
Vilshofener Str. 10 | 81679 München | info@hanser.de
www.hanser-fachbuch.de
Lektorat: Jochen Horn
Herstellung: Katrin Wulst
Einbandrealisierung: Stephan Rönigk
Satz: le-tex, Leipzig
Druck und Bindung: CPI books GmbH, Leck
Printed in Germany

Vorwort

Liebe Leserin, lieber Leser,

in Zeiten wirtschaftlicher Herausforderungen nimmt der Kostendruck auf die Unternehmen und deren Produkte in besonderem Maße zu. Dies betrifft das Unternehmen als Ganzes und somit auch den Bereich des Engineerings. Das Aufheben der starren Grenzen zwischen wirtschaftlichen und technischen Aufgabenstellungen wirkt ebenfalls verstärkend im Hinblick auf die Notwendigkeit, dass sich auch die Engineering-Bereiche des Unternehmens dieser Thematik verstärkt widmen müssen.

Dementsprechend wendet sich das Buch insbesondere an Studierende der Natur- und Ingenieurwissenschaften und benachbarter Disziplinen — insbesondere angehende Ingenieure und Wirtschaftsingenieure — als auch Praktiker, die im Rahmen ihrer akademischen Ausbildung oder Weiterbildung (z. B. MBA) sich mit der Kostenthematik auseinandersetzen, um Kenntnisse auf diesem Gebiet zu erlangen bzw. zu vertiefen. Dem besonderen Fokus auf das Engineering wird durch umfassende Einführungen, Begrenzung der Themen auf das Wesentliche und technisch orientierte Fallbeispiele Rechnung getragen.

Der Untertitel „Kostenmanagement im Engineering" soll das Anliegen dieses Buches zur Geltung bringen, dass neben den Grundlagen der Kostenrechnung insbesondere das Wissen über das **Management der Kosten** eine wichtige Kompetenz eines Ingenieurs ist. Mit anderen Worten, nicht nur das Erfassen und Verteilen der Kosten auf die Produkte ist von Bedeutung, sondern die frühzeitige Beeinflussung der Kosten bzw. das Bewusstsein dafür im Rahmen der Entstehung neuer Produkte. Gerade in diesem Entstehungsprozess kann eine Kombination von ingenieur- und wirtschaftswissenschaftlichen Kompetenzen Garant für den Produkterfolg werden, denn ca. 70 - 80 % der Kosten eines Produktes sind in diesem Stadium beeinflussbar.

Inhaltlich baut das Buch auf den im selben Verlag erschienen Büchern „Kostenrechnung für Ingenieure" und „Wirtschaftlichkeitsrechnung für Ingenieure" auf, entwickelt diese jedoch weiter. Die jetzt vorliegende Neufassung enthält überall dort Änderungen und Ergänzungen, wo neue Erkenntnisse im Fachgebiet dies erforderten. Das Buch wurde neu strukturiert und in fünf Kapitel untergliedert. Im **ersten Kapitel** wird im Rahmen einer Einführung die Thematik des Rechnungswesens in ihren verschiedenen Facetten dargelegt. Im **zweiten Kapitel** werden die Grundlagen des externen Rechnungswesens erläutert, u. a. die Entstehung einer Bilanz. Das **dritte Kapitel** erklärt die Grundlagen des internen Rechnungswesens, mit denen auch jeder Ingenieur früher oder später einmal konfrontiert sein wird. Hierbei wird zwischen Wissen für Einsteiger und für Fortgeschrittene unterschieden. Aufbauend darauf werden im vierten Kapitel die Grundlagen des Kostenmanagements und spezielle Anwendungsfälle thematisiert. Das fünfte Kapitel führt in die Grundlagen der Wirtschaftlichkeitsberechnungen als Basis zur Beurteilung von Investitionsalternativen ein.

Zur didaktischen Unterstützung ist dem Buch eine CD mit weiterführenden Inhalten, Lösungsmustern und Fallbeispielen aus der Praxis beigefügt.

Wie gehe ich nun als Leser dieses Buches am besten vor?

Aufgrund der Tatsache, dass die einzelnen Kapitel eigene Wissensbereiche darstellen, besteht die Möglichkeit, bei der Auswahl der Kapitel selektiv vorzugehen. Hierzu drei Empfehlungen:

- Lesern, die sich einen schnellen Überblick über Kostenrechnung und Kostenmanagement verschaffen wollen, empfehlen wir die Lektüre des ersten, dritten und vierten Kapitels, da diese aufeinander aufbauend sind und die wesentlichen Inhalte des für Ingenieure und Wirtschaftsingenieure relevanten internen Rechnungswesens repräsentieren.
- Leser mit dem Interesse, umfangreiche Kenntnisse zu erlangen, die auch Disziplinen beinhalten, auf denen das interne Rechnungswesen beruht, sollten neben Kapitel eins, drei und vier auch das zweite Kapitel lesen.
- Leser mit dem Interesse, über den „Tellerrand" der reinen Kostenbetrachtung hinaus den Blick auf wirtschaftliche Entscheidungssituationen lenken zu wollen, empfehlen wir zusätzlich das fünfte Kapitel.

Zur Unterstützung bei der Lektüre des Buches wurden folgende Symbole verwandt:

Wichtige Informationen

Wichtige Hervorhebungen sowie relevante Definitionen

Beispiele / Beispielaufgaben

Fallstudie Schuler GmbH

Fallstudie Schuler GmbH - Benötigte Informationen

Fallstudie Schuler GmbH - Lösungsweg

Fallstudie Schuler GmbH - Schlussfolgerung

CD-Informationen

Wir nehmen gerne Kritik und Anregungen entgegen. Dozenten können einen ppt-Foliensatz mit den Abbildungen des Buches dem Hanser Dozentenportal (https://dozentenportal.hanser.de) sowie Dateien mit den Übungsaufgaben und Fallbeispielen dem beigelegten Datenträger entnehmen.

Für die tatkräftige Unterstützung bei der inhaltlichen Gestaltung danken wir insbesondere Herrn Dipl.-Kfm (Univ.) Manuel Haug, der wichtige Anregungen und Hinweise gegeben hat. Des Weiteren danken wir Herrn Moritz Schmidt M.Sc. für die Unterstützung bei der Entwicklung der Fallstudie Schuler GmbH.

Albstadt/Berlin/Stuttgart, August 2012   Arno Voegele   Lutz Sommer

Hinweise zur beigefügten CD

Zur Unterstützung des Lesers ist diesem Lehrbuch eine CD mit folgenden Inhaltsordnern beigegeben:

- Lösungen zu den Übungsaufgaben im Lehrbuch
- Zusätzliche Übungsaufgaben und Lösungen
- Zusätzliche Inhalte und Vertiefungen
  Durch Studium der zusätzlichen Inhalte haben Sie die Möglichkeit, den bereits erarbeiteten Lehrstoff noch weiter zu vertiefen.
- Fallstudien
  Ausgewählte Fallstudien ermöglichen Ihnen, Ihr erworbenes Wissen praxisnah anzuwenden und anhand der mitgelieferten Lösungsmuster einer kritischen Überprüfung zu unterziehen.
- Demobeispiel ROI
  Zur Verdeutlichung der funktionalen Zusammenhänge und Auswirkungen haben Sie die Möglichkeit, an einem bereits vorgegebenen Fallbeispiel entsprechende Szenarien „durchzuspielen".

Im Lehrbuch selbst finden Sie bei den einzelnen Kapiteln und Abschnitten entsprechende Hinweise, die auf den jeweiligen Ordner auf der CD verweisen.

Systemvoraussetzungen:

- handelsüblicher PC, Notebook oder Netbook mit CD-ROM-Laufwerk
- aktueller Browser
- Adobe Reader
- Drucker

Inhalt

1	**Betriebliches Rechnungswesen**	**15**
1.1	Umsatz, Erlös, Kosten, Gewinn und Verlust	16
1.2	Das betriebliche Rechnungswesen	20
1.3	Begriffsdefinitionen	22
	1.3.1 Abgrenzung von Ausgaben, Aufwand und Kosten	22
	1.3.2 Abgrenzung von Einnahme, Ertrag und Leistung	25
	1.3.3 Finanzsaldo, Jahresüberschuss und Betriebsergebnis	26
	1.3.4 Gliederung der Kosten	26
	1.3.4.1 Einzel- und Gemeinkosten	27
	1.3.4.2 Fixe und variable Kosten	28
	1.3.5 Durchschnittskosten	32
	1.3.6 Grenzkosten	33
1.4	Teilgebiete und Vorgehen	34
1.5	Tätigkeitsfelder und ihre Kostenrechnungsrelevanz	36
1.6	Übungsaufgaben zu Kapitel 1	39
2	**Externes Rechnungswesen**	**41**
2.1	Bilanz und Gewinn- und Verlustrechnung	42
2.2	Die Bilanz	43
	2.2.1 Grundlagen und Aufbau	43
	2.2.2 Begriffsdefinitionen	45
	2.2.3 Bilanzarten	49
	2.2.4 Bilanzierungsnormen	50
2.3	Gewinn- und Verlustrechnung	52
	2.3.1 Grundlagen und Aufbau	52
	2.3.2 Begriffsdefinitionen	53
2.4	Übungsaufgaben zu Kapitel 2	58
3	**Internes Rechnungswesen**	**59**
3.1	Kostenrechnung – Einsteiger	60
	3.1.1 Einführung	60
	3.1.2 Kostenartenrechnung	60
	3.1.2.1 Aufgaben der Kostenartenrechnung	60
	3.1.2.2 Kostenarten	62
	3.1.2.2.1 Arbeitskosten	63

		3.1.2.2.2 Materialkosten	64
		3.1.2.2.3 Kapitalkosten	65
		3.1.2.2.4 Fremdleistungskosten	77
		3.1.2.2.5 Kosten der menschlichen Gesellschaft	77
		3.1.2.2.6 Unterschied zwischen technischem und kaufmännischem Bereich	78
		3.1.2.2.7 Zusammenfassung	80
	3.1.2.3	Übungsaufgaben zur Kostenartenrechnung	81
3.1.3	Kostenstellenrechnung		83
	3.1.3.1	Aufgaben der Kostenstellenrechnung	83
	3.1.3.2	Kostenstellengliederung	86
	3.1.3.3	Innerbetriebliche Leistungsverrechnung	89
	3.1.3.4	Betriebsabrechnungsbogen	91
		3.1.3.4.1 Aufgaben des Betriebsabrechnungsbogens	91
		3.1.3.4.2 Kostenstellenrechnung im Betriebsabrechnungsbogen	92
		3.1.3.4.3 Der Einfluss von Beschäftigungsgradschwankungen auf die Gemeinkostenzuschläge	101
		3.1.3.4.4 Bedeutung des Betriebsabrechnungsbogens für die Produktivitätsbeurteilung	102
		3.1.3.4.5 Kostenstellen-Vergleichsbogen	102
	3.1.3.5	Platzkostenrechnung	104
		3.1.3.5.1 Anwendung der Platzkostenrechnung	104
		3.1.3.5.2 Maschinenzeiten	107
		3.1.3.5.3 Maschinenkosten	108
		3.1.3.5.4 Maschinenstundensatzrechnung	109
	3.1.3.6	Übungsaufgaben zur Kostenstellenrechnung	111
3.1.4	Kostenträgerrechnung		116
	3.1.4.1	Aufgaben der Kostenträgerrechnung	116
	3.1.4.2	Divisionskalkulation	120
		3.1.4.2.1 Einstufige Divisionskalkulation	120
		3.1.4.2.2 Mehrstufige Divisionskalkulation	121
	3.1.4.3	Äquivalenzzahlenkalkulation	123
	3.1.4.4	Zuschlagskalkulation	126
		3.1.4.4.1 Summarische Zuschlagskalkulation	126
		3.1.4.4.2 Differenzierte Zuschlagskalkulation	128
	3.1.4.5	Kuppelkalkulation	134
		3.1.4.5.1 Restwertmethode	135
		3.1.4.5.2 Kostenverteilungsmethode	137
	3.1.4.6	Übungsaufgaben zur Kostenträgerrechnung	138
3.1.5	Fallstudie Schuler GmbH – Einführung		140
3.1.6	Fallstudie Schuler GmbH – Kalkulation auf Vollkostenbasis		143
3.2 Kostenrechnung – Fortgeschrittene			148
3.2.1	Einführung		148

3.2.2			Voll- und Teilkostenrechnung	149
	3.2.2.1		Gegenüberstellung von Voll- und Teilkostenrechnung	149
	3.2.2.2		Direct Costing – Einstufige Deckungsbeitragsrechnung	151
		3.2.2.2.1	Kostenartenrechnung im Direct Costing	152
		3.2.2.2.2	Kostenstellenrechnung im Direct Costing	153
		3.2.2.2.3	Kostenträgerrechnung im Direct Costing	154
	3.2.2.3		Fixkostendeckungsrechnung – Mehrstufige Deckungsbeitragsrechnung	157
		3.2.2.3.1	Besonderheiten der Fixkostendeckungsrechnung	157
		3.2.2.3.2	Kalkulation im Rahmen der Fixkostendeckungsrechnung	159
	3.2.2.4		Übungsaufgaben zur Teilkostenrechnung	162
3.2.3			Ist-, Normal- und Plankostenrechnung	165
	3.2.3.1		Istkostenrechnung	165
	3.2.3.2		Normalkostenrechnung	167
	3.2.3.3		Plankostenrechnung	169
		3.2.3.3.1	Überblick	169
		3.2.3.3.2	Starre Plankostenrechnung	171
		3.2.3.3.3	Flexible Plankostenrechnung	173
	3.2.3.4		Übungsaufgaben zu Ist-, Normal- und Plankosten	180
3.2.4			Prozesskostenmanagement	183
	3.2.4.1		Die Kostenproblematik heutiger Industrie-/Dienstleistungsunternehmen	183
	3.2.4.2		Prozessorientierung	186
	3.2.4.3		Wirkbereiche des Prozesskostenmanagements	189
		3.2.4.3.1	Unterschiede und Gemeinsamkeiten von Prozesskostenrechnung und herkömmlicher Kostenrechnung	192
		3.2.4.3.2	Begriffe aus der Prozesskostenrechnung	196
		3.2.4.3.3	Ablauf der Prozesskostenrechnung	200
	3.2.4.4		Prozesskostenrechnung in technischen Bereichen	207
	3.2.4.5		Übungsaufgaben zur Prozesskostenrechnung	211
3.2.5			Fallstudie Schuler GmbH – Kalkulation auf Teilkostenbasis	212
3.2.6			Fallstudie Schuler GmbH – Kalkulation auf Prozesskostenbasis	216

4 Kostenmanagement … 227

4.1	Grundlagen des Kostenmanagements			228
	4.1.1	Einführung		228
	4.1.2	Target Costing		231
		4.1.2.1	Einführung	231
		4.1.2.2	Voraussetzungen und Vorgehensweise beim Target Costing	231

	4.1.2.3	Target Costing für Einzel- und Kleinserienfertigung	235
	4.1.2.4	Zusammenspiel von Zielkostenmanagement und Prozesskostenrechnung	236
	4.1.2.5	Zusammenfassung	237
	4.1.2.6	Aufgaben zum Themenbereich Target Costing	237
4.1.3	Lifecycle Costing		238
	4.1.3.1	Begriffliche Grundlagen	238
	4.1.3.2	Vorbereitungen	239
	4.1.3.3	Umsetzung	241
		4.1.3.3.1 Einteilung der Phasen	241
		4.1.3.3.2 Kostenkategorien	243
		4.1.3.3.3 Erfassung der Kosten	244
		4.1.3.3.4 Zurechnung der Kosten	245
		4.1.3.3.5 Erlösgestaltung	245
		4.1.3.3.6 Kontinuierliche Anwendung	245
	4.1.3.4	Vor- und Nachteile	246
		4.1.3.4.1 Vorteile	246
		4.1.3.4.2 Nachteile	247
	4.1.3.5	Erfolgsfaktoren	248
	4.1.3.6	Verbindung zu anderen Systemen	250
	4.1.3.7	Beispiel	251
	4.1.3.8	Übungsaufgaben zum Lifecycle Costing	254
4.1.4	Cost Benchmarking		255
	4.1.4.1	Begriffsklärung	255
	4.1.4.2	Vorbereitungen	257
	4.1.4.3	Umsetzung	262
	4.1.4.4	Vor- und Nachteile	265
		4.1.4.4.1 Vorteile	265
		4.1.4.4.2 Nachteile	266
	4.1.4.5	Erfolgsfaktoren	267
	4.1.4.6	Beispiel	268
	4.1.4.7	Übungsaufgaben	270
4.1.5	Fallstudie Schuler GmbH – Target Costing		271
4.1.6	Fallstudie Schuler GmbH – Life Cycle Costing		275
4.2 Spezielle Anwendungsfälle im Engineering			280
4.2.1	Einführung		280
4.2.2	Value Management		280
	4.2.2.1	Grundsätze des Value Management	280
	4.2.2.2	Methoden und Werkzeuge	282
	4.2.2.3	Übungsaufgaben	290
4.2.3	Fallstudie Schuler GmbH – Wertananlyse		290
4.2.4	Kostenschätzverfahren		298
	4.2.4.1	Einführung	298
	4.2.4.2	Qualitative Schätzverfahren	300
	4.2.4.3	Quantitative Schätzverfahren	301
	4.2.4.4	Analytische Verfahren	301

		4.2.4.5 Synthetische Verfahren	303
		4.2.4.6 Zusammenfassende Bewertung	307
	4.2.5	Kosten-Nutzenanalyse – Nutzwertanalyse	307
		4.2.5.1 Kosten-Nutzenanalyse	307
		4.2.5.2 Prinzip der Nutzwertanalyse	309
		4.2.5.3 Beispiel Montageaufgabe	311
		4.2.5.3.1 Aufstellen des Zielsystems und der Zielkriterien	314
		4.2.5.3.2 Gewichtung der Zielkriterien	315
		4.2.5.3.3 Feststellen der Zielerträge	316
		4.2.5.3.4 Ermittlung der Zielwerte	320
		4.2.5.3.5 Bestimmen des Nutzwertes	322
		4.2.5.3.6 Erstellen einer Rangordnung	323
		4.2.5.3.7 Sensitivitätsanalyse	324
	4.2.6	Fallstudie Schuler GmbH – Nutzwertanalyse	326

5 Wirtschaftlichkeitsrechnung ... 331

5.1	Einführung		332
	5.1.1	Begriffsdefinitionen	332
		5.1.1.1 Die Begriffe Wirtschaftlichkeitsrechnung und Investitionsrechnung	332
		5.1.1.2 Absolute und relative Wirtschaftlichkeit	333
		5.1.1.3 Begriff der Investition	334
		5.1.1.4 Weitere wichtige Begriffe	338
	5.1.2	Anwendung der Wirtschaftlichkeitsrechnung im Rahmen der Investitionsplanung	339
		5.1.2.1 Bedeutung von Investitionen	339
		5.1.2.2 Problematik der Investitionsplanung	339
		5.1.2.3 Phasen der Investitionsplanung	340
		5.1.2.4 Grundsätzliche Fragestellungen bei der Wirtschaftlichkeitsrechnung	341
5.2	Verfahren der Wirtschaftlichkeitsrechnung		343
	5.2.1	Überblick über die Verfahren der Wirtschaftlichkeitsrechnung	343
	5.2.2	Statische Verfahren	344
		5.2.2.1 Überblick über die statischen Verfahren der Wirtschaftlichkeitsrechnung	344
		5.2.2.2 Kostenvergleichsrechnung	345
		5.2.2.3 Gewinnvergleichsrechnung	350
		5.2.2.4 Rentabilitätsrechnung	353
		5.2.2.5 Amortisationsrechnung	357
		5.2.2.6 Zusammenfassende Betrachtung der statischen Verfahren	360
		5.2.2.7 Übungsaufgaben zu den statischen Verfahren	361
	5.2.3	Dynamische Verfahren	364
		5.2.3.1 Überblick über die dynamischen Verfahren der Wirtschaftlichkeitsrechnung	364

5.2.3.2	Kapitalwertmethode	375
5.2.3.3	Interne Zinsfuß-Methode	379
5.2.3.4	Annuitätenmethode	383
5.2.3.5	Zusammenfassende Betrachtung der dynamischen Verfahren	386
5.2.3.6	Aufgaben zu den dynamischen Verfahren	387
5.2.4	Break-even-Analyse	389
5.2.4.1	Übersicht	389
5.2.4.2	Übungsaufgaben	393
5.2.5	Vom Bewertungsproblem zur Entscheidungsgrundlage	393

Literaturverzeichnis ... **396**

Sachwortverzeichnis ... **401**

1 Betriebliches Rechnungswesen

Theorie und Praxis

Ein Unternehmen ist ein komplexes System, das aus einer Vielzahl von Ressourcen, Organisationseinheiten und Prozessen besteht. Das Hauptziel, dem all diese Elemente letztlich unterliegen, ist so einfach wie zentral – und für das Unternehmen essenziell: Gewinne erwirtschaften. Alle anderen Ziele, wie Unternehmensbestand sichern, positive soziale Wirkungen entfalten etc. sind nur erreichbar, wenn aus der Geschäftstätigkeit des Unternehmens Gewinne resultieren.

Um nun ein komplexes System wie ein Unternehmen zu steuern, bedarf es vieler Unterziele, mit deren Erfüllung letztlich auch das Erzielen von Gewinn erreicht wird. Dieser ergibt sich zunächst einfach aus der Differenz von Erlösen und Kosten. Damit sind zwei weitere wichtige Ziele definiert: möglichst hohe Erlöse erzielen, und gleichzeitig die Kosten hierfür so gering wie möglich halten. So einfach diese Ziele zu verstehen sind, so kompliziert kann es in der betrieblichen Praxis sein diese umzusetzen. Soll der Vertrieb nun jeden Auftrag annehmen, gleich zu welchen Preisen? Soll Material möglichst günstig eingekauft werden, unabhängig von weitergehenden Anforderungen? Dem ist sicher nicht so, vielmehr wird jedes Unternehmen sehr genau überlegen, welche Aufträge sinnvoll sind und welche Inputfaktoren – auch wenn sie noch so teuer sind – benötigt werden. Hieraus folgt, dass die o.g. Ziele für jedes Unternehmen in einem relativ umfassenden Steuerungs- und Kontrollsystem konkretisiert werden, welches die Ziele nicht nur vorgibt, sondern auch prüft, inwiefern sie erreicht werden und ggf. Anpassungsmaßnahmen vornimmt.

Dieses System kann als betriebliches Rechnungswesen beschrieben werden, das Informationen sowohl für interne als auch externe Adressaten bereitstellt. Es gliedert sich zum einen auf in das *externe Rechnungswesen*, welches alle finanziellen Vorgänge abbildet die zwischen dem Unternehmen und seiner Umwelt ablaufen. Es dient zur Rechenschaftsablegung, basierend auf zahlreichen gesetzlichen Vorgaben, für die externen Stakeholder eines Unternehmens (z. B. Finanzamt, Investoren, Banken usw.) und findet seine Zusammenfassung insbesondere in der Bilanz, Gewinn- und Verlustrechnung und dem Jahresabschluss. Zum anderen gliedert es sich in das *interne Rechnungswesen*, das der Planung, Steuerung und auch Kontrolle des betrieblichen Geschehens vorrangig dient. Es werden nur interne Entscheidungsstrategien zugänglich gemacht, was daher kaum gesetzlichen Vorgaben unterliegt. (Jórasz, W. 2009, S. 16 f.)

1.1 Umsatz, Erlös, Kosten, Gewinn und Verlust

Bevor auf die einzelnen Bereiche des betrieblichen Rechnungswesens genauer eingegangen wird, sollen einige grundlegende Zusammenhänge erläutert werden:

> Der Betrag, um den die Erlöse[1] eines Unternehmens höher sind als seine Kosten, wird als „Gewinn" bezeichnet.

Maßnahmen zur Gewinnbeeinflussung

Es gibt somit zwei „Stellschrauben", mit deren Hilfe ein Unternehmen seinen Gewinn oder Verlust beeinflussen kann:

- **Erlös erhöhen**

Um bei gleichbleibenden oder steigenden Kosten (z. B. für Material oder für Personal) ein positives Vorjahresergebnis zu wiederholen, muss das Unternehmen im laufenden Geschäftsjahr mindestens die gleichen Erlöse wie im Vorjahr erwirtschaften bzw. die Erlöse im laufenden Jahr entsprechend erhöhen.

- **Kosten/Aufwand senken**[2]

Lässt sich der Erlös nicht erhöhen (z. B. wegen des zunehmenden Wettbewerbs oder einer Abschwächung der Konjunktur und einem damit einhergehenden Nachfragerückgang), ist eine Gewinnsteigerung nur dann möglich, wenn die Kosten gesenkt werden können. „Kosten senken" kann dabei auch ein „aufgezwungener" Vorgang sein, wie das folgende Beispiel zeigt.

Beispiel

Während der letzten Wirtschaftskrise ab 2008 verlangten einige Automobilkonzerne von ihren Zulieferern kurzfristig Preissenkungen um teilweise mehr als 20 % (d. h., die Erlöse der Zulieferer wurden geringer). Viele der Zulieferer konnten ihre Kosten nicht ebenso kurzfristig abbauen. Folglich erzielten sie in diesem und den darauffolgenden Jahren entsprechend hohe Verluste.

Im produzierenden Unternehmen ist der Erlös aus dem getätigten Absatz der Produkte am Markt nur ein Teil des Gesamterlöses. Weiterhin tragen z. B. Ersatz-

---

[1] Der Erlös entspricht dem Preis, der durch den Absatz einer Leistung erzielt wird. Umgangssprachlich wird fälschlicherweise häufig auch von „Umsatz" gesprochen. Umsatz ist vielmehr aber eine „mengenmäßige" Betrachtung. Als Kompromiss wird richtigerweise auch der Begriff „Umsatzerlös" verwendet.

[2] Kosten und Aufwand werden hier begrifflich nicht unterschieden. Wie das Kapitel 1.3 noch zeigen wird, besteht in Bezug auf zeitliche und sachliche Kriterien sehr wohl ein Unterschied zwischen den beiden Begriffen „Aufwand" und „Kosten". Im täglichen Sprachgebrauch spielt diese Unterscheidung jedoch keine große Rolle. Deshalb werden in diesen ersten Kapiteln die beiden Begriffe wechselseitig und synonym gebraucht.

teilverkäufe, Verkäufe von Handelswaren, Grundstücksverkäufe, Einnahmen aus Vermietungen, Patentlizenzen, Devisengeschäften etc. zur Erlössteigerung bei. Handelswaren sind solche Waren, die das Unternehmen nicht selbst herstellt, sondern kauft, um sie dann zusätzlich zu den eigenen Produkten anzubieten.

Absatz = Anzahl verkaufter Produkte

Gesamterlös = Absatz × Produktpreis + sonstige Erlöse

Gewinn bzw. Verlust = Gesamterlös – Gesamtaufwand

Um erlösseitig zu einem höheren Gewinn zu kommen, müssen entweder die Produktpreise, die verkaufte Menge oder beides erhöht werden. Um aufwandseitig einen höheren Gewinn zu erwirtschaften, müssen die Aufwendungen für Produkte bzw. Leistungen, Prozesse, Abläufe, Produktionsfaktoren usw. verringert werden.

Ziel eines Unternehmens ist es, längerfristig die Existenz des Unternehmens abzusichern, d. h., jedes Unternehmen muss auf Dauer Gewinne erwirtschaften.

Dazu müssen die Erlöse höher als die Aufwendungen sein. Die Aufgabe der Mitarbeiter in den technischen Bereichen, z. B. in Entwicklung und Konstruktion (E + K) oder Produktion, ist es nun,

Stellgrößen der Kostenoptimierung

- durch eine kostengünstige Produktkonstruktion und einen optimierten Herstellungsprozess die späteren Herstellkosten[3] so gering wie möglich zu halten;
- den Zeitaufwand und damit die Kosten für den eigentlichen E+K-Prozess so niedrig wie möglich zu halten;
- den Prozess vom Rohteil zum fertigen Produkt so effizient wie möglich zu gestalten;
- durch innovative Produkte einen Wettbewerbsvorteil auf den strategisch wichtigen Feldern zu erzielen und damit eine Erlöserhöhung zu ermöglichen.

Aus Kostengründen heraus haben die Mitarbeiter der technischen Bereiche noch weitere Gesichtspunkte bei ihrer Arbeit zu berücksichtigen:

Kundenorientiert die Kosten optimieren

- Die Gesamtkosten, die dem Kunden bei der Nutzung für das Produkt entstehen (neben dem Preis sind dies z. B. Betriebs-, Wartungs-, Instandhaltungs- und Entsorgungskosten des Produktes), sind möglichst gering zu halten.
- Dem Kunden muss genau die Problemlösung geboten werden, die er tatsächlich benötigt. Nur dann wird der Kunde bereit sein, einen höheren Preis als den der Konkurrenz zu akzeptieren.

---

3 vgl. zu den Begriffen „Herstellkosten" und „Selbstkosten" Kapitel 3.1.4.4.2, Abb. 3.19 „Differenzierte Zuschlagskalkulation"

- Andererseits können individuelle Lösungen zu einer Vielzahl von Varianten führen. Durch geschicktes Vorgehen beim Verkauf oder durch gemeinsam mit dem Kunden festgelegte Produktmerkmale kann ggf. aber auch auf nur leicht zu modifizierende Standardlösungen zurückgegriffen werden.
- Das betriebswirtschaftliche Ergebnis des Unternehmens wird durch solche Maßnahmen ebenfalls positiv beeinflusst.

Die folgende Abbildung 1.1 stellt die verschiedenen Aussagen nochmals zusammen.

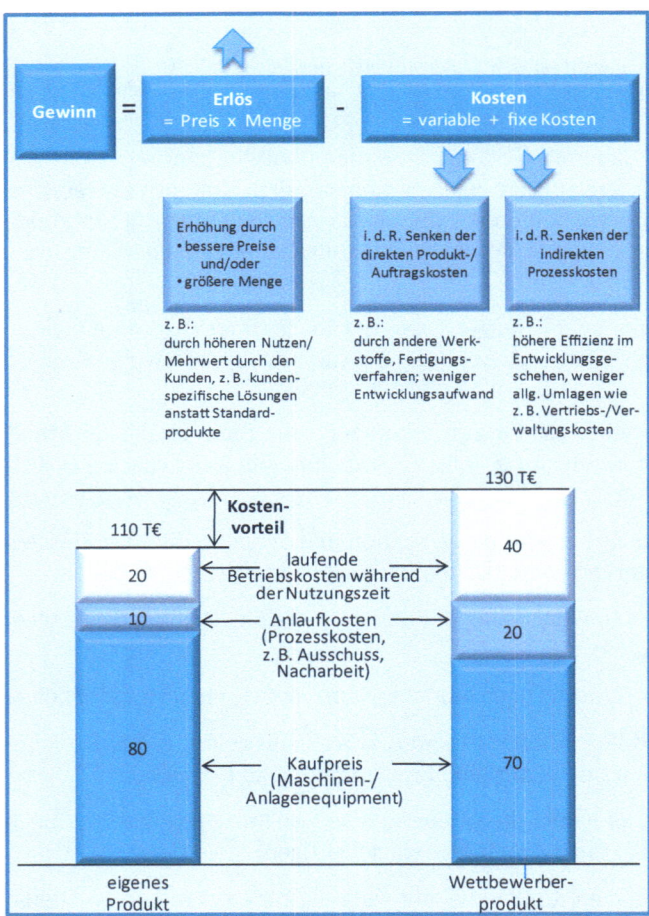

Abbildung 1.1 Kostenverantwortung und ökonomischer Nutzen als Mehrwert für den Kunden

Kosten entstehen bereits im Produktentstehungsprozess

Wird der gesamte Produktentstehungsprozess von der ursprünglichen Idee ausgehend über Entwicklung, Konstruktion, Fertigung, Montage, Verkauf bis hin zum Service aus der Perspektive der Kosten betrachtet, dann sind die folgenden Abbildung 1.2 gezeigten Zusammenhänge festzustellen.

Während der Entstehungsphase eines Produktes fallen in den einzelnen Stufen Kosten für das Produkt oder Projekt an, denen keine entsprechenden Erlöse gegenüberstehen. Zwischen dem Zeitpunkt t_1 (erste Produktidee) und t_2 (Start der Einführung des Produktes am Markt) entstehen nur Kosten (z. B. für Ideenskizze, Patentrecherche, Marktanalyse, Entwicklung und Konstruktion, Null-Serie, Versuch). Ein produkt- oder projektbezogener Verlust entsteht (in Abbildung 1.2 angedeutet durch die nach unten laufende Kurve „Kosten").

Erst wenn das entwickelte Produkt am Markt eingeführt wird (ab t_2), tragen die Erlöse aus dem Verkauf der Produkte zur Deckung der bisher angefallenen und der laufenden Kosten (z. B. für Produktion, Vertrieb, Produktbetreuung) bei. Je nach Wachstum und Marktanteil werden mehr und mehr Kosten gedeckt und es entsteht ein produktbezogener Gewinn (das „+" des Erlöses übertrifft das „−" der Kosten). Das Unternehmen bekommt seine „Investition" in das neue Produkt zurückgezahlt, es „rentiert" sich.

Erlöse können erst nach der Markteinführung erzielt werden

Die so erwirtschafteten Gewinne müssen aber ihrerseits wieder in die Entwicklung neuer Produkte investiert werden, denn nach einer Reife- und Sättigungsphase sinken die Umsatzzahlen für das sich zu einem bestimmten Zeitpunkt am Markt befindliche Produkt.

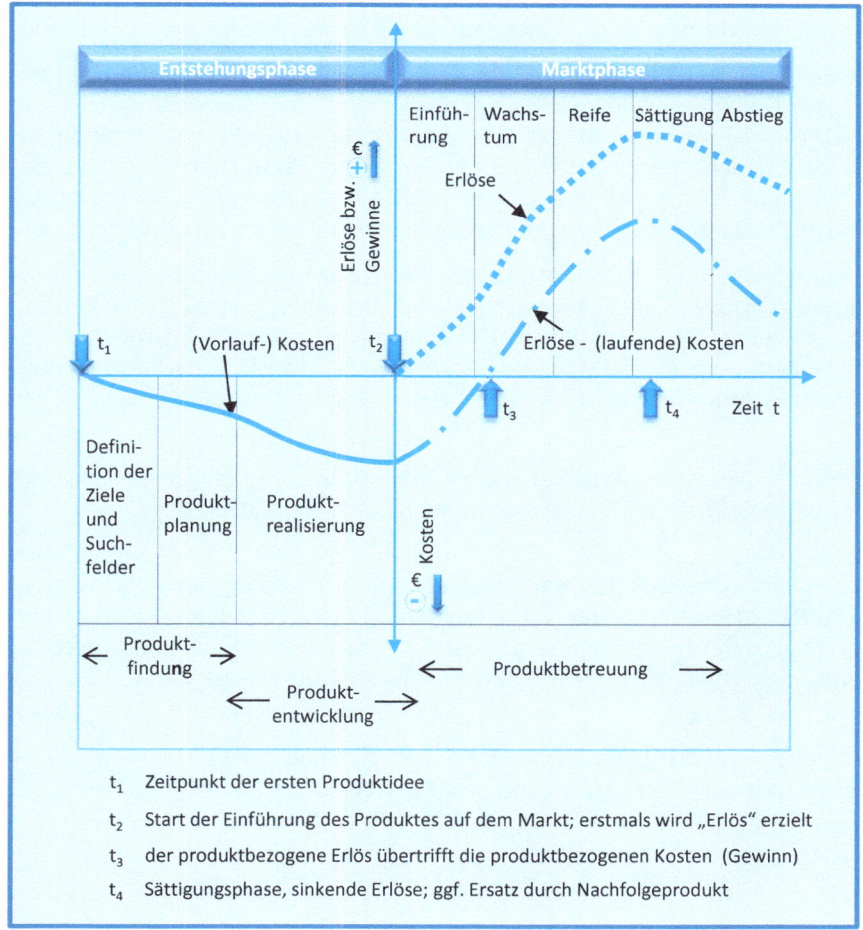

t_1 Zeitpunkt der ersten Produktidee
t_2 Start der Einführung des Produktes auf dem Markt; erstmals wird „Erlös" erzielt
t_3 der produktbezogene Erlös übertrifft die produktbezogenen Kosten (Gewinn)
t_4 Sättigungsphase, sinkende Erlöse; ggf. Ersatz durch Nachfolgeprodukt

Abbildung 1.2 Produktentstehungskosten und Produktlebenszyklus

In der Regel werden dann die Produkte aus dem Markt genommen und durch neue Nachfolgeprodukte ersetzt

1.2 Das betriebliche Rechnungswesen

Zielsetzungen des Rechnungswesen

Wie bereits eingangs erläutert, hat jedes Unternehmen einen mehr oder weniger großen Kreis von internen und externen Interessenten, die unterschiedlichen Informationsbedarf haben. Das Rechnungswesen stellt die Basis dafür dar, diese zu befriedigen.

> Das betriebliche Rechnungswesen dient als Instrument, um sämtliche Vorgänge eines Produktionsprozesses, z. B. bei Beschaffung, Produktion, Absatz, Finanzierung etc., mengen- und wertmäßig zu erfassen, zu planen, zu lenken und zu überwachen.

Es soll dabei in geeigneter Form ein quantitatives Abbild von Wirtschaftsabläufen und Wirtschaftstatbeständen darstellen, das je nach Art der Rechnung vergangenheits-, gegenwarts- oder zukunftsbezogen ausgelegt sein kann.

Güterumläufe als Basis des Rechnungswesen

Betrachtet man das Zahlenwerk, so gliedert sich das betriebliche Rechnungswesen in den Nominalgüterumlauf und den Realgüterumlauf. Der Nominalgüterumlauf umfasst die Wertbewegungen, die auf Zahlungsvorgänge zurückzuführen sind (Geldstrom; pagatorische[4] Rechnungen, z. B. die Gewinn- und Verlustrechnung). Der Realgüterumlauf umfasst den von den finanziellen Abläufen losgelösten Leistungsprozess (Güterstrom; kalkulatorische Rechnung, die Kosten- und Leistungsrechnung).

Pagatorische versus kalkulatorische Rechnung

Die pagatorische und die kalkulatorische Rechnung unterscheiden sich also dadurch, dass sie unterschiedliche Aspekte der betrieblichen Realität abbilden. Die pagatorische Rechnung befasst sich mit den Zahlungsvorgängen/Geldströmen (Kunde begleicht Rechnung, Rückzahlung eines Bankkredites, etc.) die zwischen dem Unternehmen und seiner Umwelt (Lieferanten, Kunden, Staat, Kapitalgeber, etc.) fließen.

> Demzufolge ist die pagatorische Rechnung eine nach außen gerichtete Rechnung und wird deshalb auch als externes Rechnungswesen bezeichnet.

Die kalkulatorische Rechnung baut dagegen nicht auf Zahlungsmittel- sondern auf Realgüterbewegungen (Verbrauch von Produktionsfaktoren, z. B. Entwicklungsstunden, Versuchsaufwand, Fertigungsmaterial) auf. Hier sind Informationsgegenstand und Informationsempfänger im Unternehmen selbst zu suchen.

> Demzufolge ist die kalkulatorische Rechnung eine nach innen gerichtete Rechnung und wird deshalb auch als internes Rechnungswesen bezeichnet.

---

4   lat. pagare = zahlen

Unter Berücksichtigung dieser Definitionen und der Aufgaben „Erfassen, Darstellen und Verarbeiten der Geschäftsvorfälle" lässt sich das Rechnungswesen nach Tabelle 1.1 in Finanzrechnung, Kosten- und Leistungsrechnung, Statistik (Vergleichsrechnung) und Budgetrechnung (Planungsrechnung) untergliedern.

Tabelle 1.1 Gliederung des betrieblichen Rechnungswesen (Quelle: in Anlehnung an Wöhe/ Döring 2008, S. 687 ff.)

Finanzrechnung	Kosten- und Leistungsrechnung	Statistik	Budgetrechnung
• Geschäftsbuchhaltung • Bilanz (Bestandsrechnung) • Gewinn- und Verlustrechnung (Erfolgsrechnung) • Finanzierung	• Kostenartenrechnung • Kostenstellenrechnung • Kostenträgerrechnung (Betriebsabrechnung und Kalkulation)	• Auswertung der Zahlen, Daten von Finanz- und Kostenrechnung zur Kontrolle der Wirtschaftlichkeit (Vergangenheitsrechnung)	• Erstellung der betrieblichen Teilpläne, z.B. Absatzplan, Produktionsplan, usw.
Vergangenheitsbezug	Vergangenheits- u. Zukunftsbezug	Vergangenheitsbezug	Zukunftsrechnung
externes Rechnungswesen	internes Rechnungswesen		

Auf die Finanzrechnung wird in Kapitel 2 dieses Buches näher eingegangen.

Der Kosten- und Leistungsrechnung obliegt die Kontrolle der Wirtschaftlichkeit der Produktion durch Erfassen, Verteilen und Zurechnen der Kosten und Leistungen, die im Rahmen der spezifischen Aufgaben des Betriebs anfallen. Die Kosten- und Leistungsrechnung bildet somit im Einzelnen die Grundlage für:

Aufgaben der Kosten- und Leistungsrechnung

- Kalkulation (z. B. Angebotspreis, Preisuntergrenze)
- Betriebskontrolle (Vergleich: Kosten – Erträge, Sollkosten – Istkosten)
- Betriebsdisposition und Betriebspolitik (z. B. Grundlage für Investitionsentscheidungen).

1.3 Begriffsdefinitionen

Um die verschiedenen Prozesse, die in einem Unternehmen ablaufen, mit den genannten Systemen abrechnungstechnisch erfassen zu können, unterscheidet das betrieblichen Rechnungswesens drei Begriffspaare:

Ausgaben ↔ Einnahmen

Aufwand ↔ Ertrag

Kosten ↔ Leistungen

1.3.1 Abgrenzung von Ausgaben, Aufwand und Kosten

Ausgaben (Bargeldzahlungen, Schuldenerhöhung und Forderungsverminderung) bilden den Gegenwert zu den vom Unternehmen getätigten Käufen.

Hiervon abzugrenzen ist der Aufwand, der einem Unternehmen in einem Geschäftsjahr entsteht.

Aufwand ist der gesamte erfasste Verbrauch der Produktionsfaktoren Arbeit, Kapital und Material in einer Abrechnungsperiode (Werteverzehr).

Aufwand und Ausgaben können sowohl sachlich als auch zeitlich – wie in Abbildung 1.3 gezeigt – divergieren:

Gesamtausgaben der Periode					
Ausgaben ohne Aufwandscharakter		Ausgaben mit Aufwandscharakter			
Ausgaben jetzt, Aufwand nie	Ausgaben jetzt, Aufwand früher oder später		zeitliche Divergenz	sachliche Divergenz
sachliche Divergenz	zeitliche Divergenz		Aufwand jetzt, Ausgabe früher oder später	Aufwand jetzt, Ausgabe nie
		Aufwand mit Ausgabencharakter		Aufwand ohne Ausgabencharakter
		Gesamtaufwand der Periode		

Abildung 1.3 Abgrenzung der Begriffe Aufwand und Ausgaben

- Zu den Ausgaben einer Periode, die nie Aufwandscharakter haben, zählen z. B. Privatentnahmen eines Gesellschafters, Grundstückskauf, Kreditrückzahlung (sachliche Divergenz) etc. Beispiel für einen Aufwand der Periode, der nie Ausgabencharakter hat, ist die Nutzung einer unentgeltlich erworbenen Maschine (sachliche Divergenz). Hinsichtlich der zeitlichen Divergenz gilt folgendes:
- Ausgaben ohne Aufwandscharakter in der laufenden Periode (zeitliche Divergenz), die aber in früheren Perioden bereits erfolgswirksam wurden (d. h. in einer früheren Periode Aufwand verursachten), wie Zahlungen, für die früher Rückstellungen gebildet wurden, nachträgliche Mietzahlungen etc., oder Ausgaben ohne Aufwandscharakter in der laufenden Periode, die aber in späteren Perioden erfolgswirksam werden, wie Investitionsausgabe für ein Betriebsmittel, dessen Nutzung nach der Abrechnungsperiode beginnt, Lohnvorauszahlungen, etc.
- Aufwand ohne Ausgabencharakter in der laufenden Periode (zeitliche Divergenz), der aber in früheren Perioden bereits auszahlungswirksam wurde (d. h. in einer früheren Periode Ausgaben verursacht), wie Wertminderungen einer zuvor gekauften Maschine etc., oder Aufwand ohne Ausgabencharakter in der laufenden Periode, der aber in späteren Perioden auszahlungswirksam wird, wie Bildung von Rückstellungen, etc.

Der rechentechnische Übergang von den Ausgaben der Periode zum Aufwand der Periode ist wie folgt:

Tabelle 1.2 Rechnerische Überleitung Ausgaben/Aufwand

	Ausgaben der Periode
-	Ausgaben, die niemals erfolgswirksam werden (Ausgabe jetzt, Aufwand nie)
-	Ausgaben, die erst in späteren Rechnungsperioden erfolgswirksam werden (Ausgabe jetzt, aber Aufwand später)
-	Ausgaben, die in früheren Rechnungsperioden erfolgswirksam wurden (Ausgabe jetzt, aber Aufwand früher)
+	Ausgaben früherer Perioden, die in der laufenden Periode erfolgswirksam sind (Aufwand jetzt, Ausgaben früher)
+	Ausgaben künftiger Rechnungsperioden, die in der laufenden Periode erfolgswirksam sind (Aufwand jetzt, Ausgaben später)
=	**Aufwand der Periode**

Kosten sind der in Geldeinheiten bewertete Verzehr an Gütern (Materialverbrauch, Abschreibungen usw.) und Dienstleistungen (Löhne, Sozialkosten usw.) zur Erstellung und zum Absatz der betrieblichen Erzeugnisse bzw. von Produktionsfaktoren, Fremdleistungen sowie öffentliche Abgaben, soweit sie zur Aufrechterhaltung der Betriebsbereitschaft dienen.

Kosten sind betriebsbezogener Aufwand

In der Kostenrechnung spielt vor allem die Abgrenzung von Aufwand und Kosten eine Rolle, da Kosten im Gegensatz zum Aufwand nur den Werteverzehr im Rahmen der betrieblichen Leistungserstellung (Betriebsbezogenheit) darstellen (Abbildung 1.4):

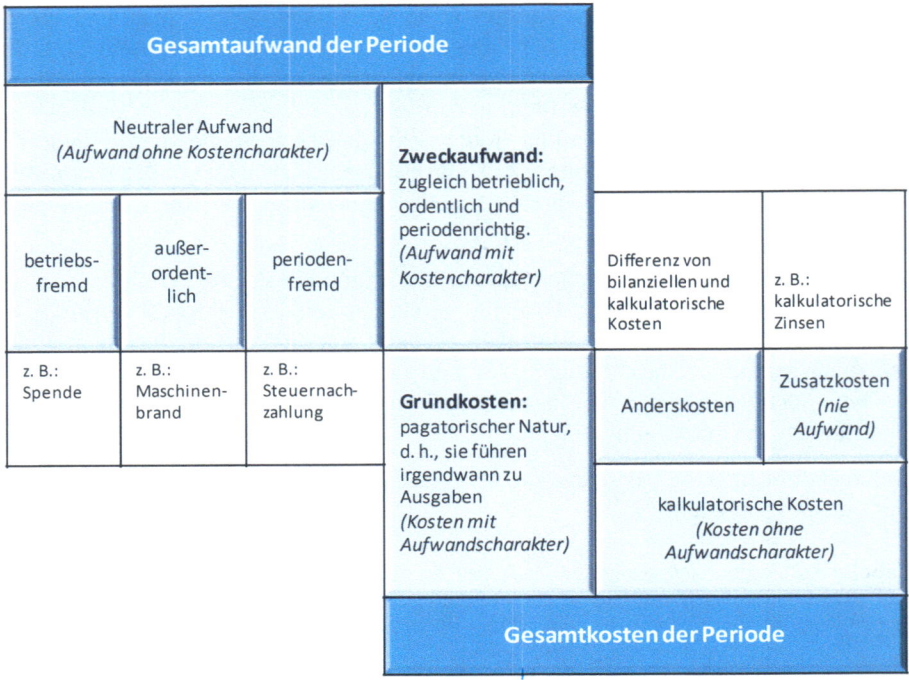

Abbildung 1.4 Abgrenzung der Begriffe Aufwand und Ausgaben

- Aufwand ohne Kostencharakter (neutraler Aufwand) ist ein Werteverzehr, der nicht in direktem Zusammenhang mit der betrieblichen Leistungserstellung steht, z. B. Spenden (betriebsfremd), Explosion einer nicht ausreichend versicherten Maschine (außerordentlich), Steuernachzahlung (periodenfremd).

- Kalkulatorische Kosten setzen sich aus den Anderskosten und den Zusatzkosten zusammen.
  - Die Zusatzkosten (Kosten ohne Aufwandscharakter) führen weder in der laufenden noch in anderen Perioden zu Aufwand (z. B. kalkulatorischer Unternehmerlohn, kalkulatorische Zinsen für Eigenkapital).
  - Anderskosten sind Kosten der Periode, die dem Wesen nach auch in der Aufwandsrechnung erfasst werden. Der Unterschied liegt in der Höhe der Kosten. So werden für die kalkulatorischen Abschreibungen[5] die Wiederbeschaffungskosten am Ende der Nutzungsdauer eines Investitionsobjektes, z. B. Fabrikgebäude, Produktionsmaschine, Kraftfahrzeug angesetzt

---

5 Vgl. Kapitel 3.1.2.2.3 Kapitalkosten

(z. B. 120 T€), bei der bilanziellen Abschreibung sind aber die Anschaffungskosten die Basis (z. B. 100 T€). Bei einer zehnjährigen Nutzungszeit liegen die kalkulatorischen Abschreibungen demnach um jährlich 2000 € höher als bei der bilanziellen Abschreibungen. Diese Differenz nennt man Anderskosten.

- Aufwand mit Kostencharakter (Zweckaufwand = Grundkosten) ist der für die Leistungserstellung erforderliche Werteverzehr (z. B. Rohstoffe, Löhne, Abschreibungen, Fremdkapitalzinsen, Dienstleistungen fremder Betriebe). Damit sind die Grundkosten bzw. der Zweckaufwand
  - betriebsbedingt, d. h. dem Betriebszweck dienend;
  - ordentlich, d. h. vorhergesehen;
  - periodenrichtig, d. h. in der laufenden Abrechnungsperiode entstanden.

Der rechentechnische Übergang vom Aufwand der Periode zu den Kosten der Periode ist wie folgt:

Tabelle 1.3 Rechnerische Überleitung Aufwand / Kosten

	Aufwand der Periode
-	neutraler Aufwand
	a.) betriebsfremder Aufwand (z.B. Spende)
	b.) außerordentlicher Aufwand (z.B. Feuerschaden)
	c.) periodenfremder Aufwand (z.B. Steuernachzahlung)
=	Zweckaufwand/Grundkosten
+	Zusatzkosten (kalkulatorische Kosten wie z.B. kalk. Unternehmerlohn)
+/-	Anderskosten (Unterschied zwischen kalkulatorischen u. bilanziellen Abschreibungen)
=	Kosten der Periode

1.3.2 Abgrenzung von Einnahme, Ertrag und Leistung

Auch auf der Seite der Mittelzuflüsse sind entsprechende Unterscheidungen möglich.

> Einnahmen (Bargeldeinnahmen, Forderungserhöhung und Schuldenverminderung) bilden den Gegenwert zu den vom Unternehmen getätigten Verkäufen.

Einnahmen beziehen sich damit wie die Ausgaben auf das Geldvermögen. Zu diesem gehören neben dem Zahlungsmittelbestand auch Forderungen und Verbindlichkeiten.

> Ertrag ist der gesamte erfasste Zuwachs der Produktionsfaktoren Arbeit, Kapital und Material (Werteentstehung) in einer Abrechnungsperiode.

Erträge und Aufwendungen beeinflussen das Reinvermögen eines Unternehmens. Bei diesem handelt es sich um die Differenz aller dem Unternehmen zuzurechnenden Vermögensgegenstände und seiner Schulden.

> Leistung ist der in Geldeinheiten bewertete Zuwachs an Gütern (Produkte, etc.) und Dienstleistungen (innerbetriebliche Leistungen, etc.).

So wie zwischen den Begriffen Ausgabe und Aufwand bzw. Aufwand und Kosten besteht auch zwischen den Begriffen Einnahme und Ertrag sowie zwischen Ertrag und Leistung ein Zusammenhang, auf den aber im Rahmen dieses Buches nicht näher eingegangen wird.

1.3.3 Finanzsaldo, Jahresüberschuss und Betriebsergebnis

Die Differenz zwischen Einnahmen und Ausgaben wird als *Finanzsaldo* bezeichnet. Der Finanzsaldo gibt Auskunft über die Veränderungen des Bestandes an Bar- und Buchgeld sowie Forderungen und Schulden. Er kann so als mittelfristiger Liquiditätsindikator dienen (Unternehmensliquidität[6]).

Die Differenz zwischen Ertrag und Aufwand wird als *Jahresüberschuss* (Gewinn) bzw. Jahresfehlbetrag (Verlust) bezeichnet. Der Überschuss oder Fehlbetrag wird in der externen Erfolgsrechnung (Gewinn- und Verlustrechnung) gebildet. Ertrag und Aufwand sind somit die Komponenten des pagatorischen Periodenerfolges einer Unternehmung (Unternehmenserfolg).

Die Differenz zwischen Leistungen und Kosten wird als *Betriebsergebnis* (Betriebserfolg) bezeichnet. Das Betriebsergebnis wird in der internen Erfolgsrechnung (Kosten- und Leistungsrechnung) gebildet und stellt damit den kalkulatorischen Periodenerfolg einer Unternehmung dar.

1.3.4 Gliederung der Kosten

Die Kostengliederung kann nach den in Tabelle 1.4 angegebenen Kriterien erfolgen, wobei weitere Unterteilungen denkbar sind

Welche Gliederungsmöglichkeit der Kosten im Unternehmen angewandt wird, hängt stark von der jeweiligen Ausgangssituation, z. B. Größe des Unternehmens, Differenzierung der Leistungserstellung, Unternehmensführung, und der anstehenden Fragestellung, z. B. Genauigkeit der Kostenzurechnung auf die unterschiedlichen Produkte, Handlungsspielraum für die Preisgestaltung, ab.

---

6 Liquidität = Fähigkeit eines Unternehmens, jederzeit seinen Zahlungsverpflichtungen nachkommen zu können

Tabelle 1.4 Gliederungskriterien der Kosten

Kriterien zur Kostengliederung	Erläuterungen/ Ausprägungen
Zurechenbarkeit der Kosten auf die Kostenträger	Einzelkosten und Gemeinkosten
Verhalten der Kosten bei Änderung der Kapazitätsausnutzung	fixe und variable Kosten
Art der Kosten (Art der Verursachung)	Material-, Personal-, Kapitalkosten usw.
Häufigkeit des Auftretens	einmalige und laufende Kosten
Zusammensetzung der Kosten	einfache und zusammengesetzte Kosten
Grad der Bereinigung von Zufällen ("Art der Tatsächlichkeit")	Ist-, Normal- und Plankosten
Stelle der Entstehung (Funktionen)	Beschaffungs-, Fertigungs-, Vertriebskosten, usw.

Nachfolgend werden zunächst die ersten beiden Gliederungskriterien erläutert.

1.3.4.1 Einzel- und Gemeinkosten

Die Kosten, die in einem Unternehmen anfallen, können zunächst in Einzel- und Gemeinkosten aufgeteilt werden.

> Einzelkosten sind alle Kosten, die von einzelnen Kalkulationsobjekten (Kostenträgern, wie z. B. Produkte oder Dienstleistungen) verursacht werden und ihnen direkt, d. h. anwendungsbezogen, zugerechnet werden können (vgl. Tabelle 1.5).

Tabelle 1.5 Abgrenzung der Begriffe Einzel- und Gemeinkosten

Gesamtkosten	
Einzelkosten	Gemeinkosten
sind alle Kosten, die einem Kalkulationsobjekt (z.B. Endprodukt) direkt zugeordnet werden können	sind alle Kosten, die gemeinsam für mehrere Kalkulationsobjekte anfallen
z.B. - projektbezogener Entwicklungsaufwand - Fertigungsmaterial - direkter Fertigungslohn	z.B. -Kosten für Infrastruktur, z.B. CAD-Raum - Gehälter für Büroangestellte - Raumkosten, z.B. Miete und Energie

Gemeinkosten sind dagegen Kosten, die gemeinsam für mehrere Produkte anfallen und einem einzelnen Kalkulationsobjekt nicht direkt zugerechnet werden können. Sie lassen sich nur mithilfe von Verteilungsschlüsseln den Kostenstellen und damit den Produkten zurechnen.

1.3.4.2 Fixe und variable Kosten

Die Gesamtkosten, die beim Erstellen betrieblicher Leistungen entstehen, lassen sich ebenso in beschäftigungsfixe (zeitabhängige) Kosten und beschäftigungsvariable (mengenabhängige) Kosten aufspalten (vgl. Tab. 1.6).

Fixe Kosten fallen *unabhängig vom Grad der Kapazitätsauslastung* für einen bestimmten Zeitraum in gleicher Höhe an (z. B. Gebäude, Versicherung, etc.).

Sie sind als Kosten der Betriebsbereitschaft zeitabhängig (z. B. Gebäudekosten, Abschreibungen nach der Kalenderzeit, Gehälter innerhalb der Kündigungsfrist).

Variable Kosten verändern sich mit der Kapazitätsauslastung / dem Beschäftigungsgrad /Output (z. B. Rohstoffe).

Sie sind Kosten, die in direktem Zusammenhang mit der angestrebten Leistungserstellung, z. B. Kundenauftrag, Entwicklungsprojekt, stehen.

Tabelle 1.6 Abgrenzung der Begriffe fixe und variable Kosten

Gesamtkosten	
Fixe Kosten	Variable Kosten
fallen zeitabhängig an und verändern sich nicht mit dem Beschäftigungsgrad	sind mengenabhängig und verändern sich mit dem Beschäftigungsgrad
z.B. - Gehälter - zeitabhängige Versicherungen - Abschreibungen	z.B. - Fertigungsmaterial - Instandhaltungsmaterial

Fixe Kosten

Die fixen Kosten je Periode sind konstant, während der Fixkostenanteil je Stück mit zunehmender Stückzahl (Beschäftigungsgrad[7] oder Kapazitätsauslastung) in der Periode sinkt (Abbildung 1.5). Man spricht dann von einer gewünschten Fixkostendegression.

Arten von Fixkosten

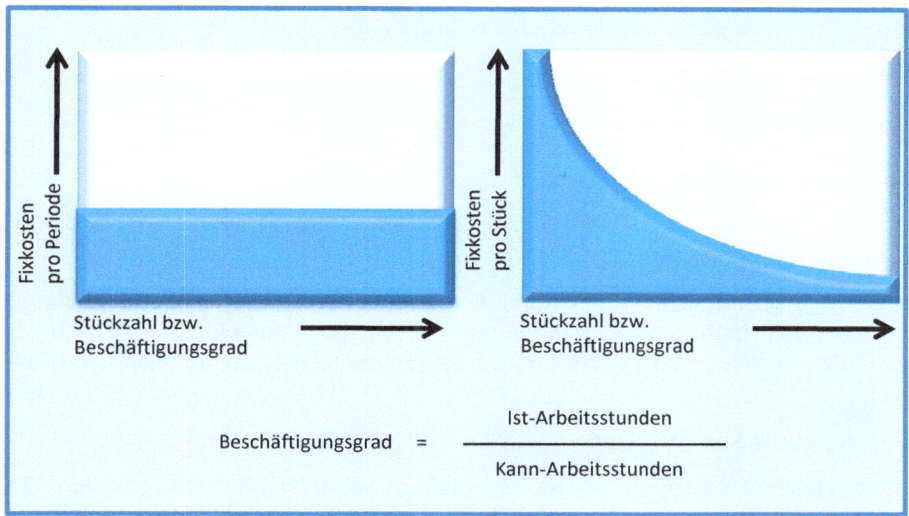

Abbildung 1.5 Fixe Kosten in Abhängigkeit von der Beschäftigung (der Beschäftigungsgrad entspricht dem Kapazitätsauslastungsgrad)

Nach den Dispositionsmöglichkeiten eines Betriebes lassen sich **fixe** und **sprungfixe** Kosten unterscheiden. Als kalkulatorische Größen sind die absolut fixen Kosten auch im Zeitablauf innerhalb eines Jahres bekannt. Die sprungfixen Kosten entstehen aus der mangelnden Teilbarkeit vieler Produktionsfaktoren: Die Kosten steigen sprunghaft bei bestimmten Erhöhungen der Kapazitätsauslastung, wenn z. B. der Betrieb zusätzliche Produktionsmittel beschafft.

Werden diese Produktionsmittel bei Beschäftigungsrückgängen wieder abgeschafft, so kann es sein, dass die sprungfixen Kosten kurzfristig nicht ebenfalls rückgängig gemacht werden können; diese Erscheinung wird als Kostenremanenz bezeichnet. Bei der Planung des Kapazitätsauslastungsgrades ist auf die sprungfixen Kosten besonders zu achten, weil unterhalb oder oberhalb eines bestimmten geplanten Beschäftigungsgrades verschiedene sprungfixe Kosten hinzukommen bzw. wegfallen können.

Beachtung von Fixkosten bei Bestimmung Kapazitätsauslastungsgrad

In Abbildung 1.6 steigen die Fixkosten in Periode 2 an, weil eine weitere Maschine zur Herstellung benötigt wird.

---

7 Beschäftigungsgrad = Kapazitätsauslastung, z. B. in %

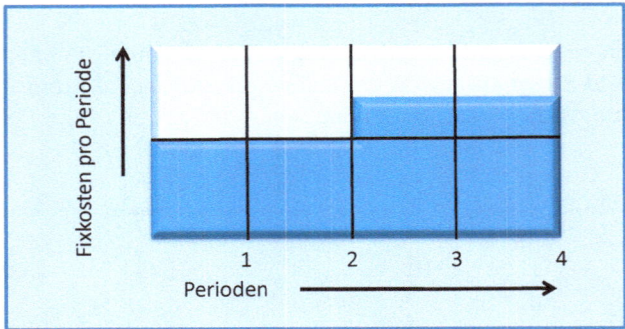

Abbildung 1.6 Sprungfixe Kosten durch Kauf einer zweiten Maschine

Variable Kosten

Verläufe variabler Kosten

Ausbringung und Kosten können in einer linearen, progressiven oder degressiven Beziehung zueinander stehen; es können folgende Zusammenhänge zwischen den variablen Kosten und dem Kapazitätsauslastungsgrad (Beschäftigungsgrad) bestehen:

Proportionaler Kostenverlauf:

Die proportional variablen Kosten je Periode verändern sich im gleichen Verhältnis wie der Kapazitätsauslastungsgrad, während die proportional variablen Kosten je Stück für alle Kapazitätsauslastungsgrade konstant sind (vgl. Abbildung 1.7).

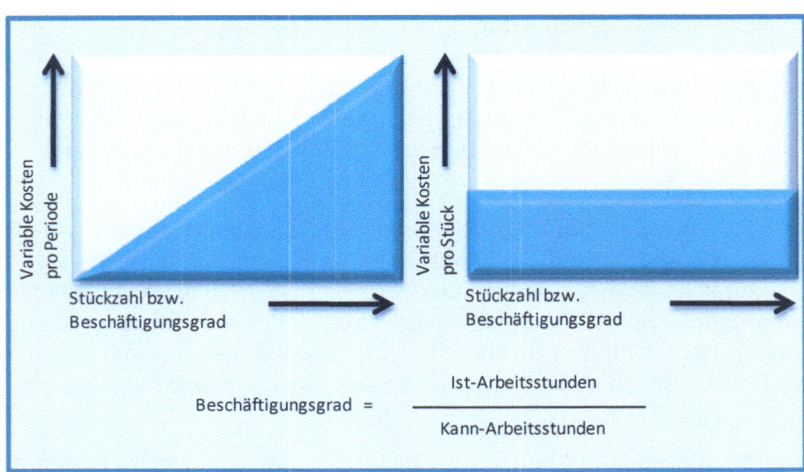

Abbildung 1.7 Proportional variable Kosten in Abhängigkeit von Beschäftigungsgrad

Degressiver Kostenverlauf:

Die degressiv variablen Kosten je Periode verändern sich prozentual weniger als der Kapazitätsauslastungsgrad, während die degressiv variablen Kosten je Stück mit zunehmendem Kapazitätsauslastungsgrad fallen (vgl. Abbildung 1.8).

Progressiver Kostenverlauf:

Die progressiv variablen Kosten je Periode verändern sich prozentual stärker als der Kapazitätsauslastungsgrad, während die progressiv variablen Kosten je Stück mit zunehmendem Kapazitätsauslastungsgrad steigen (vgl. Abbildung 1.8).

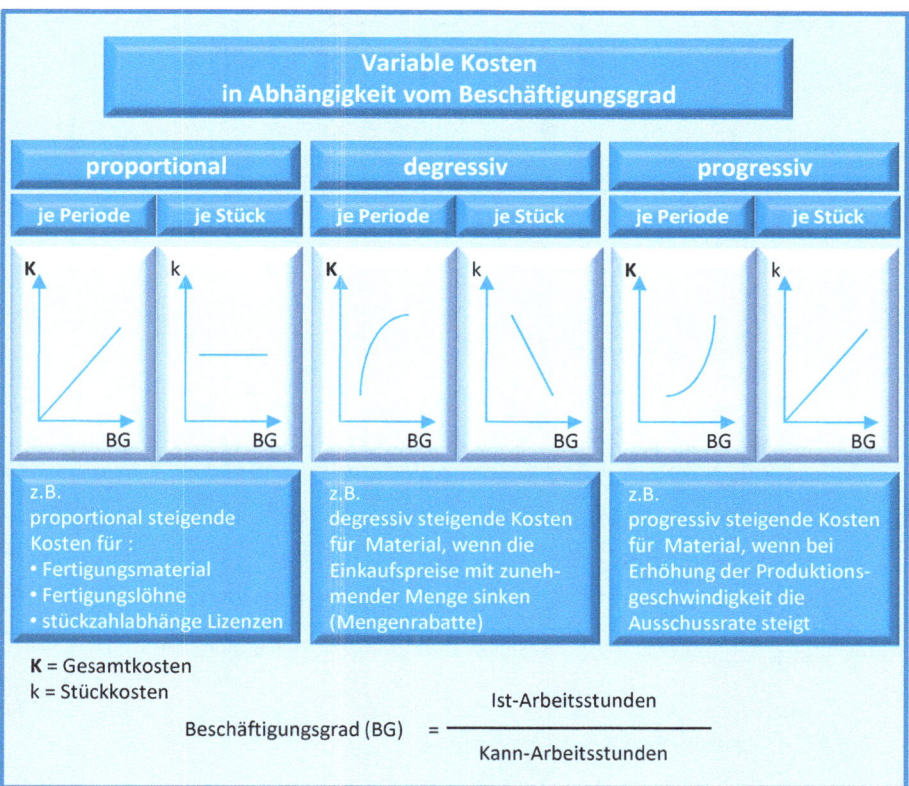

Abbildung 1.8 Proportionale, degressive und progressive variable Kosten in Abhängigkeit vom Beschäftigungsgrad bzw. Kapazitätsauslastungsgrad

Erfahrungsgemäß haben die variablen Kosten bei einem Beschäftigungsgrad von bis zu rd. 50 % proportionalen Charakter, von etwa 50 % bis rd. 85 % degressiven Charakter, über 85 % progressiven Charakter (Abbildung 1.9). Der degressive Abschnitt im Verlauf der Gesamtkostenkurve kann dadurch begründet sein, dass vorhandene Betriebsmittel besser ausgelastet werden (z. B. sind die Kosten für innerbetriebli-

Charakter variabler Kosten ändert sich mit Beschäftigungsgrad

che Transportaufgaben bei voll oder nur teilweise ausgelasteten Transportmitteln gleich). Außerdem führt die mit dem Beschäftigungsgrad steigende Stückzahl häufig zu günstigeren Materialeinkaufspreisen.

Der progressive Abschnitt im Verlauf der Gesamtkostenkurve ist oft durch die Überbelastung der Betriebsmittel und des Personals zu erklären (z. B. erhöhter Ausschuss, steigende Instandhaltungskosten, Überstundenzuschläge).

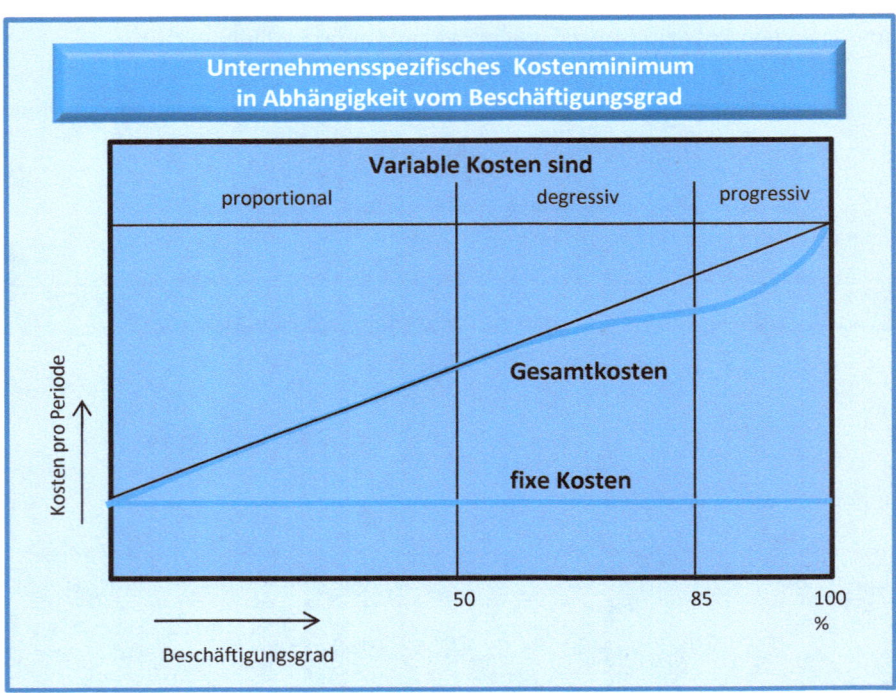

Abbildung 1.9 Praxisorientierter Verlauf der Gesamtkostenkurve (schematisch)

1.3.5 Durchschnittskosten

Werden die Gesamtkosten einer Abrechnungsperiode durch die während dieser Periode hergestellten Produktionseinheiten (Stückzahl) dividiert, so erhält man die Durchschnittskosten je Stück:

$$\text{Durchschnittskosten} = \frac{\text{Periodengesamtkosten}}{\text{Stückzahl}}$$

Langfristig muss Preis > Durchschnittskosten gelten

Langfristig muss das Unternehmen mindestens die Durchschnittskosten über den Preis der Produkte abdecken, wenn die betriebliche Substanz erhalten und die betriebliche Existenz nicht gefährdet werden soll.

1.3.6 Grenzkosten

Harte Konkurrenz auf den Absatzmärkten und eine ständig wechselnde Auftragslage erschweren die gleichmäßige Auslastung der Produktionskapazität. Deshalb kann es notwendig sein, die Auswirkungen unternehmerischer Entscheidungen auch kostenrechnerisch zu erfassen, um sie gegebenenfalls zu korrigieren. Durch die Betrachtung der neu entstehenden oder wegfallenden Kosten einer zusätzlichen Produktionseinheit – den sogenannten Grenzkosten – lassen sich Entscheidungen, die z. B. den Auslastungsgrad der Produktion betreffen, untermauern.

Entscheidungs-evaluation mittels Grenz-kosten

Man bestimmt die Grenzkosten, indem die Produktion um eine Einheit verändert und die sich daraus ergebende Kostenveränderung ermittelt wird. Mathematisch ergeben sich die Grenzkosten k' durch Ableitung der Gesamtkosten K_G nach der Ausbringungsmenge x.

Grenzkosten können sowohl für das Unternehmen als Ganzes als auch für einzelne Erzeugnisse ermittelt werden. Auf eine Vertiefung der Thematik soll im Rahmen dieses Buches verzichtet werden.

Die folgende Abbildung 1.10 erläutert den Grenzkostenbegriff grafisch.

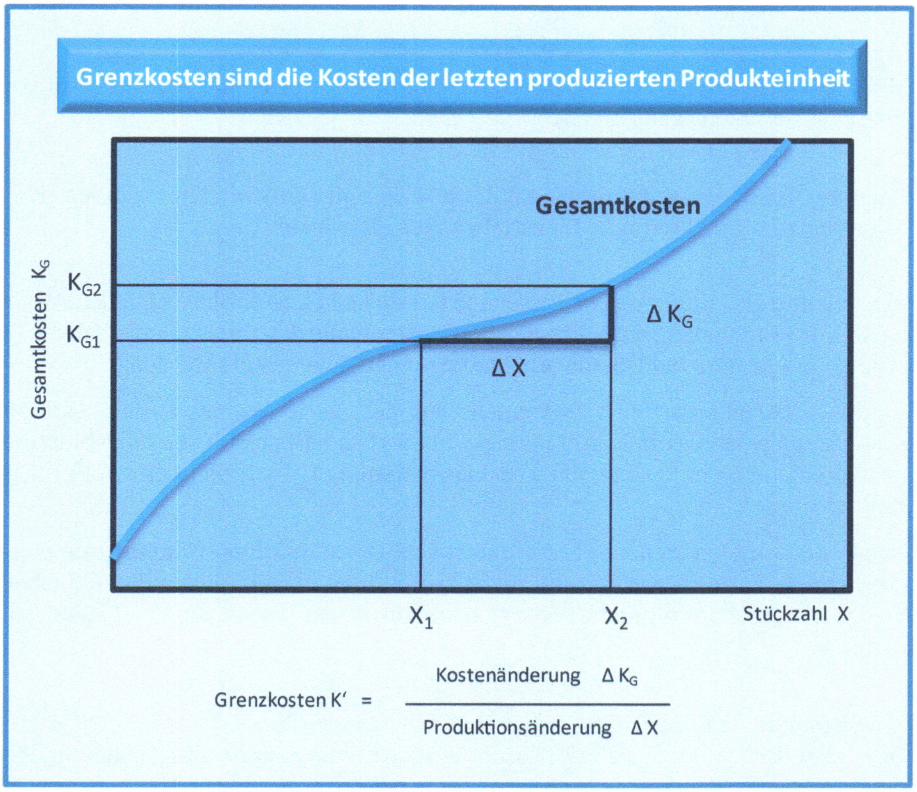

Abbildung 1.10 Definition Grenzkosten

1.4 Teilgebiete und Vorgehen

Das betriebliche Rechnungswesen besteht, wie bereits einführend dargestellt, aus internem und externem Rechnungswesen.

Kontrolle der Wirtschaftlichkeit

Die Kosten- und Leistungsrechnung, als Bestandteil des internen Rechnungswesens, hat in erster Linie die Aufgabe, die Wirtschaftlichkeit des Unternehmens zu kontrollieren. Dazu werden die Kosten und Leistungen aller betrieblichen Bereiche erfasst, verteilt, zugerechnet und, um Kennzahlen z. B. zur Wirtschaftlichkeit zu gewinnen, gegenübergestellt. Die Kosten- und Leistungsrechnung bildet somit die Grundlage für:

- Kalkulation und Preisbildung (z. B. Angebotspreis, Preisuntergrenze)
- Betriebskontrolle (Vergleich: Kosten/Erträge, Sollkosten/Istkosten) und Erfolgsermittlung
- betriebliche Entscheidungen (z. B. Grundlage für Investitionsentscheidungen).

> Ziel der Kostenrechnung ist es, den Güterverzehr wertmäßig abzubilden, um dann zusammen mit der Leistungsrechnung die Wirtschaftlichkeit des Unternehmens beurteilen zu können.

Mit dem Güter- oder Werteverzehr ist der Verbrauch von Produktionsfaktoren wie Arbeit, Material etc. gemeint.

> Ziel der Leistungsrechnung ist es, die aus diesem Güterverzehr resultierende Güterentstehung (Produkte, Dienstleistungen etc.) abzubilden.

Die Leistungsrechnung wird im Folgenden jedoch nicht ausführlich behandelt. Wichtig ist nur festzuhalten, dass sich das Betriebsergebnis des Unternehmens dadurch ergibt, dass Kosten und Leistungen einander gegenübergestellt werden.

Um diese Aufgaben erfüllen zu können, liegt der „Rechnung der Kosten" eine gewisse Systematik zugrunde. Abbildung 1.11 zeigt eine Übersicht der Teilgebiete der Kostenrechnung am Beispiel der Zuschlagskalkulation, in der alle drei Teilgebiete genutzt werden.

Neben der weit verbreiteten Form der Zuschlagskalkulation existieren verschiedene andere Formen, wie z. B. die Divisionskalkulation, bei welcher das Teilgebiet Kostenstellenrechnung nicht genutzt wird. Diese werden im Kapitel 3 näher erläutert.

> Die Kostenrechnung gliedert sich in drei Teilgebiete:
> die Kostenartenrechnung, die Kostenstellenrechnung sowie die Kostenträgerrechnung.

Abbildung 1.11 Teilgebiete und Systeme der Kostenrechnung

Diese Teilgebiete der Zuschlagskalkulation haben jeweils spezifische Aufgaben, die im Folgenden erläutert werden (vgl. Schönfeld/Möller 1995):

1. Die Kostenartenrechnung dient der vollständigen Erfassung der anfallenden oder angefallenen Kosten nach Kostenarten (Lohn, Material, Abschreibung usw.) in der Dimension Kostenart pro Periode (vgl. Kapitel 3.1.2).

2. Durch die mithilfe eines Betriebsabrechnungsbogens durchgeführte Kostenstellenrechnung werden die nicht unmittelbar dem Erzeugnis (dem Kostenträger) zurechenbaren Kosten (Gemeinkosten wie Hilfslöhne, Verbrauchsmaterial oder innerbetriebliche Leistungen) auf die Kostenstellen in der Dimension Kosten pro Periode verteilt (vgl. Kapitel 3.1.3). Eine Kostenstelle ist ein nach bestimmten Kriterien abgegrenzter Bereich der Kostenentstehung.

3. Die Kostenträgerrechnung als Kostenträgerzeitrechnung (Betriebsergebnisrechnung) ermittelt den Erfolg als Gewinn pro Periode.

   Die Kostenträgerstückrechnung (Kalkulation) ermittelt die Kosten je Erzeugnis als Kosten pro Stück.

Kostenträger sind die betrieblichen Leistungen (z. B. Herstellung eines Produktes, hier ist das Produkt der Kostenträger; Bearbeitung eines Projektes, hier ist das Projekt der Kostenträger), die den Verbrauch von Produktionsfaktoren (Arbeit, Material etc.) und damit die entsprechenden Kosten verursacht haben (vgl. Kapitel 3.1.4).

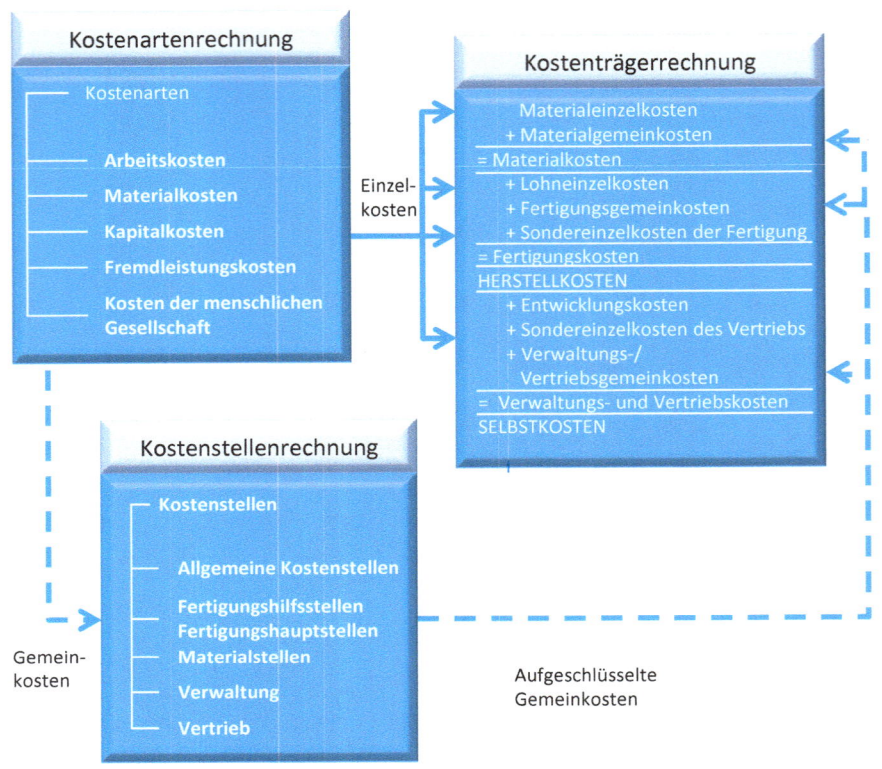

Abbildung 1.12 Vorgehensweise der Kostenrechnung, am Beispiel der weitverbreiteten Zuschlagskalkulation

Die Kostenartenrechnung und die Kostenstellenrechnung sind Periodenrechnungen, die gemeinsam mit der Kostenträgerzeitrechnung als Betriebsabrechnung bezeichnet werden.

1.5 Tätigkeitsfelder und ihre Kostenrechnungsrelevanz

kostenrechnerisches Know-how als wichtige Ergänzung technischen Wissens

Kostenrechnerische Aspekte spielen in vielen Unternehmensbereichen eine wichtige Rolle. Dies gilt insbesondere für das Controlling, in welchem die Daten erfasst und aufbereitet werden, dann aber auch für all jene Bereiche, in welchen diese Informationen zur Steuerung der Aktivitäten eingesetzt werden, z. B. Entwicklung, Einkauf, Produktion, Marketing und viele mehr. Nicht zu unterschätzen ist dabei die Bedeutung unternehmensübergreifender Aufgabenstellungen und Bereiche, z. B. das Supply Chain Management, im Rahmen dessen auf zwischenbetrieblicher Ebene verschiedene Prozesse, auch auf der Grundlage von Kosten, optimiert werden.

Ingenieure und Wirtschaftsingenieure finden in vielen dieser Funktionsbereiche interessante Einsatzfelder und werden in diesen Aufgabenbereichen häufig mit kostenrelevanten Fragestellungen konfrontiert.

Häufige Einsatzfelder

Abbildung 1.13 Einsatzgebiete von Wirtschaftsingenieuren (Quelle: in Anlehnung an Gesamtmetall, n. d.)

- Ingenieure/Wirtschaftsingenieure können hierbei im Controlling, z. B. F+E-Controlling, direkt interessante und anspruchsvolle Tätigkeiten finden. Insbesondere in Industriebetrieben, aber auch in der IT-Industrie wird ingenieurwissenschaftliches Know-how in vielen Fällen ein wertvolles Asset sein, um Produkte und Abläufe kostenrechnerisch korrekt zu behandeln. Dies bezieht sich hierbei sowohl auf vergangenheitsbezogene Analysen als auch auf zukunftsorientierte Planungsrechnungen.

- Im Hinblick auf technische Fragestellungen spielt Forschung und Entwicklung bzw. Konstruktion eine zentrale Rolle, denn hier wird in Industrieunternehmen ein Großteil der späteren Herstellkosten vordefiniert. Ingenieure haben hier Vorschläge für eine kostenoptimale Produktgestaltung zu treffen, die sich dabei mehr und mehr auf den Gesamtlebenszyklus bezieht.

- Ein klassisches Einsatzfeld für Ingenieure ist sicherlich nach wie vor die Produktion. Die technische und prozessorientierte Integration von Anlagen in Fertigungs- und Montagebereichen erfordert dabei aber nicht nur technische Kenntnisse, sondern auch betriebswirtschaftliches Know-how. Beispielsweise ist die reine Orientierung an Kenngrößen wie Durchlaufzeiten oder Verfügbarkeit im heutigen Wettbewerbsumfeld nicht mehr ausreichend. Stattdessen muss der

Produktionsprozess insbesondere auch im Hinblick auf die Kosten, die er verursacht, analysiert und verbessert werden. Ohne kostenrechnerisches Know-how wird dies kaum möglich sein.

- Eng mit der Produktion verbunden sind Fragestellungen des Transportes von Inputgütern, Work-in-Process sowie Fertigprodukten. Wie bereits erwähnt spielen die Aspekte der Logistik nicht nur innerhalb eines Unternehmens, sondern zunehmend auf betriebsübergreifender Ebene eine Rolle. Vielfältige technische Fragestellungen sind hier von Bedeutung, die aber oftmals gerade im Hinblick auf Kostenwirkungen gelöst werden müssen. Da innerbetriebliche Effizienzpotenziale heutzutage in erheblichem Umfang ausgeschöpft sind, sind Ansatzpunkte für Kostenoptimierungen insbesondere im Bereich der Supply Chain bzw. Supply Networks zu finden.

- Gerade bei Herstellern komplexer technischer Güter werden für die Ansprache potentieller Kunden Mitarbeiter benötigt, die sowohl ein umfassendes Verständnis des Produktes als auch die Kompetenz haben, dessen Nutzenpotenzial in Zusammenarbeit mit Interessenten herauszuarbeiten. Dies ist ein klassisches Einsatzgebiet insbesondere für Wirtschaftsingenieure, z. B. im technischen Vertrieb. Ein Aspekt von erheblicher Bedeutung ist dabei ohne Frage, welche Kostenvorteile die Produktlösung dem Kunden verschafft. Hierfür sind fundierte Kenntnisse auch fortgeschrittener Konzepte wie der Prozesskostenrechnung durchaus hilfreich. Aber auch für einfachere Aktivitäten im Vertrieb ist dieses Know-how erforderlich, beispielsweise für die Durchführung einer differenzierten Angebotskalkulation.

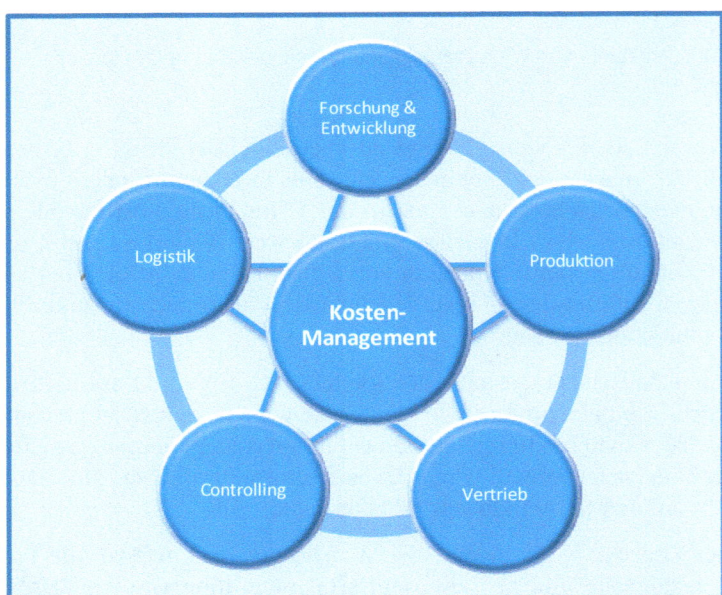

Abbildung 1.14 Einsatzgebiete mit kostenrechnerischer Relevanz für Ingenieure und Wirtschaftsingenieure

- Nach einem erfolgreichen Karriereeinstieg folgt für viele Ingenieure früher oder später eine **Führungsfunktion**. Gerade hier ist neben technischen Kenntnissen noch mehr betriebswirtschaftliches Know-how unerlässlich. Von Vorteil ist dann ein fundiertes Verständnis für kostenrechnerische Zusammenhänge, aber auch für moderne Kostenmanagement-Methoden wie dem Target Costing[8] oder dem Value Management[9]. Über diese Instrumente können Kosten zielgerichtet optimiert werden – eine Kernaufgabe unternehmerischer Führungsfunktionen.

1.6 Übungsaufgaben zu Kapitel 1

Auf beigefügter CD befinden sich weitere Beispiele zur Vertiefung des Sachverhaltes sowie die Lösungen der folgenden Aufgaben.

Aufgabe 1.6-1

Tragen Sie in Abbildung 1.15 die im ersten Kapitel genannten allgemeinen Ziele der Kostenrechnung ein.

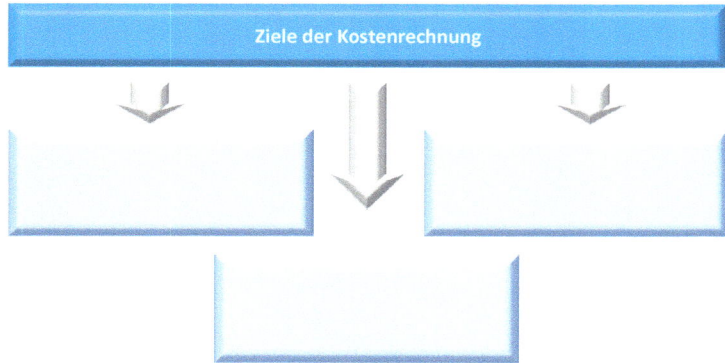

Abbildung 1.15 Ziele der Kostenrechnung

---

8 Zielkostenmanagement, vgl. Kap. 4.1.2
9 Value Management, vgl. Kap. 4.2.2

Aufgabe 1.6-2

Ergänzen Sie die in Tabelle 1.7 in der linken Spalte fehlenden drei Begriffe

Tabelle 1.7 Wichtige Begriffe der Kostenrechnung

Begriff	Fragestellung	Beispiele
	Welche Kosten sind angefallen?	- Material - Fertigungslohn - Stromkosten
	Wo sind Kosten angefallen?	- Materiallager - Fertigungsplanung - Labor III
	Wofür sind Kosten angefallen?	- Maschine 084 - Kommission 43 - Auftrag 371

2 Externes Rechnungswesen

Theorie und Praxis

Ein Unternehmen ist Teil der Gesellschaft und des Wirtschaftssystems. Damit stellt es eine Organisation dar, die eine Vielzahl an Interessenten hat – interne und externe.

Bei den internen Interessenten handelt es sich im Wesentlichen um die Mitarbeiter. Zu den externen Interessenten gehören Eigentümer bzw. Gesellschafter, Fremdkapitalgeber, Behörden und viele mehr.

Sowohl gegenüber den internen als auch den externen Gruppen, die am Unternehmen interessiert sind, hat dieses bestimmte Informationspflichten. Die Eigenkapitalgeber (Eigentümer, Gesellschafter) möchten beispielsweise wissen, welchen ausschüttungsfähigen Gewinn das Unternehmen erwirtschaftet hat bzw. ob und in welcher Höhe ihr eingesetztes Kapital sich verzinst, die Fremdkapitalgeber (i. d. R. Banken) sind z. B. an der Fähigkeit des Unternehmens, Erlöse zu erwirtschaften, um Kredite bedienen zu können, interessiert. Die Mitarbeiter sind ebenfalls am Erfolg des Unternehmens interessiert, da langfristig nur wirtschaftlich erfolgreiche Unternehmen Arbeitsplätze sichern und ggf. Erfolgsprämien vergüten können. Gewinne stellen zudem auch das Hauptinteresse staatlicher Behörden, insbesondere der Finanzbehörden, dar.

Was aber teilt man nun den externen Interessenten mit und in welcher Form sollte dies erfolgen? Sollte hier nicht eine Art Standard vorgegeben sein, der es für Kapitalgeber oder das Finanzamt relativ einfach macht, verschiedene Unternehmen zu vergleichen? Und sollte nicht für Aspekte wie die Gewinnermittlung, auf die beispielsweise die Berechnung einiger Steuern erfolgt, Regeln so vorgegeben sein, dass für alle Unternehmen die gleichen Maßgaben gelten und keines benachteiligt wird?

Aus genau diesen Gründen gibt es ein umfangreiches Regelwerk aus handels- und steuerrechtlichen Vorschriften, die zu diesen und vielen anderen Punkten genaue Vorgaben enthalten. Da sich dieses Regelwerk insbesondere auf den Teil des Rechnungswesens eines Unternehmens bezieht, der sich an diese externen Interessenten richtet, spricht man hier auch vom externen Rechnungswesen.

2.1 Bilanz und Gewinn- und Verlustrechnung

Einführung in die Thematik

Bisher wurden hauptsächlich Themen des internen Rechnungswesens behandelt. Schwerpunkt dieses Kapitels sollen die Bilanz sowie die Gewinn- und Verlust-Rechnung sein. Es ist wichtig, dass der Leser erkennt, dass neben dem internen Rechnungswesen das externe Rechnungswesen existiert, dass zwar nicht Schwerpunktthema dieses Buches ist, aber für ein Grundverständnis die weiteren Ausführungen zum internen Rechnungswesen hilfreich sind. Tabelle 2.1 grenzt nochmals die Finanzrechnung (externes Rechnungswesen) von Kosten- und Leistungsrechnung (als Teil des internen Rechnungswesens) ab.

Tabelle 2.1 Die Finanzrechnung im Rahmen des betrieblichen Rechnungswesen

BETRIEBLICHES RECHNUNGSWESEN			
Finanzrechnung	**Kosten- und Leistungsrechnung**	**Statistik**	**Budgetrechnung**
• Geschäftsbuchhaltung • Bilanz (Bestandsrechnung) • Gewinn- und Verlustrechnung (Erfolgsrechnung) • Finanzierung	• Kostenartenrechnung • Kostenstellenrechnung • Kostenträgerrechnung (Betriebsabrechnung und Kalkulation)	• Auswertung der Zahlen, Daten von Finanz- und Kostenrechnung zur Kontrolle der Wirtschaftlichkeit (Vergangenheitsrechnung)	• Erstellung der betrieblichen Teilpläne, z.B. Absatzplan, Produktionsplan, usw.
Vergangenheitsbezug	Vergangenheits- u. Zukunftsbezug	Vergangenheitsbezug	Zukunftsrechnung
externes Rechnungswesen	internes Rechnungswesen		

Unterschied zur Kostenrechnung

Aufgabe der Finanzrechnung (Finanz- oder Geschäftsbuchhaltung) ist in erster Linie die **Ermittlung des Jahreserfolges (Gewinn oder Verlust) sowie die Darstellung von Größe, Zusammensetzung und Veränderung von Vermögen und Kapital (Bilanz)**. Daneben zählen dazu die Aufgaben der Finanzierung, also die Planung des zukünftigen Kapitalbedarfes und die Durchführung/Kontrolle der Finanzbewegungen. Dieses Rechnungssystem erfasst in Form der doppelten Buchführung[1]

---

[1] doppelte Buchführung = auch kaufmännische Buchführung genannt, ist die in der privaten Wirtschaft vorherrschende Art der Finanzbuchhaltung. Für jeden Geschäftsvorgang wird in einem Buchungssatz grundsätzlich Soll an Haben gebucht und damit jeder Geschäftsvorfall auf verschiedenen Konten doppelt erfasst.

chronologisch, lückenlos und systematisch anhand von Belegen alle wirtschaftlich bedeutenden Vorgänge (Geschäftsvorfälle), die sich in Zahlenwerten niederschlagen.

Im Gegensatz zur Kostenrechnung, die den Schwerpunkt auf die Analyse der Wirtschaftlichkeit des Betriebes legt, ist es eine **Hauptaufgabe der Finanzrechnung, die Aktiv- und Passivposten sowie die Aufwands- und Ertragsposten aufzuschlüsseln** und einander gegenüberzustellen. Dieser Teil des Rechnungswesens verdichtet sich in der **Bilanz** und der **Erfolgsrechnung** (GuV-Rechnung[2]).

2.2 Die Bilanz

2.2.1 Grundlagen und Aufbau

Die Bilanz ist das eigentliche Instrument der **Gegenüberstellung des Vermögens und der Schulden**. Zum einen zeigt sie das gesamte im Unternehmen vorhandene Vermögen (Aktiva, „Besitz") und zum anderen die Kapitalbeträge, mit denen das Vermögen finanziert wurde (Passiva, „Kapital/Schulden"), vgl. Tabelle 2.2. Das Wort Bilanz leitet sich aus dem lateinischen bilanx (= Waage) ab. Dadurch wird die wesentliche formale Eigenschaft einer Bilanz unterstrichen: Bei abgeschlossener Bilanz halten sich die Werte auf der Aktivseite und diejenigen auf der Passivseite die Waage. **Beide Seiten einer solchen Aufstellung sind stets ausgeglichen.**

Tabelle 2.2 Grundbegriffe der Bilanz

AKTIVA	PASSIVA
= Vermögen	= Eigen- und Fremdkapital
= "Besitz"	= "Schulden"
= Kapitalverwendung	= Kapitalherkunft
"wie werden die Mittel verwendet"	"woher kommen die Mittel"

Es wäre unübersichtlich und für Außenstehende nicht nachvollziehbar, jedes einzelne Gut oder jeden einzelnen Gläubiger einzeln in einer Bilanz aufzuführen. Deshalb werden **Gruppen von gleichartigen Vermögens- und Kapitalwerten gebildet**, die als Bilanzpositionen oder Bilanzposten bezeichnet werden.

---

2 Gewinn- und Verlustrechnung

Im § 266 HGB (Handelsgesetzbuch) ist eine Bilanzgliederung vorgegeben, die für alle Kapitalgesellschaften[3] und große Personengesellschaften[4] (offenlegungspflichtig!) bindend ist. Tabelle 2.3 zeigt eine Bilanzgliederung auf der Grundlage § 266 HGB.

Bezüglich der Bilanzgestaltung von kleineren Personenunternehmen schreibt das Handelsgesetzbuch lediglich vor, dass die Bilanz die Werte des Anlage- und Umlaufvermögens sowie des Eigen- und Fremdkapitals sowie der aktiven und passiven Rechnungsabgrenzungsposten in hinreichender Aufgliederung ausweisen muss (Schwab 2004, S. 100).

Tabelle 2.3 Bilanzgliederung auf der Grundlage § 266 HGB

BILANZ			
AKTIVA = *Vermögen*		**PASSIVA** = *Kapital*	
Anlage-vermögen	• Immaterielle Vermögensgegenstände • Sachanlagen • Finanzanlagen	**Eigen-kapital**	• Stamm- oder Grundkapital • Rücklagen • Gewinn-/Verlustvortrag • Jahresüberschuß/Fehlbetrag
Umlauf-vermögen	• Vorräte • Forderungen und sonstige Vermögensgegenstände • Wertpapiere • Kassenbestand, Guthaben	**Rückstellungen**	
		Fremd-kapital (Verbind-lichkeiten)	• Anleihen, Kredite • Verbindlichkeiten aus Lieferung & Leistung • Erhaltene Anzahlungen
Rechnungsabgrenzungsposten		**Rechnungsabgrenzungsposten**	

---

3   Kapitalgesellschaft = eine auf einem Gesellschaftsvertrag beruhende Körperschaft des privaten Rechts (eine juristische Person), deren Mitglieder einen gemeinsamen, meist wirtschaftlichen, Zweck verfolgen. Kapitalgesellschaften haften nur mit dem gezeichneten Aktien- bzw. Gesellschaftskapital. Arten von Kapitalgesellschaften: Aktiengesellschaft (AG), Kommanditgesellschaft auf Aktien (KGaA) und die Gesellschaft mit beschränkter Haftung (GmbH).
4   Personengesellschaft = keine juristische Person, sie verfügt jedoch über eingeschränkte Rechtsfähigkeit. Im Gegensatz zu einer Kapitalgesellschaft haften Gesellschafter einer Personengesellschaft unbeschränkt, das heißt mit dem Gesellschaftsvermögen und mit ihrem Privatvermögen. Die Ausnahme ist der Kommanditist bei der Kommanditgesellschaft, dessen Haftung auf die im Handelsregister eingetragene Haftungssumme beschränkt ist. Typische Personengesellschaften: Gesellschaft bürgerlichen Rechts (sog. GbR/BGB-Gesellschaft), Offene Handelsgesellschaft (OHG), auch als GmbH & Co. OHG und die Kommanditgesellschaft (KG), auch als GmbH & Co. KG.

2.2.2 Begriffsdefinitionen

Die Aktivseite der Bilanz zeigt das Vermögen des Unternehmens. Die Aufteilung in Anlage- und Umlagevermögen zeigt, welchen Zweck die einzelnen Vermögensteile im Unternehmen erfüllen (Grosjean 2008, S. 39 f).

Aktivseite als Vermögensverwendung

Das Anlagevermögen ist dazu bestimmt, auf Dauer im Unternehmen zu bleiben. Zu ihm gehören Vermögenswerte in Form von

- immateriellen Vermögenswerten,
  wie z. B. Patente, Geschmacksmuster, Warenzeichen, Nutzungsrechte, Urheberrechte, Verwertungsrechte

- Sachanlagen,
  wie Grundstücke und grundstücksgleiche Rechte, Gebäude, technische Maschinen und Anlagen, Betriebs- und Geschäftsausstattung, geleistete Anzahlungen auf Sachanlagen im Bau, Fuhrpark

- Finanzanlagen,
  wie z. B. Gesellschaftsanteile an anderen Unternehmen, Ausleihungen an verbundene Unternehmen

Demgegenüber sind die Vermögensteile des Umlaufvermögens dazu bestimmt, ständig „umgewälzt" (umgeschlagen) zu werden. Forderungen entstehen dabei aus dem Verkauf von Produkten. Es sind also einerseits so viele Forderungen wie möglich zu generieren, d. h. Produkte zu verkaufen, andererseits müssen die Forderungen ständig umgewälzt werden, d. h., aus Forderungen müssen Geldeingänge werden. Vermögenswerte des Umlaufvermögens sind:

- Vorräte
  Die Vorräte gehören zum Umlaufvermögen (es wird umgeschlagen, dies ist der Sinn des Wirtschaftens), haben allerdings den Zweck, eine gewisse Zeit im Unternehmen zu verbleiben. Grund hierfür könnte sein:
  - Sicherung der laufenden Produktion (z. B. durch Vorräte an Roh-, Hilfs- und Betriebsstoffen)
  - Sicherung der Lieferfähigkeit (z. B. Lager mit Fertigerzeugnissen zur schnellen Erfüllung von Bestellungen)

- Forderungen und sonstige Vermögensgegenstände
  Die Forderungen aus Lieferungen und Leistungen stellen das Volumen aller offenen Rechnungen dar. Sie sind also der in einem Geldbetrag ausgedrückte Umfang aller Geschäftsabschlüsse, die getätigt und erfüllt, aber noch nicht bezahlt wurden. Die „sonstigen Vermögensgegenstände" sind z. B. Geldausleihungen an Mitarbeiter oder Forderungen im Rahmen von Auseinandersetzungen mit Dritten. Auf Basis der Fristigkeit unterscheiden sich die Forderungen von den Finanzanlagen. Forderungen sind z. B. keine langfristig angelegten Beteiligungen an anderen Unternehmen, sondern vielmehr eine auf Basis von Bestellung und Lieferung entstandene und vom Geschäftspartner kurzfristig zu begleichende Schuld.

- **Wertpapiere**
  Mit „Wertpapiere" sind die Wertpapiere des Umlaufvermögens gemeint. Die Wertpapiere des Anlagevermögens sind den Finanzanlagen zuzurechnen. Die Wertpapiere des Umlaufvermögens sind also die Papiere, die nicht langfristig im Unternehmen verbleiben sollen, sondern zum alsbaldigen Verkauf bestimmt sind. Sie erfüllen gleichsam den Zweck einer Liquiditätsreserve. So können z. B. liquide Mittel (wie Bankguthaben) die in den kommenden Monaten nicht benötigt werden, kurz- oder mittelfristig in Wertpapieren „geparkt" werden. Der Vorteil ist der, dass so meist eine höhere Verzinsung als bei einem Verbleib der Geldbeträge auf dem Bankkonto erzielt wird.

- **flüssige Mittel wie Kasse, Bankguthaben, u. ä.**
  Die flüssigen Mittel halten die dauernde Zahlungsbereitschaft des Unternehmens aufrecht. Die flüssigen und somit sofort verfügbaren Mittel sind wichtig, um sehr schnell auf die Anforderungen, die an das eigene Unternehmen gestellt werden, reagieren zu können (jedes Unternehmen sollte unbedingt vermeiden, in den Ruf zu geraten, nicht liquide zu sein).

Auf der Aktivseite ist also alles Gegenständliche und vorhandenes Ungegenständliche sichtbar gemacht (zumindest als Zahlenwert). Alles, was das Unternehmen hat und was den Wert des Unternehmens festlegt bzw. erhöht wird auf der Aktivseite der Bilanz aufgeführt.

Passivseite als Vermögensherkunft

Die Passivseite der Bilanz zeigt, woher das Kapital stammt, mit dem im Unternehmen gewirtschaftet wurde (z. B. neue Produkte entwickelt, Rohstoffe und Maschinen eingekauft, Mitarbeiter entlohnt usw.). Sie zeigt, mit welchen Mitteln die Werte auf der Aktivseite geschaffen/angeschafft wurden. Auch die Passivseite der Bilanz kann in zwei große Bereiche unterteilt werden. Gliederungskriterium ist hier die Herkunft und zeitliche Verfügbarkeit des Kapitals.

Das Eigenkapital ist das von den Eigentümern des Unternehmens eingebrachte Kapital. Es steht dem Unternehmen i. d. R. unbefristet zur Verfügung. In Abhängigkeit von der Gesellschaftsform des Unternehmens haben die Eigenkapitalgeber unterschiedliche Stellungen und Interessen. Der Aktionär als Eigentümer eines (kleinen) Teiles einer Aktiengesellschaft (AG) ist beispielsweise in erster Linie an einer hohen Dividende[5] interessiert, während der Gesellschafter einer Gesellschaft mit beschränkter Haftung (GmbH) in erster Linie auf eine langfristig solide Entwicklung „seines" Unternehmens Wert legt und dieses Ziel einer kurzfristigen hohen Verzinsung seines eingesetzten Kapitals unterordnet. Das Eigenkapital weist Haftungseigenschaften auf, d. h., dass das Eigenkapital für Notzeiten als „Polster" zur Verfügung steht. Im Extremfall der Insolvenz[6] bleibt es solange im Unternehmen, bis die Ansprüche der Gläubiger befriedigt sind. Das Eigenkapital dient also dazu, den Gläubigern der Gesellschaft eine gewisse Gewähr

---

5 Dividende = der Teil des Gewinns, den eine Aktiengesellschaft an ihre Aktionäre ausschüttet; bei der GmbH spricht man statt von einer Dividende von einer Gewinnausschüttung.

6 Insolvenz bezeichnet die Situation eines Schuldners, seine Zahlungsverpflichtungen gegenüber dem Gläubiger nicht erfüllen zu können. Die Insolvenz ist gekennzeichnet durch akute Zahlungsunfähigkeit, drohende Zahlungsunfähigkeit (mangelnde Liquidität) oder Überschuldung. In Deutschland in der Umgangssprache häufig auch Konkurs genannt.

dafür zu geben, dass ihr Geld auch (eines Tages) an sie zurückfließt. Eigenkapital bedeutet deshalb i. d. R. Sicherheit.

Zum Eigenkapital gehören folgende Kapitalwerte:

- **Stamm- oder Grundkapital (gezeichnetes Kapital)**
  Das Stamm- oder Grundkapital wird dem Unternehmen langfristig zur Verfügung gestellt. Das Unternehmen hat somit „Schulden" bei den Einzahlenden, d. h. bei den Anteilseignern des Unternehmens (Aktionäre bei der AG, Gesellschafter bei der GmbH usw.). Je mehr Stamm- oder Grundkapital dem Unternehmen als Eigenkapital zur Verfügung steht, desto leichter können Krisenzeiten „mit eigener Kraft" überstanden werden und desto leichter kann auch Fremdkapital, z. B. bei Banken, beschafft werden.

- **Rücklagen**
  Gewinn- und Kapitalrücklagen sind Grundkapitalersatz und haben ebenfalls Haftungseigenschaften (s.o.). Gewinnrücklagen werden aus den Gewinnen früherer Geschäftsjahre gebildet. So sind z. B. bis 10 % des Gewinnes eines Geschäftsjahres in die entsprechende Rücklage einzustellen. Mit wachsender Rücklage erhöht sich das Grund- und somit das Eigenkapital.

- **Gewinn-/Verlustvortrag**
  Der Gewinnvortrag ist der Teil des Gewinnes, der nicht in die Rücklage eingebracht wird. Er bleibt übrig für die kommenden Jahre und wird entweder an die Gesellschafter verteilt (z. B. in Form der Dividende an die Aktionäre) oder im kommenden Geschäftsjahr z. B. mit einem zu erwartenden Verlust verrechnet. Ein Verlustvortrag entsteht dann, wenn im laufenden Geschäftsjahr ein Verlust entstanden ist. Er wird gebildet in der Hoffnung, ihn im kommenden Jahr durch entsprechende Gewinne ausgleichen zu können.

- **Jahresüberschuss/Jahresfehlbetrag**
  Der Jahresüberschuss ist der Gewinn des abgelaufenen Geschäftsjahres. Er ergibt sich aus der Differenz von Ertrag und Aufwand, die in der Gewinn- und Verlust-Rechnung einander gegenübergestellt werden. Wird ein Jahresfehlbetrag erzielt, dann waren im abgelaufenen Geschäftsjahr die Aufwendungen (z. B. für Material, Personal) höher als die Erträge (die z. B. mit dem Verkauf von Produkten erzielt wurden).

Die **Rückstellungen** sind auf der Passivseite der Bilanz bewusst zwischen den eigenen Mitteln (Eigenkapital) und den fremden Mitteln (Fremdkapital) des Unternehmens angesiedelt. Rückstellungen entstehen nicht direkt durch Zufluss von außen durch Kapitaleigner (Gesellschafter) oder Kapitalgeber (z. B. Bank). Rückstellungen resultieren vielmehr aus einem buchungstechnischen Vorgang zur Absicherung ganz bestimmter (vielleicht) eintretender Ereignisse. Rückstellungen werden zu Lasten des Gewinns gebildet, weil angenommen wird, dass das Unternehmen zukünftig bestimmte Zahlungsverpflichtungen übernehmen muss. Sie sind also „mutmaßliche Verbindlichkeiten" bei denen aus heutiger Sicht nicht klar ist, ob überhaupt, wann und in welcher Höhe diese Verbindlichkeiten entstehen. Beispiele:

- Rückstellungen für (zu erwartende) Garantieverpflichtungen

- Rückstellungen für (zu erwartende) Verbindlichkeiten aus Pensionszusagen
- Rückstellungen für (zu erwartende) Kulanzleistungen

Die Rückstellungen entstehen „buchungstechnisch", indem Teile des Gewinnes für mutmaßliche Zahlungen „zurückgestellt" werden. Die eigentlichen **Verbindlichkeiten** dagegen verdanken ihren Ursprung einem tatsächlichen Zugang an Geld von außen (z. B. Bankkredit) oder aus einem Liefergeschäft (das Unternehmen hat Leistungen eines anderen Unternehmens bezogen und noch nicht bezahlt) oder aus einer Anzahlung im Rahmen eines Kundenauftrages.

Rechnungsabgrenzung zur periodenrichtigen Erfolgsermittlung

Rechnungsabgrenzungsposten dienen der Abgrenzung des Erfolges der betroffenen Abrechnungsperiode gegenüber dem der folgenden Periode.

Auf der Aktivseite der Bilanz werden außer den Gütern des Anlage- und Umlaufvermögens die **aktiven Rechnungsabgrenzungsposten** ausgewiesen:

- alle Ausgaben, die im ablaufenden Jahr getätigt wurden, aber Aufwendungen des kommenden Jahres betreffen (z. B. im Voraus gezahlte Löhne);
- alle Erträge, die im abgelaufenen Jahr erzielt wurden, aber erst im kommenden Jahr zu Einnahmen führen (z. B. noch nicht eingegangene Mieten).

Auf der Passivseite der Bilanz werden außer dem Eigen- und Fremdkapital die passiven Rechnungsabgrenzungsposten ausgewiesen:

- alle Erträge, für die bereits Einnahmen auf der Aktivseite erfasst wurden, die jedoch erst im kommenden Jahr zu erbringen sind und nicht als Verbindlichkeiten erscheinen (z. B. im Voraus erhaltene Mieten);
- alle Aufwendungen, die im laufenden Jahr anfielen, für die aber erst durch zukünftige Rechnungsstellung Ausgaben im folgenden Jahr entstehen werden (z. B. noch zu zahlende Mieten, die erst im Folgejahr fällig werden, aber den Abrechnungszeitraum betreffen).

Die Tabellen 2.4 und 2.5 zeigen die Bilanz einer deutschen Aktiengesellschaft für das aktuelle Geschäftsjahr und das Vorjahr. Die entsprechende Gewinn- und Verlustrechnung dieser AG wird in Tabelle 2.9 gezeigt. Weitere Informationen zum Jahresabschluss finden Sie auf der CD.

Tabelle 2.4 Bilanz einer deutschen Aktiengesellschaft (Aktiva)

BILANZ		
Aktiva	aktuelles Geschäftsjahr (Werte in T€)	Vorjahr (Werte in T€)
Immaterielle Vermögenswerte	11.417	13.226
Sachanlagen	41.621	40.833
Als Finanzinvestition gehaltene Immobilien	4.891	5.109
Nach der Equity-Methode bewertete Finanzierungen	804	281
Übrige Finanzierungen	4.539	802
Forderungen und sonstige Vermögenswerte	1.539	1.583
Ertragssteuerforderungen	973	1.091
Latente Steuern	2.559	2.395
Langfristige Vermögenswerte	**68.343**	**65.320**
Vorräte	416	466
Künftige Forderungen aus Fertigungsaufträgen	13.279	28.444
Forderungen und sonstige Vermögenswerte	72.387	104.301
Ertragssteuerforderungen	170	340
Liquide Mittel	44.355	30.463
Kurzfristige Vermögenswerte	**130.607**	**164.014**
Zur Veräußerung gehaltene Vermögenswerte	0	51
Aktive Rechnungsabgrenzungsposten	0	0
Aktiva gesamt (Bilanzsumme)	**198.950**	**229.385**

2.2.3 Bilanzarten

Der Zweck der Bilanzierung besteht darin, Informationen über Vermögens- und Kapitalverhältnisse sowie über die Ertragslage der betroffenen Unternehmung sowohl für das Management als auch für andere Bilanzadressaten zu liefern.

Während dem Management außer dem Jahresabschluss alle weiteren **Sonderbilanzen (interne Bilanzen)** zur Verfügung stehen, bleibt der Informationsanspruch der übrigen Bilanzadressaten grundsätzlich auf die Ergebnisse des Jahresabschlusses beschränkt, was aber nicht ausschließt, dass auch diesem Interessentenkreis Zwischenbilanzen zur Kenntnis gebracht werden können (Eilenberger 1995, S. 52 ff).

Tabelle 2.5 Bilanz einer deutschen Aktiengesellschaft (Passiva)

BILANZ			
Passiva		aktuelles Geschäftsjahr (Werte in T€)	Vorjahr (Werte in T€)
Gezeichnetes Kapital		10.143	10.143
Kapitalrücklage		26.625	26.625
Gewinnrücklagen		62.383	53.670
Konzern-Bilanzgewinn		14.960	14.926
Eigenkapital vor Anteilen anderer Gesellschafter		**114.111**	**105.364**
Anteile anderer Gesellschafter		3	2
Eigenkapital		**114.114**	**105.366**
Rückstellungen		5.932	6.010
Finanzschulden		0	4.723
Sonstige Verbindlichkeiten		559	591
Latente Steuern		5.211	7.213
Langfristige Schulden (Fremdkapital)		**11.702**	**18.537**
Steuerrückstellungen		11.177	17.973
Sonstige Rückstellungen		21.854	36.269
Finanzschulden		105	708
Verbindlichkeiten aus Lieferungen und Leistungen		5.879	7.797
Sonstige Verbindlichkeiten		34.111	42.735
Kurzfristige Schulden (Fremdkapital)		**73.126**	**105.482**
Passive Rechnungsabgrenzungsposten		**0**	**0**
Passiva gesamt (Bilanzsumme)		**198.942**	**229.385**

Neben dieser möglichen Unterscheidung nach dem Informationsbereich (Publizität) in interne und externe Bilanzen können in Abhängigkeit vom Zweck, dem die Bilanz dienen soll, weitere Arten von Bilanzen unterschieden werden, vgl. Tabelle 2.6.

Bilanzierungsnormen zur Sicherung ordnungsgemäßer Buchführung

2.2.4 Bilanzierungsnormen

Die Erstellung einer Bilanz bedeutet nicht nur die Durchführung von Abschlussbuchungen und anschließende Zusammenfassung in der Bilanz. In vielen Fällen werden darüber hinaus Entscheidungen grundsätzlicher Art gefordert, die durch

Tabelle 2.6 Gliederungskriterien zur Unterscheidung der Bilanzarten

Mögliche Kriterien	Bilanzen

1. Regelmäßigkeit der Aufstellung	a) laufende ordentliche Bilanzen
	   z.B. Eröffnungsbilanz
	         Schlußbilanz
	
	b) gelegentliche, außerordentliche Bilanz
	   z.B. Gründungsbilanz
	         Umwandlungsbilanz
	         Liquidationsbilanz
	         Zwischenbilanz

2. rechtliche Vorschriften	a) Handelsbilanz b) Steuerbilanz
3. Länge der Bilanzperiode	a) Jahresbilanz b) Rumpfjahres-, Halbjahresbilanz usw.
4. Informationsbereich	a) externe Bilanz b) interne Bilanz
5. Zwecksetzung	a) Vermögensfeststellungsbilanz b) Erfolgsermittlungsbilanz
6. Organisatorische Gesichtspunkte	a) Einzelbilanz b) Gesamtbilanz
7. Detailliertheit der Bilanzgliederung	a) Bruttobilanz b) Nettobilanz

Tabelle 2.7 Grundsätze ordnungsmäßiger Buchführung

Grundsatz der ...	Bedeutung
...Klarheit:	Klarer und übersichtlicher Aufbau, Gewährleistung der Nachvollziehbarkeit
...Wahrheit:	Zutreffende Darstellung der wirtschaftlichen Verhältnisse, "wahre" Bewertung
...Vorsicht:	Beurteilung der wirtschaftlichen Lage keinesfalls günstiger als tatsächlich, drohende Verluste berücksichtigen
...Stetigkeit:	Bilanzkongruenz, Bilanzidentität und Bilanzkontinuität. (Schluss- und Eröffnungsbilanz einer Unternehmung muss sowohl als Ganzes, als auch in den einzelnen Positionen übereinstimmen.) "Synchrone Strukturen".
...Vollständigkeit:	Lückenlosen Ausweis sämtlicher Vermögensgegenstände und Schulden der Unternehmung

Bilanzierungsnormen geregelt werden. Derartige Entscheidungen betreffen vor allem:

- die richtige Zuordnung der Vermögensgegenstände und Schuldarten zu den durch die Bilanzgliederung vorgegebenen Positionen, und
- die Bewertung der Vermögensgegenstände, die nicht unmittelbar monetären Charakter aufweisen.

Bilanzierungsnormen sollen eine Ordnungsmäßigkeit der Buchführung gewährleisten und finden in den Grundsätzen ordnungsmäßiger Buchführung ihren Niederschlag, vgl. Tabelle 2.7.

In Anbetracht der Tatsache, dass in nahezu allen Unternehmen der Bereich der Finanzrechnung EDV-unterstützt abläuft, hat der Gesetzgeber Zusatzgrundsätze ordnungsmäßiger Buchführung im EDV-Bereich erlassen, z. B. Grundsätze ordnungsmäßigen Datenschutzes.

2.3 Gewinn- und Verlustrechnung

Gewinn- und Verlustrechnung zur Erfolgsermittlung

Unter Gewinn- und Verlustrechnung ist die am Ende eines Geschäftsjahres aufzustellende Gegenüberstellung der Aufwendungen und Erträge des Unternehmens zu verstehen. Sie wird auch als Erfolgsrechnung bezeichnet

2.3.1 Grundlagen und Aufbau

Während in der Bilanz der Erfolg einer Abrechnungsperiode (z. B. ein Geschäftsjahr) als Saldo durch Gegenüberstellung von Vermögens- und Kapitalposten zu einem Zeitpunkt (Bilanzstichtag) ermittelt wird, saldiert die Gewinn- und Verlustrechnung sämtliche Erträge und Aufwendungen einer Abrechnungsperiode, die sie aus den Erfolgskonten der Buchhaltung übernimmt. Übersteigen die Erträge die Aufwendungen, so ergibt sich als Saldo ein Gewinn; sind die Aufwendungen höher als die Erträge, so ergibt sich als Saldo ein Verlust.

Die GuV-Rechnung ermittelt nicht nur den Erfolg als Saldo, sondern zeigt auch die Quellen des Erfolges auf.

Damit erklärt sie das Zustandekommen des Erfolgs:

1. Waren die unternehmerischen Aktivitäten des vergangenen Jahres erfolgreich in dem Sinne, dass die Erträge aus diesen Aktivitäten größer sind als die aufgrund dieser Aktivitäten entstandenen Aufwendungen?

2. Welche Aktivitäten haben im abgelaufenen Geschäftsjahr ganz besonders zum Erfolg oder Misserfolg beigetragen?

Die beiden großen Wertepaare in der GuV-Rechnung heißen **„Aufwendungen und Erträge"**. Die Aufwandsseite gibt Auskunft über die Material- und Arbeitskosten, Steuern, Abschreibungen und die sonstigen Aufwendungen. Die Ertragsseite beinhaltet die Erlöse und Bestandsveränderungen. Der Gewinn (ausgewiesen auf der Aufwandsseite) bzw. der Verlust (ausgewiesen auf der Ertragsseite) ergeben sich als Differenz zwischen Gesamtaufwand und Gesamtertrag.

Tabelle 2.8 zeigt schematisch, wie **Aufwand und Ertrag gegenübergestellt** werden können, um den gewünschten Saldo zu bilden.

Gewinn- u. Verlustrechnung als Gegenüberstellung

Tabelle 2.8 Beispiel einer Erfolgsrechnung in Kontenform

Erfolgsrechnung (Gewinn- und Verlustrechnung) (Werte in 1.000 €)			
Aufwand	**€**	**Ertrag**	**€**
Aufwand für Material und Fertigung	1.910	Umsatzerlöse	2.200
Abschreibungen	152	Bestandänderungen	270
sonstiger Aufwand	270	sonstige Erlöse	100
sonstiger betriebl. Aufwand	50	sonstiger betriebl. Ertrag	80
Gewinn	<u>268</u>		
Summe	**2.650**	**Summe**	**2.650**

Tabelle 2.8 zeigt, dass die Ertragsseite in Bezug auf die Summe der Beträge größer ist als die Aufwandsseite. Insgesamt betragen die Erträge 2.650,- T€. Diesen Erträgen stehen Aufwendungen in Höhe von 2.382,- T€ gegenüber. Per Saldo ergibt sich also ein Gewinn von 268,- T€

In der Regel wird die Erfolgsrechnung nicht in Kontenform, wie in Tabelle 2.8 gezeigt, erstellt. **Vielmehr werden die Aufwendungen und Erträge – rechentechnisch einfacher – untereinander aufgeführt**; Plus- oder Minus-Zeichen geben an, ob Einzelbeträge addiert oder subtrahiert werden müssen; bei positiven Werten kann das Pluszeichen auch entfallen, nur die negativen Werte haben dann ein Vorzeichen (vgl. Tabelle 2.9).

Wie die Bilanz enthält auch die Erfolgsrechnung einige Grundbegriffe, die nachfolgend kurz erklärt werden (zur Abgrenzung der Begriffe „Aufwand" und „Ertrag" siehe Kapitel 1).

2.3.2 Begriffsdefinitionen

Den **Umsatzerlösen** entspricht alles, was an Waren und Leistungen vom Unternehmen verkauft wird (vgl. hierzu auch die einführenden Anmerkungen in Kapitel 1.1).

Die Ertragsposition der Gewinn- u. Verlustrechnung

Weicht die Zahl z. B. der hergestellten Produkte von der Zahl der verkauften Produkte ab, so ergeben sich Veränderungen am Bestand von fertigen und unfertigen Erzeugnissen, sog. **Bestandsveränderungen**.

Eine Erhöhung des Bestandes an fertigen und unfertigen Erzeugnissen zeigt an, dass im abgelaufenen Jahr in der Summe mehr Produkte hergestellt als verkauft wurden. In der Erfolgsrechnung wird diese Erhöhung als „wertmäßiger Zugang" gewertet und den Umsatzerlösen zugerechnet. Eine **Verringerung des Bestandes** an fertigen und unfertigen Erzeugnissen zeigt an, dass im abgelaufenen Jahr in der Summe weniger Produkte hergestellt als verkauft wurden. Die Nachfrage des Marktes wurde gedeckt mit Erzeugnissen, die in vergangenen Jahren hergestellt wurden und sich im Lager befanden. In der Erfolgsrechnung wird diese Verminderung als „wertmäßiger Abgang" gewertet und von den Umsatzerlösen abgezogen (es soll ja nur das ermittelt werden, was in der abgelaufenen Rechnungsperiode erstellt und verkauft wurde). Neben den im Unternehmen hergestellten Erzeugnissen, die im Rahmen der Bestandsveränderungen berücksichtigt werden, weist die Erfolgsrechnung einen weiteren Ertragsbestandteil aus: die **aktivierten Eigenleistungen**. Eigenleistungen sind solche Leistung des Unternehmens, die selbst benötigt und – aus vielerlei Gründen statt zugekauft – selbst hergestellt werden. Da sie nicht zum Verkauf bestimmt sind, werden sie durch den Ertragsbestandteil „Umsatzerlöse" auch nicht berücksichtigt. Gleichwohl gehören sie zur Gesamtleistung des Unternehmens.

Der Begriff zeigt bereits, wie die aktivierten Eigenleistungen behandelt werden. In der Bilanz werden sie mit ihrem entsprechenden Wert aktiviert, d. h., sie erhöhen das Anlagevermögen. In der GuV-Rechnung werden sie als Ertrag berücksichtigt, der durch einen entsprechenden Aufwand an Personal, Material usw. kompensiert wird.

Die **Gesamtleistung ist die Summe aus Umsatz, Lagerzugang (bzw. Lagerabgang) und Eigenleistungen**. Sie ist das, was in der abgelaufenen Rechnungsperiode im Unternehmen durch den „normalen" Produktionsprozess „geleistet" wurde (Einflüsse von außen, nicht regelmäßig wiederkehrende Ereignisse außerhalb des Produktionsprozesses, Einflüsse von Dingen außerhalb der Rechnungsperiode sind in der Gesamtleistung nicht berücksichtigt).

Die sonstigen betrieblichen Erträge umfassen u. a. folgende Erträge:

- Erträge aus der Auflösung von **Rückstellungen**
- **Kursgewinne**
- **Erträge aus Zuschreibungen** (im Gegensatz zu Abschreibungen)
- **Zuschüsse und Zulagen** aus öffentlichen Kassen
- sonstige **periodenfremde Erträge**

Die sonstigen Erträge sind also solche Zuflüsse, die nicht unmittelbar aus dem „normalen" Geschäftsbetrieb entstehen. **Rückstellungen** sind aufzulösen, wenn der Anlass, zu dem sie gebildet wurden, wegfällt. Wenn z. B. ein an den Kunden geliefertes Produkt einwandfrei funktioniert, dann kann die im vergangenen Jahr zur Begleichung von Garantieansprüchen des Kunden gebildete Rückstellung aufgelöst werden. Stirbt ein pensionsberechtigter Mitarbeiter, dann ist die für ihn in früheren Jahren gebildete Pensionsrückstellung aufzulösen. Wird eine bereits teilweise abgeschriebene Maschine verkauft und ist der Verkaufserlös höher als der Wert, mit dem diese Maschine im Anlagevermögen aufgeführt ist, dann ist ein sonstiger betrieblicher Ertrag entstanden. Ein Ertrag entsteht ebenfalls, wenn Wertpapiere, die früher günstig eingekauft wurden, heute zu **höheren Kursen** verkauft werden.

Tabelle 2.9 Gewinn- und Verlustrechnung einer deutschen Aktiengesellschaft

GEWINN- u. VERLUSTRECHNUNG	aktuelles Geschäftsjahr (Werte in T€)	Vorjahr (Werte in T€)
Umsatzerlöse	384.599	434.216
Andere aktivierte Eigenleistungen	201	219
Gesamtleistung	384.800	434.435
Sonstige betriebliche Erträge	12.167	7.104
Materialaufwand	-34.222	-45.920
Rohergebnis	362.745	395.619
Personalaufwand	-272.769	-281.909
Abschreibungen	-10.953	-8.855
Sonstige betriebliche Aufwendungen	-46.254	-53.543
Betriebsergebnis	32.769	51.312
Ergebnis auf Equity bewerteten Anteilen	35	89
Finanzierungsaufwendungen	-281	-320
Übriges Finanzergebnis	1030	910
Finanzergebnis	784	679
Ergebnis vor Ertragsteuern	33.553	51.991
Sonstige Steuern	-505	-495
Ergebnis nach Ertragsteuern	33.048	51.496
Steuern vom Einkommen und Ertrag	-8.443	-15.315
Ergebnis nach Ertragsteuern	24.605	36.181
davon Ergebnisanteil anderer Gesellschafter	-1	0
davon Ergebnisanteil der Aktionäre der Bertrandt AG	24.604	36.181
Anteil der Aktien in tausend Stück	10.143	10.143
- verwässert/unverwässert, durchschnittlich gewichtet	10.023	10.123
Ergebnis je Aktie – verwässert (in EUR)	2,45	3,57

Für den technischen Mitarbeiter ist es insbesondere in großen Unternehmen interessant zu sehen, in welchem Verhältnis die Gesamtleistung des Unternehmens zu den sonstigen betrieblichen Erträgen bzw. den sonstigen betrieblichen Aufwendungen steht. So musste ein großer deutscher Automobilhersteller vor einigen Jahren eine sehr interessante GuV-Rechnung erstellen:

Im Kernbereich des Unternehmens – Produktion und Verkauf von Automobilen –, also in dem Bereich, in dem die meisten technischen Mitarbeiter tätig sind, wurde eine stattliche Gesamtleistung erbracht. Durch ständige Produkt- und Prozessverbesserungen, Einsatz wertanalytischer Hilfsmittel zur Optimierung der Kostenstrukturen der Produkte, Standardisierung, rationelles Arbeiten in allen technischen Bereichen usw. wurde sichergestellt, dass der zur Erbringung dieser Gesamtleistung notwendige Aufwand relativ klein gehalten werden konnte. Damit war, was das Kerngeschäft anbetraf, die Voraussetzung erfüllt, um am Jahresende einen ebenfalls stattlichen Gewinn ausweisen zu können. Dass es nicht dazu kam, lag daran, dass durch spekulative Warentermingeschäfte[7], die ja nichts mit dem eigentlichen Kernbereich des Unternehmen zu tun haben, ein Kursverlust von über 500 Millionen € (!) erzielt wurde, der selbstverständlich als Aufwand in die GuV-Rechnung einfließen musste.

Die Aufwandspositionen der Gewinn- und Verlustrechnung

Der **Materialaufwand** entsteht durch den Kauf von Roh-, Hilfs- und Betriebsstoffen sowie für bezogene Waren und Leistungen (z. B. zugekauftes Blechgehäuse für unser Produkt). Wertmäßig anzusetzen ist der Kaufpreis ohne Mehrwertsteuer, zuzüglich der Kosten die für Transport und Lagerung entstehen und abzüglich Skonti und Preisnachlässe. Der Materialaufwand ist gewissermaßen das „materielle" Gegenstück zur Gesamtleistung.

Die bisher behandelten Teile der Erlösrechnung (Umsatzerlöse, Bestandsveränderungen, aktivierte Eigenleistungen, sonstige Erlöse und Materialaufwand) können zur Position Rohergebnis zusammengefasst werden. Das **Rohergebnis** zeigt, welchen Wert das Unternehmen mithilfe der Zukäufe von außen im eigenen Haus geschaffen hat. Die GuV-Rechnung in Tabelle 2.9 zeigt, dass der Gesamtleistung von 384,8 Mio. € ein Materialaufwand in Höhe von 34,2 Mio. € bzw. ein Rohergebnis von 362,7 Mio. € gegenübersteht, d. h., dass ca. 10% der Gesamtleistung „zugekauft" und ca. 90% im eigenen Unternehmen als eigene Wertschöpfung erbracht wurde.

Der **Personalaufwand** setzt sich zusammen aus den Löhnen, Gehältern, sozialen Abgaben (Arbeitgeberanteile zu den Sozialversicherungen sowie Urlaubsgeld und Weihnachtsgeld, vermögenswirksame Leistungen, usw.) und Aufwendungen für Altersversorgung und Unterstützung (auch die Rückstellungen für Pensionen).

Das Thema **Abschreibung** wird in Kapitel 3.1.2.2.3 ausführlich behandelt. Hier soll nur kurz dargestellt werden, welcher Wert in der Bilanz und welcher Wert in der GuV-Rechnung erscheint. In der Bilanz wird das abzuschreibende Anlagegut (z. B. ein Fahrzeug, eine Fräsmaschine, eine CAD-Anlage) mit seinem Zeitwert angesetzt. Dieser (bilanzielle) Zeitwert ergibt sich aus den Anschaffungskosten minus der bis zum heutigen Bilanzstichtag durchgeführten Abschreibungen. Wurde eine

---

[7] Termingeschäfte (auch Zeitgeschäfte genannt) sind der Kauf, Tausch oder anderweitig ausgestaltete Geschäfte, die zeitlich verzögert zu erfüllen sind und deren Wert sich unmittelbar oder mittelbar vom Preis oder Maß eines Basiswerts ableitet.

Maschine vor drei Jahren für 100 T€ angeschafft, so steht sie am Ende des laufenden dritten Nutzungsjahres (5 Nutzungsjahre sind vorgesehen) mit 40 T€ in der Bilanz [100 − (3 × 100)/5]. In der GuV-Rechnung hingegen wird lediglich der jährliche Abschreibungsbetrag von 20 T€ als Aufwand angesetzt. Dieser (bilanzielle) Abschreibungs-Aufwand verkleinert den Gewinn und sorgt so dafür, dass Liquidität im Unternehmen erhalten bleibt: was nicht als Gewinn ausgewiesen wird, wird nicht ausgeschüttet oder gar besteuert.

In den sonstigen betrieblichen Aufwendungen wird der Aufwand erfasst, der in den bisher genannten Aufwandspositionen nicht enthalten ist, wie z. B.

- Provisionszahlungen und Versicherungskosten
- Verwaltungs- und Vertriebskosten (auch Skonti) und sonstige bisher nicht erfasste Gemeinkosten (Instandhaltung, Energie, Werkzeugverbrauch, usw.)
- Kursverluste und Forderungsausfälle
- sonstige periodenfremde Aufwendungen
- Verlust aus dem Verkauf von Anlagegegenständen

Weitere Positionen erfassen auf der Ertragsseite der GuV-Rechnung:

- Erträge aus Beteiligungen (an anderen Unternehmen),
- Erträge aus Finanzanlagen (z. B. Zinsen oder Verkaufsgewinne), sowie
- sonstige Zinsen.

Auf der Aufwandsseite stehen diesen Erträgen gegenüber:

- sonstige Aufwendungen
- Zinsen und ähnliche Aufwendungen

Die Verrechnung aller bisher genannten Teile der Erfolgsrechnung ergeben das Ergebnis der gewöhnlichen Geschäftstätigkeit.[8]

Zur Ermittlung des Jahresüberschusses/-fehlbetrages müssen noch weitere Positionen berücksichtigt werden:

Ermittlung des Jahresüberschusses/-fehlbetrages

- Steuern
- außerordentliche Erträge und außerordentliche Aufwendungen sind solche Zu- oder Abflüsse, die selbst bei weiter Auslegung nicht der gewöhnlichen Geschäftstätigkeit zugerechnet werden können. Beispiele hierfür sind:
    - Brandschaden
    - Verlust aus dem Verkauf eines Unternehmens (BMW/Rover)

Der Jahresüberschuss (Gewinn) bzw. der Jahresfehlbetrag (Verlust) ergeben sich aus der Verrechnung aller o. g. Positionen der GuV-Rechnung (vgl. auch mit Tabelle 2.9).

---

8 ACHTUNG!! Das Ergebnis der gewöhnlichen Geschäftstätigkeit entspricht nicht dem, was die Kostenrechnung als Betriebsergebnis ausweist. Siehe hierzu auch Kapitel 1.3.

Die Grundsätze ordnungsgemäßer kaufmännischer Buchführung und Bilanzierung gelten für die Erfolgsrechnung sinngemäß. Sie hat in erster Linie klar und übersichtlich zu sein. Das wird wie bei der Bilanz durch eine entsprechend ausführliche Gliederung der Aufwand- und Ertragspositionen erreicht.

Anhang und Lagebericht

- Im **Anhang** wird aufgeführt, welche Bewertungsgrundsätze angewandt wurden, wo und warum Abweichungen zum Vorjahr entstanden sind, wie hoch die Bezüge der Geschäftsführer, Aufsichtsratsmitglieder, usw. sind, welche finanzielle Verpflichtungen nicht in der Bilanz aufgeführt sind, welche Verbindlichkeiten eine Restlaufzeit von mehr als 5 Jahren haben, usw.

- Im **Lagebericht** wird Auskunft darüber gegeben, welche Position das Unternehmen insgesamt (am Markt) einnimmt und wie die voraussichtliche Entwicklung im kommenden Geschäftsjahr sein wird.

Weitere Informationen zum Jahresabschluss finden Sie auf der CD.

2.4 Übungsaufgaben zu Kapitel 2

Auf beigefügter CD befinden sich weitere Beispiele zur Vertiefung des Sachverhaltes sowie die Lösungen der folgenden Aufgaben.

Aufgabe 2.4-1
Die Bilanz wird in zwei große Bereiche eingeteilt; welche Bedeutung haben diese?

Aufgabe 2.4-2
Welche Arten von Bilanzen kennen Sie?

Aufgabe 2.4-3
Welche Grundsätze ordnungsgemäßer Buchführung kennen Sie und welche Bedeutung haben diese?

Aufgabe 2.4-4
Wie wird die GuV-Rechnung noch bezeichnet?

Aufgabe 2.4-5
In der GuV-Rechnung werden welche Aufwendungen erfasst?

Aufgabe 2.4-6
Mit welchen Fragen können die beiden Seiten einer Bilanz umschrieben werden?
- Woher kommen die Werte?
- Wo sind im Rahmen der Leistungserstellung Kosten entstanden?
- Wie werden die Werte verändert?

3 Internes Rechnungswesen

Theorie und Praxis

Wie bereits dargestellt, ist das Hauptziel eines Unternehmens, langfristig Gewinne zu erwirtschaften, das bedeutet, aus den Erlösen nach Abzug sämtlicher anfallenden Kosten einen Überschuss zu erzielen. Damit sind zwei Stellgrößen zur Beeinflussung gegeben, die Erlösseite und die Kostenseite. Beide hängen untrennbar miteinander zusammen. Ohne eine genaue Kenntnis aller Kosten für ein Produkt bzw. eine erbrachte Leistung kann unter wirtschaftlichen Gesichtspunkten nicht gesagt werden, welcher Preis damit am Markt mindestens erzielt werden sollte. Umgekehrt aber setzen die realen Marktbedingungen sehr oft Grenzen für die zulässigen Kosten[1].

Will ein Unternehmen nun für ein Produkt dessen auf dem Markt erzielbaren Preis beurteilen oder für eine neue Leistung deren Preis erstmalig festlegen, sind einige Fragen zu klären, die mittels des externen Rechnungswesens nicht hinreichend geklärt werden können:

- Welche Kosten sind überhaupt angefallen?
- Wo im Unternehmen sind diese angefallen?
- Welches Produkt bzw. welche Leistung hat welche Anteile an diesen Kosten verursacht und damit auch zu tragen?

Sind diese Punkte geklärt, können sämtliche erfassten Kosten auf Produkte und ähnliche „Kostenverursacher" verrechnet werden. Durch Vergleich der so ermittelten Gesamtkosten[2] mit dem erzielbaren Preis[3], z. B. bei einem Kundenauftrag, kann bereits hier schon grundsätzlich beurteilt werden, ob das Unternehmen bei einem Einzelauftrag oder innerhalb einer Produktlinie oder auch insgesamt wirtschaftlich erfolgreich sein wird. Natürlich sind noch weitergehende Verfahren notwendig, um eine höhere Transparenz sicherzustellen und verlässliche Steuerungsinformationen bereitzustellen. Mit diesen lassen sich dann folgende Aspekte klären:

- Wie entwickeln sich die Kosten, verglichen mit den aktuellen Planungen und den Werten aus den vorherigen Geschäftsjahren?
- Ist ein neuer Auftrag grundsätzlich geeignet, seine variablen und evtl. fixen Kosten zu decken?

---

1 Vgl. Kap. 4.1.2 Target Costing
2 Gesamtkosten, häufig auch Selbstkosten genannt
3 Der Begriff „Preis" ist i. d. R. stückbezogen, den daraus resultierenden „Erlös" erhält man durch Multiplikation mit der Stückzahl

- Die Verrechnung von Gemeinkosten im Unternehmen ist oft stark vereinfacht und impliziert daher Verzerrungen. Welche Kosten verursacht aber ein Auftrag in einem Unternehmen mit hohem Gemeinkostenanteil wirklich?

3.1 Kostenrechnung – Einsteiger

3.1.1 Einführung

Kernelemente der Kostenrechnung

In diesem Abschnitt stehen drei elementare Teilgebiete der Kostenrechnung im Vordergrund:

- Kostenartenrechnung
- Kostenstellenrechnung
- Kostenträgerrechnung

In der Kostenartenrechnung werden die im Unternehmen anfallenden Kosten zunächst registriert, danach – nach Kostenarten – strukturiert und kategorisiert. Damit ist die Grundlage geschaffen, diese Kosten in irgendeiner Form weiter zu verrechnen, etwa auf Produkte.

Die Kostenstellenrechnung teilt das Unternehmen in verschiedene Bereiche – Kostenstellen – ein, für welche die vorher definierten Kostenarten erfasst und ausgewiesen werden. Wenn bekannt ist, wo im Unternehmen die Kosten anfallen, hat man nicht nur einen wichtigen Startpunkt für die verursachungsgerechte Verrechnung der Kosten auf Produkte etc., sondern auch Anhaltspunkte dafür, wo im Unternehmen Probleme in Form eines ggf. zu hohen Kostenanfalls existieren.

In der Kostenträgerrechnung bzw. der Kalkulation werden die angefallenen Kosten auf die Objekte – Kostenträger – verrechnet, die letztlich Umsatz und den damit verbundenen Erlös generieren. Die Kostenträger müssen dabei nicht nur Produkte sein, es kann sich auch um Projekte, Aufträge oder Ähnliches handeln.

Der Zusammenhang zwischen diesen Kostenrechnungsmethoden ist in Abbildung 3.1 dargestellt.

3.1.2 Kostenartenrechnung

3.1.2.1 Aufgaben der Kostenartenrechnung

Die Kostenartenrechnung erfasst sämtliche Kosten, die bei der Beschaffung, Lagerung, Produktion und dem Absatz betrieblicher Leistungen während einer Abrechnungsperiode in einem Unternehmen angefallen sind.

Die Bedeutung der Kostenartenrechnung liegt in ihrer Aufteilung der Gesamtkosten in einzelne Kostenarten und der sich daraus ergebenden Möglichkeit einer weitgehend verursachungsgerechten Zurechnung der einzelnen Kosten

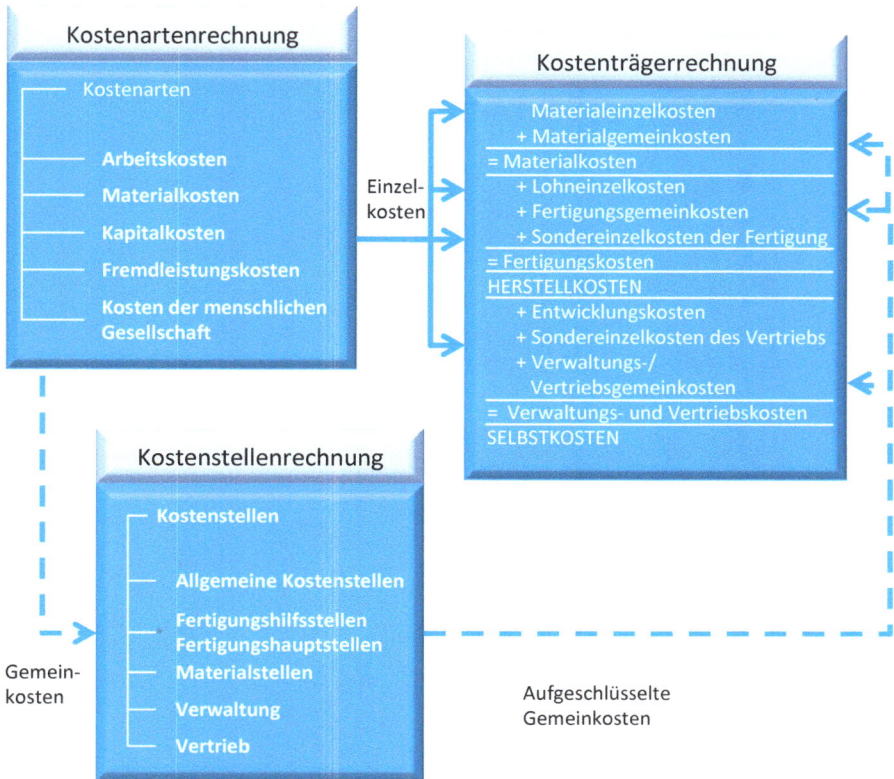

Abbildung 3.1 Zusammenhang der grundlegenden Kostenrechnungsmethoden

auf die Kostenstellen und Kostenträger. Die Kostenartenrechnung (Abbildung 3.2) ist damit Datenlieferant für die Kostenstellen- und Kostenträgerrechnung. Darüber hinaus dient sie – besonders bei kleinen Betrieben, die über keine Kostenstellen- und Kostenträgerrechnung verfügen – der Kostenkontrolle. Die Kostenartenrechnung ermöglicht:

- das Erkennen der absoluten Höhe relevanter Kostenarten;
- das Erkennen der relativen Anteile der Kostenarten an den Gesamtkosten;
- das Aufstellen von Zeitvergleichen, die tendenzielle Entwicklungen/Unwirtschaftlichkeiten aufzeigen.

Daten aus anderen Systemen

Einen Großteil der Daten übernimmt die Kostenartenrechnung aus anderen Rechnungssystemen. So liefert die Anlagenbuchhaltung Zusatzkosten wie z. B. die kalkulatorischen Abschreibungen. Aus der Lohn- und Materialbuchhaltung können die Kosten übernommen werden, die dort aufgrund der getätigten Geschäftsvorfälle buchhalterisch erfasst wurden.

Abbildung 3.2 Kostenartenrechnung im Gesamtsystem der Kostenrechnung

3.1.2.2 Kostenarten

Kostenarten-gruppen

Nach der Art der Kosten die ein Unternehmen zum Zwecke der Leistungserstellung in Anspruch nimmt, lassen sich u. a. folgende Kostenartengruppen unterscheiden, Abbildung 3.3:

- Arbeitskosten (Löhne, Gehälter, Lohnnebenkosten, Unternehmerlohn)
- Materialkosten (Roh-, Hilfs- und Betriebsstoffkosten)
- Kapitalkosten (Abschreibungen, Zinsen, Wagnisse)
- Fremdleistungskosten (Kosten für Reparaturen, Transportleistungen)
- Kosten der menschlichen Gesellschaft (Steuern mit Kostencharakter, Gebühren, Beiträge, Abgaben)

Kostenarten-plan

Bei der Aufstellung des individuellen Kostenartenplanes ist ein optimales Verhältnis zwischen dem Informationsbedürfnis und den Kosten der Kostenartenerfassung anzustreben.

Im Folgenden wird auf diese fünf Kostenartengruppen näher eingegangen.

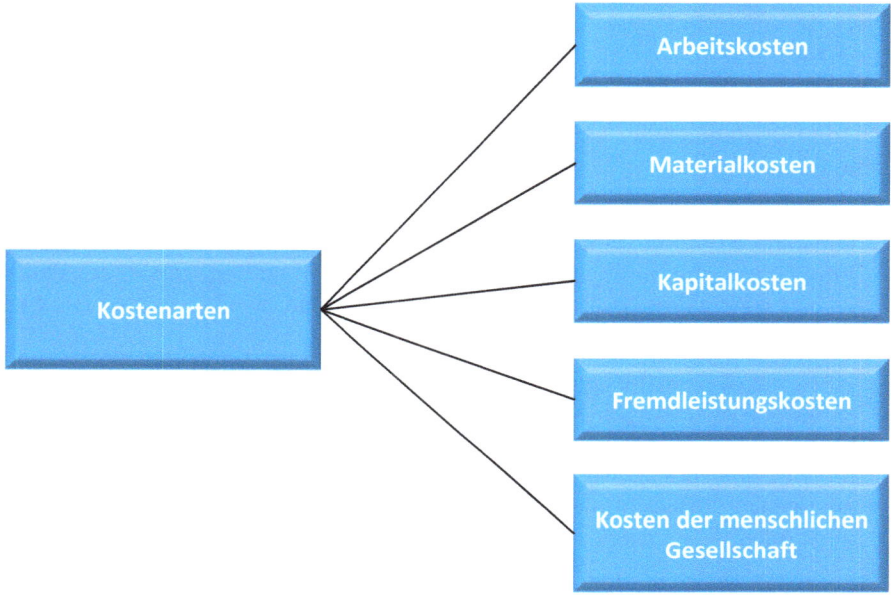

Abbildung 3.3 Mögliche Kostenarten

3.1.2.2.1 Arbeitskosten

Arbeitskosten sind sowohl die unmittelbar an die Arbeitnehmer zu zahlenden Bruttolöhne und Bruttogehälter als auch die vom Unternehmen zu tragenden Sozialkosten („Lohnnebenkosten" wie z. B. Arbeitgeberanteile zur Sozialversicherung, Urlaubsgeld).

Löhne, Gehälter und Sozialkosten

Die Kosten des Arbeitseinsatzes lassen sich unterteilen in:

- **Entgelt-Einzelkosten** (Abrechnung Entgelt nach Arbeitsstunden; Löhne)
  Die Arbeitsleistung hierfür wird direkt für das Erzeugnis (Kostenträger) erbracht, z. B. projekt- oder auftragsbezogener Entwicklungs-/Konstruktionsaufwand, Arbeiter an einer Fertigungslinie.

- **Entgelt-Gemeinkosten (Arbeitsentgelt für Supportaktivitäten)**
  Diese Arbeitsleistung dient der Förderung des Arbeitsprozesses, z. B. Lagerarbeiter, innerbetrieblicher Transportarbeiter, Reinigungspersonal, zusätzliche Nebentätigkeiten im Entwicklungs- und Konstruktionsbereich.

- **Jahres- bzw. monatsweise abgerechnetes Entgelt** (Gehalt)
  Die von den betreffenden Mitarbeitern erbrachte Arbeitsleistung dient der Verwaltung und Steuerung des Arbeitsprozesses, z. B. Geschäftsführung, Betriebsleiter, Entwicklungsleiter, Mitarbeiter in der Verwaltung.

- **Zulagen**
  Sie werden für besondere Leistungen gewährt wie z. B. Gratifikation für lange Betriebszugehörigkeit.

3.1.2.2.2 Materialkosten

Beschaffung, Lagerung und Verbrauch

Materialkosten entstehen durch Beschaffung, Lagerung und Verbrauch von Materialien im Rahmen der betrieblichen Leistungserstellung. Sie lassen sich unterteilen in:

- **Fertigungsmaterialkosten** (Rohstoffe)
  Rohstoffe wie Profilstahl, Elektromotoren usw. gehen direkt in das gefertigte Produkt ein und haben einen wesentlichen Anteil an den Herstellungskosten eines Erzeugnisses. Da sie direkt zurechenbar sind, handelt es sich bei ihnen um Erzeugnis-Einzelkosten.

- **Hilfsstoffkosten** (Hilfsstoffe)
  Hilfsstoffe wie Reinigungsmittel, Anstrichfarbe und Verpackungsmaterial gehen als untergeordnete Bestandteile ebenfalls unmittelbar in das gefertigte Erzeugnis ein, spielen aber wert- und mengenmäßig eine so geringe Rolle, dass sich eine genaue Erfassung nicht lohnt. Sie stellen „unechte" Erzeugnis-Gemeinkosten dar.

- **Betriebsstoffkosten** (Betriebsstoffe)
  Betriebsstoffe wie elektrischer Strom, Gas, Dieselöl und Schmierstoffe bilden keine Bestandteile des Erzeugnisses, werden aber bei der Produktion benötigt. Sie dienen der Versorgung von Maschinen und Anlagen und werden mithilfe von Maschinenstundensätzen auf die Produkte verrechnet. Sie sind „echte" Erzeugnis-Gemeinkosten.

Materialverbrauch

Das mengenmäßige Erfassen des Materialverbrauchs geschieht u. a. wie folgt:

Tabelle 3.1 Erfassungsmethoden für den Materialverbrauch

> ➢ Direkt durch Materialentnahmescheine
>
> ➢ Indirekt durch Inventur der Läger
>   (Anfangsbestand + Zugänge - Endbestand = Verbrauch)
>
> ➢ Kombiniert durch permanente Inventur
>   (wird je nach Betriebsgröße mittels Lagerbestandskartei oder EDV durchgeführt)

Für EDV-Anwendungen sind hierfür spezielle Programme entwickelt worden. Sie führen teilweise, wie z. B. bei der Losgrößenfestlegung, auch Optimierungsrechnungen durch und wirken mit Programmen anderer Betriebsbereiche, wie der Produktionsplanung und -steuerung, zusammen (Kilger/Pampel/Vikas 1993).

Nach der Mengenerfassung oder gleichzeitig mit ihr erfolgt die Bewertung und kostenmäßige Erfassung des Materialverbrauchs. Diese Bewertung wird vor allem dann problematisch, wenn gleichartige Güter, die zu unterschiedlichen Zeitpunkten mit unterschiedlichen Preisen eingekauft wurden, einheitlich bewertet werden sollen. **Grundsätzlich ist der Materialverbrauch bei**

- **stabilen Preisen** mit den Anschaffungskosten, was in diesem Fall den Wiederbeschaffungskosten entspricht;
- **schwankenden Preisen** mit den durchschnittlichen Anschaffungspreisen einer längeren Periode als Anhalt für den Wiederbeschaffungswert;
- **steigenden Preisen** mit den Wiederbeschaffungskosten zum Betrachtungszeitpunkt;

zu bewerten.

3.1.2.2.3 Kapitalkosten

Durch die Nutzung der Kapitalgüter (Investitionsgüter wie Gebäude, Maschinen, Patente, Bankkredite) werden Kapitalkosten verursacht. Als Kapitalkosten werden **Abschreibungen (a), Zinsen (b) und Wagnisse (c)** bezeichnet.

Bei den Kapitalkosten unterscheidet man **bilanzielle Kapitalkosten und kalkulatorische Kapitalkosten**[4].

a) Abschreibungen

Betrieblich genutzte Kapitalgüter (Investitionsgüter wie Gebäude, Maschinen und erworbene Patente, jedoch nicht Grundstücke) erfahren mit

- zunehmender Produktionsmenge (Verschleiß) und
- zunehmendem Alter (technischer Fortschritt, Bedarfsverschiebung, Rechtsablauf)

Alterung und Verschleiß

in unterschiedlichem Maße eine Wertminderung.

Diese Wertminderungen werden jährlich durch Abschreibungen berücksichtigt, d. h., der Anschaffungswert der Anlagegüter wird auf die Anzahl der Nutzungsjahre oder auf die produzierten Einheiten verteilt.

Abschreibungen können folgenden Zielen dienen:

- **Substanzerhaltung** der Investitionsgüter,
- **periodengerechte Anlagenbewertung** zur Ermittlung des Unternehmensgewinnes oder
- **periodengerechte Zuordnung** der Kapitalkosten auf die Kostenträger.

---

4   kalkulatorische Kosten entsprechen Anderskosten siehe Kapitel 1.3.1.

Nachfolgend werden die wichtigsten Begrifflichkeiten im Zusammenhang mit den Abschreibungen definiert.

(a1) Nutzungsdauer

Zeitraum der Anlagennutzung

Die **Zeit, in der ein Anlagegut (Investitionsgut) betrieblich genutzt wird**, ist als Nutzungsdauer definiert. In der Praxis wird sie im Allgemeinen aufgrund von Erfahrungswerten festgelegt. Die Nutzungsdauer ist keine absolute Größe, sie bezieht sich bei einem Betriebsmittel immer auf eine bestimmte Auslastung. Weiterhin wird sie beeinflusst durch das Aufkommen neuer Technologien, durch die Änderung der Wiederbeschaffungspreise[5] oder durch die Änderung der Zinssätze bzw. der Abschreibungsvorschriften. Richtwerte können den amtlichen AfA-Abschreibungstabellen[6] entnommen werden. Einen Auszug aus diesen Tabellen zur Festlegung der Nutzungsdauer zeigt Tabelle 3.2:

Tabelle 3.2 Nutzungsdauer von Investitionsgütern (Quelle: BMF 2002)

Investitionsgüter	Nutzungsdauer (Jahre)
Halle in Leichtbauweise	14
Hochregallager	15
Stationäre Fräsmaschine	15
Dampfturbinen	19
Kräne	14 - 21
PKW	6
LKW	9
Pressen	14
Stanzen	14
Emissionsmessgerät	8
Solaranlagen	10
Schornstein aus Metall	10

Um die speziellen Verhältnisse der einzelnen Betriebe zu berücksichtigen, wird die jeweilige Nutzungsdauer durch Multiplikatoren relativiert:

---

5   Wiederbeschaffungspreis = der vorab bei der Inbetriebnahme eines Wirtschaftsgutes geschätzte Preis der nach Ende der Nutzungsdauer für die Ersatzbeschaffung eines Wirtschaftsgutes zu bezahlen ist
6   AfA: Absetzung für Abnutzung; BMF: Bundesministerium der Finanzen

Betriebsübliche Nutzungsdauer = Nutzungsdauer × Multiplikator

Tabelle 3.3 zeigt Beispiele für Multiplikatoren aus dem Maschinenbau.
Weitere Beispiele für Afa-Ansätze finden sich auf der CD.

Tabelle 3.3 Multiplikatoren zur Korrektur der Nutzungsdauer in Abhängigkeit vom betrieblichen Einsatz (Quelle: in Anlehnung an Zimmermann/Fries/Hoch 2003, S. 72)

Betrieblicher Einsatz	Multiplikator
Einsatz von weniger als 8 Stunden pro Tag (z.B. Versuchsabteilung)	1,2 - 1,8
Zweischicht-Einsatz	0,75 - 1,0
Dreischicht-Einsatz	0,6 - 1,0
Einsatz in feuchten und staubigen Räumen oder im Freien	0,6 - 0,8
Einsatz in Räumen mit schädigenden chemischen Einwirkungen	0,5 - 0,9
Einsatz in Lehr- und Ausbildungswerkstätten	0,7

(a2) Abschreibungsursachen

Nach den Ursachen des Werteverzehrs unterscheidet man:

1. **Verbrauchsbedingte (technische) Abschreibungen**, z. B. Abnutzung durch Gebrauch, natürlichen Verschleiß, Substanzverringerung (bei Gewinnungsbetrieben wie z. B. Bergbau, Steinbrüchen und ähnlichem).
2. **Wirtschaftlich bedingte Abschreibungen**, z. B. infolge technischen Fortschritts, Bedarfsverschiebungen auf den Absatzmärkten, sinkende Wiederbeschaffungspreise des Kapitalgutes.
3. **Zeitlich bedingte Abschreibung**, z. B. Ablauf von Schutzrechten (Patent, Gebrauchsmuster) oder Ablauf von Konzessionen.

Abschreibung entsprechend der Ursache

In der betrieblichen Kostenrechnung sind diese Abschreibungsursachen zu berücksichtigen. Da sich aber die aus den einzelnen Ursachen ergebenden Wertminderungen oft nur schwer quantifizieren lassen, wird von einer verursachungsgerechten Abschreibungsberechnung zu einer rechnungstechnisch einfachen durchschnittlichen Berechnung übergegangen.

(a3) Abschreibungsarten

Basierend auf den Abnutzungsarten, die oben dargestellt wurden, lassen sich folgende Abschreibungsverfahren unterscheiden:

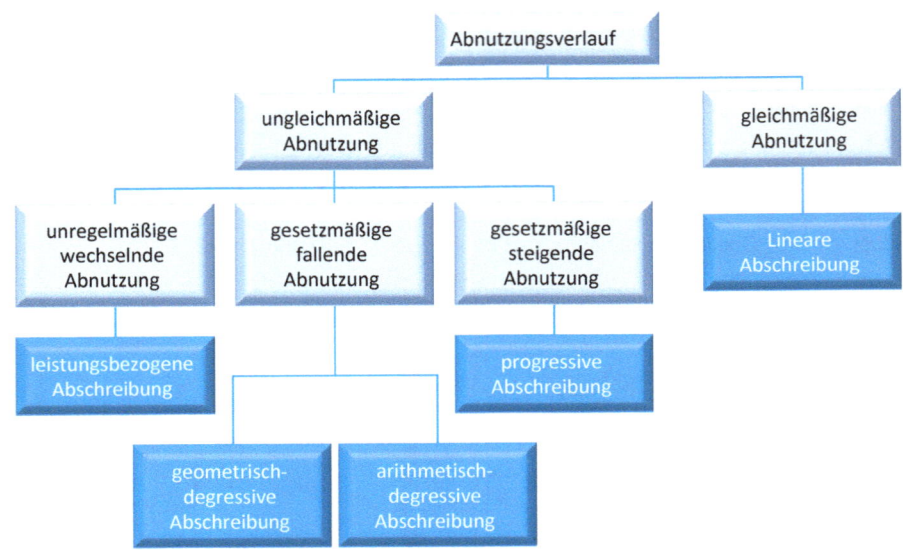

Abbildung 3.4 Abschreibungsarten (Quelle: in Anlehnung an Djanani/Schöb 1997, S. 56 ff.)

Diese Verfahren werden nun im Folgenden näher charakterisiert.

Lineare Abschreibung

1. **Abschreibung in gleichen Jahresbeträgen (lineare Abschreibung)** mit vom Anschaffungswert an linear fallenden Restbuchwerten. Angenommen wird hier eine jährlich gleichbleibende Minderung des Nutzungspotenzials. Daraus ergibt sich ein für jedes Jahr gleicher Abschreibungsbetrag, der zwar pro Jahr berechnet wird, letztlich aber auch auf Monate und Quartale verteilt werden kann. Bleibt am Ende der Nutzungsdauer ein Liquidationserlös, muss dieser bei der Wahl der Abschreibungsbeträge ermittelt werden. Der Wertverlust ist dann nur die Differenz zwischen Ausgangsbetrag und Resterlös.

$$\text{Abschreibung} = \frac{\text{Anschaffungswert} - \text{Resterlös}}{\text{Nutzungsjahre}}$$

- Anschaffungswert = Anschaffungspreis + Aufstellungs- und Anlaufkosten
- Resterlös = verbleibender geschätzter Verkaufserlös am Ende der Nutzungsperiode

Beispiel

Eine Laserschneidmaschine kostet einschließlich Aufstellungskosten ca. 100.000 €. Die Anlage soll ca. 5 Jahre genutzt werden, nach Ende der Nutzungsdauer kann die Maschine nur noch zum Schrottpreis verkauft werden, wofür etwa 10.000 € zu erlösen sind.

Für den jährlichen Abschreibungsbetrag ergibt sich damit:

$$\text{Abschreibungsbetrag} = \frac{100.00\ \text{€} - 10.000\ \text{€}}{5\ \text{Jahre}} = 18.000\ \text{€/Jahr}$$

Der Abschreibungsplan lautet somit:

Tabelle 3.4 Abschreibungsplan

Jahr (t)	Abschreibung im Jahr t (in €)	Restwert am Ende der Nutzungsperiode (in €)
1	18.000	82.000
2	18.000	64.000
3	18.000	46.000
4	18.000	28.000
5	18.000	10.000

2. **Abschreibung mit fallenden Jahresbeträgen (degressive Abschreibung).** Bei der Abschreibung mit fallenden Jahresbeträgen werden die jährlichen Abschreibungsbeträge so bemessen, dass sie je Jahr um den gleichen Betrag (arithmetisch-degressive Methode) oder um einen jährlich kleiner werdenden Betrag (geometrisch-degressive Methode) sinken.

Degressive Abschreibung

Bei der **arithmetisch-degressiven Methode** nimmt der Abschreibungsbetrag jährlich um einen festen Betrag ab. Damit ist der erste Abschreibungsbetrag ein Vielfaches des letzten, wobei diese Teilwerte in der Summe den Ausgangswert ergeben:

$$\text{Ausgangswert} = \sum_{t=1}^{n} t \times AD \qquad AD = \frac{(\text{Ausgangswert} - \text{Resterlös}) \times 2}{n(n+1)}$$

AD = Abschreibungsdegressionsbetrag

n = Nutzungsdauer

Im 1. Jahr ist die Abschreibung daher „$n \times AD$", im zweiten Jahr „$(n-1) \times AD$" und im letzten Jahr AD. Die Degressionswirkung bezieht sich dabei nur auf die Jahre, da die Werte innerhalb eines Jahres gleichmäßig auf Monate bzw. Quartale verteilt werden.

Beispiel

Die Laserschneidmaschine aus obigem Beispiel soll nun arithmetisch-degressiv abgeschrieben werden.

Für *AD* folgt:

$$AD = \frac{90.000 \times 2}{5 \times 6} = 6000$$

Für den Abschreibungsplan folgt dann:

Tabelle 3.5 Abschreibungsplan arithmetisch-degressiv

Jahr (t)	Abschreibung im Jahr t (in €)	Restwert am Ende des Jahres t (in €)
1	30.000	60.000
2	24.000	36.000
3	18.000	18.000
4	12.000	6.000
5	6.000	0.000

Bei der **geometrisch-degressiven Abschreibung** nimmt der Abschreibungsbetrag ebenfalls im Laufe der Nutzungsperiode ab, hier allerdings mit einem festen prozentualen Anteil auf den Restwert der Vorperiode. Bei einer kurzen Nutzungsperiode sollte ein hoher Wert für den Prozentsatz k gewählt werden, da sonst der Restbetrag zu hoch wird. Um eine – sonst theoretisch nicht mögliche – Abschreibung auf 0 zu erreichen, kann der Restbetrag entweder gleichmäßig aufgeteilt werden, oder zu einer linearen Abschreibung übergegangen werden, wenn deren Abschreibungswerte zum ersten Mal oberhalb des geometrisch-degressiven Betrags liegen würden.

Für den Abschreibungsbetrag in der Periode t gilt dabei:

Abschreibungsbetrag$_t$ = × Restwert$_{t-1}$

k folgt dabei aus:

$$k = 1 - \sqrt[n]{\frac{\text{Resterlös}}{\text{Ausgangsbasis}}}$$

n = Nutzungsdauer

Sofern kein Resterlös geplant ist, wäre $k = 1$. Hier kann ein fiktiver Wert angenommen werden, z. B. 100 €, um den auch die Ausgangsbasis erhöht wird. Der tatsächliche Restwert in jedem Jahr ist dann der ermittelte Restwert R_t abzüglich dieses fiktiven Werts.

Beispiel

Im Beispiel der Laserschneidmaschine ergeben sich folgende Werte:

$$k = 1 - \sqrt[5]{\frac{10.000}{100.000}} = 0{,}369$$

Tabelle 3.6 Abschreibungsplan geometrisch-degressiv

Jahr (t)	Abschreibung im Jahr t (in €)	Restwert am Ende des Jahres t (in €)
1	36.900,00	63.100,00
2	23.283,90	39.816,10
3	14.692,14	25.123,96
4	9.270,74	15.853,22
5	5.849,84	10.003,38

3. **Abschreibung in steigenden Jahresbeträgen (progressive Abschreibung).** Diese Abschreibungsart ist die Umkehrung der degressiven Abschreibung. Sie wird in der Praxis wenig angewandt. Im Einkommenssteuergesetz wird diese Methode nicht erwähnt und darf daher in der Steuerbilanz auch nicht verwendet werden.

   Progressive Abschreibung

4. **Abschreibung nach Leistung und Inanspruchnahme.** Nicht die Nutzungsdauer, sondern die mögliche (geschätzte) Leistungsabgabe eines Kapitalgutes dient hier als Verteilungsbasis der Anschaffungskosten, welche z. B. mit einem festen Satz je Leistungseinheit oder je Maschinenstunde abgeschrieben werden. Hier wird also der Abschreibungsbetrag durch die gesamte Leistungsmenge während der Nutzungsdauer dividiert. Der daraus entstehende Verrechnungssatz wird mit der Leistungsmenge pro Jahr multipliziert, um den Abschreibungsbetrag zu erhalten:

   Leistungsbezogene Abschreibung

$$\text{Verrechnungssatz} = \frac{\text{Abschreibungsausgangswert} - \text{Resterlös}}{M}$$

$$\text{Abschreibungsbetrag Jahr } t = \text{Verrechnungssatz} \times m_t$$

M = Gesamte Leistungsmenge

m_t = Leistungsmenge im Jahr t

Beispiel

Für die Laserschneidmaschine schätzt ein Team aus Vertriebs- und Produktionsmitarbeitern die folgenden Leistungsmengen:

Tabelle 3.7 Leistungsmengen pro Jahr

Jahr (t)	Leistungsmenge (Stk)
1	30.000
2	10.000
3	25.000
4	15.000
5	5.000
Summe	85.000

Für den Abschreibungsplan ergibt sich damit folgendes Bild:

Tabelle 3.8 Abschreibungsplan nach Leistung/Inanspruchnahme

Jahr (t)	Abschreibung im Jahr t (in €)	Restwert am Ende des Jahres t (in €)
1	31.764,71	58.235,29
2	10.588,24	47.647,06
3	26.470,59	21.176,47
4	15.882,35	5.294,12
5	5.294,12	0,00

Dem Ansatz, die Abschreibungen in fallenden Jahresbeträgen anzusetzen, liegt oft auch die Überlegung zugrunde, dass die gesamten Aggregatkosten als Summe aus Abschreibungen und Reparaturkosten über die Jahre der Nutzung möglichst konstant sein sollen. Mit zunehmender Nutzung steigen die Reparaturkosten je Periode, die aber durch verringerte Abschreibungsbeträge dazu führen, dass die gesamten Aggregatkosten gleich bleiben.

Lineare, progressive oder degressive Abschreibung hängen deshalb nicht nur vom tatsächlichen Verlauf der Wertminderung eines Anlageguts ab.

(a4) Kalkulatorische und bilanzielle Abschreibungen

Die **kalkulatorischen Abschreibungen dienen der Verteilung und Verrechnung der geschätzten, möglichst tatsächlichen Wertminderung** der Anlagegüter auf die Erzeugnisse (oder die Kostenträger) und damit als Grundlage für die Preisermittlung. Die kalkulatorische Abschreibung endet nicht, wenn die Anschaffungskosten über den Leistungserstellungsprozess abgedeckt sind. **Die kalkulatorische Abschreibung legt als Basis den „Wiederbeschaffungswert" zugrunde** und wird solange fortgesetzt, wie das Investitionsgut noch genutzt wird.

Kalkulatorische vs. Bilanzielle Abschreibungen

Mithilfe der kalkulatorischen Abschreibung können bestimmte **unternehmenspolitische Entscheidungen** getroffen werden z. B.:

- In Zeiten eines wirtschaftlichen Aufschwunges oder einer wirtschaftlichen Hochkonjunktur ist es möglich höhere Preise am Markt zu realisieren. Generell bewirken kurze Abschreibungszeiten entsprechend hohe Abschreibungsbeträge. Diese erhöhten Kosten können dann auch bei der Preisbildung berücksichtigt werden.

- Werden nun in wirtschaftlich guten Zeiten „zu kurze" Abschreibungszeiten festgelegt (kürzer als die normale Nutzungsdauer), dann fließen „zu hohe" Abschreibungsbeträge in der G+V-Rechnung. Da Aufwendungen und Kosten über den Verkauf von Produkten gedeckt werden müssen, werden von den Kunden „zu hohe" Preise verlangt. Der Leistungserstellungsprozess trägt in der betrachteten Periode „zu viel" zur Deckung der Abschreibungskosten bei. So werden Rücklagen geschaffen, die in wirtschaftlich schlechteren Zeiten aufgelöst werden können („Aufgelöst") dadurch, dass in schlechteren Zeiten, in denen durch den Verkauf von Produkten weniger Geld in das Unternehmen fließt, geringere Abschreibungsbeträge angesetzt werden können. Dadurch wird der „Kostenblock" in der G+V-Rechnung geringer. Im Idealfall lässt sich sogar ein Verlust (Kosten sind größer als die Erlöse) vermeiden.

- Beim Ansatz der kalkulatorischen Abschreibungen kann ein allgemeines Ansteigen der Preise für Anlagegüter berücksichtigt werden, indem als Ausgangsbasis für die Abschreibungssätze nicht der Anschaffungswert der Anlagen, sondern ihr Wiederbeschaffungspreis eingesetzt wird. Dadurch wird der Gedanke der Substanzerhaltung berücksichtigt.

Beispiel

Eine Maschine kostet heute 100.000,- €. Es ist wahrscheinlich, dass diese in 5 Jahren ersetzt werden muss und aufgrund von Preissteigerungen 120.000 € zu bezahlen sind. Werden die heutigen Anschaffungskosten abgeschrieben, dann fließen über die Berücksichtigung der Abschreibungsbeträge im Rahmen der Preisgestaltung und des Leistungserstellungsprozesses auch nur 100.000,- € zurück. Deshalb ist es sinnvoll, gleich die Wiederbeschaffungskosten als Basis für die kalkulatorische Abschreibung zu nehmen. So steht nach der Abschreibungszeit der Betrag zur Verfügung, der für die Ersatzmaschine auch tatsächlich eingesetzt werden muss.

Abbildung 3.5 zeigt zusammenfassend die Zeit- und Wertgrößen, die bei der kalkulatorischen Abschreibung beachtet werden müssen.

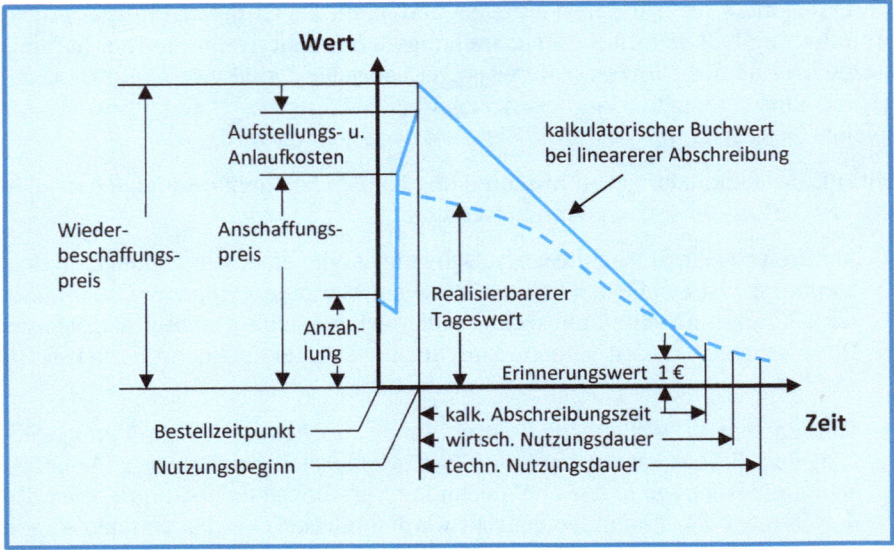

Abbildung 3.5 Zeit- und Wertgrößen bei der kalkulatorischen Abschreibung (Quelle: in Anlehnung an Däumler/Grabe 2000, S. 159 ff.)

Restriktionen bilanzieller Abschreibung

Demgegenüber dienen bilanzielle Abschreibungen dazu, den Wert der Kapitalgüter für die Verwendung in der Handels- und Steuerbilanz zu ermitteln. Für diese Bilanzen ist das Prinzip der nominellen Kapitalerhaltung vorgeschrieben. Hier darf die bilanzielle Abschreibung insgesamt nur bis zur Höhe des Anschaffungswertes vorgenommen werden.

Die bilanzielle Abschreibung ist beendet, wenn die ursprünglich zugrunde gelegte Nutzungsdauer abgelaufen ist. Die Anschaffungskosten der Maschine aus o. g. Beispiel von 100.000,- € werden also im Zeitraum von fünf Jahren abgeschrieben. Danach erscheint diese Maschine nicht mehr bzw. nur mit einem Erinnerungswert in der Bilanz (Passiva).

 Kalkulatorische Abschreibungen sind Kosten eines Unternehmens, Bilanzielle Abschreibungen sind Aufwendungen, die in der Steuerbilanz die Höhe des zu versteuernden Gewinnes des Unternehmens mindern.

Die bilanzielle (steuerliche) Abschreibung wird deshalb gesetzlich vorgegeben:

- **nach der Höhe:**
  Der Wert, der maximal der bilanziellen Abschreibung zugrunde gelegt werden darf, sind die Anschaffungs- oder Herstellkosten.

- **nach der Nutzungsdauer:**
  Das Investitionsobjekt gilt als abgeschrieben, wenn die einzelnen Beträge der bilanziellen Abschreibung buchhalterisch angesetzt wurden, egal ob das Investitionsgut weiterhin genutzt wird.

- **nach der Abschreibungsart:**
  Eine bilanzielle Abschreibung progressiver Art ist nicht erlaubt.

Die bilanziellen Abschreibungssätze sind u. a. ein Instrument der Wirtschaftspolitik. Um z. B. Investitionen in den neuen Bundesländern zu fördern, hat der Gesetzgeber in den Jahren nach der Vereinigung sehr hohe Abschreibungssätze zugelassen. Somit war für die Unternehmen ein Anreiz zur Investition in den neuen Ländern geschaffen, da sie über die hohen Aufwendungen für Abschreibungen in der G+V-Rechnung und damit in der Steuerbilanz den zu versteuernden Gewinn senken konnten.

Tabelle 3.9 Gegenüberstellung von kalkulatorischen und bilanziellen Abschreibungen

	bilanzielle Abschreibungen	kalkulatorische Abschreibungen
Zweck	• Bewertung der Anlagen • Aufstellung der Handels- und Steuerbilanz	• Verteilung und Verrechnung der tatsächlichen Wertminderung der Anlagegüter auf die Erzeugnisse
Abschreibungs- zeitraum	• Die Nutzungsdauer des Abschreibungsgutes ist nach AfA-Richtlinien festgelegt. • Die Abschreibung ist beendet, wenn diese Nutzungsdauer abgelaufen ist.	• Die Abschreibungen erfolgen, solange das Abschreibungsgut noch genutzt wird. • Die Abschreibung ist auch dann nicht beendet, wenn die ursprünglich geschätzte Nutzungsdauer abgelaufen ist.
Zielsetzung	• Nominelle Kapitalerhaltung • Abschreibung nur in Höhe des ursprünglichen Anschaffungswertes	• Substantielle Kapitalerhaltung; Der Wiederbeschaffungswert des Abschreibungsgutes soll erhalten bleiben.

b) Zinsen

Verrechnung kalkulatorischer Zinsen

Da in der Kostenrechnung nur **kalkulatorische Zinsen** und nicht die tatsächlichen Zinszahlungen verrechnet werden, wird in diesem Abschnitt nur auf die kalkulatorischen Zinsen eingegangen. Aus diesem Grund wird auch die Frage nach der Mittelherkunft (Eigen- oder Fremdkapital) nicht behandelt. Die kalkulatorischen

Zinsen werden deshalb auf der Basis des gesamten eingesetzten Kapitals (Eigen- und Fremdkapital) berechnet. Weil durch die Bindung des Eigenkapitals im eigenen Unternehmen eine mögliche alternative Kapitalanlage verloren geht, wird dieser „Verlust" den der Unternehmer erleidet, durch den Ansatz kalkulatorischer Zinsen auf das Eigenkapital ausgeglichen.

Der kalkulatorische Zinssatz entspricht üblicherweise dem Zinssatz für langfristiges Fremdkapital.

Abbildung 3.6 zeigt, dass die Bestimmung der kalkulatorischen Zinsen auch mit der Abschreibungsart zusammenhängt, die den Verlauf der Kapitalbindung bestimmt.

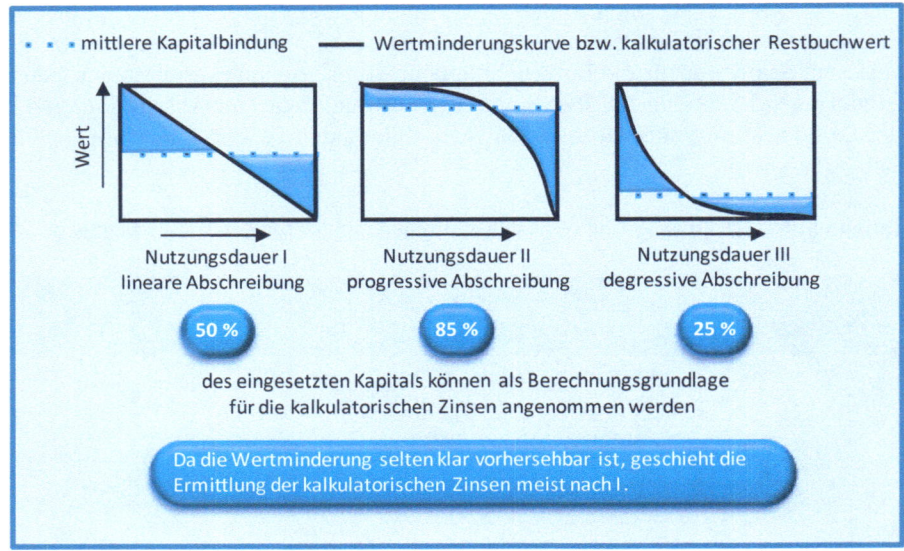

Abbildung 3.6 Bestimmung der kalkulatorischen Zinsen in Abhängigkeit von der gewählten Abschreibungsart

c) Wagnisse

Zu den **kalkulatorischen Wagnissen** (Verlustrisiken), die als Kosten anzusehen sind, gehören insbesondere (Huch 1986, S. 71):

Produktionsrisiken (Erfindungs- und Entwicklungsrisiko, Betriebsmittelrisiko, Werkstoffrisiko und Arbeitsrisiko),

Lagerhaltungsrisiken,

- Transportrisiken,
- Handelsrisiken sowie
- Finanzrisiken.

Absicherung durch Wagniszuschläge

Der zeitliche Eintritt der Risikofaktoren ist meist nicht vorherzusehen. Um alle Perioden gleichmäßig zu belasten, werden deshalb kalkulatorische Wagniszuschläge aufgrund von Erfahrungssätzen berechnet.

Grundsätzlich sollen nur diejenigen Wagnisverluste in die Selbstkosten der Erzeugnisse eingerechnet werden, die auch bei solider und fachkundiger Geschäftsführung **unvermeidbar sind**.

Verluste durch das allgemeine Unternehmerrisiko, wie Konjunkturrückgänge, Nachfrageverschiebungen, Währungsverluste usw. gehören i. d. R. nicht zu den kalkulatorischen Wagnissen und sind durch den Gewinn abzugelten.

3.1.2.2.4 Fremdleistungskosten

Kosten für Fremdleistungen sind alle jene Kosten, die einem Unternehmen für Leistungen entstehen, die es von außen bezieht, z. B. für elektrischen Strom, Gas, Transporte, Miete, Pacht, Lizenzen, Verbandsbeiträge, Prozesse, Reparaturen usw. Roh- und Hilfsstoffe, die von Dritten bezogen werden gehören nicht zu den Fremdleistungskosten. Die Ermittlung der Fremdleistungskosten im Rahmen der Kostenrechnung ist unproblematisch, da entsprechende Belege vorliegen.

Leistungen anderer Unternehmen bzw. Personen

3.1.2.2.5 Kosten der menschlichen Gesellschaft

Zu den **Kosten der menschlichen Gesellschaft** (Abgaben an die Öffentliche Hand) zählen die Steuern, Gebühren und Beiträge. Bei allen Abgaben, die in einem zwingenden Wirkungszusammenhang zur betrieblichen Leistungserstellung stehen – sie würden nicht anfallen, wenn keine betrieblichen Leistungen erstellt würden – liegt ein echter leistungsbezogener Güterverzehr vor. Sie stellen folglich Kosten dar. In der Literatur werden in diesem Zusammenhang unter anderem folgende Steuern genannt, die Kostencharakter tragen: **Vermögenssteuer für das betriebliche Vermögen, Gewerbekapitalsteuer, Grundsteuer, Grunderwerbsteuer und Kraftfahrzeugsteuer.**

Abgaben an öffentliche Institutionen

Grundsätzlich keinen Kostencharakter tragen dagegen die Körperschaft - bzw. Einkommensteuer und die Gewerbeertragssteuer, da sie den Unternehmens-**Gewinn** besteuern.

Tabelle 3.10 zeigt eine detaillierte und ergänzende Darstellung einer Kostenartengliederung[7].

---

7 Da hier eine getrennte Rubrik „Anlagenkosten" ausgewiesen ist, werden dort die Abschreibungen aufgeführt.

Tabelle 3.10 Beispiel für eine Kostenartengliederung (Quelle: in Anlehnung an Hofer 1993)

Personalkosten	Dienstleistungskosten
Gehaltskosten - Gehälter - Gehaltsnebenkosten **Lohnkosten** - Zeitlöhne - Akkordlöhne - Zusatzentgelte - Arbeitgeberanteil Sozialversicherung - Beiträge zur Berufsgenossenschaft - Behindertenabgabe - sonstige Lohnnebenkosten Personalleasing	Fremdfertigung Fremdtransporte Bewirtung Reisekosten Vertreterkosten sonstige Dienstleistungen

	Anlagenkosten
	Grundstücke und Gebäude - Gebühren und Steuern - Feuerversicherungen - Einbruchversicherung - sonstige Versicherungen - Instandhaltungskosten - planmäßige Abschreibungen - Raummieten **Maschinenkosten** - Maschinenversicherungen - Instandhaltungsmaterial - Fremdinstandhaltung - planmäßige Abschreibungen - geringwertige Wirtschaftsgüter - Maschinenmieten u. -leasing - Kosten sonstiger Anlagen

Materialkosten	
Handelswaren Fertigungsmaterial Fertigungsstoffe Instandhaltungsmaterial Büromaterial sonstige Materialien	

Versicherungskosten	Kapitalkosten
Produkthaftpflicht Warenkreditversicherung sonstige Versicherung	Eigenkapitalzinsen Fremdkapitalzinsen Kosten des Kapitalverkehrs sonstige Kapitalkosten

Werbekosten	
Werbematerial Werbung in Fachzeitschriften sonstige Werbekosten	

	sonstige Kosten

3.1.2.2.6 Unterschied zwischen technischem und kaufmännischem Bereich

Die bisher behandelten Kapitel haben gezeigt, dass bei der Finanzrechnung (Finanzbuchhaltung) Geldbeträge eine Rolle spielen. In Tabelle 1.1 wird gezeigt, dass das betriebliche Rechnungswesen in zwei große Abschnitte eingeteilt ist. Einerseits wird das „interne" Rechnungswesen, andererseits das „externe" Rechnungswesen unterschieden.

Zudem haben die einleitenden Ausführungen bereits angedeutet, dass die beiden Begriffe „Nominalgüterumlauf" und „Realgüterumlauf" unterschieden werden können:

Internes vs. Externes Rechnungswesen

- Der Nominalgüterumlauf umfasst die Wertbewegungen, die auf Zahlungsvorgänge zurückzuführen sind (Geldstrom, pagatorische Rechnungen, z. B. die Gewinn- und Verlustrechnung, lat. pagare = zahlen).

- Der Realgüterumlauf umfasst den von den finanziellen Abläufen losgelösten Leistungsprozess (Güterstrom, kalkulatorische Rechnung, die Kosten- und Leistungsrechnung).

Die pagatorische und die kalkulatorische Rechnung unterscheiden sich dadurch, dass sie unterschiedliche Aspekte der betrieblichen Vorgänge beschreiben:

Zahlungsvorgänge vs. Realgüterbewegungen

- Die pagatorische Rechnung befasst sich mit den Zahlungsvorgängen und Geldströmen (Nominalgüterumlauf: z. B. Rückzahlung eines Bankkredites), die zwischen dem Unternehmen und seinem Umfeld (Lieferanten, Kunden, Staat, Kapitalgeber etc.) fließen. Demzufolge ist die pagatorische Rechnung eine nach außen gerichtete Rechnung und wird deshalb auch als „externes Rechnungswesen" bezeichnet.

- Die kalkulatorische Rechnung baut dagegen nicht auf Zahlungsmittelbewegungen auf, sondern auf Realgüterbewegungen (Realgüterumlauf: z. B. Verbrauch von Material zur Produktion). Hier sind Informationsgegenstand und Informationsempfänger im Unternehmen selbst zu suchen. Demzufolge ist die kalkulatorische Rechnung eine nach innen gerichtete Rechnung und wird deshalb auch „internes Rechnungswesen" genannt.

Sie erkennen hier bereits einen Hauptunterschied zum dem **technischen Bereich, dessen Formeln, Gesetze, Regeln etc. zumeist aus den Naturgesetzen herleitbar sind.**

Technischer vs. Kaufmännischer Bereich

Das Rechnungswesen ist dagegen eine **Welt, deren Gesetze und Richtlinien fallweise ausgelegt sind und immer auch neu definiert werden können**[8]. Bei der Definition der „Anderskosten" in Kapitel 1, der Unterscheidung von kalkulatorischer und bilanzieller Abschreibung oder beim Thema „Bilanzierungsnormen" in Kapitel 2 wurde dies deutlich.

Es ist also durchaus legal möglich, dass sich ein Unternehmen nach außen hin „reich" oder „arm" rechnen kann. Ähnliches werden Sie feststellen, wenn Sie z. B. die Bilanzen eines Unternehmens vergleichen, die nach deutschem und nach US-amerikanischem Gesetz erstellt werden.

Gestaltungsspielraum bei der Gewinnermittlung

Sie dürfen jetzt allerdings nicht den Fehler machen und das gesamte Rechnungswesen in Frage stellen nach dem Motto: **„Es stimmt ja doch alles nicht." Die Praxis zeigt immer wieder, dass Unternehmen, die kein konsequentes Rech-**

---

8   Abschreibungssätze sind auch ein Instrument der Wirtschaftspolitik, z. B. um die Investitionstätigkeit der Unternehmen zu fördern. Höhere bilanzielle Abschreibungssätze bewirken, dass aufgrund der höheren Aufwendungen in der G+V-Rechnung der zu versteuernde Gewinn gesenkt werden kann; das Unternehmen spart Steuern.

nungswesen haben, (in konjunkturell schwieriger Lage) in Schwierigkeiten geraten (können). Gerade die im Weiteren behandelten Systeme der Kostenrechnung sind ein Hilfsmittel, um die Kosten eines Unternehmens zu erfassen und zu verrechnen.

So wie Sie in Ihrem Privatbereich die Kosten für Auto, Miete, Versicherungen, Kleidung etc. trennen können, muss auch ein Unternehmen seine unterschiedlichen Kostenarten kennen. Sie überschlagen grob Ihre monatlichen Kosten und werfen einen Blick auf Ihren Kontostand, um dann zu entscheiden, dass das neue Auto doch noch etwas warten muss. Ähnlich muss, vereinfacht gesagt, der Geschäftsführer für das Gesamtunternehmen oder der Bereichsleiter in seiner Budgetverantwortung für seinen Bereich vorgehen.

Tabelle 3.11 Internes und externes Rechnungswesen

BETRIEBLICHES RECHNUNGSWESEN	
Finanzrechnung	Kosten- und Leistungsrechnung
Nominalgüterumlauf basiert auf Zahlungsvorgängen pagatorische (bilanzielle) Rechnung Finanzbuchhaltung (FiBu) wird durchgeführt, um den Informationswunsch externer Stellen (Finanzamt, Banken, etc.) zu erfüllen	Realgüterumlauf basiert auf Güterbewegungen (Werteverzehr) kalkulatorische Rechnung Betriebsbuchhaltung (BeBu, Betriebsabrechnung) wird durchgeführt, um den Informationswunsch interner Stellen (Geschäftsführung, etc.) zu erfüllen
externes Rechnungswesen	internes Rechnungswesen

3.1.2.2.7 Zusammenfassung

Kostenarten als ein Element eines transparenten Betriebs

Ohne eine entsprechende Erfassung und Gliederung würden die **Kosten eines Unternehmens nur als pauschale Summe bekannt** sein. Die Geschäftsführung würde bestenfalls die Beträge kennen, die das Unternehmen bezahlt oder einnimmt. Am Ende des Jahres würde man dann feststellen, dass entweder Gewinn oder Verlust erwirtschaftet wurde. In eine ähnliche Situation geriete der Verantwortliche in E+K ohne eine aussagefähige interne Kostenrechnung.

Die Kostenrechnung und die Unterscheidung von Kostenarten innerhalb des Unternehmens und auch innerhalb des E+K-Bereiches ist ein erster Schritt auf dem Weg zu transparenten Kostenstrukturen. Das **Ziel sollte einerseits sein, „Stellgrößen" für die Planung, Steuerung und Kontrolle zu ermitteln**. Im Rahmen eines Soll-Ist-Vergleiches kann dann mithilfe dieser Stellgrößen parallel zur Auftragsabwicklung sichergestellt werden, dass die Vorgaben (Kosten-, Zeit-, Qualitätsziele) eingehalten werden. Andererseits bedeutet Kostentransparenz auch, dass **Entscheidungen des Managements auf einer Basis realer Kenngrößen getroffen werden können.**

3.1.2.3 Übungsaufgaben zur Kostenartenrechnung

Auf beigefügter CD befinden sich weitere Beispiele zur Vertiefung des Sachverhaltes sowie die Lösungen der folgenden Aufgaben.

Aufgabe 3.1.2.3.-1

Eine chemische Anlage wird zum Preis von 150.000 € gekauft. Die Transport-, Aufstellungs- und Anlaufkosten betragen 30.000 €. Die Nutzungsdauer wird auf 8 Jahre geschätzt. Der Restwert wird am Ende der Nutzungsdauer voraussichtlich 20.000 € betragen.
In welcher Höhe sind bei linearer Abschreibung die jährlichen Abschreibungsbeträge für die Kalkulation anzusetzen?

Aufgabe 3.1.2.3-2

Wie hoch sind die jährlichen Abschreibungsbeträge einer Investition über 17.000 €, die nach Ablauf der Nutzungsdauer von 5 Jahren einen voraussichtlichen Restwert von 2.000 € hat (Anwendung der arithmetisch-degressiven Abschreibungsmethode)?

Aufgabe 3.1.2.3-3 (in Anlehnung an Djanani/Schöb 1997, S. 57 ff.)

Für eine neu gekaufte Stanzmaschine liegen folgende Daten vor:

Tabelle 3.12 Ausgangsdaten

Anschaffungswert AW	80.000 €
Liquidationserlös L	5.000 €
Nutzungsdauer n	5 Jahre
Leistungsmengen (in Stück)	
Jahr 1	15.000
Jahr 2	10.000
Jahr 3	12.000
Jahr 4	8.000
Jahr 5	6.000

a) Erstellen Sie auf dieser Basis einen Abschreibungsplan für die gesamte Nutzungsdauer und vergleichen Sie dabei die lineare Abschreibung, die geometrisch-degressive Abschreibung, die arithmetisch-degressive Abschreibung und die Leistungsabschreibung. Nutzen Sie den Anschaffungswert als Ausgangsbasis.

b) Erstellen Sie einen Abschreibungsplan, wenn 70 % des Verschleißes durch die Nutzung und der Rest auf die Dauer des Nutzungszeitraumes zurückgeführt werden kann. Verwenden Sie dabei die lineare Abschreibungsmethode.

c) Im Falle von Aufgabe (b) stellen Sie nach 3 Jahren fest, dass die Nutzungsdauer 6 Jahre betragen wird. Welche lineare Abschreibungsrate haben Sie im Jahr 4?

Tabelle 3.13 Kostenarten-Vergleichsbogen (Beispiel) (Quelle: Zimmermann/Fries/Hoch 2003, S. 168)

Kostenarten (in T€)		Jan.	Febr.	März	Ø 1. Quart.	März Vorjahr	Ø Vorjahr
Produktion (t = Tonne)		140 t	130 t	120 t	130 t	110 t	120 t
1.	Fertigungsmaterial	300	280	250	277	225	260
2.	Fertigungslöhne	100	98	92	97	85	90
3.	Gemeinkostenlöhne	52	50	54	52	46	48
4.	Gehälter	95	95	96	95	88	90
5.	Personalnebenkosten	45	50	44	47	45	45
6.	Gemeinkostenmaterial	32	30	31	31	30	28
7.	Energiekosten	34	32	30	32	27	30
8.	Instandhaltung und Reparatur	40	30	34	35	32	35
9.	Steuern, Gebühren und Beiträge	60	59	61	60	58	60
10.	Werbung, Reisespesen	8	10	7	8	8	10
11.	Kundendienst, Vertreterprovision	35	34	30	33	28	32
12.	Kalkulatorische Abschreibungen	99	99	99	99	94	94
13.	Kalkulatorische Zinsen u. Wagnisse	14	14	14	14	13	13
14.	Summe Kosten	914	881	842	880	779	835
15.	Summe Kosten pro 100 t Produktion	653	678	701	677	708	696

Aufgabe 3.1.2.3-4

Wie hoch sind die jährlich anzusetzenden Zinsen für eine Maschine, deren Anschaffungskosten sich auf 200.000 € belaufen (kalkulatorischer Zinssatz p_k = 8 % pro Jahr, lineare Abschreibung)?

Aufgabe 3.1.2.3-5

Der Kostenarten-Vergleichsbogen dient zur monatlichen Kontrolle des Istkostenanfalls der einzelnen Kostenarten.

Das in Tabelle 3.13 dargestellte Beispiel für einen praktischen Kostenarten-Vergleichsbogen zeigt einen gleichmäßigen Anstieg der auf 100 t bezogenen Gesamtkosten in den Monaten Januar bis März. Geben Sie den wahrscheinlich zutreffenden Grund für diese Entwicklung an.

3.1.3 Kostenstellenrechnung

3.1.3.1 Aufgaben der Kostenstellenrechnung

Der Kostenstellenrechnung obliegt als Hauptaufgabe die **verursachungsgerechte Verrechnung der Gemeinkosten** auf die Kostenträger (Produkte, etc.).

> Die Kostenstellenrechnung erfasst die Kosten, die in den Teilbereichen des Unternehmens, den Kostenstellen, anfallen. Im Besonderen dient sie der Aufzeichnung der Gemeinkosten, die ferner für eine Weiterverrechnung aufbereitet werden.

Aus Abbildung 3.7 wird deutlich, dass die Kostenstellenrechnung letztlich das Bindeglied zwischen Kostenarten- und Kostenträgerrechnung ist. Wie bereits erläutert wurde, sind in der Kostenartenrechnung die Kosten, je nach ihrer Zurechenbarkeit, in Einzel- und Gemeinkosten unterteilt.

Während die Einzelkosten den Kostenträgern direkt zurechenbar sind, müssen die Gemeinkosten den Kostenträgern, je nach Inanspruchnahme durch diese, **zugeschlüsselt werden**. In Betrieben mit nur einem Produkt kann das Problem der Zuschlüsselung dadurch gelöst werden, dass die gesamten Kosten durch die gesamte Menge dividiert wird. In Betrieben mit unterschiedlichem Fertigungsprogramm, wo die einzelnen Produkte die verschiedenen Produktionspotenziale in den meisten Fällen zudem noch in sehr unterschiedlicher Weise beanspruchen, führt das Divisionsverfahren zu einem unzureichenden Ergebnis (keine verursachungsgerechte Verrechnung). Beansprucht beispielsweise Produkt I die Maschine A und Produkt II die Maschine B, so würde bei Anwendung des Divisionsverfahrens die Summe der Kosten der Maschinen A + B durch die Summe der Produkte I + II dividiert. Damit würden dem Produkt I die Kosten der Maschine B zugerechnet, was dem Ziel der verursachungsgerechten Verrechnung der Kosten auf die Kostenträger widerspräche. Wenn die Gemeinkosten nun aber nicht ohne weiteres den Kostenträgern zugerechnet werden können, so können sie doch am Ort ihrer Entstehung – den Abrechnungsbereichen – erfasst werden.

Zuschlüsselung der Stellengemeinkosten

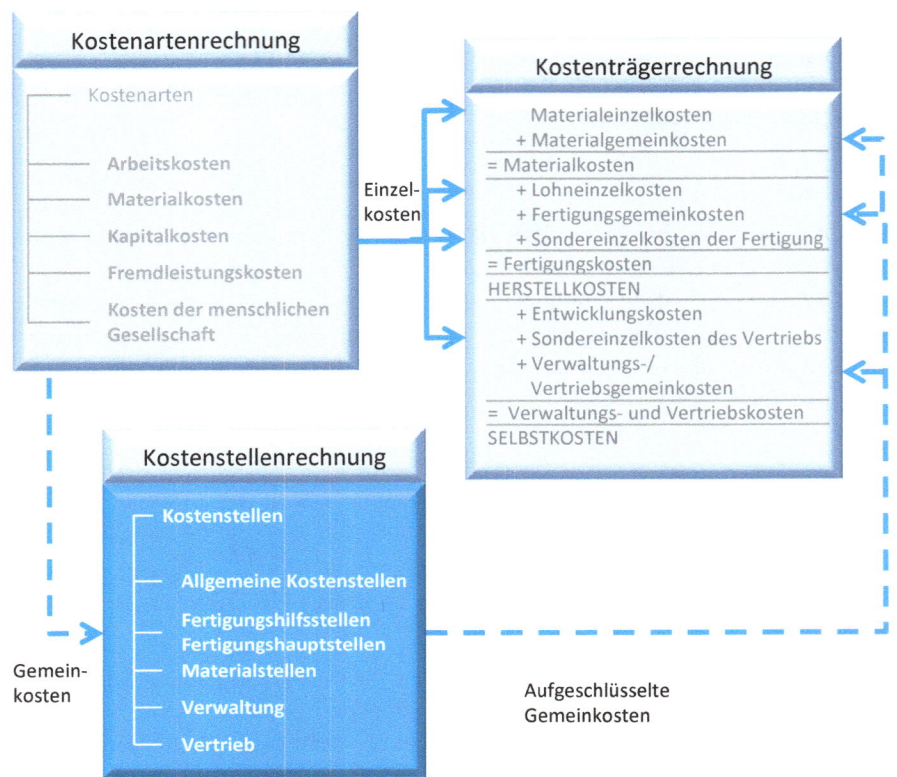

Abbildung 3.7 Kostenstellenrechnung im Gesamtsystem der Kostenrechnung

Hauptaufgabe der Kostenstellenrechnung – Verursachungsgerechte Verteilung der Gemeinkosten

Die Kostenstellenrechnung ermöglicht somit eine weitgehend verursachungsgerechte Verrechnung der (Erzeugnis-)Gemeinkosten auf die Kostenträger. Durch die Bildung von Kostenstellen (Abrechnungsbereichen) innerhalb eines Unternehmens können die Gemeinkosten bereichsweise erfasst werden. Je nachdem, wie stark ein Erzeugnis (Kostenträger) diese Kostenstelle in Anspruch genommen hat, können diese Kosten mithilfe besonderer Verteilungsschlüssel auf die Erzeugnisse verteilt werden. Da einzelne Kostenstellen (z. B. Energieerzeugung) innerbetriebliche Leistungen an andere Kostenstellen (z. B. an die Fertigung) abgeben, muss innerhalb der Kostenstellenrechnung eine innerbetriebliche Leistungsverrechnung erfolgen (vgl. Kapitel 3.1.3.3).

Grundsätzliche Bedeutung hat die Unterscheidung der Kosten nach primären Kosten und sekundären Kosten.

Die für die betriebliche Leistungserstellung von außerhalb des Unternehmens bezogenen Einsatzgüter werden als primäre Kosten bezeichnet; die von innerhalb des Unternehmens bezogenen Einsatzgüter werden als sekundäre Kosten bezeichnet.

Die Kostenartenrechnung erfasst nur primäre Kosten. **Somit besteht u. a. eine Aufgabe der Kostenstellenrechnung darin, die sekundären Kosten zu verrechnen** (innerbetriebliche Leistungsverrechnung).

Weitere Aufgaben der Kostenstellenrechnung

Um die Aufgabe der verursachungsgerechten Zurechnung der einzelnen Kosten erfüllen zu können, wird der gesamte Kostenblock des Unternehmens – wie bereits in Kapitel 1 ausgeführt – in Einzel- und Gemeinkosten unterteilt. **Einzelkosten** sind solche Kosten, die einem Kalkulationsobjekt direkt zugeordnet werden können, **Gemeinkosten** können nur indirekt den Kostenträgern zugerechnet werden. Eine Besonderheit stellen die sogenannten **„Unechten Gemeinkosten"** dar, die eigentlich Einzelkosten sind, aber aus Vereinfachungsgründen wie Gemeinkosten behandelt werden, wie nachfolgende Abbildung veranschaulicht:

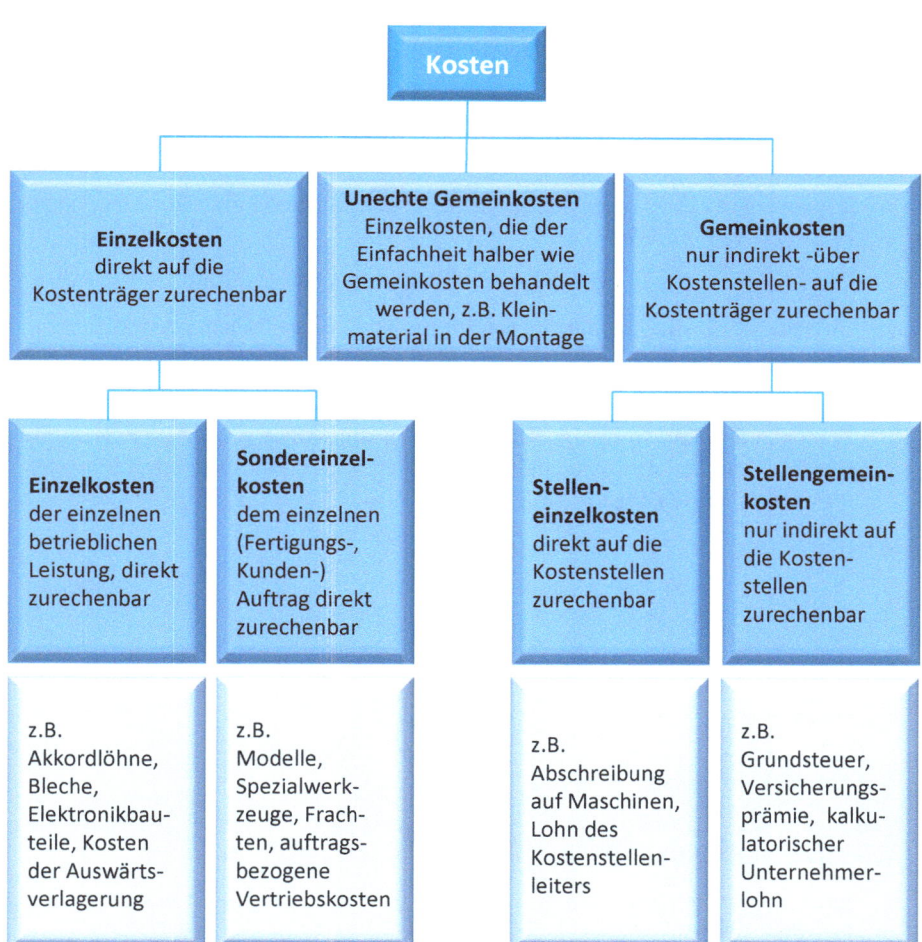

Abbildung 3.8 Kostenkategorien (Quelle: in Anlehnung an Jórasz 2009, S. 64 f.)

Die Gemeinkosten sind den einzelnen Kostenträgern mithilfe der Kostenstellenrechnung zuzuschlüsseln. Je nach direkter oder indirekter Zurechenbarkeit der einzelnen Gemeinkosten auf die Kostenstellen werden auch hier **Kostenstelleneinzelkosten** und Kostenstellengemeinkosten unterschieden. Kostenstelleneinzelkosten sind solche Gemeinkosten, die den Kostenstellen direkt zugerechnet werden können (z. B. spezielle Energiekosten dieser Kostenstelle); **Kostenstellengemeinkosten** sind solche Gemeinkosten, die den Kostenstellen z. B. mithilfe der innerbetrieblichen Leistungsverrechnung zugeschlüsselt werden.

Weitere Aufgaben der Kostenstellenrechnung

Eine weitere Aufgabe der Kostenstellenrechnung besteht **in der Kontrolle der Wirtschaftlichkeit einzelner Kostenstellen.** Dies kann mithilfe eines Kosten- und Leistungsvergleichs geschehen (z. B. Vergleich des Strompreises bei innerbetrieblicher Erzeugung mit dem Preis bei externem Bezug), wobei die Genauigkeit dieser Wirtschaftlichkeitsuntersuchung größer als in der gesamtbetrieblichen Kostenartenrechnung ist, da hier einzelne Betriebsabteilungen im Detail untersucht werden.

Übersicht über die Aufgaben der Kostenstellenrechnung

Die Aufgaben der Kostenstellenrechnung können folgendermaßen zusammengefasst werden:

- Kosten am Ort ihrer Entstehung sammeln und gegebenenfalls auf verursachende Kostenstellen umlegen.

- Verteilungsschlüssel zur Umlage der Gemeinkosten ermitteln.

- Unterlagen für die Kostenträgerrechnung (z. B. Gemeinkostenzuschläge) erstellen.

- Kosten ständig überwachen und damit das Betriebsgeschehen in den einzelnen Kostenstellen kontrollieren. (Dabei können nur solche Kostenarten kontrolliert werden, die in einer Kostenstelle beeinflusst und damit auch von ihr verantwortet werden können.)

- Innerbetriebliche Leistungsverrechnung

3.1.3.2 Kostenstellengliederung

Kostenstellen sind abgegrenzte Verantwortungsbereiche des Gesamtbetriebes, für die die Kostenbelastung gesondert ermittelt wird, um sie den Kostenträgern zurechnen zu können.

Kostenstellenbildung

Aus den Aufgaben der Kostenstellenrechnung ergeben sich folgende Grundsätze der Kostenstellengliederung (Wöhe/ Döring 2008, S. 950 ff.):

- Jeder Kostenstelle müssen **genaue Bezugsgrößen** der Kostenverursachung zugeordnet werden.

- Jede Kostenstelle sollte ein **selbständiger Verantwortungsbereich** sein, damit eine Wirtschaftlichkeitsrechnung ermöglicht wird.

- Nach dem **Prinzip der Wirtschaftlichkeit** ist jede Kostenstelle so zu bilden, dass sich alle Kostenbelege ohne große Schwierigkeiten verbuchen lassen.

Kostenstellenplan

Ein Kostenstellenplan, der obige Grundsätze beachtet, kann wie folgt aufgebaut sein (vgl. Tabelle 3.14):

1. **Allgemeine Kostenstellen** – Hilfskostenstelle
   Die allgemeinen Kostenstellen wie z. B. Grundstücks- und Gebäudeverwaltung, Wasser- und Energieversorgung dienen dem Gesamtunternehmen. Ihre Leistungen werden von allen oder fast allen Kostenstellen in Anspruch genommen. Somit sind ihre Kosten entsprechend der Inanspruchnahme auf die nachgelagerten Kostenstellen zu verteilen (innerbetriebliche Leistungsverrechnung). Sie sind den Hilfskostenstellen zuzuordnen.

2. **Fertigungshilfskostenstellen** – Hilfskostenstelle
   Die Fertigungshilfskostenstellen wie z. B. die Reparaturwerkstatt, die Arbeitsvorbereitung und die Konstruktion, verrichten Hilfsfunktionen für die eigentliche Leistungserstellung in den Fertigungshauptkostenstellen. Somit sind ihre Kosten entsprechend der Inanspruchnahme auf die nachgelagerten Kostenstellen zu verteilen (innerbetriebliche Leistungsverrechnung).

3. **Fertigungshauptkostenstellen** – Hauptkostenstelle
   In den Fertigungshauptkostenstellen, wie z. B. Dreherei, Stanzerei und Montage, findet die Produktion statt, in der das einzelne Erzeugnis unmittelbar be- oder verarbeitet wird. Diese Hauptkostenstellen sind der eigentliche Mittelpunkt des Rechenganges.

4. **Materialkostenstellen** – Hauptkostenstelle
   Die Materialkostenstellen nehmen die Kosten des Einkaufs, der Lagerung, der Materialentnahme und -prüfung auf.

5. **Verwaltungskostenstellen** – Hauptkostenstelle
   Die Verwaltungskostenstellen erfassen die Kosten der Geschäftsführung, des Rechnungswesens (Finanz- und Betriebsbuchhaltung) und der sonstigen Allgemeinen Verwaltung.

6. **Vertriebskostenstellen** – Hauptkostenstelle
   Die Vertriebskostenstellen, z. B. Verkauf, Vertriebsplanung und Werbung, beinhalten die Kosten des Absatzes.

7. **Forschung und Entwicklung** – Hauptkostenstelle
   Die F+E-Stellen, z. B. Grundlagen, Entwicklung, Versuch, beinhalten die Kosten für die F+E-Tätigkeiten.

Tabelle 3.14 Beispiel für eine Kostenstellengliederung (Quelle: in Anlehnung an Hofer 1993)

Allgemeine Kostenstellen	Vertriebskostenstellen
Immobilien - Grundstücke u. Gebäude - Heizung - Reinigung **Sozialdienste** - Kantine - Kindergarten - Sozialbetreuung **Energieerzeugung** - Dampferzeugung - Wasserversorgung - Druckluftversorgung **Fuhrpark** **Instandhaltung**	Verkauf Inland - Verkaufsgebiet Nord - Verkaufsgebiet Süd - Verkaufsgebiet West - Verkaufsgebiet Ost Verkauf Ausland Verkauf Innendienst Werbung Versand

Forschung und Entwicklung	Fertigungskostenstellen
- Labor - Testwerkstatt - Konstruktion	**Fertigungshauptkostenstellen** - Dreherei - Fräserei - Stanzerei - Schweißerei - Montage - Lackiererei **Fertigungshilfskostenstellen** - Produktionsplanung - Arbeitsvorbereitung - Werkzeugbau - Zwischenlager

Verwaltungskostenstellen	Materialkostenstellen
Geschäftsführung Personalabteilung Finanzen und Rechnungswesen - Finanzbuchhaltung - Betriebsbuchhaltung - Steuerabteilung EDV/Organisation Lehrlinge	**Lager** - Warenannahme/-ausgabe - Rohstofflager - Hilfs-/Betriebsstofflager Einkaufabteilung

Die **Allgemeinen und die Hilfskostenstellen** werden auch **Vor-** oder **Nebenkostenstellen** genannt. Sie dienen ausschließlich der Gemeinkostenerfassung und -weiterverrechnung auf die nachgelagerten Hauptkostenstellen.

Hilfskostenstellen

Die in die **Kostenstellenrechnung eingehenden Gemeinkosten werden auf Hilfs- und Hauptkostenstellen verteilt**. Durch Umlage der Hilfskostenstellen werden sämtliche **Gemeinkosten den Hauptkostenstellen zugerechnet**. Diese Kostenstellen werden daher **auch Endkostenstellen** genannt. Die auf den Endkostenstellen gesammelten Gemeinkosten werden dann im Weiteren auf die Kostenträger verrechnet.

Endkostenstellen

Platzkostenrechnung

Die Endkostenstellen können noch weiter untergliedert werden, z. B. in Kostenstellen für einzelne Arbeitsplätze, Maschinengruppen oder Maschinen. Die **Summe der Kosten einer solchen Kostenstelle wird als Platzkosten bezeichnet**. Eine derartig detaillierte Gliederung der Endkostenstellen erhöht zwar die Genauigkeit der Kostenrechnung, ist aber mit erheblichem Aufwand verbunden. Da in vielen Fällen die kurzfristige Verfügbarkeit betrieblicher Daten wichtiger ist als die mit einem größeren Zeitaufwand verbundene erhöhte Genauigkeit, wird in der Praxis die Platzkostenrechnung nur für (kapital-) kostenintensive „Plätze" angewendet.

3.1.3.3 Innerbetriebliche Leistungsverrechnung

Ein Unternehmen erstellt nicht nur **Leistungen, die für den Markt bestimmt sind (Absatzleistungen wie z. B. Autos, Maschinen, Geräte und Systeme), sondern auch Leistungen für den eigenen Betrieb, die sogenannten innerbetrieblichen Leistungen wie Werkzeuge, Vorrichtungen, Reparaturen, innerbetrieblicher Transport, allgemeine Entwicklungs-, Versuchs- und Forschungsarbeiten, Energie usw.**

Innerbetriebliche Leistungen

Die Schwierigkeit einer genauen innerbetrieblichen Leistungsverrechnung liegt im ständigen Leistungsaustausch der verschiedenen Kostenstellen eines Betriebes. So erstellt z. B. die Kostenstelle Entwicklung/Konstruktion (A) Leistungen für sich selbst und für die Kostenstelle Versuch (B), Techn. Vertrieb (C) und Betriebsmittelbau (D). Die Kostenstelle (A) empfängt aber auch Leistungen von B, C und D. Damit nun die Kostenträger verursachungsgerecht mit den jeweiligen Endkosten belastet werden, ist eine gegenseitige Verrechnung der innerbetrieblichen Leistungen erforderlich, vgl. Abbildung 3.9. Bei vier (n) Kostenstellen ergeben sich theoretisch 12 [$n \times (n-1)$] Möglichkeiten des innerbetrieblichen Leistungsaustausches, bei 50 Kostenstellen sind es bereits 2.450 Möglichkeiten.

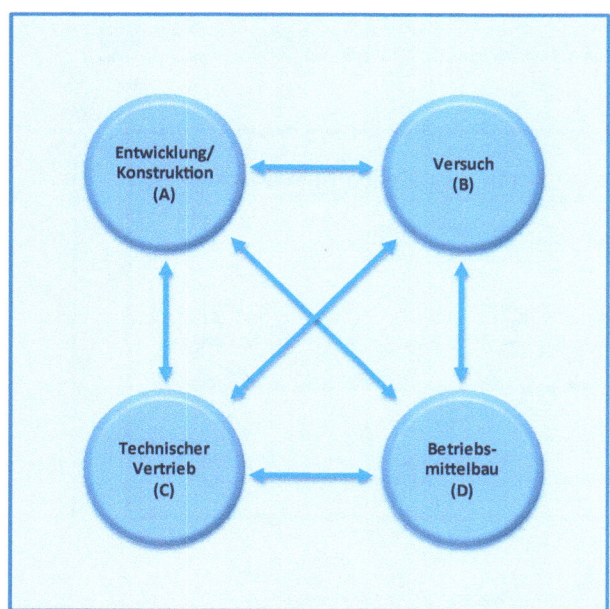

Abbildung 3.9 Schematische Darstellung des innerbetrieblichen Leistungsaustausches

Endkosten Die Verrechnung interner Leistungen schließt mit der Ermittlung der Endkosten jeder Kostenstelle ab. **Die Endkosten sind dann innerhalb der Kostenträgerrechnung dem jeweiligen Kostenträger zuzurechnen.** Da die Allgemeinen Kostenstellen (i. d. R. Hilfsstellencharakter) und die Hilfskostenstellen für die Hauptkostenstellen tätig sind und vollständig auf diese verrechnet werden, haben die Allgemeinen und die Hilfskostenstellen nach der Verrechnung stets den Wert null.

Die **Endkosten der Hauptkostenstellen stellen die Summe aller angefallenen Gemeinkosten dar**. Sie sind auf die Kostenträger zu verteilen und werden wie folgt berechnet:

> Endkosten = primäre Kosten + / − Kosten für innerbetriebliche Leistungen

Die Primärkosten und die Kosten für innerbetriebliche Leistungen (Sekundärkosten) setzen sich jeweils aus Stelleneinzel- und Stellengemeinkosten zusammen (Abbildung 3.10). Sind die Gemeinkosten der Kostenartenrechnung ohne Schlüsselung direkt – z. B. mit Belegen – auf die Kostenstellen verteilbar, so werden sie als **Stelleneinzelkosten** bezeichnet. Stelleneinzelkosten sind aber in Bezug auf das Erzeugnis (den Kostenträger) Gemeinkosten. Müssen die Gemeinkosten der Kostenartenrechnung dagegen mithilfe von Schlüsseln umgelegt werden, so sind sie Gemeinkosten in Bezug auf die Stellen, sie werden als **Stellengemeinkosten** bezeichnet.

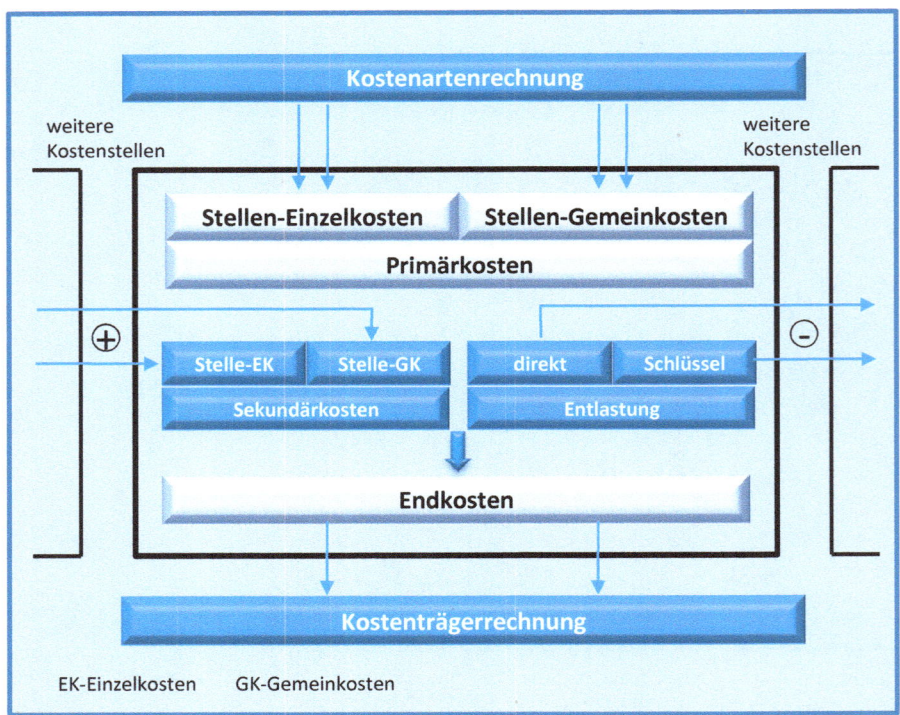

Abbildung 3.10 Kostenstellenrechnung am Beispiel einer Kostenstelle

Methoden zur Verrechnung Innerbetrieblicher Leistungen

Zur Durchführung der innerbetrieblichen Leistungsverrechnung können drei, nach unterschiedlichen Gesichtspunkten ausgerichtete Verfahren, zur Anwendung kommen:

- **Hauptkostenstellenverfahren**
- **Kostenstellenumlageverfahren**
- **Kostenstellenausgleichsverfahren**

Auf der beigefügten CD finden Sie die genannten Verfahren.

3.1.3.4 Betriebsabrechnungsbogen

3.1.3.4.1 Aufgaben des Betriebsabrechnungsbogens

Der Betriebsabrechnungsbogen (BAB) ist in der Praxis das wichtigste Instrument der Kostenstellenrechnung. Im Einzelnen ist mit ihm möglich:

Funktionen des BAB

- **Verursachungsgerechtes Verteilen der Gemeinkosten** auf die Kostenstellen.
- **Umlegen der Kosten der allgemeinen Kostenstellen** auf nachgelagerte Kostenstellen.
- **Umlegen der Kosten der Hilfskostenstellen auf die Hauptkostenstellen.**
- **Ermitteln der Gemeinkostenzuschlagssätze** für die Hauptkostenstellen durch Gegenüberstellen von Einzel- und Gemeinkosten.
- **Nachprüfen der verrechneten Kosten**, d. h. Feststellen der Differenz zwischen verrechneten Kosten und entstandenen Kosten.
- **Kontrolle der Wirtschaftlichkeit** der Kostenstellen durch Bereitstellen von Basiszahlen zur Kennzahlenbildung.

Formal stellt der Betriebsabrechnungsbogen eine tabellarische Form der Kostenstellenrechnung dar. Üblicherweise werden die Kostenarten in den Zeilen und die Kostenstellen in den Spalten aufgeführt werden. Das Grundprinzip ist in Tab. 3.15 beispielhaft dargestellt. Daraus wird deutlich, dass die verschiedenen Kostenarten (die Gemeinkosten und die als Bezugsgröße für die Zuschlagssätze dienenden Einzelkosten) erfasst und der Kostenstelle zugeordnet werden, in der sie angefallen sind.

Die Gemeinkostenzuschlagssätze werden ermittelt, indem im Fertigungsbereich die Fertigungseinzelkosten (z. B. Fertigungslöhne), im Materialbereich die Materialeinzelkosten (z. B. Fertigungsmaterial), im Verwaltungs- und Vertriebsbereich die Herstellkosten (Summe aus den Einzel- und Gemeinkosten im Fertigungs- und Materialbereich) als Bezugsgrößen für die Gemeinkostenverrechnung herangezogen werden.

Im **Einzelnen ist der Aufbau des Betriebsabrechnungsbogens stark betriebsabhängig**, was sich schon aus der betriebsspezifischen Kostenarten- und Kostenstellenstruktur ergibt. Die Logik in der **Vorgehensweise zur Durchführung der Kostenstellenrechnung ist jedoch grundsätzlich gleich**. Dies gilt auch vor allem für den in der Praxis der meisten Unternehmen üblichen Fall, dass die Berechnungen mit EDV-Unterstützung durchgeführt wird und ein „Bogen" als solcher gar nicht mehr existiert. Entsprechende Softwareprogramme sind standardisiert und individuell auf die Belange des entsprechenden Betriebes anpassbar. Das Verständnis der Logik des Betriebsabrechnungsbogens gehört jedoch in jedem Fall zu den unverzichtbaren Kenntnissen, die der mit Kostenfragen betraute Praktiker besitzen muss.

Tabelle 3.15 Beispiel für den Aufbau eines einfachen Betriebsabrechnungsbogens (Quelle: in Anlehnung an Denzau/Wicher 1992) FKSt = Fertigungskostenstelle, alle Angaben in €

Kostenarten (in €)	Gemeinkosten	Kostenstellen					
		Fertigungsbereich			Material-bereich	Verwalt.-bereich	Vertriebs-bereich
		FK St I	FK St II	FK St III			
Gehälter	2.600	300	400		200	1200	500
Hilfslöhne	1.800	800	200	200	300	100	200
Sozialer Aufwand	900	300	150	150	50	180	70
Betriebsstoffe	500	100	100				300
Büromaterial	400				100	200	100
Fremdreparaturen	400			300			100
Energieverbrauch	350	50	100	50	20	80	50
Abschreibungen	250	40	60	50	20	40	40
Steuern	100					100	
Postgebühren	150					50	100
Werbekosten	350						350
sonst. Kosten	200	10	40	50	10	30	60
Summe der GK	8.000	1.600	1.050	800	700	1.980	1.870
Bezugsgrößen* Fertigungslöhne	4.500	2.000	1.000	1.500			
Fertigungsmaterial	5.350				5.350		
Herstellkosten						14.000	14.000
GK-Zuschlagssätze		80,0 %	105,0 %	53,3 %	13,1 %	14,1 %	13,4 %

*GK-Zuschlagssatz = Gemeinkosten / Bezugsgröße bzw. Verteilungsschlüssel

3.1.3.4.2 Kostenstellenrechnung im Betriebsabrechnungsbogen

Bei der Kostenstellenrechnung mit dem Betriebsabrechnungsbogen wird in fünf Schritten vorgegangen. Tab. 3.16 zeigt den prinzipiellen Aufbau des Betriebsabrechnungsbogens mit den einzelnen Verfahrensschritten.

Tabelle 3.16 Prinzipieller Aufbau eines Betriebsabrechnungsbogens BAB

Kostenarten \ Kostenstelle	Zahlen der Buchhaltung	Allgem. Kostenstellen	Fertigungsstellen Hauptstellen A	B	Σ	Hilfsstellen	Materialstellen	Verwaltungsstellen	Vertriebsstellen
Einzelkosten									
Primäre Gemeinkosten • Stelleinzelkosten • Stellengemeinkosten			① Kostenübernahme und verursachungsgerechte Verteilung auf die Kostenstellen						
Primäre Stellenkosten									
Sekundäre Gemeinkosten • Belastung/Entlastung von sekundären Stellenkosten			② Kostenumlage innerbetriebliche Leistungsverrechnung						
Ist-Endstellenkosten									
Zuschlagsbasis • Fertigungslöhne • Fertigungsmaterial • Herstellkosten			③ Zuschlagssätze Ermittlung der Gemeinkosten Zuschlagssätze						
Ist-Zuschlagssätze									
Durchschnitts-Zuschlagssätze			④ Kostenstellen-abweichungen bei verrechneten Kosten						
Kostenstellen-abweichungen									
Kostenüber-/unterdeckung									
Kennzahlen			⑤ Kenn-zahlenbildung						

- **Schritt 1: Kostenübernahme**

   Übernahme der primären Gemeinkosten (Zeile 1.4 bis 1.14 in Tab. 3.17a) aus der Kostenartenrechnung und Verteilen der Stelleneinzelkosten und der Stellengemeinkosten mithilfe von Verteilungsschlüsseln nach dem Verursachungsprinzip auf die einzelnen Kostenstellen. Die Summe aus den Stelleneinzelkosten und den Stellengemeinkosten ergibt die primäre Stellenkosten einer Kostenstelle (Tab. 3.17a).

Schritt 1 — Ermittlung primäre Stellenkosten

Tabelle 3.17a Verteilen der primären Gemeinkosten und Ermittlung der primären Stellenkosten im Betriebsabrechnungsbogen BAB

Schritt	Kostenstelle / Kostenarten	Zahlen der Buchhaltung	Allgem. Kostenstellen	Fertigungsstellen Hauptstellen A	B	Σ	Hilfsstellen	Materialstellen	Verwaltungsstellen	Vertriebsstellen
1. Kostenübernahme	1.1 Produktionswert	900		520	380					
	1.2 Fertig.-Material FM	250		150	100	250				
	1.3 Fertig.-Löhne FL	92		60	32	92				
	1.4 Gemeinkostenlöhne	54	2	21	19	40	10	2		
	1.5 Gehälter	96	8	6	6	12	16	8	25	27
	1.6 Gemeinkost.-material	31	9	7	8	15	3	1	1	1
	1.7 Energie (Fremdbezug)	30	2	14	10	24	4			
	1.8 Instandhaltung und Reparatur (Fremdleistg.)	34	5	10	9	19	8	2		
	1.9 Kundendienst, Vertreterprovis.	30								30
	1.10 kalkulatorische Abschreibung	99	8	25	26	51	11	4	10	15
	1.11 kalkulatorische Zinsen, Wagnisse	14	2	4	3	7	1	4		
	1.12 Personalnebenkosten	44	4	3	3	6	8	4	12	10
	1.13 Miete, Steuern, Versicherg., Gebühren	61	6	10	10	20	8	3	12	12
	1.14 Werbung, Repräsentation	7					1		2	4
	Primäre Stellenkosten	500	46	100	94	194	70	28	63	99

Die Einzelkosten für Fertigungsmaterial und Fertigungslohn (Zeile 1.2 und 1.3, Tab. 3.17a) werden direkt auf die Kostenträger verrechnet. Sie dienen hier im Betriebsabrechnungsbogen nur als Basis für die Ermittlung der Gemeinkostenzuschlagssätze (Zeile 3.3 und 3.6, Tab. 3.17c).

- **Schritt 2: Kostenverteilung (Innerbetriebliche Leistungsverrechnung)**
  Das Verteilen der Kosten der Allgemeinen Kostenstellen und der Fertigungshilfsstellen auf die Hauptstellen kann mithilfe eines in Kapitel 3.1.3.3 dargestellten Verfahrens erfolgen. Im Beispiel wurde das Treppenverfahren angewandt. Zunächst werden die Kosten des Allgemeinen Bereichs auf die anderen Kostenstellen (Verteilungsschlüssel: investiertes Kapital) in Zeile 2.2 (Tab. 3.17b) umgelegt, anschließend kommt es in Zeile 2.3 (Tab. 3.17b) zur Umlage der Fertigungshilfsstelle auf die Fertigungshauptstellen (Verteilungsschlüssel: beschäftigte Personen, Zeile 5.1, Tab. 3.17e).

Schritt 2 — Endgültige (Ist-)Stellenkosten

Die Addition der Zeilen 2.1 bis 2.3 ergibt die Ist-Endstellenkosten je Kostenstelle (Tab. 3.17b).

Tabelle 3.17b innerbetriebliche Leistungsverrechnung und Ermittlung der Ist-Endstellenkosten im Betriebsabrechnungsbogen BAB

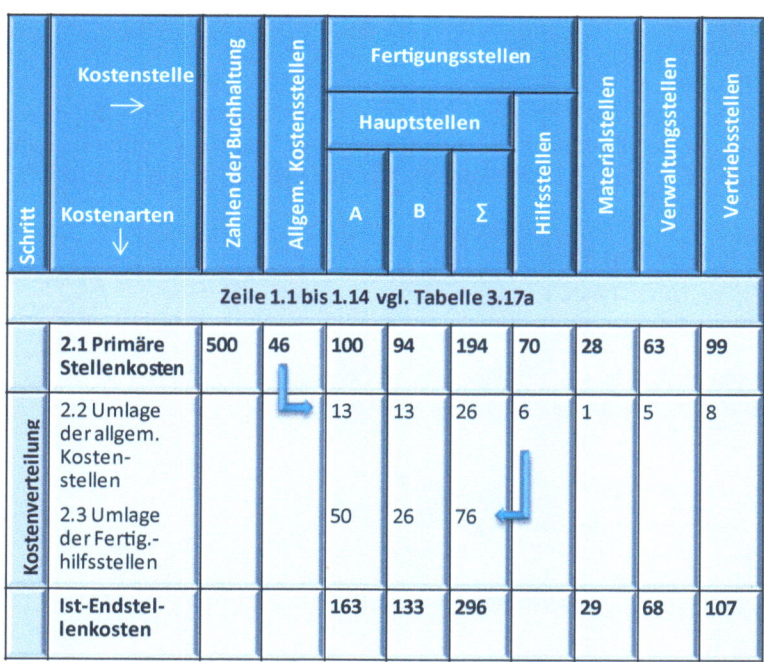

Schritt	Kostenstelle → Kostenarten ↓	Zahlen der Buchhaltung	Allgem. Kostenstellen	Fertigungsstellen Hauptstellen A	B	Σ	Hilfsstellen	Materialstellen	Verwaltungsstellen	Vertriebsstellen
	Zeile 1.1 bis 1.14 vgl. Tabelle 3.17a									
Kostenverteilung	2.1 Primäre Stellenkosten	500	46	100	94	194	70	28	63	99
	2.2 Umlage der allgem. Kostenstellen			13	13	26	6	1	5	8
	2.3 Umlage der Fertig.-hilfsstellen			50	26	76				
	Ist-Endstellenkosten			163	133	296		29	68	107

Abbildung 3.11 zeigt schematisch die Vorgehensweise bei der Kostenumlage auf die Hauptkostenstellen.

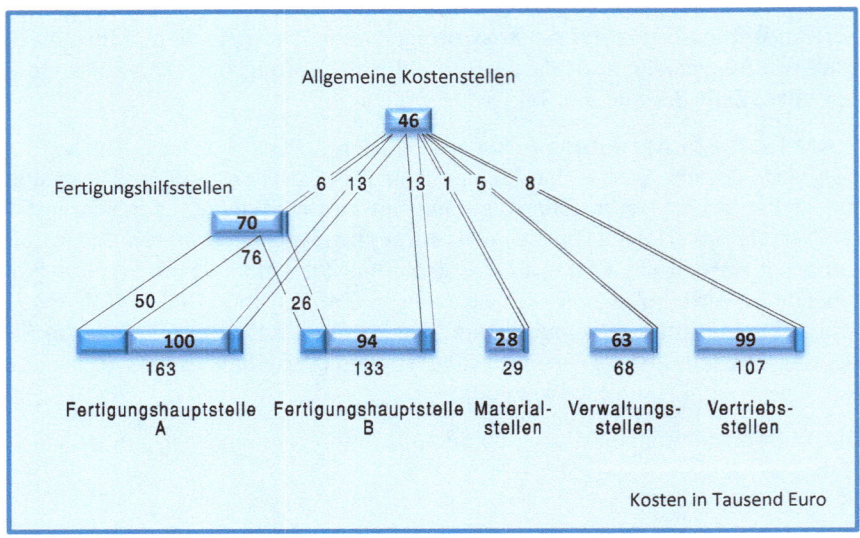

Abbildung 3.11 Schematische Darstellung der Kostenumlage auf die Hauptkostenstellen (vgl. Tabelle 3.17b)

Schritt 3 — Ermittlung Zuschlagssätze

- **Schritt 3: Ermittlung der Gemeinkostenzuschlagssätze**
  In diesem Schritt werden diejenigen Zuschlagssätze ermittelt, die – unter Verwendung bei der der Kalkulation – zu keiner Kostenüber- bzw. -unterdeckung geführt hätten (Tab. 3.17c). Dabei werden folgende Berechnungen angestellt[9]:

$$FGK = \frac{\text{Fertigungsgemeinkosten}}{\text{Fertigungseinzelkosten}} \times 100$$

- Fertigungsgemeinkostensatz (FGK):
  Materialgemeinkostensatz (MGK):

$$MGK = \frac{\text{Materialgemeinkosten}}{\text{Fertigungsmaterial}} \times 100$$

Verwaltungsgemeinkostensatz ($VWGK$):

$$VWGK = \frac{\text{Verwaltungsgemeinkosten}}{\text{Herstellkosten}} \times 100$$

---

9 Hier ist im Vorgriff auf den nächsten Abschnitt, in dem die Kalkulationsverfahren behandelt werden, anzumerken, dass die Verwaltungs- und Vertriebsgemeinkosten auch auf die Fertigungskosten bezogen werden können. Die geforderte Kausalität zwischen Bezugsgrößen und verrechneten Gemeinkosten ist jedoch in beiden Fällen nicht gesichert.

Vertriebsgemeinkostensatz (*VTGK*):

$$VTGK = \frac{\text{Vertriebsgemeinkosten}}{\text{Herstellkosten}} \times 100$$

Tabelle 3.17c Ermittlung der Gemeinkostenzuschlagssätze sowie der Gesamtkosten im Betriebsabrechnungsbogen BAB

Schritt	Kostenstelle → Kostenarten ↓	Zahlen der Buchhaltung	Allgem. Kostensstellen	Fertigungsstellen – Hauptstellen A	B	Σ	Hilfsstellen	Materialstellen	Verwaltungsstellen	Vertriebsstellen
	Zeile 1.1 bis 2.3 vgl. Tabelle 3.17a+b									
3. Ermittlung der GL-Zuschlagssätze	3.1 Ist-Endstellenkosten			163	133	296 +		29	68	107
	3.2 Fertig.-löhne FL			60	32	92				
	3.3 Fertig.-gemeinkosten-Zuschlag FGK			270 %	415 %					
	3.4 Fertig.-kosten FK=FL+FGK					388 +				
	3.5 Fertig.-material FM					250 +		250		
	3.6 Materialkostenzuschlag MGK					29		11,5 %		
	3.7 Herstellkosten HK= FK+FM+MGK					667 +		667	667	
	3.8 Verwaltungsgemeinkosten-Zuschlag VwGK					68 +			10 %	
	3.9 Vertriebsgemeinkosten-Zuschlag VtGK					107				16 %
	3.10 Gesamtkosten					842				

Schritt 4: Nachprüfung der verrechneten Kosten

Schritt 4 — Schwankungen berücksichtigt

Da bei der Kalkulation in aller Regel mit jährlich konstanten Zuschlagssätzen (Durchschnittszuschlagssätze, Zeile 4.1, Tab. 3.17d) gerechnet wird, stimmen bei Kosten- bzw. Beschäftigungsschwankungen meist die Kosten, die auf die Kostenträger verrechnet wurden, nicht mit den tatsächlich angefallenen Kosten überein und führen zu Kostenunter- bzw. Kostenüberdeckungen. Art und Umfang dieser Schwankungen müssen beim Festlegen der Länge einer Abrechnungsperiode für den Betriebsabrechnungsbogen berücksichtigt werden. Im vorliegenden Fall ergibt sich durch Vergleich der Gesamtkosten (Zeile 3.10 in Tab. 3.17c und Zeile 4.10 in Tab. 3.17d) eine Überdeckung, d.h., in der aktuellen Abrechnungsperiode konnte unter wirtschaftlich günstigeren Randbedingungen, z.B. bessere Betriebsauslastung, die betriebliche Leistung erbracht werden.

Schritt 5: Ermittlung von Kennzahlen

Schritt 5 – Kennzahlen für Steuerung ermittelt

Aus dem in den Tab. 3.17a–d dargestellten Betriebsabrechnungsbogen lassen sich beispielhaft Kennzahlen für die verschiedenen Kostenstellen oder auch auf die Abrechnungsperiode bzw. das Jahr bezogen ermitteln (Zeile 5.1 bis 5.11, Tab. 3.17e).

Mit Kennzahlen sind Veränderungen im Betriebsgeschehen einfach und anschaulich darstellbar. Sie eignen sich sowohl für den überbetrieblichen Vergleich als auch vor allem für innerbetriebliche Periodenvergleiche. Abbildung 3.12 zeigt beispielhaft die Entwicklung einiger Kennzahlen über einen Zeitraum von 6 Monaten.

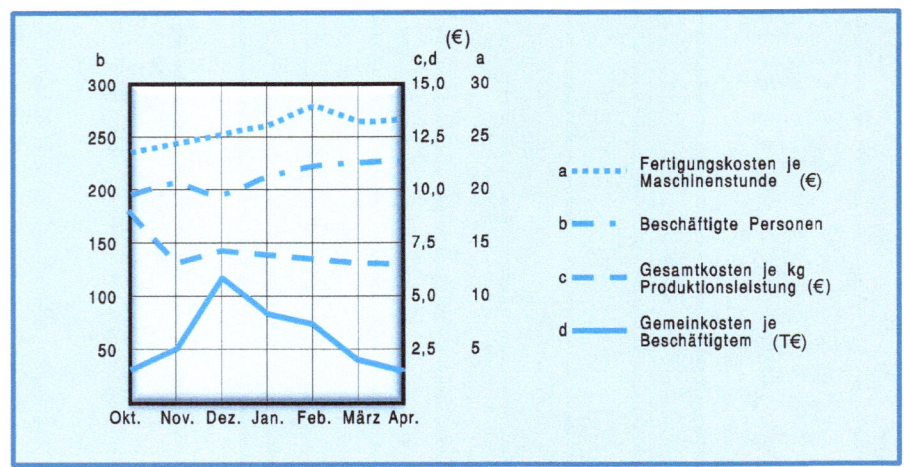

Abbildung 3.12 Darstellung einiger Kennzahlen zum Betriebsabrechnungsbogen aus Tabelle 3-17e (Quelle vgl. Djanani/Schöb 1997, S. 94ff.)

Tabelle 3.17d Ermittlung der Kostenstellenabweichungen sowie der Gesamtkosten - Über-/Unterdeckung im Betriebsabrechnungsbogen BAB

Schritt	Kostenstelle → Kostenarten ↓	Zahlen der Buchhaltung	Allgem. Kostenstellen	Fertigungsstellen Hauptstellen A	B	Σ	Hilfsstellen	Materialstellen	Verwaltungsstellen	Vertriebsstellen
				Zeile 3.1 bis 3.10 vgl. Tabelle 3.17c						
4. Nachprüfung der verrechneten Kosten	4.1 verrechnete Durchschnittszuschlagsätze			300 %	400 %			10 %	10 %	15 %
	4.2 verrechnete Fertig.-löhne FL			60	32	92 +				
	4.3 verrechnete Fertig.-gemeinkosten FGK			180	128	308				
	4.4 verrechnete Fertig.-kosten FK					400 +				
	4.5 verrechnetes Fertig.-material FM					250 +		250		
	4.6 verrechnete Materialgemeinkosten MGK					25 ←		25		
	4.7 verrechnete Herstellkoste HK					675 +		675	675	
	4.8 verrechnete Verwaltungsgemeinkosten VwGK					68 ←			68	
	4.9 verrechnete Vertriebsgemeinkosten					101 ←				101
	4.10 verrechnete Gesamtkosten					844				
	4.11 Abweichung, Überdeckung gegenüber 3.10					+2				

Tabelle 3.17e Ermittlung von Kennzahlen auf der Grundlage des Betriebsabrechnungsbogens BAB

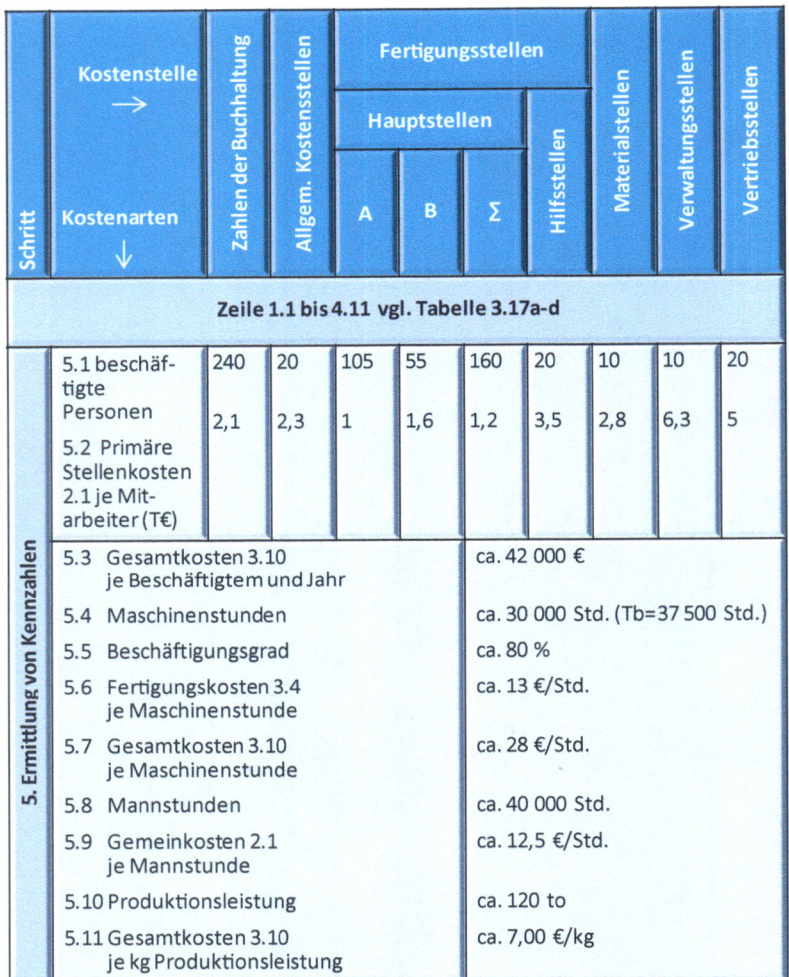

Der **Einsatz solcher Methoden ist in Unternehmen praktisch immer mit der Nutzung von Software** verbunden. In vielen kleinen und mittleren Firmen werden hier oftmals Standardtools wie Tabellenkalkulationen genutzt. Als Daten-Grundlage können aber insbesondere auch Enterprise Resource Planning (ERP)-Tools genutzt werden. Diese verfügen i. d. R. über spezielle Controlling-Module, deren Fokus aber nicht selten der operative Bereich ist. Weitergehende Möglichkeiten bieten Zusatzprogramme wie Business Intelligence-Softwarelösungen, die Daten aus einer Vielzahl von Systemen übernehmen und umfassend auswerten können. Das Generieren von Kennzahlen und deren grafische Darstellung – auch in der Form von sog. Cockpits – gehört zu den Grundelementen dieser Tools. Somit ist den Verantwortlichen ein wichtiges Steuerungsinstrument an die Hand gegeben.

3.1.3.4.3 Der Einfluss von Beschäftigungsgradschwankungen auf die Gemeinkostenzuschläge

Fertigungslohn und Fertigungsmaterial sind variable Kosten, d. h., sie verändern sich proportional zur erstellten Mengenleistung (Ausbringung). Die Gemeinkosten setzen sich dagegen überwiegend aus fixen Kosten zusammen. Da die fixen Kosten vom Kapazitätsausnutzungsgrad unabhängig sind, gilt der jeweilige Zuschlagprozentsatz nur für den Beschäftigungsgrad, für den er errechnet wurde. Werden also bei schwankenden Beschäftigungsgraden innerhalb einer Periode die Zuschlagssätze konstant gehalten, so liegt keine verursachungsgerechte Zurechnung mehr vor. Dies kann anhand der Darstellung in Abbildung 3.13 erläutert werden. Dabei wird der Beschäftigungsgrad (Ist-Beschäftigung zu Kann-Beschäftigung) als alleiniger Kosteneinflussfaktor sowie ein linearer Verlauf der tatsächlichen Gesamtkosten angenommen, um die Zusammenhänge für die Erklärung nicht unnötig zu komplizieren.

Beschäftigungsgrad als Kosteneinflussfaktor

Die Darstellung zeigt, dass es zwangsläufig zu Kostenüberdeckungen bzw. Kostenunterdeckungen kommen muss, da bei der Berechnung der Gemeinkostenzuschläge eine Proportionalität zwischen Einzel- und Gemeinkosten vorausgesetzt wird. Die Abweichungen werden umso größer, je stärker der Fixkostenanteil an den Gemeinkosten ist.

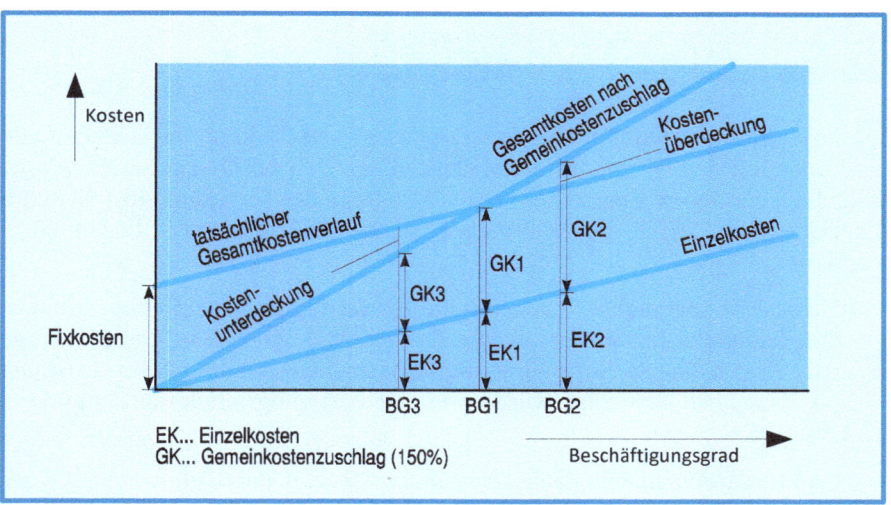

Abbildung 3.13 Gemeinkostenüberdeckung und Gemeinkostenunterdeckung bei Verwendung des gleichen Gemeinkostenzuschlags bei unterschiedlichen Beschäftigungsgraden (Quelle: in Anlehnung an Wöhe/Döring 2008)

Um diese Kostenabweichungen bei verschiedenen Beschäftigungsgraden zu vermeiden, müssten für jeden Beschäftigungsgrad die zugehörigen „richtigen" Gemeinkostenzuschlagssätze ermittelt werden. Hierdurch käme jedoch erstens eine „Unruhe" in die Kalkulation und zweitens wäre der damit verbundene Aufwand in der Praxis nicht zu rechtfertigen.

3.1.3.4.4 Bedeutung des Betriebsabrechnungsbogens für die Produktivitätsbeurteilung

Effizienzpotenziale

Die Auswertung des Betriebsabrechnungsbogens zeigt auch Ansatzpunkte für mögliche effizienzsteigernde Maßnahmen.

Als Beispiel soll die Zusammensetzung der Gesamtkosten des bereits besprochenen Betriebsabrechnungsbogens betrachtet werden (Tabelle 3.18).

Tabelle 3.18 Kostenstruktur aus dem in Tabelle 3.17 dargestellten Betriebsabrechnungsbogen (Quelle: in Anlehnung an Zimmermann/Fries/Hoch 2003, S. 175)

Kostenstruktur (in T€)				
Fertigungslöhne	92 T€	10,9 %		
Fertigungsgemeinkosten	296 T€	35,2 %	~65 %	~79 %
Fertigungsmaterial	250 T€	29,7 %		
Materialgemeinkosten	29 T€	3,4 %		
Verwaltungsgemeinkosten	68 T€	8,1 %		
Vertriebsgemeinkosten	107 T€	12,7 %		
Gesamtkosten	**842 T€**	**100,0 %**		

Aus dieser Kostenstruktur erkennt man zunächst, dass die Fertigungsgemeinkosten zusammen mit den Fertigungsmaterialkosten ca. 65 % der Gesamtkosten verursachen, d. h., der überwiegende Kostenanfall findet in der Fertigung (46,1 %) und im Materialbereich (33,1 %) statt. Für diese Bereiche (79,2 %) bedeutet dies im Einzelnen, dass

- man deshalb vorrangig versuchen sollte, die Fertigungsgemeinkosten zu senken (z. B. Gemeinkostenlöhne, Gehälter, Energie, kalkulatorische Abschreibungen usw.), da sich eine Senkung der Fertigungsgemeinkosten um 1 % auf die Gesamtkosten genauso auswirken würde, wie eine Fertigungslohnkostensenkung um 3,5 %.

- eine Einsparung an den Materialkosten um 1 %, z. B. durch günstigeren Materialeinkauf oder geringeren Materialverbrauch, einer Lohnkostensenkung von 3 % entsprechen würde.

Eine auf dieser einfachen Basis durchgeführte Analyse zeigt deutlich die **Auswirkungen verschiedener Maßnahmen** und führt zu einer realistischeren Einschätzung der Verbesserungspotenziale.

3.1.3.4.5 Kostenstellen-Vergleichsbogen

BAB pro Kostenstelle

Bei größeren Unternehmen mit detaillierter Kostenstellengliederung wird der **Betriebsabrechnungsbogen zu groß** und damit zu unübersichtlich und unhandlich. Man geht deshalb von dem alle Kostenstellen umfassenden Betriebsabrechnungsbogen ab und teilt den **BAB nach Kostenstellen** auf. Jeder Kostenstellenleiter, wie

z. B. Meister oder Abteilungsleiter, erhält dann die Zahlen seiner Kostenstelle, wie in Tabelle 3.19 gezeigt.

Der **Kostenstellen-Vergleichsbogen** listet die Kosten nebeneinander auf, um die Entwicklung der Kosten einer Kostenstelle aufzuzeigen. Verlagerungen von Kosten und außergewöhnlich hoher Kostenanfall bleiben durch dieses Nebeneinanderstellen nicht verborgen und es bieten sich **Ansatzpunkte für gezielte Kostensenkungsprogramme**. Beim Vergleich der Kosten ist zu berücksichtigen, dass sie immer entweder in ihrem Verhältnis zueinander und/oder in Beziehung zum Beschäftigungsgrad zu betrachten sind. Kalkulatorische Abschreibungen ändern sich z. B. nicht mit verändertem Beschäftigungsgrad, während Energiekosten für die Produktionsanlagen stark beschäftigungsgradabhängig sind (Kalkulatorische Abschreibungen tragen Fixkostencharakter, während Energiekosten variable Kosten darstellen).

Vergleichsbogen

Tabelle 3.19 Kostenstellenbogen (Praxisbeispiel – alle Zahlen in T€)

gesehen:	Kostenstellenbogen					
Abteilungsleiter	Gehaltsempfänger: Ist: 3/0 Soll: 3/0 Lohnempfänger: Ist: 7/0 Soll: 6/0					
laufender Monat				Januar bis laufender Monat		
Ist	Abweichung zum Budget	Folge-Nr.	Kostenarten (-gruppen)	Ist	Budget	Abweichung zum Budget
8,6		1	Gehalt einschließlich Sozialzuschlag	52,8	49,7	+3,1
7,3	-1,1	2	Lohn einschließlich Sozialzuschlag	50,7	50,4	+0,3
		3	Personalnebenkosten	0,1		+0,1
15,9	-1,1	4	Zwischensumme Personalkosten	103,6	100,1	+3,5
		5	Reise- und Bewirtungsspesen			
4,7	+3,8	6	Hilfsmaterial	6,6	5,4	+1,2
	-0,4	7	Geringwertige Wirtschaftsgüter	0,5	1,5	-1,0
11,1	-0,8	8	Raumkosten und Energie	65,8	71,1	-5,3
0,6	-0,1	9	Instandhaltung einschließlich Großreparaturen	6,7	3,5	+3,2
0,9	-1,3	10	Kalkulatorische Abschreibungen und Zinsen	5,5	13,2	-7,7
33,2	0,1	11	Summe der Kosten	188,7	194,8	-6,1

3.1.3.5 Platzkostenrechnung

3.1.3.5.1 Anwendung der Platzkostenrechnung

Fertigungslohn oft suboptimale Zuschlagsbasis

Obwohl der Lohnanteil an den Gesamtkosten von Fertigungseinrichtungen mit steigendem Automatisierungsgrad sinkt (Abbildung 3.14) und oft **nur noch 20 % oder weniger ausmacht**, wird dennoch häufig mit einem durchschnittlichen Gemeinkostenzuschlag (bis zu 1000 %) auf diese schmal gewordene Zuschlagsbasis Fertigungslohn gerechnet. Wenn nun in einer Kostenstelle Maschinen mit stark abweichenden Kapitalkosten zusammengefasst sind, besteht die zwangsläufige Folge darin, dass Arbeiten auf einer Maschine mit hohen Gemeinkosten zu niedrig kalkuliert werden und umgekehrt.

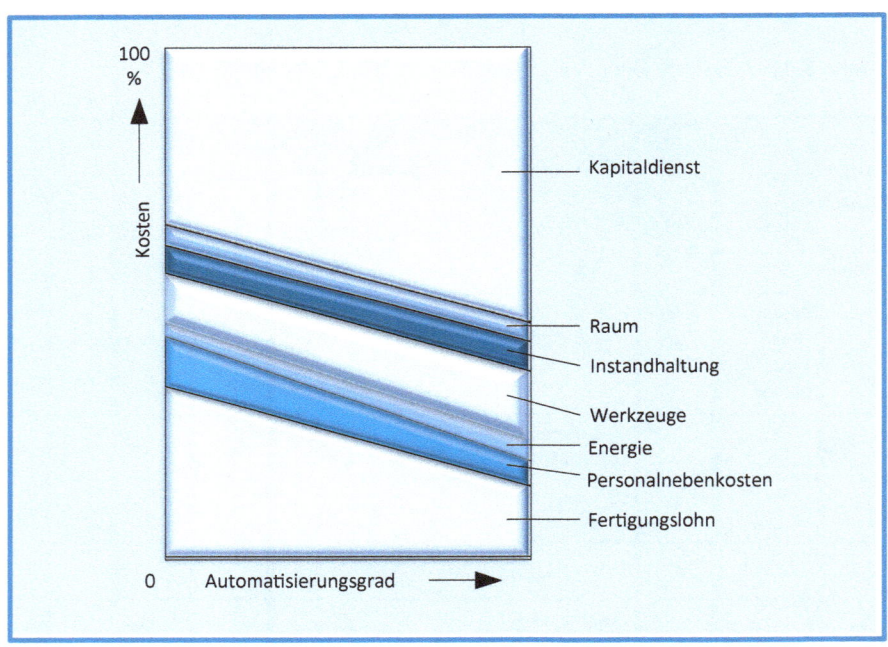

Abbildung 3.14 Abnehmender Lohnanteil an den Fertigungskosten in Abhängigkeit vom Automatisierungsgrad

Die Tabellen 3.20 und 3.21 zeigen hierzu beispielhaft eine **Gegenüberstellung einer herkömmlichen Zuschlagsrechnung und** einer „verursachungsgerechteren" Kostenverrechnung mittels **Maschinenstundensätzen**. Wenn sich auch in der Herstellkostensumme kein anderes Ergebnis ergibt (vgl. Summen-Spalte in den Tabellen 3.20 und 3.21), so ermöglicht doch eine verursachungsgerechte Verrechnung der angefallenen Gemeinkosten eine genauere Kalkulation für die einzelnen Maschinen und damit auch für die einzelnen Kostenträger bzw. Kostenträgergruppen.

Tabelle 3.20 Kalkulationsbeispiel mit Zuschlagsrechnung (Quelle: in Anlehnung an Weber 1992)

	Kostenarten (in €)	Summe	Kostenträgergruppe		
			I	II	III
	Stückzahl	300	100	100	100
1.	Fertigungsmaterial	90.000	20.000	30.000	40.000
2.	Materialgemeinkosten (3 % von 1.)	2.700	600	900	1.200
3.	Materialkosten	92.700	20.600	30.900	41.200
4.	Fertigungslohn	75.000	15.000	40.000	20.000
5.	Fertigungsgemeinkosten (300 % von 4.)	225.000	45.000	120.000	60.000
6.	Sondereinzelkosten der Fertigung	10.800	-------	-------	10.800
8.	Fertigungskosten	310.800	60.000	160.000	90.800
9.	Herstellkosten	403.500	80.600	190.900	132.000

Tabelle 3.21 Kalkulationsbeispiel mit Maschinenstundensatzrechnung (Quelle: in Anlehnung an Weber 1992)

	Kostenarten (in €)	Summe	Kostenträgergruppe		
			I	II	III
	Stückzahl	300	100	100	100
1.	Fertigungsmaterial	90.000	20.000	30.000	40.000
2.	Materialgemeinkosten (3 % von 1.)	2.700	600	900	1.200
3.	Materialkosten	92.700	20.600	30.900	41.200
4.	Fertigungslohn	75.000	15.000	40.000	20.000
5.	Maschinenstundenkosten				
	Masch.-Gruppe A 50 €/h	58.000	30.000	21.000	7.000
	Masch.-Gruppe B 47 €/h	47.000	-------	29.000	18.000
	Masch.-Gruppe C 37 €/h	45.000	35.000	10.000	-------
6.	Rest-Fertigungsgemeinkosten (100 % von 4.)	75.000	15.000	40.000	20.000
7.	Sondereinzelkosten der Fertigung	10.800	-------	-------	10.800
8.	Fertigungskosten	310.800	95.000	140.000	75.800
9.	Herstellkosten	403.500	115.600	170.900	117.000

Plätze sind spezielle Kostenstellen

Gerade dies ist das Ziel der Platzkostenrechnung, die grundsätzlich nichts anderes darstellt, als die weitestgehende Gliederung der Kostenstellen im Rahmen der Kostenstellenrechnung: **einzelne Maschinengruppen, Maschinen oder Arbeitsplätze bilden hierbei die Kostenstellen**. Die Summe der Kosten einer derart fein aufgegliederten Kostenstelle bezeichnet man als Platzkosten.

Die feine Untergliederung der Kostenstellen bedeutet zwar einerseits eine höhere Genauigkeit bei der Gemeinkostenverrechnung, andererseits wird aber auch die Kostenstellenrechnung aufwendig.

Gründe für die Platzkostenrechnung

Eine feine Gliederung in Form einer Platzkostenrechnung ist vor allem unter folgenden Aspekten sinnvoll:

- bei Kostenstellen mit Maschinen und Arbeitsplätzen **mit unterschiedlicher Leistungsfähigkeit**, die nicht gleichmäßig beansprucht werden,
- bei Kostenstellen, bei denen Maschinen **mit hohen und niedrigen Fixkosten eingesetzt** sind und
- bei Werkstattfertigung mit **kapitalintensiven Fertigungseinrichtungen**.

Varianten

In der Praxis werden bei der Platzkostenrechnung zwei Verfahren unterschieden:

1. **Maschinenstundensatzrechnung**
   Im Maschinenstundensatz sind alle maschinenbezogenen Kosten wie kalkulatorische Abschreibungen und Instandhaltungskosten zusammengefasst. Der Maschinenstundensatz ist ein Verrechnungssatz, der die Maschinenkosten bezogen auf eine Nutzungsstunde der Maschine angibt; bezogen auf eine Nutzungsminute ergibt den Maschinenminutensatz.

2. **Arbeitsstundensatzrechnung**
   Der Arbeitsstundensatz setzt sich aus dem Maschinenstundensatz und dem Lohn für das Bedienungspersonal je Stunde zusammen; analoges gilt bezogen auf die Minutenbetrachtung.

Ziel beider Vorgehensweisen ist es, die unmittelbar maschinenabhängigen Kosten von den Fertigungsgemeinkosten zu trennen und sie entsprechend dem Grad der Inanspruchnahme der Maschine/Maschinengruppe separat auf die Kostenträger zu verrechnen.

Der verbleibende Kostenanteil wird als **Restfertigungsgemeinkosten** bezeichnet.

Restfertigungsgemeinkosten

Die Restfertigungsgemeinkosten bestehen im Wesentlichen aus nicht platz-/maschinen-/maschinengruppenmäßig zurechenbaren Kosten wie Gehältern, Hilfslöhnen, Betriebsstoffen, Werkzeugen und Vorrichtungen. Die Restfertigungsgemeinkosten werden konventionell verrechnet. Abbildung 3.15 veranschaulicht, wie sich die **Selbstkosten ohne und mit Anwendung der Maschinenstundensatzrechnung** zusammensetzen. In diesem Beispiel sinkt der auf den Fertigungslohn bezogene (Rest-)Fertigungsgemeinkosten-Zuschlag von rd. 1100 % auf rd. 200 % nach „Herausnahme" der Maschinenkosten.

Im Folgenden wird nur noch auf die Maschinenstundensatzrechnung hingewiesen; die Arbeitsstundensatzrechnung entsteht lediglich durch Erweiterung um die entsprechenden Lohnanteile.

Abbildung 3.15 Zusammensetzung der Selbstkosten ohne und mit Maschinenkosten

3.1.3.5.2 Maschinenzeiten

In Tabelle 3.22 wird die gesamte (theoretisch verfügbare) Maschinenzeit (TG), die sich durch die 8766 Stunden des Normaljahres (365,25 Tage x 24 Stunden) ergibt, in verschiedene Teilzeiten aufgeschlüsselt (VDI Norm 3258):

- Während der **Nutzungszeit** wird die Maschine für einen Kostenträger (Erzeugnis) genutzt. Die Maschine oder die Fertigungsanlage ist während dieser Zeit an das Energienetz angeschlossen.

- Während der **Lastlaufzeit** läuft und produziert die Maschine. Die Maschine und ihre Hilfsantriebe sind eingeschaltet, der Hauptantrieb arbeitet unter Volllast oder Teillast.

- Während der **Leerlaufzeit** läuft die Maschine, produziert aber nicht.

- Während der **Hilfszeit** steht die Maschine produktionsbereit vorübergehend still. Der Hauptschalter und die Hilfsantriebe sind noch eingeschaltet.

Verfügbare Maschinenstundenzeit

Kategorisierung der Maschinenzeit

- Während der Instandhaltungszeit wird die Maschine gewartet oder instandgesetzt; sie produziert nicht.
- Während der Ruhezeit ist die Maschine abgeschaltet.

Tabelle 3.22 Gliederung der Maschinenzeiten (VDI Norm 3258)

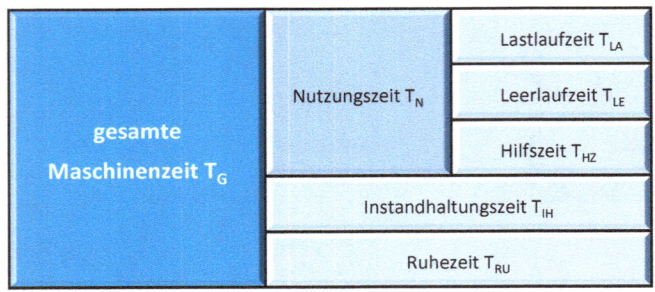

3.1.3.5.3 Maschinenkosten

Direkt zurechenbare Kosten

Tabelle 3.23 zeigt in einer Übersicht diejenigen Kostenarten, die im Regelfall direkt einer Maschine bzw. einer Maschinengruppe zugeordnet werden können:

Die kalkulatorischen Abschreibungen K_A werden unter Berücksichtigung des geltenden Wiederbeschaffungswertes (einschl. Aufstellungs- und Anlaufkosten) und der voraussichtlichen Nutzungsdauer bestimmt. Bei technisch und/oder wirtschaftlich veralteten Maschinen wird der Wiederbeschaffungswert einer vergleichbaren Maschine angesetzt. Die kalkulatorische Abschreibung soll der tatsächlichen Wertminderung der Maschine im Rechnungszeitabschnitt entsprechen.

- Die kalkulatorischen Zinsen K_Z werden meistens in Höhe der üblichen Zinssätze für langfristiges Fremdkapital angesetzt. Zur Vereinfachung der Rechnung und im Sinne der Vergleichbarkeit verschiedener Perioden werden die Zinsen vom halben Wiederbeschaffungswert berechnet.

- Die Raumkosten K_R werden meist auf die von der Maschine beanspruchte Grundfläche in m² einschließlich der erforderlichen Nebenflächen bezogen. Sie enthalten Abschreibungen und Zinsen auf Gebäude und Werkanlagen, Instandhaltungskosten für Gebäude, Kosten für Licht, Heizung, Versicherung und Reinigung.

- Die Energiekosten K_E für Strom, Gas, Wasser usw. werden aufgrund vergangener Jahresdurchschnittswerte ermittelt. Am besten geschieht dies durch Erfassen des tatsächlichen Bedarfs über einen längeren Zeitraum hinweg.

- Die Instandhaltungskosten K_I (laufende Wartungen, die nicht zu aktivieren sind) werden ebenfalls als Jahresdurchschnittswerte über längere Zeiträume hinweg ermittelt. Für die unterschiedliche Reparaturanfälligkeit verschiedener

Maschinenarten werden geeignete Kennzahlen, z. B. das Verhältnis Instandhaltungskosten zu Abschreibungen, gebildet.

Tabelle 3.23 Zusammensetzung der Maschinenkosten (VDI Norm 3258)

Maschinenkosten	kalkulatorische Abschreibungen	K_A
	kalkulatorische Zinsen	K_Z
	Raumkosten	K_R
	Energiekosten	K_E
	Instandhaltungskosten	K_I

Bei diesen Kostenarten, die in den Maschinenstundensatz eingehen, sind also sowohl Platz-Einzelkosten (direkt zurechenbare Kosten wie die Abschreibungen) als auch über Schlüsselgrößen ermittelte Platz-Gemeinkosten, wie z. B. Raumkosten, zu berücksichtigen.

3.1.3.5.4 Maschinenstundensatzrechnung

Der Maschinenstundensatz einer Einzelmaschine wird nach folgender Formel berechnet:

$$K_{MH} = \frac{K_A + K_Z + K_R + K_E + K_I}{T_N}$$

K_{MH} Maschinenstundensatz in €/h,
K_A Abschreibungskosten/Jahr,
K_Z Zinskosten/Jahr,
K_R Raumkosten/Jahr,
K_E Energiekosten/Jahr,
K_I Instandhaltungskosten/Jahr und
T_N jährliche Nutzungszeit.

Bei Einschichtbetrieb kann man für T_N etwa 1760 Stunden einsetzen, die sich aus 220 Arbeitstagen zu 8 Stunden ergeben.

Bei zusammenhängenden **Fertigungsanlagen bzw. Fertigungslinien werden die Kosten für die gesamte Linie erfasst und gemeinsam verrechnet**. Neben den Kosten für die einzelnen Grundmaschinen sind noch die Kosten für typengebundenes Zubehör, z. B. spezielle Zubring- bzw. Bearbeitungseinrichtungen, zu berücksichtigen.

Nachfolgend soll zur Veranschaulichung folgendes Rechenbeispiel genutzt werden.

Tabelle 3.24 Rechenbeispiel

Nutzungszeit T_N je Jahr

Einschichtbetrieb (220 Arbeitstage/Jahr und 8 h/Arbeitstag): $T_{N\,soll}$ = 1760 h/Jahr
Bei personell und maschinell bedingte Ausfallstunden von ca. 25 % (h/Jahr) beträgt die
effektive Nutzungszeit: $T_N = (1760 - 440)$ h/Jahr = 1320 h/Jahr

Kalkulatorische Abschreibung K_A je Jahr

Wiederbeschaffungswert (elektr. Ausrüstung, Normalzubehör und Aufstellung) = 240.000 €;
Nutzungsdauer = 8 Jahre.
  Abschreibung je Jahr (lineare Abschreibung) = 240.000€ /8 Jahre
  $K_A = 30.000$ €/Jahr

Kalkulatorische Zinsen K_Z je Jahr

Zinssatz: 9 % je Jahr
  Wiederbeschaffungswert / 2 x Zinssatz pro Jahr = 240.000 / 2 x 0.09
  $K_Z = 10.800$ €/Jahr

Raumkosten K_R je Jahr

Benötigte Grundfläche der Maschine = 30 m²
  Raumkosten je Jahr = 220 € x 30 m²
  $K_R = 6.600$ €/Jahr

Energiekosten K_E je Jahr

Motorleistung (lt. Leistungsschild) = 20 kW; bei 40 % Leistungsausnutzung = 8 kW;
Strompreis = 0,40 €/kWh
  Energiekosten je Stunde = 0,40 €/kWh x 8 kW = 3,20 €/h
  Energiekosten bei T_N = 1320 h/Jahr = 1320 x 3,20
  $K_E = 4.224$ €/Jahr

Instandhaltungs- und Wartungskosten K_I je Jahr

Zur Berücksichtigung von Instandhaltungs- und Wartungskosten wird ein Faktor verwendet, der sich aus den tatsächlich hierfür entstandenen Kosten vergleichbarer Maschinen ergibt:
  Instandhaltungs- und Wartungskosten der gesamten Nutzungsdauer / Wiederbeschaffungswert = 0,5
  K_I = kalkulatorische Abschreibung x Faktor = 30 000 € pro Jahr x 0,5
  $K_I = 15.000$ € /Jahr

Maschinenkosten K_{MH} je Stunde

Kalkulatorische Abschreibung	K_A	30.000 €/Jahr
kalkulatorische Zinsen	K_Z	10.800 €/Jahr
Raumkosten	K_R	6.600 €/Jahr
Energiekosten	K_E	4.224 €/Jahr
Instandhaltungs- und Wartungskosten	K_I	15.000 €/Jahr
Maschinenkosten	K_M	66.624 €/Jahr

Maschinenstundensatz K_{MH} = Maschinenkosten K_M / Nutzungszeit T_N = 50,47 €/h

3.1.3.6 Übungsaufgaben zur Kostenstellenrechnung

Auf beigefügter CD finden Sie die Lösungen der folgenden Aufgaben.

Aufgabe 3.1.3.6-1

Tragen Sie die vier wichtigsten Aufgaben, die der Betriebsabrechnungsbogen zu erfüllen hat, in Abbildung 3.16 ein.

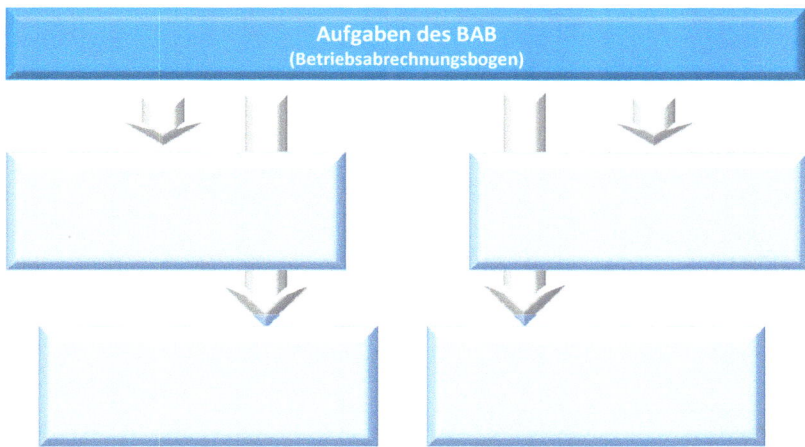

Abbildung 3.16 Aufgaben des Betriebsabrechnungsbogens

Aufgabe 3.1.3.6-2

In dem in Tabelle 3.25 dargestellten Betriebsabrechnungsbogen ist bereits die Kostenumlage der Allgemeinen Kostenstellen durchgeführt worden.

a) Führen Sie zunächst die weitere Umlage der Kosten der Fertigungshilfsstellen auf die Fertigungshauptstellen A, B und C durch. Der Verteilungsschlüssel ist die Zahl der in den Fertigungshauptstellen beschäftigten Personen. A: 49 Beschäftigte, B: 55 Beschäftigte, C: 45 Beschäftigte (Summe: 149 Beschäftigte). Nutzen Sie hierfür Tab. 3.25, Teil 2, und errechnen Sie die entstandenen Gemeinkosten (Zeile 22).

b) Errechnen Sie über die Bezugsgrundlagen Fertigungslöhne, Fertigungsmaterial und Herstellkosten (Summe der Einzel- und Gemeinkosten im Fertigungs- und Materialbereich) die entstandenen Zuschläge und die entstandenen Gesamtkosten. Gehen Sie hierzu in Tab. 3.25, Teile 2+3, Zeile 25.

c) Ermitteln Sie die verrechneten Gemeinkosten und verrechneten Gesamtkosten. Gehen Sie hierzu in Tab. 3.25, Teil 3, Zeilen 27 und 28.

d) Bestimmen Sie die kostenstellenbezogenen Kostenabweichungen (Zeile 29) und die Gesamtkostenüber- bzw. -unterdeckung.

Tabelle 3.25 Aufgabenblatt zum Betriebsabrechnungsbogen (alle Zahlen in T€, sofern nicht anders angegeben)

	Kostenarten / Kostenstellen	Buch-haltung	Teil 1 Allgemeine Kostenstellen Wasser-versorg.	Teil 1 Allgemeine Kostenstellen Kraft-zentrale	Fertigungs-hilfs-stellen
	1	2	3	4	5
1	Fertigungslohn	4.500			
2	Fertigungsmaterial	12.000			
3	Fertigungseinzelkosten	16.500			
4	Hilfslöhne	4.030	120	80	60
5	Gehälter	2.460	10	5	180
6	gesetzl. soz. Leistungen	381	10	6	5
7	Werkzeugverbrauch	48	2	8	---
8	Instandhaltung	220	12	20	8
9	Hilfsmaterial	725	5	100	10
10	Neubau	93	---	4	2
11	Versicherung	147	6	8	5
12	kalk. Abschreibungen	297	10	8	10
13	kalk. Zinsen	58	2	1	2
14	kalk. Wagnisse	99	3	2	3
15	kalk. Unternehmerlohn	134	---	---	5
16	sonstige	78	5	8	---
17	Zeilensumme 4 bis 16	8.770	185	250	290
18	Umlage Wasserversorgung			20	5
19	Umlage Kraftzentrale				3
20	Zeilensumme 17 bis 19				298
21	Umlage Fertigungshilfsstellen				
22	entstandene Gemeinkosten				
23	Bezugsgrundlage für die Zuschläge				
24	entstandene Zuschläge (%)				
25	entstandene (Gesamt-)Kosten				
26	Normalzuschlag (%)				
27	verrechnete Gemeinkosten				
28	verrechnete (Gesamt-) Kosten				
29	**Kostenüber-/ -unterdeckung**				

Tabelle 3.25 (Fortsetzung) Aufgabenblatt zum Betriebsabrechnungsbogen (alle Zahlen in T€, sofern nicht anders angegeben)

	Kostenarten \ Kostenstellen	Buchhaltung	...	Teil 2 Fert.-Hauptstellen A	B	C	Summe 6 bis 8
	1	2	...	6	7	8	9
1	Fertigungslohn	4.500		1.200	1.600	1.700	
2	Fertigungsmaterial	12.000					
3	Fertigungseinzelkosten	16.500					
4	Hilfslöhne	4.030		600	900	850	2.350
5	Gehälter	2.460		200	250	220	670
6	gesetzl. soz. Leistungen	381		60	80	75	215
7	Werkzeugverbrauch	48		10	12	11	33
8	Instandhaltung	220		40	30	60	130
9	Hilfsmaterial	725		100	175	300	575
10	Neubau	93		10	12	10	32
11	Versicherung	147		20	30	25	75
12	kalk. Abschreibungen	297		50	75	60	185
13	kalk. Zinsen	58		9	11	10	30
14	kalk. Wagnisse	99		10	25	28	63
15	kalk. Unternehmerlohn	134		15	20	18	53
16	sonstige	78		16	15	13	44
17	Zeilensumme 4 bis 16	8.770		1.140	1.635	1.680	4.455
18	Umlage Wasserversorgung			50	45	45	140
19	Umlage Kraftzentrale			80	90	85	255
20	Zeilensumme 17 bis 19			1.270	1.770	1.810	4.850
21	Umlage Fertigungshilfsstellen			98	110	90	298
22	entstandene Gemeinkosten			1.368	1.880	1.900	5.148
23	Bezugsgrundlage für die Zuschläge			1.200	1.600	1.700	4.500
24	entstandene Zuschläge (%)			114	117	112	
25	entstandene (Gesamt-)Kosten			2.568	3.480	3.600	9.648
26	Normalzuschlag (%)			121	110	124	---
27	verrechnete Gemeinkosten			1.452	1.760	2.108	5.320
28	verrechnete (Gesamt-) Kosten			2.652	3.360	3.808	9.820
29	**Kostenüber-/ -unterdeckung**			+84	-120	+208	+172

Tabelle 3.25 (Fortsetzung) Aufgabenblatt zum Betriebsabrechnungsbogen (alle Zahlen in T€, sofern nicht anders angegeben)

	Kostenarten	Buchhaltung	Einkauf	Materiallager	Summe 10 bis 11	Verwaltungsstellen	Vertriebsstellen
	1	2	10	11	12	13	14
1	Fertigungslohn	4.500					
2	Fertigungsmaterial	12.000					
3	Fertigungseinzelkosten	16.500					
4	Hilfslöhne	4.030	20	400	420	400	600
5	Gehälter	2.460	15	80	95	600	900
6	gesetzl. soz. Leistungen	381	5	40	45	45	55
7	Werkzeugverbrauch	48	---	5	5	---	---
8	Instandhaltung	220	---	15	15	20	15
9	Hilfsmaterial	725	3	10	13	10	12
10	Neubau	93	2	8	10	25	20
11	Versicherung	147	---	20	20	15	18
12	kalk. Abschreibungen	297	2	40	42	20	22
13	kalk. Zinsen	58	---	8	8	8	7
14	kalk. Wagnisse	99	1	10	11	7	10
15	kalk. Unternehmerlohn	134	2	4	6	40	30
16	sonstige	78	---	5	5	10	6
17	Zeilensumme 4 bis 16	8.770	50	645	695	1.200	1.695
18	Umlage Wasserversorgung		---	10	10	5	5
19	Umlage Kraftzentrale		1	5	6	3	3
20	Zeilensumme 17 bis 19		51	660	711	1.208	1.703
21	Umlage Fertigungshilfsstellen				---	---	---
22	entstandene Gemeinkosten		51	660	711	1.208	1.703
23	Bezugsgrundlage für die Zuschläge				12.000	22.359	22.359
24	entstandene Zuschläge (%)				6	5,4	7,6
25	entstandene (Gesamt-)Kosten				12.711	23.567	24.062
26	Normalzuschlag (%)				12	10	6
27	verrechnete Gemeinkosten				1.440	2.236	1.342
28	verrechnete (Gesamt-)Kosten				13.440	24.595	23.701
29	Kostenüber-/-unterdeckung				+729	+1.028	-361

Aufgabe 3.1.3.6-3
Wie errechnen sich die Herstellkosten in Tabelle 3.15 in Höhe von 14.000 €?

Aufgabe 3.1.3.6-4
Bedingt durch einen Maschinenausfall sinken im April die produktiven Fertigungslöhne in der Fertigungshauptstelle A um 10 % (vgl. Tabelle 3.17a). Diese 6.000 € werden als Gemeinkostenlöhne erfasst (Zeile 1.4). Gleichermaßen sinken die Materialkosten in der Fertigungshauptstelle A von 150.000 auf 140.000 €. Bedingt durch den Produktionsausfall sinkt der Produktionswert der Hauptstelle A von 520 auf 470 T€.

a) Wie hoch ist die Kostenabweichung im April (Tab. 3.17d, Zeile 4.11)?
b) Gibt es einen Unterschied in den angefallenen Istkosten durch diese Situation?
c) Wie hat sich das Betriebsergebnis von März auf April verändert?

Aufgabe 3.1.3.6-5
Ermitteln Sie den Maschinenstundensatz für eine Fertigungseinrichtung, wenn folgende Daten gegeben sind:
- Wiederbeschaffungswert = 360.000 €,
- voraussichtliche Nutzungsdauer = 8 Jahre,
- Stellfläche und Arbeitsraum = 20 m^2,
- installierte Maschinenantriebs-Leistung = 10 kW,
- durchschnittlicher Auslastungsgrad des Antriebs = 50 %,
- kalkulatorische Verzinsung = 10 % je Jahr,
- Instandhaltungskosten/Jahr = 4 % des Wiederbeschaffungswertes,
- Raumkostensatz des Betriebs = 15 € je m^2 und Monat,
- zurechenbare Werkzeugkosten = 12.300 €/Jahr (Verschleiß),
- Energiekosten = 0,60 €/kWh,
- Nutzungszeit = 1.600 h/Jahr.

Aufgabe 3.1.3.6-6
Welche Anteile der nach dem in Tabelle 3.26 dargestellten Schema ermittelten Maschinenstundensätze sinken beim Übergang vom Einschicht- zum Zweischichtbetrieb? (Verwenden Sie die Zahlen der vorhergehenden Aufgabe).
- Bei Zweischichtbetrieb sinkt die voraussichtliche Nutzungsdauer auf 6 statt 8 Jahre,
- die Instandhaltungskosten steigen dann von 4 % auf 6 % des Wiederbeschaffungswertes und
- die Werkzeugkosten steigen voraussichtlich von 12.300 €/Jahr auf 18.000 €/Jahr.

(Die Schichtzulage beim Lohn wird nicht bei den Maschinenkosten verrechnet!)

Tabelle 3.26 Berechnung des Maschinenstundensatzes

Kostenart	Berechnungs-formel	Kosten (€ pro Stunde)	
		Einschicht-betrieb	Zweischicht-betrieb
Kalkulatorische Abschreibung	①		
Kalkulatorische Zinsen	②		
Raumkosten	③		
Energiekosten	④		
Instandhaltungskosten	⑤		
Werkzeugkosten			
Maschinenstundensatz	Summe der Kosten		

Berechnungsformeln:

1. $\dfrac{\text{Wiederbeschaffungswert (€)}}{\text{Nutzungsdauer (Jahre)}} \times \dfrac{1}{\text{Nutzungszeit(h/Jahr)}}$

2. $\dfrac{\text{Wiederbeschaffungswert (€)}}{2} \times \dfrac{\text{kalk. Zinssatz (\%/Jahr)}}{100} \times \dfrac{1}{\text{Nutzungszeit(h/Jahr)}}$

3. $\text{Raumbedarf (m}^2) \times \text{Raumkosten (€/m}^2\text{, Jahr)} \times \dfrac{1}{\text{Nutzungszeit(h/Jahr)}}$

4. $\text{Energiebedarf (kW)} \times \text{Stromtariv (€/kWh)}$

5. $\dfrac{\text{Wiederbeschaffungswert (€)}}{\text{Nutzungsdauer (Jahre)}} \times \dfrac{\text{K-Satz (\%/Jahr)}}{100} \times \dfrac{1}{\text{Nutzungszeit(h/Jahr)}}$

3.1.4 Kostenträgerrechnung

3.1.4.1 Aufgaben der Kostenträgerrechnung

Zielsetzung der Kostenträgerrechnung

Nachdem in der Kostenartenrechnung die Kosten nach Kostenarten erfasst und im Rahmen der Kostenstellenrechnung die Gemeinkostenzuschlagssätze für die Hauptkostenstellen ermittelt wurden, soll nun im Rahmen der Kalkulation (Kostenträgerrechnung) eine Verrechnung der Kosten auf die Kostenträger durchgeführt werden.

Abbildung 3.17 Kostenträgerrechnung im Gesamtsystem der Kostenrechnung

Verrechnung der Kosten auf die Kostenträger

Die Summe der Kosten der Kostenartenrechnung ist gleich der Summe der Kosten der Kostenträgerrechnung. Die Kostenträgerrechnung kann sowohl in Bezug auf eine Periode (zeitbezogen) als auch in Bezug auf ein Stück (stückbezogen) erfolgen.

Arten der Kostenträgerrechnung

Bei der Kostenträger-Zeitrechnung werden die Kosten und Leistungen einzelner Kostenträger einander gegenübergestellt. Wie bereits in Kapitel 1 erwähnt, ist die Differenz aller Leistungen und aller Kosten eines Unternehmens das Betriebsergebnis, das eine Aussage über den kalkulatorischen Erfolg des Gesamtunternehmens in der betrachteten Periode (monatlich, quartalsweise etc.) zulässt. Somit erlaubt die Kostenträger-Zeitrechnung eine Aussage, welchen Beitrag der betrachtete Kostenträger zum Gesamterfolg beiträgt. Diese Betrachtungsweise ist besonders wichtig für die Produktionsprogrammplanung, die unter Berücksichtigung der Anforderungen des Marktes und der vorhandenen Produktionsengpässe durchgeführt wird.

Bei der Kostenträger-Stückrechnung (Kalkulation) wird der Werteverzehr an Produktionsfaktoren oder Kostenträgern erfasst, um damit die Herstell- oder Selbstkosten je Kostenträger (Leistungseinheit) zu ermitteln. Im Folgenden wird die Kostenträger-Stückrechnung näher untersucht.

> Die Kostenträger-Stückrechnung verrechnet die Kosten, die für die Entwicklung, Herstellung und den Vertrieb von Produkten angefallen sind, auf diese. Damit werden die Kosten einer einzelnen Kostenträgereinheit ermittelt.

Wichtiger Input für Preispolitik

Die Bedeutung der Kalkulation für Preisermittlung und Kontrolle muss in einer Zeit, in der die Betriebe einem verstärkten Kostendruck bei verschärftem Wettbewerb ausgesetzt sind, nicht besonders hervorgehoben werden. Sowohl die Möglichkeiten einer Preisforderungspolitik auf den Absatzmärkten als auch der Preisgebotspolitik auf den Beschaffungsmärkten basieren auf Kalkulationsergebnissen. Neben diesen Preisüberlegungen ist die Kalkulation auch wichtig für die Durchführung von Vergleichsrechnungen und die Leistungsbewertung. Von den Vergleichsrechnungen, die auf Kalkulationsergebnissen basieren, sind besonders wichtig:

- Soll-Ist-Kostenvergleiche, z. B.: Wo sind die kostentreibenden Schwachpunkte einer Maschinenkonstruktion?
- innerbetriebliche bzw. zwischenzeitliche Vergleiche, z. B.: Wie haben sich die Herstellungskosten von Januar bis Dezember verändert?
- zwischenbetriebliche Vergleiche, z. B.: Wie „wettbewerbsfähig" sind die einzelnen Abteilungen eines Unternehmens?
- Verfahrensvergleiche, z. B.: Welches Produkt-Herstellungsverfahren ist in einer spezifischen Situation (beispielsweise bezogen auf Stückzahl oder Qualität) das kostengünstigere?

Bereitstellung von Wertgrößen für Bilanz

Bei der Leistungsbewertung ist vor allem das Problem der Bilanzansätze für Bestände an Halb- und Fertigfabrikaten sowie für die Anlagen, die im eigenen Unternehmen erstellt wurden, zu nennen.

Kalkulationsarten nach dem Zeitbezug

Je nach dem Zeitpunkt der Kalkulation bzw. der Leistungserstellung unterscheidet man zwischen, vgl. Abbildung 3.18:

- Vorkalkulation;
- Zwischenkalkulation;
- Nachkalkulation.

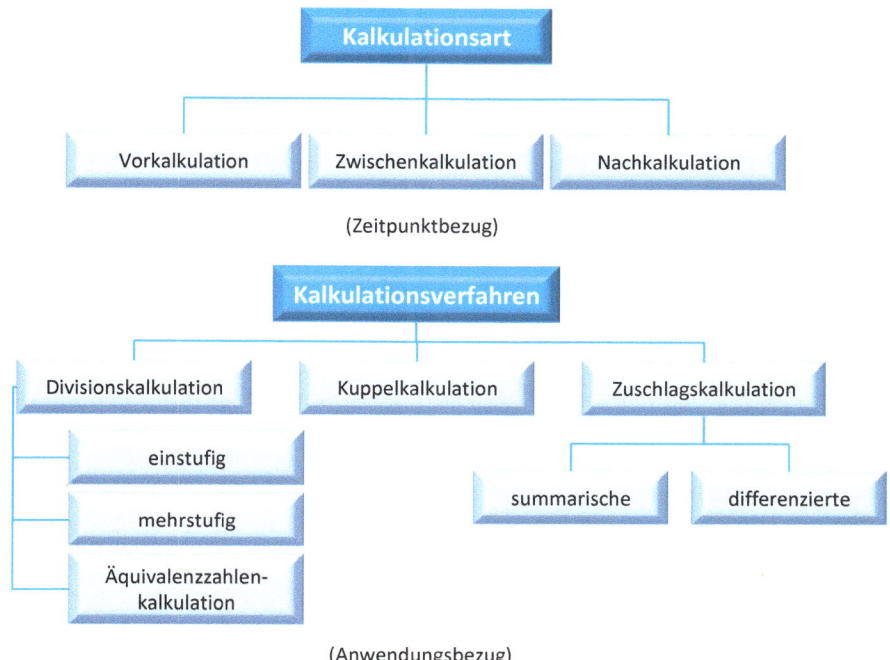

Abbildung 3.18 Übersicht über mögliche Kalkulationsarten und -verfahren – Vereinfachte Darstellung

Die Vorkalkulation erfolgt vor der Leistungserstellung. Die Kalkulationsdaten basieren auf Schätzungen und Erfahrungswerten, die möglicherweise aus dem Vergleich mit vor- und nachkalkulierten Werten bei ähnlichen Erzeugnissen bzw. Aufgabenstellungen stammen. Die Vorkalkulation ist somit ein Hilfsmittel des „klassischen" Rechnungswesens mit dem vorrangigen Ziel, z. B. dem Kunden schnell einen Preis für die von ihm gewünschte Leistung nennen zu können. Eine exakte Vorkalkulation hängt direkt von der Genauigkeit der verwendeten Planungsdaten ab und ist notwendigerweise weniger genau als eine Nachkalkulation. Diese erfolgt nach der Leistungserstellung und dient der Erfolgsermittlung und -kontrolle der erstellten Leistungen.

Für Planungs- und Kontrollzwecke kann während der Leistungserstellung eine Zwischenkalkulation durchgeführt werden.

Kalkulationsverfahren nach dem Anwendungsbezug

Die Möglichkeit, Werte der Nachkalkulation für zukünftige Vorkalkulationen wiederverwenden zu können, hängt stark davon ab, ob es gelingt, charakteristische Leistungsbezugsgrößen, wie z. B. Baugruppen, zu finden. Über diese Leistungsbezugsgrößen sollen bereits im Planungsstadium, in dem die Vorkalkulationen durchgeführt werden, Aussagen gemacht werden können.

Die **Anwendung einer bestimmten Kalkulationstechnik hängt unter anderem stark vom Produktionsprogramm und den charakteristischen Produktionsverfahren eines Betriebes ab**. Man unterscheidet drei Hauptformen:

- Divisionskalkulation,
- Zuschlagskalkulation,
- Kuppelkalkulation.

Die **Divisionskalkulationsverfahren** werden bevorzugt bei einheitlicher Massenfertigung angewendet, bei der die Kostenzurechnung kein Problem darstellt. Daher wird für dieses Verfahren auf das Teilgebiet Kostenstellenrechnung verzichtet.

Je mehr unterschiedliche Produkte in einem Unternehmen gefertigt werden und je unterschiedlicher deren Seriengrößen sind, desto mehr tritt das Problem der verursachungsgerechten Kostenverrechnung in den Vordergrund. In diesen Fällen wird meist die **Zuschlagskalkulation** angewendet. Sie berücksichtigt, dass nur wenige Kostenarten als Einzelkosten verrechnet werden können, auf die dann die Gemeinkosten „zugeschlagen" werden, was den Einsatz der Kostenstellenrechnung erfordert.

Die **Kuppelkalkulation**, eine Sonderform der Divisionskalkulation, ist für den besonderen Fall gedacht, dass in einem Fertigungsprozess aus denselben Ausgangsmaterialien gleichzeitig mehrere unterschiedliche Produkte (z. B. Koks und Gas aus Steinkohle) hergestellt werden bzw. anfallen.

3.1.4.2 Divisionskalkulation

In der betrieblichen Praxis werden drei **Verfahren der Divisionskalkulation** unterschieden. Sie sind von der Kalkulationstechnik her als besonders einfache Verfahren zu bezeichnen, deren Anwendung durch die bereits erwähnte Forderung nach gleichfalls einfachen Betriebsstrukturen eingeengt ist. Die verschiedenen Verfahren sollen hier deshalb nur kurz vorgestellt werden.

3.1.4.2.1 Einstufige Divisionskalkulation

Kosten werden auf erzeugte Menge verteilt

Bei der einstufigen Divisionskalkulation (kumulative Divisionskalkulation) werden alle während einer Periode anfallenden Kosten auf die während dieser Periode erzeugten Mengen bezogen. Rechnerisch gilt:

$$\frac{\text{Kosten}}{\text{Einheit}} = \frac{\text{Gesamtkosten pro Periode}}{\text{erzeugte und umgesetzte Einheiten pro Periode}}$$

Falls Lagerbestandsveränderungen zu berücksichtigen sind, ist nach folgender Formel zu arbeiten:

$$\frac{\text{Kosten}}{\text{Einheit}} = \frac{\text{Gesamtkosten pro Periode} \pm \text{Herstellkosten}_{\Delta LB}}{\text{Einheiten pro Periode}}$$

$HK_{\Delta LB}$ Herstellkosten der Lagerbestandsveränderungen pro Periode (negatives Vorzeichen: Lagerbestandszunahme; positives Vorzeichen: Lagerbestandsabnahme)

Es wird **nicht zwischen Einzel- und Gemeinkosten unterschieden**.

3.1.4.2.2 Mehrstufige Divisionskalkulation

Bei der mehrstufigen Divisionskalkulation (Stufendivisionskalkulation) muss die obengenannte **Forderung nach einem einheitlichen Produkt nicht mehr für den gesamten Produktionsvorgang erfüllt sein**, wohl aber jeweils für einzelne Produktionsstufen. Es ist auch möglich, dass einzelne Erzeugnisse gar nicht alle Stufen durchlaufen, z. B. beim Verkauf von Halbzeugen und weiterverarbeiteten Produkten. In der Praxis geht man in diesem Fall so vor, dass man für die einzelnen Produktionsstufen getrennte Kostenstellen einrichtet. Die Gesamtkosten der verschiedenen Kostenstellen werden dann jeweils durch die Anzahl der Leistungseinheiten dividiert, die die betreffenden Kostenstellen durchlaufen haben.

Kosten werden pro Produktionsstufe auf Mengen verteilt

Untervarianten

Im Einzelnen wird **von der Rechentechnik her** zwischen der Veredelungskalkulation und der summarischen Stufen-Divisionskalkulation unterschieden:

a) Bei der **Veredelungskalkulation** werden bestimmte Grundkosten – wie die Produktionskosten bei der einstufigen Divisionskalkulation – zunächst dem Produkt zugerechnet, während die Weiterverarbeitungskosten wie Transport und Inbetriebnahme als Kosten einer weiteren „Produktionsstufe" nach gleichem Rechenschema zu ermitteln sind. In einem einfachen Anwendungsbeispiel bedeutet dies, dass z. B. ein Anlagenbauer drei Stufen zu betrachten hätte: Produktion, Verpackung/Transport und Aufstellung/Inbetriebnahme vor Ort beim Kunden. Aus den Gesamtkosten je Stufe müssten dann unter Berücksichtigung der Gesamtleistungen die Produktionskosten (i. d. R. interne Selbstkosten), die Verpackungskosten (z. B. Holzverschlag, Container), Transportkosten (Spezialtransport, See- bzw. Luftfracht) je km und die Kosten für die Inbetriebnahme, z. B. Aufwand für Montage und Abnahme in Abhängigkeit von der „Größe" der Anlage, ermittelt werden. Die berechneten Gesamtkosten stellen dann die Basis für die Kalkulation neuer zukünftiger Kundenaufträge dar.

b) Bei der **summarischen Stufen-Divisionskalkulation** erfolgt die Ermittlung der Kosten je Einheit des Endproduktes durch stufenweise Kalkulation wie folgt (Zimmermann/Fries/Hoch 2003, S. 193 ff.):

Stufe I: $\dfrac{K_{\mathrm{I}}}{M_{\mathrm{I}}} = k_{\mathrm{I}}$

Stufe II: $\dfrac{k_{\mathrm{I}} \times VM_{\mathrm{I}} + K_{\mathrm{II}}}{M_{\mathrm{II}}} = k_{\mathrm{II}}$

Stufe N: $\dfrac{k_{N-1} \times VM_{N-1} + K_N}{M_N} = k_N$

$K_{\mathrm{I}}, K_{\mathrm{II}},…, K_N$	Gesamtkosten je Stufe ohne die Kosten der Vorstufen (je Periode),
$M_{\mathrm{I}}, M_{\mathrm{II}},…, M_N$	hergestellte Mengen der jeweiligen Stufe je Periode,
$k_{\mathrm{I}}, k_{\mathrm{II}},…, k_N$	Kosten je Einheit je Stufe und
$VM_{\mathrm{I}}, VM_{\mathrm{II}},…, VM_{N-1}$	Vorproduktmenge, die auf niederen Stufen entstanden ist.

Ein Anwendungsbeispiel dazu ist in Tabelle 3.27 gezeigt. Es handelt sich dabei um ein Unternehmen, in dem in weitgehend unabhängigen Produktionsstufen (Stahlgießerei, Schmiede, mechanische Fertigung) gefertigt wird.

Aus der Stahlgießerei und der Schmiede wird zum Teil direkt an den Kunden geliefert, zum Teil werden die Leistungseinheiten in der mechanischen Fertigung weiterverarbeitet. Die Schmiede verarbeitet 30 t (= 40 – 10 t) Stahl aus der Gießerei (Materialpreis = Herstellkosten Gießerei = 2.500 € pro t), die mechanische Fertigung verarbeitet 15 t (= 25 – 10 t) Stahl aus der Schmiede (Materialpreis = Herstellkosten-Schmiede = 5.000 € pro t). Für das Unternehmen stellt sich die Aufgabe, jeweils die Herstellkosten je Tonne Erzeugnisse als Basis für den Materialeinsatz in der nächsthöheren Produktionsstufe und die Selbstkosten je Tonne Erzeugnisse als Basis für die Beurteilung des Erfolges in jeder Produktionsstufe zu ermitteln. Die Vertriebs- und Verwaltungsgemeinkosten in Höhe von 45.000 € (Tabelle 3.27, Zeile 10) werden dabei proportional zu den Herstellkosten (Tabelle 3.27, Zeile 9) aufgeschlüsselt. In dem gezeigten Beispiel wird spaltenweise vorgegangen, d. h., es werden zunächst die Kosten in der Gießerei, dann die in der Schmiede und anschließend die in der mechanischen Fertigung ermittelt.

Das gezeigte Beispiel ist typisch für die Anwendung der mehrstufigen Divisionskalkulation, die auch bei anderen, vergleichbaren Aufgabenstellungen angewendet wird, z. B. in Hüttenwerken mit Hochofen, Stahl- und Walzwerk, der Gewinnungsindustrie mit Steinbruch und Veredelungsindustrie, der Textilindustrie mit Weberei und Färberei sowie der chemischen Industrie.

Tabelle 3.27 Beispiel zur Stufendivisions-Kalkulation
(Quelle: in Anlehnung an Zimmermann/Fries/Hoch 2003, S. 195)

	Kostenstellen Kostenarten pro Zeitperiode	Gießerei	Schmiede	mechanische Fertigung
1. 2.	Materialeinsatz (t) Materialpreis (€ pro t)	50 800	30 2.500	15 5.000
3.	Materialkosten (€)	40.000	75.000	75.000
4.	Fertigungskosten (€)	60.000	50.000	75.000
5. 6.	Herstellkosten (€) produzierte Menge (t)	100.000 40	125.000 25	150.000 12
7.	Herstellkosten (€ pro t)	2.500	5.000	12.500
8.	verkaufte Mengen (t)	10	10	12
9.	Herstellkosten der verkauften Mengen (€)	25.000	50.000	150.000
10.	Vertriebs- und Verwaltungs-Gemeinkosten (€)	5.000	10.000	30.000
11.	Selbstkosten (€)	30.000	60.000	180.000
12.	Selbstkosten pro umgesetzte Mengeneinheit (€ pro t)	3.000	6.000	15.000

3.1.4.3 Äquivalenzzahlenkalkulation

Ähnliche Produkte als Voraussetzung

Die Äquivalenzzahlenkalkulation ist eine veränderte Form der bereits vorgestellten Divisionskalkulationsverfahren. Sie kann dann mit Erfolg angewendet werden, wenn ein Betrieb mehrere Produkte gleichzeitig herstellt, die hinsichtlich Rohstoff, Form, Ausstattung oder Fertigungsverfahren gleichartig, jedoch nicht gleichwertig sind. Beispiele hierfür sind Bleche unterschiedlicher Stärke, Papier verschiedener Qualität, Porzellan verschiedener Ausführung, Motoren oder Getriebe einer Baureihe.

Produktkosten stehen in festem Verhältnis

Kennzeichnend für die Anwendung der Äquivalenzzahlenkalkulation ist, dass die Gesamtkosten für die herzustellenden Produkte bzw. für die sie charakterisierenden Eigenschaften (z. B. das Gewicht) in einem festen Verhältnis zueinander stehen. Dieses feste Kostenverhältnis wird durch sogenannte „Äquivalenzzahlen" ausgedrückt. Durch die Multiplikation der einzelnen Produktarten mit Äquivalenzzahlen werden diese rechnerisch „gleichnamig" gemacht, d. h. auf den „gleichen Nenner" gebracht, sodass eine Division der Gesamtkosten durch die Gesamtmenge der gleichnamigen Produkte möglich wird.

Umsetzung

Formal lässt sich das Verfahren der Äquivalenzzahlenkalkulation wie folgt darstellen:

- **1. Schritt**
Alle unterschiedlichen Produkte werden mithilfe der Äquivalenzzahlen in ein (rechnerisches) Einheitsprodukt umgewandelt. Es gilt:

$$M_{EP} = M_A \times Ä_A + M_B \times Ä_B + \ldots + M_Z \times Ä_Z$$

M_{EP}	Gesamtmenge der rechnerischen Einheitsprodukte der betrachteten Periode,
$M_A, M_B, \ldots, M_Z$	erzeugte Mengen der Produkte A, B, …, Z,
$Ä_A, Ä_B, \ldots, Ä_Z$	Äquivalenzzahlen der Produkte A, B, …, Z.

- **2. Schritt**
Es werden die Kosten je Einheit des rechnerischen Einheitsproduktes ermittelt:

$$k_{EP} = \frac{K}{M_{EP}}$$

k_{EP}	Kosten je Leistungseinheit des Einheitsproduktes,
K	Gesamtkosten der Periode

- **3. Schritt**
Die Kosten je Einheit der einzelnen Produkte werden aus dem Kostenwert k_{EP} und den jeweiligen Äquivalenzzahlen ermittelt:

$$k_A = k_{EP} \times Ä_A$$
$$k_B = k_{EP} \times Ä_B$$
$$\ldots$$
$$k_Z = k_{EP} \times Ä_Z$$

$k_A, k_B, \ldots, k_Z$	Kosten je Einheit der Produkte A, B, …, Z.

Die genaue Kontrolle der Kostenarten jeder Erzeugnissorte und die Bildung von Verhältniszahlen sind unumgängliche Vorarbeiten, um eine Äquivalenzzahlenreihe erstellen zu können.

Bei einem neuen Produkt wird diejenige Einflussgröße zur Bildung der Äquivalenzzahlen herangezogen, von der man annehmen kann, dass sich die Gesamtkosten zu ihr proportional verhalten. In der Praxis dient am häufigsten die verbrauchte Materialmenge (gemessen in kg, m, m³ usw.) als Basis zur Festlegung von Äquivalenzzahlen.

Obwohl der Aufwand für die Ermittlung der Äquivalenzzahlen nicht zu unterschätzen ist, kann doch festgestellt werden, dass es sich bei der Äquivalenzzahlkalkulation um eine leicht anwendbare und in der Praxis gängige Form der (Schnell- bzw. Kurz-) Kalkulation handelt. Dies soll nachfolgend an einem Beispiel gezeigt werden.

Fazit bzgl. der Äquivalenzzahlenkalkulation

Beispiel

Bei der Abfüllung von Flaschen unterschiedlicher Größen weiß man aus früheren Untersuchungen, dass die Füllkosten je Flasche etwa proportional zum Flaschenvolumen sind. Zu kalkulieren sind die Abfüllkosten je Flaschensorte. Dabei sind die gesamten Füllkosten je Periode in Höhe von 99.000 € bekannt. Auch die Abfüllleistungen und Flascheninhalte sind bekannte Größen für die Rechnung. Bei der Festlegung der Äquivalenzzahlen wird vom Flaschenvolumen ausgegangen. Der Rechengang selbst ist in Tabelle 3.28 dargestellt.

Tabelle 3.28 Beispiel zur Volläquivalenzzahlenkalkulation
(Quelle: in Anlehnung an Zimmermann/Fries/Hoch 2003, S. 197)

Flaschensorte	A	B	C
1. Abfüll-Leistung (Stck.)	180.000	80.000	120.000
2. Flascheninhalt (cm^3)	200	300	600
3. Äquivalenzzahl [1]	1	1,5	3
4. Rechnungseinheiten [2] (Stck.)	180.000	120.000	360.000
5. Abfüllkosten / Rechnungseinheit = 99.000 € / 660.000 Rechnungseinheiten = 0,15 € je Rechnungseinheit			
6. Abfüllkosten je Sorteneinheit [3] (€/Flasche)	0,15	0,225	0,45
7. Abfüllkosten je Flaschensorte [4] (€)	27.000	18.000	54.000
Erläuterungen:			
1) Äquivalenzzahl proportional zum Flaschenvolumen			
2) Rechnungseinheiten = Abfüll-Leistung x Äquivalenzzahl			
3) Abfüllkosten je Sorteneinheit = (Abfüllkosten je Rechnungseinheit) x Äquivalenzzahl			
4) Abfüllkosten je Flaschensorte = Abfüllkosten je Sondereinheit x Abfüll-Leistung			

Bei der Anwendung der Äquivalenzzahlenkalkulation in einem Unternehmen kann durchaus der Fall eintreten, dass mehrere Äquivalenzzahlenreihen benötigt werden. Dies wird vor allem dann der Fall sein, wenn nicht alle Erzeugnisse sämtliche Produktionsstufen durchlaufen bzw. wenn der Beschäftigungsgrad häufig schwankt. In diesem Fall können auch getrennte Äuqivalenzzahlen für fixe und variable Kosten aufgestellt werden. Die Anwendung mehrerer Äquivalenzzahlenreihen ist ferner sinnvoll, wenn die Kostenunterschiede der Erzeugnissorten nicht auf allen Stufen mit nur einer Äquivalenzzahlenreihe verursachungsgerecht erfasst werden können.

Wenn sich nur ein Teil der Gesamtkosten bei verschiedenen Produkten proportional zueinander verhält, kann man auch eine **Teiläquivalenzzahlenkalkulation** anwenden. Diese kann z. B. so aufgebaut werden, dass das Einsatzmaterial jedes Produktes dem Kostenträger direkt zugerechnet wird und die Fertigungskosten über Äquivalenzzahlen ermittelt werden.

3.1.4.4 Zuschlagskalkulation

Mehrprodukt-Unternehmen als Anwendungsfall

Die Einheitlichkeit der Produkte eines Betriebs, wie sie die Divisionskalkulation verlangt, ist in der Praxis nur selten bzw. nur in Teilbereichen gegeben.

Überall dort, wo **mehrere Erzeugnisse mit unterschiedlichen Kosten an Material und Fertigungslöhnen mit verschiedenen Fertigungsverfahren hergestellt werden, wird die Zuschlagskalkulation angewendet.**

Die Zuschlagskalkulation geht von einer getrennten Zurechnung der Einzel- und Gemeinkosten auf die Kostenträger aus. **Die Einzelkosten werden** *direkt* **mit Einzelbelegen,** wie z. B. Materialentnahmescheinen, **die Gemeinkosten** *indirekt* **mit Gemeinkostenzuschlägen auf die Kostenträger verrechnet.** Die Gemeinkosten werden in der Kostenstellenrechnung aufbereitet. Die geeignete Zuschlagsgrundlage für das Ermitteln der Gemeinkostenzuschläge ist besonders sorgfältig zu wählen.

Proportionale Beziehung

Hierbei ist zu berücksichtigen, dass die **Gemeinkostenverursachung möglichst proportional zu der ihr zugeordneten Bezugsgröße sein soll.** Zuschlagsgrundlagen können mengenmäßige (kg, m, t, l etc.), wertmäßige (Fertigungslohnkosten, Herstellkosten etc.) oder zeitmäßige (Fertigungsstunde etc.) Größen sein.

Varianten

In Abhängigkeit von der Anzahl der Bezugsgrößen bzw. Zuschläge unterscheidet man bei der Gemeinkostenverrechnung die summarische und differenzierte Zuschlagskalkulation.

3.1.4.4.1 Summarische Zuschlagskalkulation

Bei der summarischen Zuschlagskalkulation wird nur eine Bezugsgröße als Basis für den Zuschlag der Gemeinkosten herangezogen.

Dabei wird meist eine der folgenden Bezugsgrößen verwendet:

- Fertigungslohn;
- Fertigungsmaterial;

- Summe aus Fertigungslohn und Fertigungsmaterial.

Es wird also davon ausgegangen, dass die Gesamtheit der Gemeinkosten von einer dieser drei Bezugsgrößen abhängig ist.

Beispiel

Summarische Zuschlagskalkulation

Bei einem Industrieregalbauer sind im Abrechnungszeitraum Februar folgende Kosten entstanden:

Tabelle 3.29 Ausgangsdaten

Ausgangsdaten (in €)	
Fertigungsmaterial (FM)	28.000
Fertigungslöhne (FL)	16.000
Summe FM + FL	44.000
Gemeinkosten (GK)	11.000
Selbstkosten SK = FM + FL + GK	55.000

Je nach Zuschlagsbasis ergeben sich drei mögliche Gemeinkostenzuschlagssätze:

Tabelle 3.30 Abhängigkeit des Gemeinkostenzuschlagssatzes von der Zuschlagsbasis

Zuschlagsgrundlage (in €)	FM	FL	FM + FL
Fertigungsmaterial	28.000		
Fertigungslöhne		16.000	
Fertigungsmaterial + Fertigungslöhne			44.000
Gemeinkosten	11.000	11.000	11.000
Gemeinkostenzuschlagssatz	39,3 % (Basis: FM)	68,7 % (Basis: FL)	25,0 % (Basis: FM+FL)

Im Rahmen einer Kundenanfrage soll nun ein Regal kalkuliert werden, zu dessen Fertigung 750 € Fertigungsmaterial und 250 € Fertigungslöhne aufgewendet werden müssen. In Abhängigkeit von der gewählten Zuschlagsgrundlage ergeben sich folgende unterschiedlichen Kalkulationsergebnisse:

Tabelle 3.31 Beispielrechnung

(in €)	Basis FM	Basis FL	Basis FM + FL
Fertigungsmaterial (FM)	750,00	750,00	750,00
Fertigungslöhne (FL)	250,00€	250,00	250,00
Gemeinkosten (GK)	294,75 (39,3 % v. FM)	171,75 (68,7 % v. FL)	250,00 (25 % v. FM + FL)
Selbstkosten (SK)	1.294,75	1.171,75	1.250,00

Die Frage, welche der drei Kalkulationen „richtig" ist, lässt sich nur nach einer detaillierten Kostenanalyse, die näheren Aufschluss über die verschiedenen Gemeinkostenarten und deren Zusammenhänge bringt, beantworten. Damit sind auch die eingeengten Anwendungsmöglichkeiten der summarischen Zuschlagskalkulation umrissen. Sie sollte nur dort eingesetzt werden, wo Produktionseinrichtungen vorliegen, die von den Produkten etwa gleichmäßig in Anspruch genommen werden. Im vorliegenden Beispiel der Tabelle 3.31 neigt man wegen des hohen Anteils an Fertigungsmaterial, dieses als Grundlage für die Zuschlagskalkulation zu wählen. Andererseits ist zu vermerken, je größer die Basis, desto kleiner die darauf bezogenen Zuschlagssätze. Damit wirkt sich eine relative Ungenauigkeit in der Abschätzung der Basis weniger stark auf das Kalkulationsergebnis aus. Aus dieser Überlegung heraus wäre ggf. doch die Kalkulation auf „Basis FM+FL" im obigen Beispiel vorzuziehen.

3.1.4.4.2 Differenzierte Zuschlagskalkulation

Die differenzierte Zuschlagskalkulation teilt die Gemeinkosten entsprechend ihrer Einflussgrößen in **mehrere Gemeinkostenarten** auf, z. B. in

- Materialgemeinkosten,
- Fertigungsgemeinkosten,
- Verwaltungsgemeinkosten und
- Vertriebsgemeinkosten.

Verwendung mehrerer Gemeinkostenarten

Als **Bezugsgröße**n für ihre Weiterverrechnung auf die Kostenträger werden im Allgemeinen

Bezugsgrößen

- Fertigungsmaterial,
- Fertigungslöhne und
- Herstellkosten

verwendet. Die Selbstkosten lassen sich dann mithilfe des in Abbildung 3.19 gezeigten Schemas ermitteln. **Als Datenbasis dient der Betriebsabrechnungsbogen mit innerbetrieblicher Leistungsverrechnung** nach dem Stufenleiterverfahren.

Nach diesem Schema sind zu unterscheiden:

- **Materialkosten MK**
  als Summe von Fertigungsmaterial *MEK* und Materialgemeinkosten *MGK*:

  $$MK = MEK + MGK$$

- **Fertigungskosten FK**
  als Summe von Fertigungslohn *FEK* und Fertigungsgemeinkosten *FGK*:

  $$FK = FEK + FGK$$

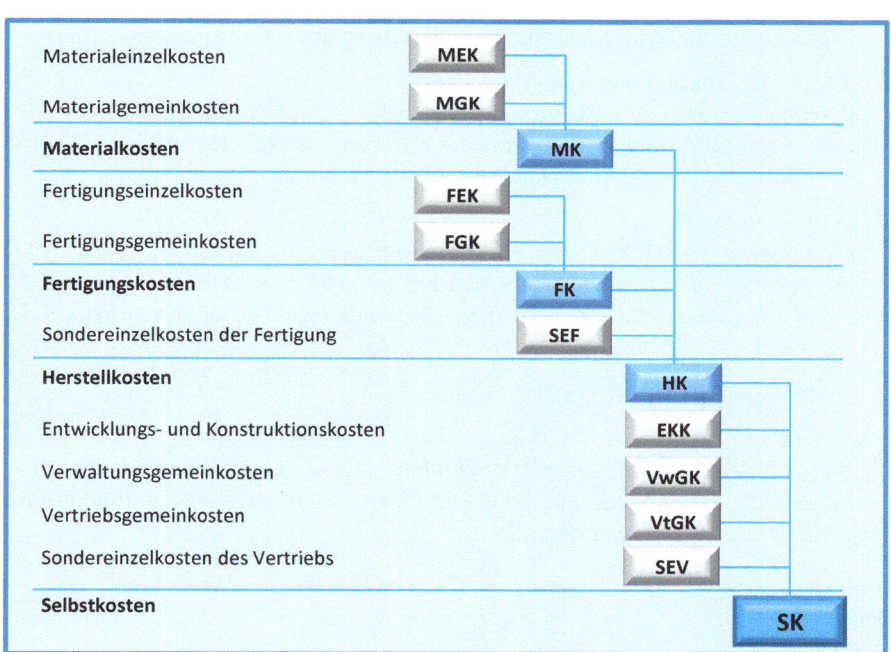

Abbildung 3.19 Schema der differenzierten Zuschlagskalkulation

- **Herstellkosten HK**
  als Summe von Materialkosten *MK*, Fertigungskosten *FK* und Sondereinzelkosten der Fertigung *SEF* (Sondereinzelkosten sind solche Kosten, die ausschließlich von einem Kostenträger verursacht werden[10]):

  $$HK = MK + FK + SEF$$

---

10 z. B. eine spezielle Vorrichtung, ein formgebendes Werkzeug

- **Entwicklungs-/Konstruktions-Kosten (EKK)**
  als Summe von Entwicklungs-/Konstruktions-Einzelkosten (*EKEK*) und Entwicklungs-/Konstruktions-Gemeinkosten (*EKGK*):

$$EKK = EKEK + EKGK$$

Die E+K-Einzelkosten ergeben sich z. B. aus den projekt-, auftrags- oder kundenbezogenen Stundenaufschrieben der Mitarbeiter und ihren jeweiligen Stundensätzen. Die E+K-Gemeinkosten, z. B. Gehalt Entwicklungsleiter, nicht-projektbezogene Stundenanteile der Mitarbeiter, CAx-Anwendungen werden mithilfe der im Betriebsabrechnungsbogen ermittelten Zuschlagssätze verrechnet.

- **Verwaltungs- (VwGK) und Vertriebsgemeinkosten (VtGK)**
  Die *VwGK* und die *VtGK* werden ebenfalls mithilfe der im Betriebsabrechnungsbogen ermittelten Zuschlagssätze auf die Herstellkosten verrechnet.

- **Sondereinzelkosten des Vertriebes (SEV)**
  Beispiele für *SEV*: auftrags-/kundenbezogene Zusatz-Ausgaben, z. B. für Bewirtung, Reisen, ortsübliche Aufwände im Auslandgeschäft[11] die im Einzelfall direkt dem Kalkulationsobjekt zugerechnet werden können.

- **Selbstkosten SK**
  als Summe von Herstellkosten *HK*, Entwicklungs- und Konstruktionskosten *EKK*, Verwaltungs- und Vertriebsgemeinkosten (= *VVGK* = Verwaltungsgemeinkosten *VwGK* + Vertriebsgemeinkosten *VtGK*) und Sondereinzelkosten des Vertriebes *SEV*:

$$SK = HK + EKK + VwGK + VtGK + SEV$$

Die Selbstkosten für ein Erzeugnis stellen beispielsweise die Grundlage für die Abgabe eines Angebotspreises dar; die Differenz zwischen Selbstkosten und Verkaufspreis ergibt die Gewinnspanne.

Beispiel

Differenzierte Zuschlagskalkulation

Folgende Einzelkosten sind bei der Herstellung von 1.000 Prüfgeräten erfasst worden:

Tabelle 3.32 Ausgangsdaten

Ausgangsdaten (in €)	
Fertigungsmaterial (FM) (= MEK)	920.000
Fertigungslöhne (FL) (=FEK)	240.500
Sondereinzelkosten der Fertigung (SEF)	45.000

---

11 z. B. Provisionen, weitere verkaufsfördernde Maßnahmen

Es sind die Herstell- und Selbstkosten eines mechanischen Prüfgerätes zu ermitteln, indem folgende Zuschlagssätze verwendet werden sollen:

- **Materialgemeinkosten MGK**:
  8 % (bezogen auf das Fertigungsmaterial *MEK*)

- **Fertigungsgemeinkosten FGK**
  270 % (bezogen auf die Fertigungslöhne *FEK*)

- **Entwicklungs- und Konstruktionsgemeinkosten EKK**
  5 % (bezogen auf die Herstellkosten *HK*)

- **Verwaltungsgemeinkosten VwGK**
  9 % (bezogen auf die Herstellkosten *HK*)

- **Vertriebsgemeinkosten VtGK**
  6 % (bezogen auf die Herstellkosten *HK*

Das genaueste, aber auch das aufwendigste Verfahren der differenzierten Zuschlagskalkulation ist die **Kostenstellenkalkulation**, bei der für jede Kostenstelle aus dem dort geltenden Verhältnis von Einzelkosten zu Gemeinkosten ein gesonderter Zuschlagssatz ermittelt wird.

Tabelle 3.33 Rechengang nach Abbildung 3-19

Rechengang (in €/Stück)			
FM (= MEK)	920,00		
MGK	73,60		
MK		993,60	
FL (= FEK)	240,50		
FGK	649,35		
FK		889,85	
SEF		45,00	
HK			1.928,45
EKK + VwGK + VtGK (20 % von HK)			385,69
SK			2.314,14

Bei der Kostenstellenkalkulation entspricht das Kalkulationsschema der Darstellung von Tabelle 3.34 wobei der Index 1, 2,..., *n* die einzelnen Kostenstellen unterscheidet (von Sonderkosten wird bei der vereinfachten Darstellung in Tabelle 3.34 abgesehen).

Die einzelnen Produkte werden dann je nach Inanspruchnahme der Kostenstellen mit den anteiligen Gemeinkosten belastet (vgl. nachfolgendes Beispiel Kostenstellenkalkulation). Für die Steuerung der Produktion und für die Preispolitik tritt dabei folgende **Problematik** zutage:

Tabelle 3.34 Schema der Kostenstellenkalkulation – 1, 2, ..., n Kostenstellenindex

FM_1	+ FM_2	+	+ FM_n	Fertigungsmaterialkosten (= MEK)
+ MGK_1	+ MGK_2	+	+ MGK_n	Materialgemeinkosten (= MGK)
+ FL_1	+ FL_2	+	+ FL_n	Fertigungslöhne (= FEK)
+ FGK_1	+ FGK_2	+	+ FGK_n	Fertigungsgemeinkosten (= FGK)
		= Herstellkosten		
+ $VwGK_1$	+ $VwGK_2$	+	+ $VwGK_n$	Verwaltungsgemeinkosten (= $VwGK$)
+ $VtGK_1$	+ $VtGK_2$	+	+ $VtGK_n$	Vertriebsgemeinkosten (= $VtGK$)
		= Selbstkosten		

Zuordnungsprobleme bei Unterauslastung

Bei einem **Mehrproduktbetrieb durchlaufen die einzelnen Produkte häufig unterschiedlich ausgelastete Fertigungsstellen.**

Verteilt man die Gemeinkosten der jeweiligen Kostenstelle auf die sie durchlaufenden Leistungseinheiten, so werden die Erzeugnisse der unterbeschäftigten Abteilungen infolge der geringeren Stückzahl relativ hoch mit Gemeinkosten belastet. Gibt man diese Kosten im Preis weiter, so werden die betreffenden Kostenstellen infolge zurückgehender Absatzmengen unter Umständen tendenziell noch schlechter ausgelastet. Bei den gut beschäftigten Kostenstellen ist gerade das Gegenteil der Fall.

Dieser Hinweis zeigt, dass das **Ergebnis einer aufwendigeren Kalkulation nicht notwendigerweise genauer ist**, sondern ebenfalls kritisch betrachtet werden muss.

Beispiel

Kostenstellenkalkulation (vgl. Ahlert/Franz 1992)

Folgende Monatskosten fielen in einer Maschinenfabrik an:

Materialkostenstelle A:

Einzelmaterialverbrauch	2,00 Mio. €
Gemeinkosten	0,20 Mio. € = 10,0 %

Materialkostenstelle B:

Einzelmaterialverbrauch	0,50 Mio. €
Gemeinkosten	0,30 Mio. € = 60,0 %

Fertigungskostenstelle I:

Fertigungslöhne 0,20 Mio. €
Gemeinkosten   0,40 Mio. € = 200,0 %

Fertigungskostenstelle II:

Fertigungslöhne 0,80 Mio. €
Gemeinkosten   0,40 Mio. € = 50,0 %

Verwaltungsgemeinkosten 0,35 Mio. € = 7,3 % der Herstellkosten

Vertriebsgemeinkosten   0,45 Mio. € = 9,4 % der Herstellkosten

Gesamtsumme der Einzelkosten: 3,50 Mio. €

Gesamtsumme der Gemeinkosten: 2,10 Mio. €

Für die Kalkulation einer speziellen Maschine werden folgende Daten erfasst:

Tabelle 3.35 Ausgangsdaten für eine Kostenstellenkalkulation

Einzelmaterial Kostenstelle A:	110.000 €		
Einzelmaterial Kostenstelle B:	10.000 €		
Einzelmaterial insgesamt		120.000 €	
Fertigungslohn in Kostenstelle I	20.000 €		
Fertigungslohn in Kostenstelle II	30.000 €		
Fertigungseinzellohn insgesamt		50.000 €	
Einzelkosten insgesamt		**170.000 €**	

Mithilfe der Kostenstellenkalkulation ergibt sich folgender Rechnungsgang zur Ermittlung der Selbstkosten der Maschine:

Tabelle 3.36 Berechnungen zur Kostenstellenkalkulation

Einzelmaterial Kostenstelle A	110.000 €		
+ 10 % Materialgemeinkosten	11.000 €		
Materialkosten Kostenstelle A		121.000 €	
Einzelmaterial Kostenstelle B	10.000 €		
+ 60 % Gemeinkosten	6.000 €		
Materialkosten Kostenstelle B		16.000 €	
Materialkosten insgesamt			**137.000 €**

Tabelle 3.36 *(Fortsetzung)* Berechnungen zur Kostenstellenkalkulation

Fertigungslohn Kostenstelle I	20.000 €		
+ 200 % Gemeinkosten	40.000 €		
Fertigungskosten Kostenstelle I		60.000 €	
Fertigungslohn Kostenstelle II	30.000 €		
+ 50 % Gemeinkosten	15.000 €		
Fertigungskosten Kostenstelle II		45.000 €	
Fertigungskosten insgesamt			105.000 €
Herstellkosten			242.000 €
+ 7,3 % Verwaltungsgemeinkosten			17.650 €
+ 9,4 % Vertriebsgemeinkosten			22.750 €
Selbstkosten			282.400 €

(vgl. mit Tabelle 3.34)

Wertgrößen als Zurechnungsbasis sind problematisch

Ein Nachteil der bis hierher vorgestellten Bezugsgrößen Fertigungslohn und Materialkosten besteht darin, dass sie eine von außen vorgegebene Wertkomponente (Tariflöhne bzw. Materialpreise) enthalten. Schwankungen dieser Wertgrößen erfordern zwangsläufig neue Schlüssel bei sonst gleicher Kostenstruktur.

> Deshalb ist es vielfach empfehlenswert, möglichst keine **wertmäßigen, sondern** *mengenmäßige* **Bezugsgrößen zu wählen**, um die Zuschlagssätze weitgehend konstant zu halten.

Derartige **mengenmäßige Bezugsgröße**n sind z. B. Fertigungsstunden bzw. Materialgewichte.

Gemeinkosten in der Regel mengenproportional

Ebenfalls für einen mengenmäßigen Kalkulationsansatz spricht die Tatsache, dass die verschiedenen Gemeinkostenarten eher mengen- als wertproportional sind (beispielsweise ist die Abhängigkeit der Lagerkosten vom Materialgewicht meist größer als vom Einstandspreis). Eine bereits vorgestellte Kalkulationsform, die auf mengenmäßigen Bezugsgrößen – nämlich den Maschinenstunden – aufbaut, ist die **Maschinenstundensatzrechnung** (vgl. Kapitel 3.1.3.5).

3.1.4.5 Kuppelkalkulation

Prozess mit mehreren Produkten in fester Relation

Eine Kuppelproduktion ist dadurch gekennzeichnet, dass in einem **Fertigungsprozess aus denselben Ausgangsmaterialien gleichzeitig** – oft sogar zwangsläufig – **mehrere unterschiedliche Produkte hergestellt werden**. Kuppelprodukte sind

z. B. Koks, Gas, Teer oder Roheisen, Gichtgas und Schlacken. Der Produktionsablauf verläuft dabei bis zum Spaltungspunkt („split-off-point") gemeinsam und wird danach für die Spaltprodukte getrennt fortgesetzt.

Die Mengenverhältnisse der Spaltprodukte liegen dabei meist aufgrund der chemisch-physikalischen Gesetzmäßigkeiten und dem gewählten Verfahrensablauf fest. Man spricht dann auch von einer „starren" oder „vollkommenen" Kuppelproduktion, von der im Folgenden ausgegangen wird.

Kostenkategorien

Die Gesamtkosten einer Kuppelproduktion lassen sich untergliedern in:

- verbundene Kosten, die von allen entstehenden Produkten gemeinsam getragen werden müssen;
- Folgekosten, die für die Weiterbearbeitung der einzelnen Produkte nach dem Spaltungsvorgang entstehen.

Varianten

Die verursachungsgerechte Verrechnung der verbundenen Kosten auf die entstehenden Spaltprodukte ist nicht möglich. Man benötigt also Hilfsrechnungen zur Lösung des Aufteilungsproblems, für deren Durchführung sich zwei Methoden bewährt haben:

- Die Methode der Restwertrechnung,
- die Methode der Kostenverteilung aufgrund von gemeinsamen technischen Merkmalen.

3.1.4.5.1 Restwertmethode

Grundgedanke der Restwertmethode

Die Restwertrechnung bietet sich an, wenn zusätzlich zum Hauptprodukt zwangsläufig Nebenprodukte anfallen. Die Erlöse für die Nebenprodukte werden dann – unter Berücksichtigung der zusätzlich für ihre Endverarbeitung anfallenden Kosten – von den Gesamtkosten für das Hauptprodukt abgezogen (man spricht deshalb auch von einer „Subtraktionsmethode"). Dabei wird in folgenden Schritten vorgegangen:

- **1. Schritt:**
  Die Erlöse aus dem Verkauf der Nebenprodukte werden von den Gesamtkosten des Kuppelprozesses abgezogen.

  > Restkosten =
  > Gesamtkosten des Kuppelprozesses –
  > Erlöse aus dem Verkauf der Nebenprodukte

- **2. Schritt:**
  Die Division der Restkosten durch die produzierte Menge des Hauptproduktes ergibt die Herstellkosten je Leistungseinheit (LE) des Hauptproduktes.

$$HK = \frac{\text{Restkosten}}{\text{Produzierte Menge des Hauptproduktes}}$$

- **3. Schritt:**
  Die Selbstkosten des Hauptproduktes ergeben sich dadurch, dass zu den Herstellkosten je Leistungseinheit die Kosten für Weiterverarbeitung und Vertrieb des Hauptproduktes addiert werden.

Selbstkosten Hauptprodukt =

HK + Kosten für Weiterverarbeitung und Vertrieb

Beispiel

In einem Gaswerk werden in einer bestimmten Periode die Kuppelprodukte Gas, Koks, Teer und Benzol in folgenden Mengen erzeugt:

Tabelle 3.37 Ausgangsdaten zum Beispiel

	Gas	Koks	Teer	Benzol
erzeugte Mengen: Hauptprodukt Nebenprodukte	35.800.000 (m³)	68.000 (t)	3.600 (t)	120 (t)
besondere Weiterverarbeitungs- und Vertriebskosten		10 (€/t)	20 (€/t)	80 (€/t)
Erlöse		90 (€/t)	95 (€/t)	750 (€/t)

Die Gesamtkosten der Kuppelproduktion (Materialeinsatz- und Verarbeitungskosten) betragen 8.300.000 €.

Mit diesen Angaben können die Kosten je m³ Gas wie folgt ermittelt werden:

Tabelle 3.38 Berechnung der Restkosten

Gesamtkosten des Kuppelprozesses		8.300.000,00 €
- Erlöse für die Nebenprodukte abzgl. deren besonderer Kosten:		
Koks	(90-10€/t) x 68.000t	5.440.000,00 €
Teer	(95-20€/t) x 3.600t	270.000,00 €
Benzol	(750-80€t) x 120t	80.400,00 €
Summe der Erlöse		5.790.400,00 €
Restkosten des Produktes Gas		2.509.600,00 €

Die Herstellkosten je m³ Gas betragen dann:

$$\frac{2.509.600\ €}{35.800.000\ m^3} = 0{,}07\ €\ \text{pro}\ m^3\ \text{Gas}$$

3.1.4.5.2 Kostenverteilungsmethode

Grundgedanke der Kostenverteilungsmethode

Bei der Kostenverteilungsmethode werden die Kosten nach technischen Merkmalen, die allen entstandenen Produkten gemeinsam sind, auf die einzelnen Produkte aufgeteilt. Das bekannteste Beispiel hierfür ist die Verteilung der Kosten bei den Kuppelprodukten Koks und Koksgas aufgrund der Heizwerte dieser beiden Erzeugnisse.

Beispiel

Grundlage der Rechnung sind die bereits beim Beispiel zur Restwertmethode (vgl. Tabelle 3.37) angegebenen Werte. Zusätzlich müssen jedoch die Heizwerte bekannt sein, die hier über Wärmeeinheiten angegeben werden.

Koksgas: 21.400 kJ/m³, Koks: 28.100 kJ/kg

Zu ermitteln sind in diesem Beispiel die Kosten für Koks und Koksgas. Dazu müssen zunächst wie bei der Restwertmethode die Erlöse für Teer und Benzol abgezogen werden. Da kein gemeinsames Merkmal für alle vier entstandenen Produkte vorhanden ist, können nur die so entstehenden Restkosten für Koks und Koksgas nach der Kostenverteilungsmethode weiterverrechnet werden, vgl. Tabelle 3.39:

Tabelle 3.39 Ergebnis nach Durchführung Kostenverteilungsmethode

Gesamtkosten des Kuppelprozesses		8.300.000,00 €
- Nettoerlöse für		
- Teer		270.000,00 €
- Benzol		80.400,00 €
Restkosten für Koks und Koksgas		7.949.600,00 €
Insgesamt erzeugte Wärmeinheiten		
Koksgas	35,8 x 10⁶ m³ x 21.400 kJ/³	766 x 10⁹ kJ
Koks	68,0 x 10⁶ kg x 28.100 kJ/kg	1.910 x 10⁹ kJ
Gesamtmenge		2.676 x 10⁹ kJ
Prozentuale Anteile an Gesamtmenge 2.676 x 10⁹ kJ		
Koksgas	766 x 10⁹ kJ / 2.676 x 109 kJ	28,60%
Koks	1.910 x 10⁹ kJ / 2.676 x 109 kJ	71,40%

Tabelle 3.39 (Fortsetzung) Ergebnis nach Durchführung Kostenverteilungsmethode

Gesamtkosten für Koks und Koksgas werden in diesem Verhältnis verteilt		
Gesamtkosten Koksgas	7.949.600,- € x 0,286	2.273.585,60 €
Gesamtkosten Koks	7.949.600,- € x 0,714	5.676.014,40 €
Daraus ergeben sich als Kosten je m³ Koksgas und je t Koks		
Koksgas	2.273.585,60 € / 35.800.000 m³	0,064 € pro m³
Koks	5.676.014,- € / 68.000 t	83,47 € pro t

3.1.4.6 Übungsaufgaben zur Kostenträgerrechnung

Auf beigefügter CD finden Sie die Lösungen der folgenden Aufgaben.

Aufgabe 3.1.4.6-1

Eine Lackfabrik stellt in einem Monat 5.000 t Lack der Sorte A und 4000 t Lack der Sorte B her (Ahlert/Franz 1992). Dabei entstehen Gesamtkosten in Höhe von 2,5 Mio. €.

Es ist möglich, 1 t Lack der Sorte A mit den gleichen Kosten wie 1,2 t Lack der Sorte B herzustellen, d. h., 1 t Lack A entspricht 1,2 t Lack B. Aufgrund dieser Relation ist es möglich, die verschiedenen Lacksorten in ein Einheitsprodukt umzurechnen; dieses Einheitsprodukt soll hier der Lack B sein.

Bestimmen Sie unter Anwendung des Verfahrens der Äquivalenzzahlenkalkulation die entstanden Kosten je t der Lacksorten A und B.

Aufgabe 3.1.4.6-2

In einem Mehrproduktunternehmen werden je Ausbringungseinheit des Produktes A Fertigungslöhne und Fertigungsmaterial in Höhe von 20 € eingesetzt. Sonstige Einzelkosten fallen nicht an. Der Betrieb kalkuliert mit einem Gemeinkostenzuschlag von 150 % auf die Einzelkosten.

Es wird angenommen, dass die gesamten fixen Kosten des Produktes A 30.000 € und die variablen Gemeinkosten je Stück 15 € betragen.

Ermitteln Sie:

1. bei welcher Ausbringungsmenge der Betrieb richtig kalkuliert, also die tatsächlich entstandenen Gemeinkosten verrechnet, und
2. wie viel Gemeinkosten bei einer Produktion von 2.500 Stück zu viel oder zu wenig verrechnet werden.

Aufgabe 3.1.4.6-3

Für die Fertigung eines Ersatzteiles werden 2 Frässtunden (Maschinenstundensatz 15,80 €/h), 0,5 Bohrstunden (Maschinenstundensatz 8,50 €/h) und 1 Schleifstunde (Maschinenstundensatz 20,00 €/h) benötigt. Die Fertigungsmaterialkosten betragen 75 € zuzüglich 10 % Materialgemeinkosten. Für eine Arbeitsstunde werden einheitlich 18 €/h verrechnet, die Restfertigungsgemeinkosten werden mit einem Zuschlag von 40 % auf die Lohnkosten abgedeckt. Die Verwaltungs- und Vertriebsgemeinkosten werden mit 20 % kalkuliert.

Wie hoch sind die Selbstkosten für das Ersatzteil? Welche Kostenarten werden beispielsweise mit den Restfertigungsgemeinkosten zusammengefasst?

Aufgabe 3.1.4.6-4

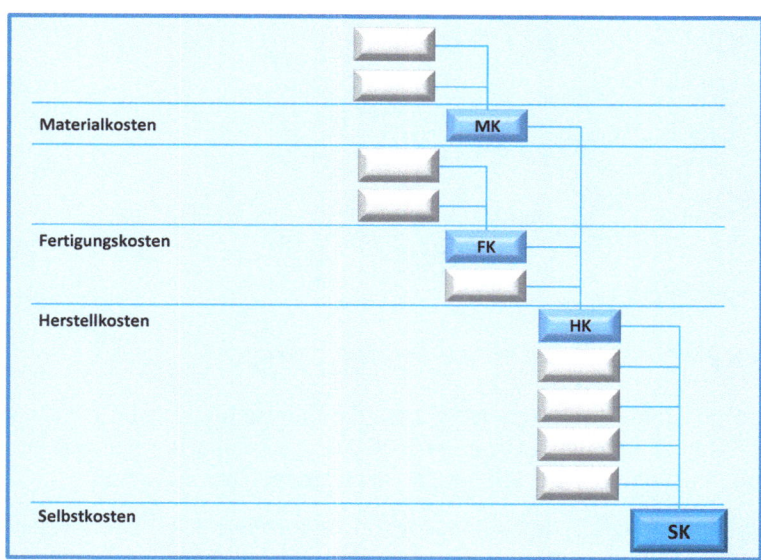

Abbildung 3.20 Zu ergänzendes Schema der differenzierten Zuschlagskalkulation

Aufgabe 3.1.4.6-5

Verschiedene Versandbehälter werden von der betriebseigenen Schreinerei hergestellt. Die Gesamtkosten betragen 30.000 € pro Monat:
- 3 Kisten à 20 m³ Volumen
- 15 Kisten à 10 m³ Volumen
- 10 Kisten à 30 m³ Volumen

Bei einer Kostenanalyse hat man eine Proportionalität zwischen Herstellkosten der Kisten und ihrem Volumen festgestellt. Wie sollten die verschiedenen Kistengrößen kalkuliert werden?

Aufgabe 3.1.4.6-6

Worin unterscheidet sich die Platzkostenrechnung von der herkömmlichen Kostenstellenrechnung? Welches grundsätzliche Prinzip muss jedoch auch bei Anwendung der Platzkostenrechnung beachtet werden?

3.1.5 Fallstudie Schuler GmbH – Einführung

Die Schuler GmbH – vertreten durch Herrn Schuler – ist ein eigentümergeführtes mittelständisches Unternehmen aus der Fahrzeugzuliefererbranche mit einem Produktionsstandort und zwei Haupt-Produktlinien. Das Geschäft ist fokussiert auf die Produktion von Scheinwerfern, nämlich Xenon- und Halogenscheinwerfer. Diese werden auf zwei Produktionslinien hergestellt.

Abbildung 3.21 Darstellung Produkt Fa. Schuler GmbH © schaltwerk – Fotolia.com

Aufgrund des Wachstums der letzten Jahre steht die Unternehmung nunmehr auch mit größeren Automobilherstellern wie der VOC AG in Kontakt, die für beide Produkte konkrete Preisanfragen gestellt hat. Hierzu folgender Textausschnitt:

„Sehr geehrter Herr Schuler, nach intensiver Prüfung freuen wir uns, Ihnen ein Angebot über die Abnahme von monatlich 400 Stk. Scheinwerfer Typ Xenon zum Preis von 796 €/Stk. netto und monatlich 1.200 Stk. Scheinwerfer Typ Halogen zum Preis von 166 €/Stk. netto unterbreiten zu dürfen. Bitte teilen Sie uns alsbald Ihre verbindliche Antwort mit!"

Aufgabenstellung: Einführung

Da dieser mögliche Auftrag aufgrund der bestehenden Produktionskapazitäten umsetzbar ist, VOC AG ein interessanter Partner wäre und ein Folgeauftrag wahrscheinlich ist, soll diese Anfrage „ernsthaft in Erwägung" gezogen werden. Hierzu bedarf es jedoch nach Ansicht von Herrn Schuler einer kritischen Prüfung der hausinternen Preiskalkulation, der er schon seit längerem misstraut, denn im Rahmen eines vertraulichen Gespräches mit einem Mitarbeiter hat ihm dieser berichtet, dass die Produkte wohl eher „geschätzt denn kalkuliert" werden.

Nach einer intensiven Diskussion mit seinem Controller hinsichtlich dieser Behauptung vereinbaren beide die Thematik Kalkulation am Beispiel der beiden Scheinwerfer zu überprüfen.

Dem Gespräch entsprechend einigt man sich, die Überprüfung der Kalkulation unverzüglich durchzuführen und dabei auch grundlegende Fragen wie die der Kostenarten-, Kostenstellen- und Kostenträgerrechnung nochmals neu zu überdenken.

Beauftragt mit dieser heiklen Aufgabe wird Herr Maier, der nun stellvertretend für den Leser sich der Aufgabe annimmt und die Kalkulation in nachvollziehbaren Schritten überprüft. Aus didaktischen Gründen werden diverse Vereinfachungen angenommen, auf die – je nach Relevanz – hingewiesen wird.

Benötigte Informationen: Einführung

Um sich einen Überblick über die Kalkulationsgrundlagen zu verschaffen, nimmt Herr Maier unter anderem Kontakt mit folgenden Parteien auf:

- **Finanzbuchhaltung, Kostenrechnungsabteilung** und **Controlling** im eigenen Hause zwecks Überprüfung inwiefern z. B. die Aufwendungen Eingang in die Kostenrechnung gefunden haben, welche Abschreibungsmethoden Anwendung finden, wie der aktuelle Kostenstellenplan aussieht u. v. a. m.

- **Herstellern und Lieferanten** in Bezug auf die Abschreibungsgrundlagen (z. B. Lebensdauer, Verschleiß, Wiederbeschaffungswert)

- **Produktion, Verwaltung** und **Vertrieb** zwecks Überprüfung der Sinnhaftigkeit von Gemeinkostenverrechnungssätzen, Gliederung der Kostenstellen im Unternehmen u. v. a. m.

- **Verbänden und Institutionen** zwecks Beschaffung von Kostenstrukturen in vergleichbaren Unternehmen

Lösungsweg: Einführung

Auf Basis obiger Informationen entscheidet sich Herr Maier für die Einführung folgender Kostenarten im Unternehmen:

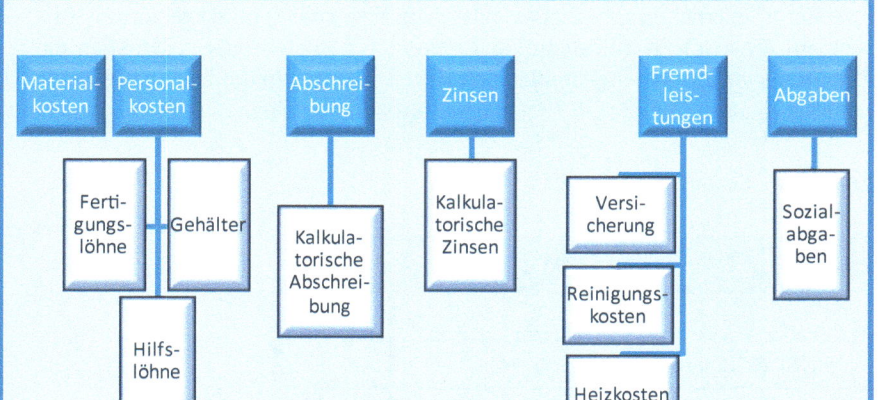

Abbildung 3.22 Überblick über Kostenarten

Bezüglich der Kostenstellen entscheidet sich Herr Maier für eine einfache, übersichtliche Struktur, die sich insbesondere an den Produktionslinien ausrichtet:

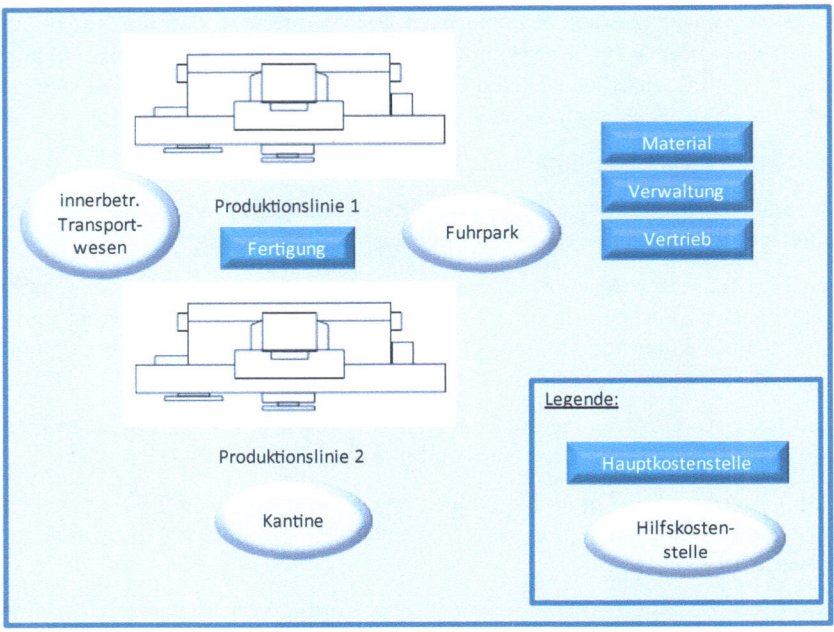

Abbildung 3.23 Überblick Kostenstellen

Der daraus resultierende Kostenstellenplan umfasst nunmehr vier Hauptkostenstellen und drei Hilfskostenstellen. Der Betriebsabrechnungsbogen wird entsprechend angepasst.

Die Kostenträgerrechnung – insbesondere die Kostenträgerstückrechnung – ist wie bisher auf die zwei Produkte „Halogen" und „Xenon" fokussiert. Hinsichtlich des Kalkulationsverfahrens entscheidet sich Herr Maier gegen die bisher verwandte Divisionskalkulation und für die Zuschlagskalkulation gemäß nachfolgendem Schema:

Tabelle 3.40 Schema für Kalkulation

Produkt		
	Halogen	Xenon
MEK (Materialeinzelkosten)		
+ MGK (Materialgemeinkosten)		
+ FEK (Fertigungseinzelkosten)		
+ FGK (Fertigungsgemeinkosten)		
= HK (Herstellkosten)		

Tabelle 3.40 *(Fortsetzung)* Schema für Kalkulation

Produkt		
+ VwGK (Verwaltungsgemeinkosten)		
+ VtGK (Vertriebsgemeinkosten)		
= SK (Selbstkosten)		
+ GA (Gewinnaufschlag)		
= BVP (Barverkaufspreis)		
+ KS (Kundenskonto)		
= ZVP (Zielverkaufspreis)		
+ KR (Kundenrabatt)		
= NVP (Nettoverkaufspreis)		
+ Mehrwertsteuer		
= BP (Bruttoverkaufspreis)		

Schlussfolgerungen: Überarbeitung der Kalkulationsgrundlage

Herr Maier hat sich insbesondere im Hinblick auf die Kalkulation für die Zuschlagskalkulation entschieden, da diese im Vergleich zur Divisionskalkulation – die besonders geeignet ist für „gleichartige Produkte in Massenproduktion" – eine höhere Genauigkeit liefert, wenn man in Betracht zieht, dass die Produkte „Halogen" und „Xenon" doch stärker voneinander abweichen, als bisher angenommen.

Um die Kalkulation zu vereinfachen und die Gewinne zu maximieren, entscheidet Herr Maier, in Zukunft keine Kundenskontos und -rabatte mehr zu gewähren.

3.1.6 Fallstudie Schuler GmbH – Kalkulation auf Vollkostenbasis

Herr Schuler erfährt, dass aktuell alle Produkte auf Basis der Vollkostenrechnung kalkuliert werden, und bittet um ein Gespräch mit seinem Controller. Aus dem Gespräch mit dem Controller resultieren folgende Fragestellungen:

- Wie hoch wären die Selbstkosten und der Nettoverkaufspreis für beide Scheinwerfertypen, wenn man auf Basis der Vollkostenrechnung die Ist-Kosten der letzten Abrechnungsperiode als Kalkulationsgrundlage nimmt!
- Wie hoch wären die Selbstkosten und der Nettoverkaufspreis für beide Scheinwerfertypen, wenn man auf Basis der Vollkostenrechnung die Normal-Kosten (= Durchschnitt der Ist-Kosten der letzten Perioden) als Kalkulationsgrundlage nimmt!

Aufgabenstellung: Kalkulation auf Vollkostenbasis

Erstellen Sie ein detailliertes Kalkulationsschema auf Vollkostenbasis, indem Sie die Vorgabe aus Teil A (Kap 3.1.5) anpassen. Ermitteln Sie dabei für beide Produkte jeweils die Ist- und Normalkosten. Ergebnis sollte für jedes Produkt der Nettoverkaufspreis (NVP) sein. Liegt der NVP über dem erzielbaren Nettopreis entsteht eine zusätzliche Gewinn-Differenz (Nettopreis – NVP) welche Sie bitte auch festhalten. Geben Sie aber auch alle anderen Punkte des Kalkulationsschemas und Ihren detaillierten Lösungsweg, bei welchem sie Zuschlagssätze ohne Kommastelle verwenden, an. Ziehen Sie abschließend auch entsprechende Schlussfolgerungen (Was sagt das Ergebnis aus? Was für Auffälligkeiten gibt es?) aus den Ergebnissen Ihrer Rechnung in schriftlicher Form. Welchen Schluss sollte Herr Schuler ziehen?

Benötigte Informationen: Kalkulation auf Vollkostenbasis

Herr Maier braucht zur Kalkulation der beiden Scheinwerfer Informationen über die zurechenbaren Einzel- und Gemeinkosten, den Gewinnaufschlag der Schuler GmbH sowie mögliche Rabatte und Skonti. Als Informationsquelle nutzt Herr Maier u. a. die Kostenrechnungsabteilung, den Controller, den Vertrieb und Herrn Schuler:

- Der Kostenstellenplan der Firma Schuler GmbH lt. Kostenrechnungsabteilung:

Tabelle 3.41 Gliederung Kostenstellen

Kostenstelle	Zuordnung	Benennung
3101	Hilfskostenstelle	Innerbetriebliches Transportwesen
3102	Hilfskostenstelle	Kantine
3103	Hilfskostenstelle	Fuhrpark
4101	Hauptkostenstelle	Material
4102	Hauptkostenstelle	Fertigung
4103	Hauptkostenstelle	Verwaltung
4104	Hauptkostenstelle	Vertrieb

- Betriebsabrechnungsbogen (BAB) mit den Ist-Kosten für den Januar der vergangenen Periode lt. Kostenrechnungsabteilung inkl. verrechneter Umlage der Hilfskostenstellen 3101, 3102 und 3103 gemäß Stufenleiterverfahren in Anlehnung an Jórasz (2009), S.137 ff:

Tabelle 3.42 Betriebsabrechnungsbogen

BAB Gebr. Schuler Januar, Angaben in €								
Kostenarten	Hilfskostenstellen			Hauptkostenstellen				
	3101	3102	3103	4101	4102	4103	4104	Summe
MEK				160.000				220.000
Fertigungslohn (FEK)					60.000			
Hilfslöhne	3.000	3.500	6.000	12.000	16.000	2.000	1.500	44.000
Gehälter				6.000	11.000	14.000	12.000	43.000

Tabelle 3.42 *(Fortsetzung)* Betriebsabrechnungsbogen

BAB Gebr. Schuler Januar, Angaben in €								
Kostenarten	**Hilfskostenstellen**			**Hauptkostenstellen**				
kalk. Abschreibungen	3.542	1.667	2.083	3.124	6.875	2.500	1.042	20.833
Sozialabgaben	2.100	2.450	4.200	12.000	59.800	9.800	8.250	98.600
kalk. Zinsen	280	210	2.100	2.380	4.900	2.100	1.363	13.333
Versicherung	231	173	1.733	1.964	4.043	1.733	1.124	11.000
Reinigungskosten	252	1.007	346	283	3.038	778	630	6.334
Heizkosten	199	795	273	224	2.398	614	497	5.000
Summe	9.604	9.803	16.735	37.975	108.054	33.524	26.406	242.100
Gesamtkosten								462.100
Umlage 3101	-10.469	2.303	523	314	6.282	628	419	0
Umlage 3102	512	-12.812	384	1.794	4.702	4.266	1.153	0
Umlage 3103	353	706	-17.643	1.411	10.586	1.411	3.176	0
Summe ESK	0	0	0	41.494	129.623	39.830	31.154	242.100

- Rabatte und Skontos sind lt. Vertrieb vernachlässigbar, also mit 0 % bzw. 0 € anzusetzen
- Gewinnaufschlag von 10 %
- Normalgemeinkostenzuschlagssätze betragen lt. Controller für die Hauptkostenstelle: 4101 = 30 %; 4102 = 200 %; 4103 = 9 %; 4104 = 9 %
- Materialeinzelkosten (*MEK*) für den Scheinwerfer Xenon liegen bei 250 €/Stk. und für den Scheinwerfer Halogen bei 50 €/Stk.; die Fertigungseinzelkosten (*FEK*) liegen bei Xenon bei 75 €/Stk. und bei Halogen bei 25 €/Stk. – ein Unterschied zwischen Ist- und Normalkosten liegt sowohl bei den *MEK* als auch *FEK* nicht vor

Lösungsweg: Kalkulation auf Vollkostenbasis

Auf Basis dieser Informationen können die Produkte wie folgt schrittweise kalkuliert werden:

1. Schritt: Folgende Daten sind den obigen Informationsquellen zu entnehmen und in das nachfolgende Kalkulationsschema zu übernehmen:

- Normal- als auch Ist-Kosten
- die Materialeinzelkosten (*MEK*) und die Materialgemeinkosten (*MGK*), die als Summe die Materialkosten (*MK*) darstellen
- die Fertigungseinzelkosten (*FEK*) und die Fertigungsgemeinkosten (*FGK*), die als Summe die Fertigungskosten (*FK*) darstellen
- die Herstellkosten (*HK*) des Produkts als Summe aus *MEK*, *MGK*, *FEK* und *FGK*
- die Verwaltungsgemeinkosten (*VwGK*)

- die Vertriebsgemeinkosten (*VtGK*)
- die Selbstkosten (*SK*) des Produkts als Summe aus *HK*, *VwGK*, *VtGK*
- Gewinn-Differenz: Nettoverkaufspreis (NVP) minus Selbstkosten stellt den Gewinnaufschlag dar. Sofern der am Markt erzielbare Nettopreis über dem NVP liegt, entstehen zusätzliche Gewinne, die über dem geplanten Gewinnaufschlag liegen.

Tabelle 3.43 Kalkulationsschema

Produkt	Xenon		Halogen	
	Ist	Normal	Ist	Normal
MEK				
+ MGK				
+ FEK				
+ FGK				
= HK				
+ VwGK				
+ VtGK				
= SK				
+ GA				
= NVP				
Gewinn-Differenz				

2. Schritt: Die Ist-Gemeinkostenzuschlagssätze für die Hauptkostenstellen (*MGK*, *FGK*, *VwGK* und *VtGK*) können auf Basis der Daten aus dem BAB ermittelt werden (gerundet):

Kostenstelle 4101 = Summe Endstellenkosten 4101 / *MEK* = $\frac{41.494\ €}{160.000\ €}$ = 26 %

Kostenstelle 4102 = Summe Endstellenkosten 4102 / *FEK* = $\frac{129.623\ €}{60.000\ €}$ = 216 %

Kostenstelle 4103 = Summe Endstellenkosten 4103 / *HK* = $\frac{39.829\ €}{391.117\ €}$ = 10 %

Kostenstelle 4104 = Summe Endstellenkosten 4104 / *HK* = $\frac{31.154\ €}{391.117\ €}$ = 8%

MEK und *FEK* sind abzulesen, die Zuschlagsbasis *HK* entspricht der Summe aus *MEK*, *FEK* und den Endstellenkosten der Kostenstellen 4101 und 4102. Es ergeben sich somit für die *MEK* 160.000 €, für die *FEK* 60.000 € und die *HK* 391.117 € als Zuschlagsbasen.

3. Schritt: Einsetzen der Werte in das Kalkulationsschema pro Stück:

Tabelle 3.44 Kalkulationsschema pro Stück

Produkt	Xenon		Halogen	
	Ist	Normal	Ist	Normal
MEK	250,00 €	250,00 €	50,00 €	50,00 €
+ MGK (26 % / 30 %)	65,00 €	75,00 €	13,00 €	15,00 €
+ FEK	75,00 €	75,00 €	25,00 €	25,00 €
+ FGK (216 % / 200 %)	162,00 €	150,00 €	54,00 €	50,00 €
= HK	552,00 €	550,00 €	142,00 €	140,00 €
+ VwGK (10 % / 9 %)	55,20 €	49,50 €	14,20 €	12,60 €
+ VtGK (8 % / 9 %)	44,16 €	49,50 €	11,36 €	12,60 €
= SK	651,36 €	649,00 €	167,56 €	165,20 €
+ GA (10 %)	65,14 €	64,90 €	16,76 €	16,52 €
= NVP	716,50 €	713,90 €	184,32 €	181,72 €
Gewinn-Differenz*	144,64 €	147,00 €	-1,56 €	0,80 €

*) Gewinn-Differenz: Gewinnaufschlag plus Abweichungen zwischen Nettoverkaufspreis und Nettopreis; z. B. bei Xenon (Ist) liegen neben den 65,14 € Gewinnaufschlag noch 78,78 € zusätzliche Gewinne vor (796 € Nettopreisangebot der VOC AG minus Nettoverkaufspreis der Schuler GmbH gemäß Vollkostenrechnung von 716,50 € = 79,50 € positive Differenz) → Gewinn-Differenz = Nettopreisangebot – Selbstkosten

Schlussfolgerungen: Kalkulation auf Vollkostenbasis

Es wird somit deutlich, dass auf Basis der Vollkostenrechnung das **Produkt Halogen** bei einem Nettoverkaufspreis von 166 €/Stk. sowohl auf Ist- als auch Normalkostenbasis nicht einmal bzw. gerade die Selbstkosten (*SK*) deckt. Der Gewinnaufschlag von 10 % kann nicht erwirtschaftet werden. Eine darüber hinaus gehende positive Gewinn-Differenz kann lt. Istkostenrechnung ebenfalls nicht erzielt werden (Betrag: – 1,56 € pro Stück).

Beim **Produkt Xenon** kann auch Vollkostenrechnersicht bei einem Nettoverkaufspreis von 796 €/Stk. von einer vollen Deckung der Kosten ausgegangen werden. Das heißt, sowohl der Gewinnaufschlag kann erzielt werden als auch eine positive Gewinn-Differenz.

Fortsetzung der Fallstudie in Kapitel 3.2.5.

3.2 Kostenrechnung – Fortgeschrittene

3.2.1 Einführung

Bisherige Betrachtungsweise

Die bisherigen Darstellungen haben gezeigt, dass es das generelle Ziel der Kostenrechnung im Rahmen des betrieblichen Rechnungswesens ist, die bei der **Leistungserstellung entstehenden Kosten periodenweise bzw. stückweise (Kalkulation)** auszuweisen. Stillschweigend wurde bei den Betrachtungen in Kapitel 3.1. immer von einer ganz bestimmten, eingeschränkten Art der Kostenrechnung ausgegangen, einer **Rechnung mit Vollkosten auf der Basis von Istkosten.**

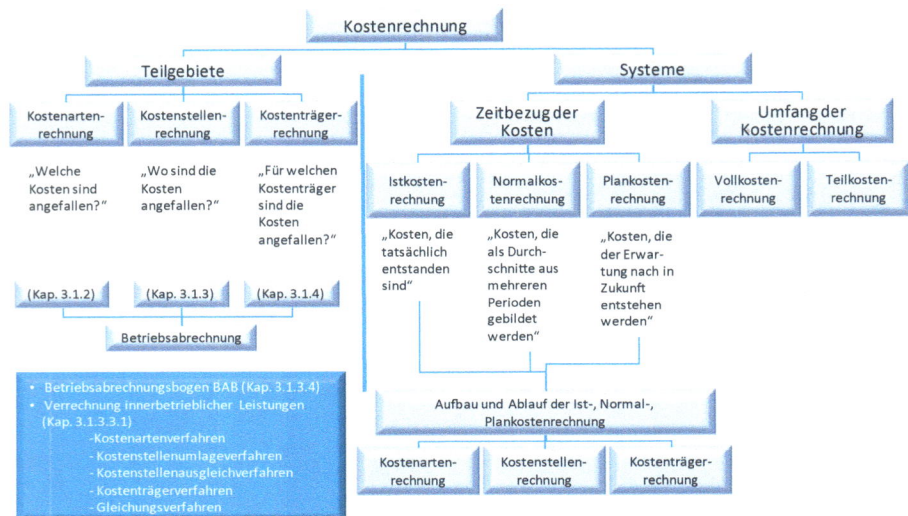

Abbildung 3.24 Gestaltung der Kostenrechnung in der betrieblichen Praxis

Erweiterungen bestehender Systeme

In Kapitel 3.2. wird der fortgeschrittene Leser nun in höherstehende Kostenrechnungssysteme eingeführt. Die bekannte ex Post-Betrachtung in Form **der Istkosten wird durch die Normalkostenrechnung** ergänzt, welche durchschnittliche Kosten der Vergangenheit darstellen; das System dient im Wesentlichen der Vereinfachung sowie der Vergleichsrechnung. Im Unterschied hierzu wird der Leser mit der **Plankostenrechnung in das kostenrechnerische Element der betrieblichen Planung eingeführt**, die eine wirksame Kostenkontrolle ermöglicht. Eine Gegenüberstellung von Voll- und Teilkostenrechnung legt die Vorteile beider Systeme dar, erläutert aber insbesondere die Problematik der Zuordenbarkeit der Fixkosten. Als **Lösungsweg werden Teilkostenrechnungssysteme vorgestellt**, insbesondere die Grenzplankostenrechnung / Direct Costing sowie die Fixkostendeckungsrechnung. Als Instrument zur Verbesserung der Gemeinkostenzurechnung werden die Prozesskostenrechnung sowie deren Basis, das Activity Based Costing, näher behandelt.

3.2.2 Voll- und Teilkostenrechnung

3.2.2.1 Gegenüberstellung von Voll- und Teilkostenrechnung

Der Unterschied zwischen der Vollkosten- und der Teilkostenrechnung besteht nicht etwa darin, dass bei den Vollkostenverfahren alle und bei den Teilkostenverfahren nur Teile der in der Abrechnungsperiode angefallenen Kosten erfasst werden. „Voll" bzw. „Teil" bezieht sich auf den Umfang der Zurechnung der Kosten auf die Kostenträger.

Vollkosten- vs. Teilkostenverfahren

> Mit Vollkostenrechnungssystemen versucht man, alle im betrachteten Zeitraum angefallenen Kosten eines Unternehmens auf die einzelnen Kostenträger zu verrechnen.

Dabei werden die Kosten, soweit sie Einzelkosten sind, direkt auf die Produkte verrechnet. Soweit sie Gemeinkosten darstellen werden sie mithilfe der Kostenstellenrechnung und spezieller Bezugsgrößen möglichst verursachungsgerecht auf die Kostenträger verteilt.

Tabelle 3.45 Varianten von Kostenrechnungssysteme (Quelle: in Anlehnung an Hofer 1993)

Zeitbezug der Kostengrößen / Ausmaß der Kostenverrechnung	Vergangenheitsorientierung		Zukunftsorientierung
	Istkosten	**Normalkosten**	**Plankosten**
Verrechnung der "vollen" Kosten auf die Kalkulationsobjekte (z.B. Kostenträger)	Vollkostenrechnung auf Istkostenbasis	Vollkostenrechnung auf Normalkostenbasis	Vollkostenrechnung auf Plankostenbasis
Verrechnung nur bestimmter Kategorien von Kosten auf die Kalkulationsobjekte (z.B. Kostenträger)	Teilkostenrechnung auf Istkostenbasis	Teilkostenrechnung auf Normalkostenbasis	Teilkostenrechnung auf Plankostenbasis

Die in der Praxis häufig noch angewandte Methode ist die **Vollkostenrechnung auf Istkostenbasis**; Teilkostenrechnungen auf Normalkostenbasis sind dagegen kaum anzutreffen, siehe hierzu auch Kap. 3.2.3.

Effektive Kostenkontrolle mit Plankostenrechnung

Mit der auf Vollkosten basierenden flexiblen Plankostenrechnung wird nun als erstes Kostenrechnungssystem die **Möglichkeit für eine wirksame Kostenkontrolle** geschaffen. Außerdem wird durch ein stark differenziertes System von Bezugsgrößen bei der Gemeinkostenplanung und -verrechnung die Kalkulationsgenauigkeit erheblich verbessert.

Fixkostenproblematik

Ansatzpunkte der Kritik an der auf Vollkosten basierenden flexiblen Plankostenrechnung resultieren daraus, dass sie das Fixkostenproblem nicht hinreichend löst, obwohl sie bereits über eine Aufteilung von fixen und proportionalen Kosten verfügt.

Fixe Kosten entstehen, weil durch langfristige Entscheidungen betriebliche Kapazitäten in Form von Betriebsmitteln und Arbeitskräften gebunden werden. Solange man diese Kapazitäten nicht verändert, bleibt bei gleichbleibenden Preisen der Fixkostenblock eines Unternehmens konstant. Man kann diesen Sachverhalt auch wie folgt ausdrücken: die fixen Kosten sind Periodenkosten, die zur Kalenderzeit proportional anfallen. Nach der traditionellen Verrechnungsweise aber werden die fixen Kosten proportional zur Fertigungsmenge verrechnet. Dies führt dazu, dass bei sinkender Produktion die Kosten je Erzeugniseinheit steigen.

Für die Fixkostenverrechnung gibt es also keinen verursachungsgerechten Schlüssel, sie bleiben Gemeinkosten der Leistungseinheiten. Lediglich die variablen Kosten sind direkt zurechenbar.

Fixkosten mit Vollkostenrechnung nur bedingt verteilbar

Aus der falschen Behandlung des Fixkostenproblems folgt, dass auf Vollkosten basierende Rechnungen bei der Lösung aller Entscheidungsprobleme dann versagen müssen, wenn sie auf der Basis gegebener Kapazitäten zu treffen sind. Die Lösung derartiger Entscheidungsprobleme wird heute aber neben der Kostenkontrolle als eine der wichtigsten Aufgaben der Kostenrechnung angesehen. Eine Vollkostenrechnung kann dieser Forderung grundsätzlich nicht genügen, da bei ihr Kosten künstlich proportionalisiert werden, die zu den Bezugsgrößen keine proportionale, d. h. verursachungsgerechte, Beziehung aufweisen. Dies gilt z. B. für folgende Aspekte:

- kurzfristige Entscheidungen über die gewinnmaximale Zusammensetzung des Fertigungsprogrammes
- Make-or-Buy-Entscheidungen, d. h. Eigenfertigung oder Fremdbezug
- Verfahrensauswahl in der Arbeitsablaufplanung.

Fehlerhafte Gestaltung des Portfolios

Eine besonders häufig auftretende Fehlentscheidung ist die Eliminierung von Verlustartikeln im Anschluss an die Auswertung einer auf Vollkosten basierenden kurzfristigen Erfolgsrechnung. Diese Fehlentscheidung beruht im Grunde darauf, dass eine Vollkostenrechnung die Preisuntergrenzen der betrieblichen Produkte nicht erkennen lässt. Dazu sind die folgenden Beispiele zu nennen. Die Preisuntergrenze ist der Geldbetrag, der beim Verkauf eines Produktes mindestens erzielt werden muss, um die gesamten Kosten zu decken.

Beispiel 1

In der einer Maschinenfabrik angegliederten Gießerei wird neben der Eigengusserzeugung auch ein erhebliches Kundengussprogramm durchgeführt. Als die Eigengusserzeugung aufgrund einer Absatzkrise zurückging, überstiegen die Vollkosten aller Kundengussaufträge die Preise dieser Aufträge, sodass die meisten Aufträge zu „Verlusten" führten. Daraufhin traf die Geschäftsleitung die Entscheidung, die Kundengussproduktion ganz einzustellen. Hierdurch wurde jedoch der Verlust noch größer, da viele Kundengussaufträge neben den von ihnen verursachten proportionalen Kosten auch erhebliche Teile der fixen Kosten gedeckt hatten, die nun allein durch die Eigengussproduktion zu decken sind

Beispiel 2

Ein Unternehmen der optischen Industrie fertigt hochwertige und geringwertige Erzeugnisse. Die Betriebsergebnisrechnung eines Jahres zeigte bei einem Artikel der geringeren Qualitätsgruppe, dass die Vollkosten über den Erlösen lagen. Hieraus zog die technische Geschäftsleitung den Schluss, dass diese Erzeugnisse die Erfolgslage des Unternehmens verschlechtern und schlug vor, ihre Produktion ganz einzustellen, obwohl bei den höherwertigen Erzeugnisgruppen keine Steigerung der Verkaufsmengen möglich war. Diese Entscheidung war falsch, da die technisch einfacheren Erzeugnisse neben den von ihnen verursachten variablen Kosten auch einen beachtlichen Teil der ohnehin anfallenden fixen Kosten des Unternehmens deckten. Durch eine solche Maßnahme kann sich die Gesamt-Gewinnlage eines Unternehmens verschlechtern bzw. die Verluste können noch höher ausfallen als vorher

Möglicher Lösungsansatz

Einen möglichen **Ausweg zur Lösung dieser Probleme** bieten die verschiedenen Teilkostenrechnungssysteme an, von denen nachfolgend zwei Ansätze im Detail vorgestellt werden:

- **Direct Costing** – Einstufige Deckungsbeitragsrechnung
- **Fixkostendeckungsrechnung** – Mehrstufige Deckungsbeitragsrechnung

> Bei den Teilkostenrechnungssystemen werden zwar alle anfallenden oder angefallenen Kosten einer Periode erfasst, aber nur der für den jeweiligen Rechnungszweck relevante Teil der Kosten einzelnen Kalkulationsobjekten zugerechnet.

Wenn auch prinzipiell alle Verfahren der Teilkostenrechnung sowohl als Ist-, Normal- oder Plankostenrechnung aufgebaut sein können, so hat sich doch in der Praxis für die Teilkostenrechnung meist eine Konzeption als Plankostenrechnung ergeben.

3.2.2.2 Direct Costing – Einstufige Deckungsbeitragsrechnung

Alle Teilkostenrechnungen gehen auf das Direct Costing zurück, das in den 1930er-Jahren in den USA zum ersten Mal in der Industrie angewandt wurde. Im deutschen Sprachraum wird auch von der **einstufige Deckungsbeitragsrechnung** gesprochen.

Der Begriff **Direct Costs** umfasst alle variablen Kosten, also die Einzelkosten sowie die variablen Gemeinkosten. Es wird also versucht, den **Kostenträgern nur die Kosten zuzurechnen, die direkt mit der Beschäftigung des Unternehmens**

Direct Costing erfasst variable Kosten

variieren. Fixe und variable Kosten beziehen sich dabei jeweils auf eine Abrechnungsperiode.

Der Grundaufbau des Direct Costings lässt sich – wie bei der Vollkostenrechnung – in Kostenarten-, Kostenstellen- und Kostenträgerrechnung gliedern.

3.2.2.2.1 Kostenartenrechnung im Direct Costing

Auflösung der Kosten

Die **Auflösung der Kosten nach Abhängigkeit von der Beschäftigung** stellt das **zentrale Problem** der Kostenartenrechnung im Direct Costing dar. Es wurden hierzu verschiedene Verfahren entwickelt, von denen die grafische Kostenauflösung in Form eines Streupunktdiagrammes kurz vorgestellt werden soll: Abbildung 3.25 zeigt zusammengehörende Messwerte von Beschäftigungsgrad und Kostenhöhe, die in einem Diagramm dargestellt sind. Aus der eingetragenen Regressionsgerade lassen sich überschlägig der fixe und der variable Anteil der betrachteten Kostenart ableiten.

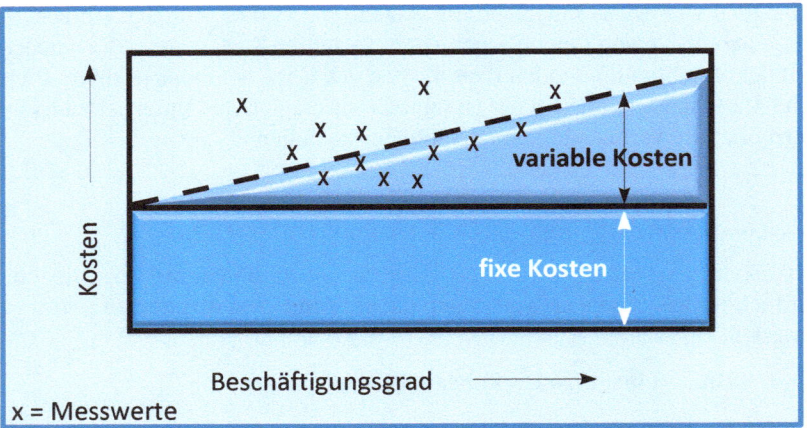

Abbildung 3.25 Grafische Kostenauflösung

Eine Besonderheit bei der Kostenartenrechnung im Direct Costing stellt dabei die **Aufteilung in variable und fixe Gemeinkosten** dar, die in Tabelle 3.46 mit Beispielen erläutert wird.

Tabelle 3.46 Varianten von Kostenrechnungssystemen

Einzelkosten	Gemeinkosten	
variabel	variabel	fix
Fertigungsmaterial	nutzungsbedingte Abschreibungen	zeitbedingte Abschreibungen
Fertigungslohn	Energiekosten	Zinsen
Sondereinzelkosten der Fertigung	Betriebsstoffe	Mieten
E+K-Aufwand (bzgl. Projekte)	Hilfslöhne	Gehälter

3.2.2.2.2 Kostenstellenrechnung im Direct Costing

In der Kostenstellenrechnung des Direct Costings bestehen **keine grundsätzlichen Unterschiede** zu den bereits behandelten Verfahren der Kostenstellenrechnung (vgl. Kap. 3.1.3). Um die variablen Gemeinkosten möglichst verursachungsgerecht verrechnen zu können, sind die Kostenstellen so zu bilden, dass sie überwiegend nur durch eine Produktart bzw. Produktgruppe in Anspruch genommen werden. Außerdem sollten die Kostenstellen in solcher Weise gegliedert sein, dass sie mit den Verantwortungsbereichen zusammenfallen, um die Kostenkontrolle wirkungsvoll zu gestalten.

Kostenstellengliederung

Meist werden folgende Gruppen von Kostenstellen gebildet (Weber 1992):

- **Fertigungskostenstellen**,
- **Hilfskostenstellen I**, die ihre variablen Kosten auf die Fertigungskostenstellen verteilen,
- **Hilfskostenstellen II**, die als „fixe Kostenstellen" bezeichnet werden,
- **Verwaltungs- und Vertriebskostenstellen**.

Unterschiede zur Kostenstellenrechnung

Da nur die variablen Kosten auf die betrieblichen Leistungen (Produkte etc.) verrechnet werden, ergeben sich **einige Abweichungen** zu den bisher dargelegten Verfahren der Kostenstellenrechnung:

1. Von den allgemeinen Kostenstellen werden nur die variablen Gemeinkosten den nachgelagerten Kostenstellen, von den Hilfskostenstellen werden nur die variablen Gemeinkosten den Hauptkostenstellen zugerechnet.

2. Die variablen Gemeinkosten werden grundsätzlich auch durch Schlüsselung auf die Produkte verteilt. Die fixen Gemeinkosten werden aber nur am Ort ihrer Entstehung erfasst, nicht dagegen im Rahmen der innerbetrieblichen Leistungsverrechnung auf andere Kostenstellen umgelegt oder gar auf die Kostenträger verrechnet.

3. Grundsätzlich wird im Rahmen des Direct Costings auch mit geplanten Kosten gerechnet (weshalb auch der Begriff Grenzplankostenrechnung verwendet wird). Tabelle 3.47 zeigt hierzu beispielsweise den Kostenplan für eine Fertigungsstelle. Der Plankostenverrechnungssatz ergibt sich folgendermaßen:

$$\text{Plankostenverrechnungssatz} = \frac{\text{Gesamte variable Plankosten einer Stelle}}{\text{Planbezugsgrößen}}$$

4. Die verrechneten oder kalkulierten Plankosten stimmen in der Grenzplankostenrechnung stets mit den Sollkosten überein. Wegen dieser Übereinstimmung entfällt hier die in der Vollkostenrechnung typische Beschäftigungsgradabweichung, es kann nur eine Verbrauchsabweichung entstehen.

Tabelle 3.47 Beispiel eines Kostenplans einer Kostenstelle

Kostenplanung		Kostenstelle 402 Revolverdreherei				Blatt 1
Planbezugsgröße: (80 % Auslast.) 2700 Fertigungsstunden/Monat		Kostenstellenleiter: Stellvertreter:				

Kostenarten		Ein-heit	Planver-brauchs-menge pro Monat	Plan-versatz je Einheit	Plankosten/Monat (in €)		
Nr.	Benennung				gesamt	variabel	fix
4100	Fertigungslohn (17 Dreher)	h	2.700	30,3	81.810	81.810	–
4121	Hilfslohn				5.757	2.877	2.280
	Putzen	h	90	30,3	-2.727		
	Eigene Instandsetzungen	h	100	30,3	-3.030		
4126	Rüstlohn	h	150	30,3	4.545	4.545	–
4440	Werkzeuge und Geräte				8.241	8.241	–
4443	Hilfs- und Betriebsstoffe				154	144	10
	Schmiermittel				-81	-81	-
	Putzlappen				-33	-23	-10
	Nieten, Schrauben u. a.				-40	-40	-
4450	Innerbetr. Leistungen und Reparaturen				21.075	14.052	7.023
	Reparaturabteilung	h	350	34,5	-12.075		
	Material und Ersatzteile				-9.000		
4800	Kalk. Abschreibungen				52.500	30.000	22.500
4810	Kalk. Zinsen auf Anlage- und Umlaufvermögen				34.050	–	34.050
4830	Kalk. Sozialaufwendungen	€	12.500		37.500	30.000	7.500
4840	Kalk. Raumkosten	m²	310	15	4.650	-	4.650
4851	Kalk. Stromkosten	kWh	10.800	0,36	3.888	3.600	288
4860	Kalk. Transportkosten				800	800	–
4870	Kalk. Leitungsanteile				2.400	2.400	–
			Plankostensummen		257.370	178.469	78.901
Planung geprüft: (Datum) (Unterschrift)		Plankostenverrechnungssatz € pro h			–	66,1	–
Stellenleiter einverstanden: (Datum) (Unterschrift)		Plankostenverrechnungssatz € pro min			–	0,42 1,1	–

3.2.2.2.3 Kostenträgerrechnung im Direct Costing

Deckungs-beitrags-rechnung

Neben dem eigentlichen Ziel der Kostenträgerrechnung, der Feststellung der variablen Kosten für die Produktion der Erzeugnisse, wird die **Kostenträgerrechnung bei der Teilkostenrechnung erweitert**. Man spricht dann häufig von einer **Deckungs-beitragsrechnung**.

Einen Vergleich von Deckungsbeitrags- und Vollkostenrechnung zeigt nachstehende Abbildung:

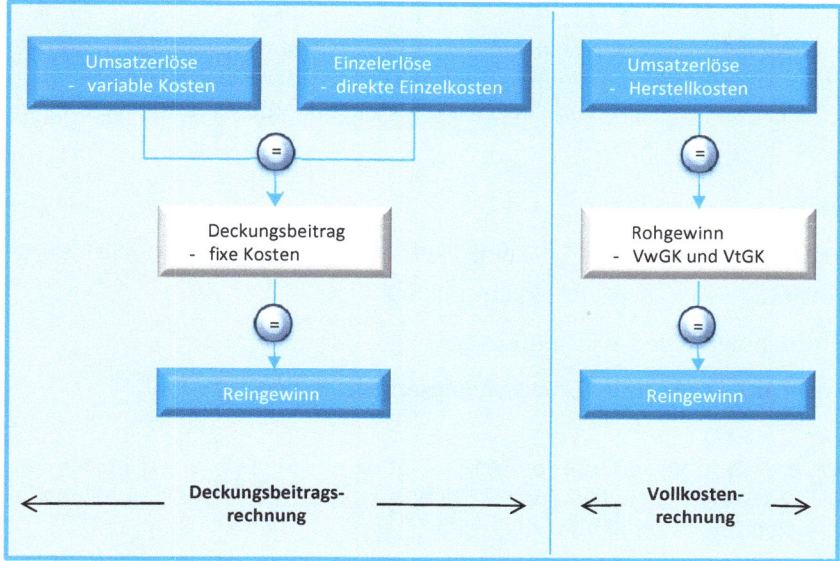

Abbildung 3.26 Vergleichende Darstellung Fall I vs. Fall II

Deckungsbeiträge können pro Stück, pro Produktart oder für den gesamten Betrieb ermittelt werden. Abbildung 3.27 zeigt schematisch die Bestimmung des Deckungsbeitrages bei verschiedenen Umsatzerlösen: Ist der Erlös größer als die variablen Kosten (Fall I), so wird zumindest ein Teil der Fixkosten (DB I) gedeckt, wobei ein Verlust entsteht, da nicht die Gesamtkosten (= fixe und variable Kosten) gedeckt werden, wie dem nachfolgenden Bild zu entnehmen ist. Bei höherem Erlös (Fall II) können die gesamten Fixkosten gedeckt und außerdem noch ein Gewinn erzielt werden.

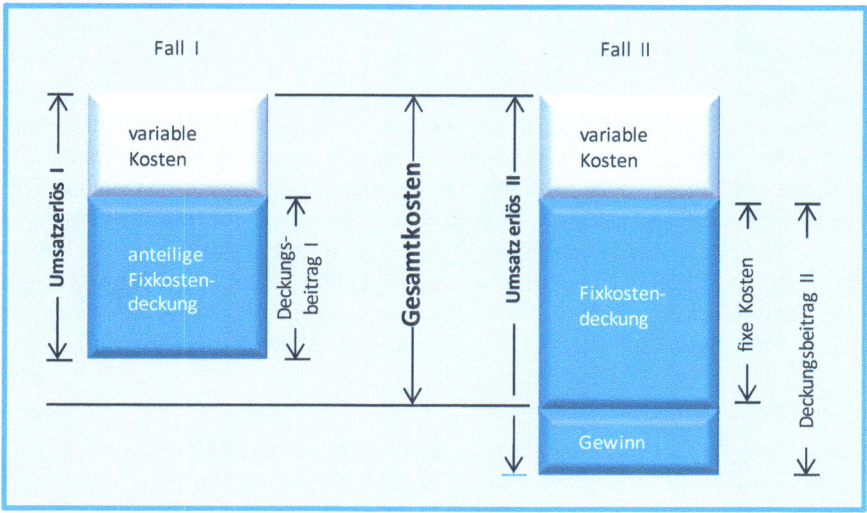

Abbildung 3.27 Vergleich von Deckungsbeitrags- und Vollkostenrechnung

Unterschied Teil- und Vollkostenrechnung

Während bei der Vollkostenrechnung immer die Gesamtkosten den Umsatzerlösen gegenübergestellt werden, ermöglicht die Teilkostenrechnung eine gestufte Vorgehensweise, indem zunächst die variablen und dann die fixen Kosten vom Erlös subtrahiert werden.

Entscheidungsunterstützung

Mithilfe der Deckungsbeitragsrechnung wird also analysiert, welche Auswirkungen

- die Veränderung externer Faktoren und
- unternehmerische Entscheidungen

auf Niveau und Struktur des Unternehmenserfolges haben.

In eine entscheidungsorientierte Analyse gehen nur die Erlöse und Kosten ein, deren Existenz auf derselben Entscheidung beruht wie die Existenz des betrachteten Kostenträgers (Produkt etc.).

Bezugsgrößenhierarchie

Die zeitbezogene Bezugsgrößenhierarchie liefert Informationen über die Abbaufähigkeit fixer Kosten, der Bereitschaftskosten. Bei den Bereitschaftskosten handelt es sich um leistungsunabhängige Kosten. Sie können nur durch dispositive Maßnahmen abgebaut werden. Je länger die Dispositionsperiode desto mehr Kosten sind abbaufähig und gehen in die Berechnung der Preisuntergrenze ein. So sind z. B. Lohnkosten für einen Zeitraum der kleiner als die Kündigungsfrist ist, fixe Kosten und bei einer Dispositionsperiode die länger als die Kündigungsfrist ist, variable Kosten. Aus diesem Grund ist die Deckungsbeitragsrechnung ein Entscheidungsinstrument für Dispositionsperioden beliebiger Dauer, z. B. Tag, Woche, Monat, Quartal.

Zeitrechnung im Direct Costing

Die Vorgehensweise bei der Kostenträgerzeitrechnung in Verbindung mit einer Betriebsergebnisrechnung im Direct Costing zeigt Tabelle 3.48: Durch Multiplikation der Nettoerlöse je Produkteinheit mit der jeweiligen Absatzmenge und nach Abzug der Vertriebseinzelkosten werden zunächst die zu erwartenden bzw. realisierten Nettoerlöse bestimmt. Von diesen Nettoerlösen subtrahiert man dann die durch die Produkte anfallenden variablen Kosten und erhält so den Deckungsbeitrag. Durch Addition der Deckungsbeiträge über alle Kostenträger hinweg ergibt sich der Gesamtdeckungsbeitrag. Nach Abzug der gesamten Fixkosten des Betriebes wird das Periodenergebnis (Nettoerfolg: Gewinn oder Verlust) ausgewiesen.

Stückrechnung im Direct Costing

Die Kostenträgerstückrechnung ermittelt im Rahmen der Teilkostenrechnung die variablen Kosten je Kostenträgereinheit (variable Stückkosten). Zur Bestimmung der variablen Stückkosten sind grundsätzlich alle bereits vorgestellten Kalku-

Tabelle 3.48 Betriebsergebnisrechnung im Rahmen des Direct Costings
(Quelle: in Anlehnung an Weber 1992);

Kostenträgergruppe	1		2		3-5	Gesamt
Kostenträger (in €)	A	B	C	D	E - J	A - J
Bruttoerlös	62.200	72.900	98.400	74.500	398.700	706.700
- Vertriebs-Einzelkosten	1.800	2.200	3.700	1.600	11.200	20.500
Nettoerlös	60.400	70.700	94.700	72.900	387.500	686.200
- direkte Erzeugniskosten	42.700	48.100	47.200	28.600	238.400	405.000
Deckungsbeitrag	17.700	22.600	47.500	44.300	149.100	281.200
(in % des Nettoerlöses)	(29,3%)	(32,0%)	(50,2%)	(60,8%)	(38,5 %)	(41,0%)
- Fixkosten des Betriebes						279.100
Periodenergebnis (Nettogesamterfolg)						2.100

lationsverfahren geeignet (vgl. Kap. 3.1.4). So werden beispielsweise bei der Zuschlagskalkulation im Rahmen des Direct Costings nur die variablen Gemeinkosten auf die Einzelkosten zugeschlagen, die fixen Gemeinkosten dagegen verbleiben im „Fixkostenblock" der einzelnen Kostenstellen. Zur Feststellung des Stückerfolges ist eine Gegenüberstellung von Plan- und Istdeckungsbeitrag jedes Kostenträgers von Bedeutung: Die Kostenträgerstückrechnung wird zu einer Stückdeckungsbeitragsrechnung ausgebaut. Dabei werden meistens die Stückdeckungsbeiträge in % der Nettoerlöse ausgedrückt. Dieser Rechengang entspricht dann der Darstellung in Tabelle 3.48 ohne Berücksichtigung der beiden letzten Zeilen.

Integrierte Verrechnung der Fixkosten

Es wird auf **jeden Fall keine getrennte Zurechnung der fixen Kosten auf die Kostenträger vorgenommen, sie sind im stückbezogenen Deckungsbeitrag enthalten.** Der auf die variablen Kosten zu beziehende Deckungsbeitrag hängt grundsätzlich vom bisherigen Deckungsbeitrag des betrachteten Erzeugnisses ab. Für die Kalkulation neuer Produkte wird der Deckungsbeitrag der betreffenden Kostenträgergruppe bzw. vergleichbarer Produkte verwendet.

3.2.2.3 Fixkostendeckungsrechnung – Mehrstufige Deckungsbeitragsrechnung

3.2.2.3.1 Besonderheiten der Fixkostendeckungsrechnung

Die **Fixkostendeckungsrechnung** – oder **mehrstufige Deckungsbeitragsrechnung** – ist eine Weiterentwicklung des Direct Costings, die keinen der oben beschriebenen Vorzüge des Direct Costings aufgibt. Der Grundgedanke des Direct Costings, die Fehler bei der Fixkostenverrechnung auf die Kostenträger (siehe Mängel der Vollkostenrechnung) dadurch auszuschließen, dass sie **als ein Block aufgefasst**

Aufspaltung der Fixkosten

werden, der dann vom Betriebsergebnis zu tragen ist, stellt gleichzeitig eines der Probleme des Direct Costings dar. Im Rahmen des **Direct Costings werden alle Fixkosten gleich behandelt**, gleichgültig, ob es sich um die Kosten für den Pförtner oder um die Kosten für eine Spezialmaschine handelt, die nur von einer bestimmten Produktart in Anspruch genommen wird. Da die Kosten für die Spezialmaschine nur durch die betreffende Produktart verursacht werden, ist es naheliegend, sie auch nur dieser anzulasten. Man spricht in diesem Zusammenhang vom **„erweiterten Verursachungsprinzip"**. Dazu werden die Fixkosten einer Periode in verschiedene wesengleiche Fixkostenschichten nach Produkten, Produktgruppen und Bereichen aufgespalten, die dann von den Deckungsbeiträgen der zugehörigen Erzeugnisse bzw. Erzeugnisgruppen zu tragen sind. Es handelt sich bei dieser Form der Erweiterung des Direct Costings um eine Rechnung, die die Vorteile von Voll- und Teilkostenrechnung miteinander zu verbinden sucht.

Nachfolgend wird eine Unterteilung der Fixkosten in fünf „Stufen" vorgestellt die den Fixkostenblock aufbrechen:

1. Erzeugnisfixkosten

Fixkostenarten

werden durch die Entwicklung, Produktion und den Vertrieb einer Erzeugnisart verursacht und sind deshalb der Gesamtstückzahl der Erzeugnisart während einer Abrechnungsperiode direkt zurechenbar. Erzeugnisfixkosten sind z. B. Kapitalkosten für Spezialmaschinen und -werkzeuge, Entwicklungs-, Werbe- und Patentkosten. Werden die Erzeugnisfixkosten vom Erzeugnisdeckungsbeitrag abgezogen, so entsteht der Restdeckungsbeitrag I (vgl. Tabelle 3.49).

Tabelle 3.49 Schema der stufenweisen Fixkostenzurechnung

Erzeugnisart	A	B	C	D	E	F	G
Umsatzerlöse	x	x	x	x	x	x	x
- Variable Kosten der abgesetzten Produkte	x	x	x	x	x	x	x
Erzeugnisdeckungsbeitrag	x	x	x	x	x	x	x
- Erzeugnisfixkosten	x	x	x			x	x
Restdeckungsbeitrag I	x	x	x	x	x	x	x
- Erzeugnisgruppenfixkosten	x			x		x	
Restdeckungsbeitrag II	x			x		x	
- Kostenstellenfixkosten	x				x		
Restdeckungsbeitrag III	x				x		
- Bereichsfixkosten	x				x		
Restdeckungsbeitrag IV	x				x		
- Unternehmensfixkosten				x			
Nettoerfolg				x			

2. **Erzeugnisgruppenfixkosten**
   werden durch eine Gruppe mehrerer Erzeugnisse gemeinsam verursacht und können dieser Erzeugnisgruppe direkt zugerechnet werden. Erzeugnisgruppenfixkosten sind z. B. Produktionsanlagen und Gebäude, die nur von bestimmten Erzeugnisgruppen beansprucht werden.

3. **Kostenstellenfixkosten**
   fallen nicht im Zusammenhang mit einer bestimmten Erzeugnisart oder Erzeugnisgruppe an, sondern ausschließlich für eine bestimmte Kostenstelle. Kostenstellenfixkosten – genauer die restlichen Kostenstellenfixkosten – sind z. B. Reinigungskosten, Gehälter der Meister, Raumkosten.
   Die Deckung der Kostenstellenfixkosten erfolgt aus dem Deckungsbeitrag der Erzeugnisse und Erzeugnisgruppen, die die betreffende Kostenstelle beanspruchen. Die durch die einzelnen Erzeugnisgruppen verursachten Fixkosten können im Allgemeinen nur über eine Schlüsselung festgestellt werden.

4. **Bereichsfixkosten**
   können nicht mehr einzelnen Kostenstellen, sondern nur einer Gruppe von Kostenstellen (also einem Kostenstellenbereich) direkt zugerechnet werden. Sollen sie den Erzeugnisgruppen, die den betrachteten Bereich durchlaufen, zugerechnet werden, so ist eine Schlüsselung unumgänglich. Bereichsfixkosten sind z. B. Gehälter der Bereichsleiter, Zwischenlagerkosten und Fixkosten bestimmter Verwaltungsstellen. Die Deckung der Bereichsfixkosten erfolgt aus den noch nicht verteilten Deckungsbeiträgen aller Erzeugnisse, die den Bereich beansprucht haben.

5. **Unternehmensfixkosten**
   sind der nach Abzug der bisher genannten Fixkosten noch verbleibende unverteilbare Fixkostenrest des gesamten Unternehmens.

   Unternehmensfixkosten sind z. B. Kosten der Unternehmensleitung und des Wachpersonals. Die Deckung erfolgt aus den noch nicht verteilten Deckungsbeitragsresten sämtlicher Erzeugnisse des Unternehmens.

Tabelle 3.49 zeigt, wie der globale Erzeugnisdeckungsbeitrag (auch als Deckungsbeitrag I bezeichnet) immer kleiner wird, wenn die Fixkosten – entsprechend der anteiligen Inanspruchnahme durch die Kostenträger – stufenweise zugerechnet werden, wobei im vorliegenden Fall die Kostenstellen mit den Bereichen übereinstimmen.

3.2.2.3.2 Kalkulation im Rahmen der Fixkostendeckungsrechnung

Erfolgsrechnung durch Erlösberücksichtigung

Unterschiede der Fixkostendeckungsrechnung gegenüber dem Direct Costing treten nur bei der Kostenträgerstückrechnung auf, die den wichtigsten Teil der Fixkostendeckungsrechnung darstellt.

Durch Einbeziehen der Erlöse wird die Kostenträgerrechnung zu einer Erfolgsrechnung ausgebaut. Ausgehend von einer Kostenträgerzeitrechnung, wie sie bereits schematisch in Tabelle 3.49 dargestellt ist, sind zwei verschiedene Kalkulationsformen möglich:

1. **Retrograde Kalkulation** (ausgehend vom gegebenen Marktpreis zur Bestimmung des Stückerfolges)
2. **Progressive Kalkulation** (ausgehend von den variablen Kosten zur Bestimmung der Gesamtstückkosten).

Diese beiden Kalkulationsformen sollen anhand eines Beispiels erläutert werden (vgl. Schweitzer/Küpper 2008, S. 569).

Tabelle 3.50 zeigt eine Kostenträgerzeitrechnung im System der Fixkostendeckungsrechnung mit einer vierstufigen Fixkostenzurechnung, die der in Tabelle 3.49 dargestellten Rechnung entspricht. Jeder Fixkostenanteil wird dabei auf den unmittelbar vorausgehenden (Rest-)Deckungsbeitrag bezogen und in Prozent ausgedrückt.

Tabelle 3.50 Kostenträgerzeitrechnung – Betriebsergebnisrechnung in der Fixkostendeckungsrechnung (Quelle: in Anlehnung an Schweitzer/Küpper 2008, S. 569)

Kostenstellenbereiche (in €)	1			2	
Produktgruppen	A		B	C	
Produkte	I	II	III	IV	V
Deckungsbeitrag I	4.701	3.503	4.522	4.819	5.009
− Produktfixkosten (2,21 % vom DB)	-----	-----	100	-----	-----
Deckungsbeitrag IIa	4.701	3.503	4.422	4.819	5.009
Deckungsbeitrag IIa	8.204		4.422	9.828	
− Produktgruppenfixkosten (in % vom DB IIa)	150 (1,83 %)		------	250 (2,54 %)	
Deckungsbeitrag IIb	8.054		4.422	9.578	
Deckungsbeitrag IIb	12.476			9.578	
− Bereichsfixkosten (in % von DB IIb)	4.295 (34,43 %)			4.795 (50,06 %)	
Deckungsbeitrag III	8.181			4.783	
Deckungsbeitrag III insgesamt	12.964				
− Unternehmensfixkosten (5,32 % vom DB III)	690				
Periodenerfolg	12.274				

Keine verursachungsgerechte Fixkostenbehandlung

Mit diesen Prozentsätzen kann dann eine **retrograde** (vom Erlös ausgehende) **Kalkulation** zur Ermittlung des Stückerfolges durchgeführt werden, wie sie beispielhaft in Tabelle 3.51 dargestellt ist. In Erweiterung zum Direct Costing werden vom Deckungsbeitrag I noch stufenweise die von den einzelnen Produkten zu tragenden Fixkosten abgezogen, sodass sich eine Vollkostenrechnung ergibt. Es liegt aber hier, wie bei der herkömmlichen Vollkostenrechnung auch, keine verursachungsgerechte

Fixkostenzurechnung vor, weshalb der sich ergebende Stückgewinn ebenfalls sehr kritisch beurteilt werden muss.

Tabelle 3.51 Retrograde Kalkulation im System der Fixkostendeckungsrechnung (Quelle: in Anlehnung an Schweitzer/Küpper 2008, S. 570)

Produkt	I		II		III		IV		V	
	%	€	%	€	%	€	%	€	%	€
Nettoerlös		34,00		16,00		30,00		24,00		20,00
- variable Stückkosten		23,32		6,27		20,17		14,99		9,78
Stückdeckungsbeitrag I		10,68		9,73		9,83		9,01		10,22
- Produktfixkosten (in % vom Stückdeckungsbeitrag I)		-----		-----		2,21	0,22		-----		-----
Stückdeckungsbeitrag IIa		10,68		9,73		9,61		9,01		10,22
- Produktgruppenfixkosten (in % vom Stückdeckungsbeitrag IIa)	1,83	0,20	1,83	0,18		-----	2,54	0,23	2,54	0,26
Stückdeckungsbeitrag IIb		10,48		9,55		9,61		8,78	50,06	9,96
- Bereichsfixkosten (in % vom Stückdeckungsbeitrag IIb)	34,43	3,61	34,43	3,29	34,43	3,31	50,06	4,4		4,99
Stückdeckungsbeitrag III		6,87		6,26		6,30		4,38		4,97
- Unternehmensfixkosten (in % vom Stückdeckungsbeitrag III)	5,32	0,37	5,32	0,33	5,32	0,34	5,32	0,32	5,32	0,26
Nettogewinn je Produkteinheit		**6,50**		**5,93**		**5,96**		**4,15**		**4,71**

Die progressive Kalkulation bei der Fixkostendeckungsrechnung geht von den variablen Stückkosten aus und addiert stufenweise die anteiligen Fixkosten, die in Prozent der variablen Stückkosten ausgedrückt werden (vgl. Tabelle 3.52). Basis für die Ermittlung der Prozentsätze ist die Betriebsergebnisrechnung von Tabelle 3.50. Die dort nicht mit aufgenommenen variablen Kosten der Produkte I bis V haben folgende Werte: I (10.259), II (2.257), III (9.287), IV (8.021) und V (4.791). Die Fixkosten aus den einzelnen Stufen werden nach dem Prinzip der „Kostentragfähigkeit" den einzelnen Produkten zugeordnet.

Beispiel: Produktgruppenfixkosten von Produkt I

Der prozentuale Zuschlagssatz für Produkt I errechnet sich wie folgt.

(4.701 ÷ 8.204 × 150) ÷ 10.259 = 0,85 %

Durch die proportionale Verteilung der Fixkosten auf die variablen Stückkosten ist dieses Vorgehen zur Preisfindung – indem lediglich ein

Gewinnzuschlag berücksichtigt wird – wie bei den konventionellen Rechenverfahren umstritten.

Tabelle 3.52 Progressive Kalkulation im System der Fixkostendeckungsrechnung (Quelle: in Anlehnung an Schweitzer/Küpper 2008, S. 571)

Produkt	I		II		III		IV		V	
	%	€	%	€	%	€	%	€	%	€
Variable Stückkosten		23,32		6,27		20,17		14,99		9,78
+ Produktfixkosten (in % der var. Stückkosten)		-----		-----	1,09	0,22		-----		-----
+ Produktgruppenfixkosten (in % der var. Stückkosten)	0,85	0,20	2,87	0,18		-----	1,53	0,23	2,66	0,26
Zwischensumme		23,52		6,45		20,39		15,22		10,04
+ Bereichsfixkosten (in % der var. Stückkosten)	15,48	3,61	52,47	3,29	16,41	3,31	29,35	4,40	51,02	4,99
Zwischensumme		27,13		9,74		23,7		19,62		15,03
+ Unternehmensfixkosten (in % der var. Stückkosten)	1,59	0,37	5,26	0,33	1,69	0,34	1,53	0,23	2,66	0,26
Gesamte Stückkosten		27,50		10,07		24,04		19,85		15,29
Nettogewinn		6,50		5,93		5,96		4,15		4,71
Erlös		34,00		16,00		30,00		24,00		20,00

3.2.2.4 Übungsaufgaben zur Teilkostenrechnung

Auf beigefügter CD finden Sie die Lösungen der folgenden Aufgaben.

Aufgabe 3.2.2.4-1

Mit Einführung des Direct Costings wurden die Vor- bzw. Nebenkostenstellen (vgl. Kapitel 3.2) in „Hilfskostenstellen I" und „Hilfskostenstellen II" (vgl. Tabelle 3.53) aufgeteilt.

Welches ist der maßgebliche Grund für diese Zweiteilung?

Tabelle 3.53 Kostenstellengliederung (Quelle: in Anlehnung an Weber 1992)

Kostenstellen des Werkes I						
Abteilung	**Kurzbez**	**Konto**	**Abteilung**	**Kurzbez**	**Konto**	
Verwaltungskostenstellen						
Verwaltung	A€	101	Hilfsstofflager	FFO		
Brandschutz	BSK	102	Fuhrpark	GAR		
Einkauf	INK	106	Labor	LAB		
Werksarzt	LAK	108	Lager und Versand	LSP		
Lohnsonderkosten		110	Lehrlingsabteilung	UTL		
Angestellte			Forschung	MAF		
Gebäude		100	Maschinenwerkstatt	MSK		
Personalabteilung	PEA	105	Motorwerkstatt	MOT		
Wachdienst	VAK	104	Personalwagen	BIL		
Werksverkaufsabteilungen			Druckluftabteilung	TRL		
Verkauf I	AMS		Rohstofflager	RAV		
Verkauf II	MSC		Metallrückgewinnung	SEP		
Hilfskostenstellen I			Sicherheitsabteilung	SAK		
Arbeitsstudien	ARB		Elektrizitätswerk	ELT		
Bauabteilung	BYG		Ausbildung	UTB		
elektr. Verteilung	ELD		Werksgelände	VEO		
Konstruktion	KSA		Wärmezentrale	VAR		
mechanische Abteilung	MEK		*Fertigungskostenstelle*	BVA		
Messabteilung	MAT		Bandwalzwerk	GJU		
Reparaturabteilung	REP		Gießerei	GVA		
Installation	ROR		Grobblechwalzwerk	LIN		
Tischlerei	SNI		Kabelwerk			
Innentransport	TRP					
Walzenschleiferei	SLI					
Hilfskostenstellen II			Metallmanufaktur	MMA		
Wareneingang	ANK		Blechwalzwerk	PVA		
versch. Herstellung	€A		Presswerk	PRE		
Elektrowerkstatt	ELV		Profilerzeugung	PRO		
			Drahtzieherei	TDR		
			Drahtwalzwerk	TRV		

Aufgabe 3.2.2.4-2

Stellen Sie die Ziele und Anwendungsgebiete der Vollkostenrechnung und des Direct Costings einander gegenüber!

Aufgabe 3.2.2.4-3

Nennen Sie jeweils ein weiteres Beispiel zu den fünf in Tabelle 3.54 genannten Fixkostenstufen.

Tabelle 3.54 Betriebsergebnisrechnung im System der Fixkostendeckungsrechnung (Quelle: in Anlehnung an Weber 1992)

Erzeugnisfixkosten:	• Patentkosten • Spezialvorrichtungen •
Erzeugnisgruppenfixkosten:	• Kosten für Anlagen • Kosten für Gebäude •
Kostenstellenfixkosten:	• Reinigungskosten • Raumkosten •
Bereichsfixkosten:	• Zwischenlagerkosten • Bereichsleitergehälter •
Unternehmensfixkosten:	• Kosten für Pförtner • Kosten für Wachpersonal •

Aufgabe 3.2.2.4-4

Tabelle 3.55 stellt eine Fortführung der in Tabelle 3.50 gezeigten Betriebsergebnisrechnung in Form einer Fixkostendeckungsrechnung dar.

a) In welchen Stufen teilen sich die gesamten Fixkosten in Höhe von 279.100 €?

b) Führen Sie für Erzeugnis D eine retrograde Kalkulation zur Ermittlung des Nettoergebnisses durch, wenn ein Preis für D in Höhe von 74.50 € festliegt und die Einzelkosten 30,20 € betragen!

c) Führen Sie eine progressive Kalkulation für das Erzeugnis D mithilfe der gleichen Angaben durch, indem eine Gewinnspanne von 0,32 € zugrunde gelegt wird!

Tabelle 3.55 Fünfstufige Fixkostenaufteilung

Kostenträger-gruppe	1 (1000 Stück)		2 (1000 Stück)		3 - 5	Gesamt
Kostenträger (in €)	A	B	C	D	E - J	
Bruttoerlös	62.200	72.900	98.400	74.500	398.700	706.700
- Vertriebseinzelkosten	1.800	2.200	3.700	1.600	11.200	20.500
Nettoerlös	60.400	70.700	94.700	72.900	387.500	686.200
- direkte Erzeugniskosten	42.700	48.100	47.200	28.600	238.400	405.000
Deckungsbeitrag I	17.700	22.600	47.500	44.300	149.100	281.200
	40.300		91.800		149.100	281.200
(in % des Nettoerlöses)	(29,3 %)	(32,0 %)	(50,2 %)	(60,8 %)	(38,5 %)	(41,0 %)
- Erzeugnis- und Erzeugnisgruppenfixkosten (in % vom DB I)	23.600 (58,6 %)		71.300 (77,7 %)		120.500 (80,8 %)	215.400 (76,6 %)
Deckungsbeitrag II	16.700		20.500		28.600	65.800
- Kostenstellenfixkosten (in % vom DB II)	4.500 (26,9 %)		5.700 (27,8 %)		9.300 (32,5 %)	19.500 (29,6 %)
Deckungsbeitrag III	12.200		14.800		19.300	46.300
- Bereichs- u. Unternehmensfixkosten (in % von DB III)						44.200 (95,5 %)
Deckungsbeitrag						2.100

3.2.3 Ist-, Normal- und Plankostenrechnung

3.2.3.1 Istkostenrechnung

Zufallsschwankungen

Bei der Istkostenrechnung verrechnet man in der Betriebsabrechnung die in einer Abrechnungsperiode tatsächlich angefallenen Kosten auf die erstellten bzw. verkauften Leistungseinheiten derselben Periode.

Bei dieser Vorgehensweise wirken sich alle Zufallsschwankungen, denen die Kosten unterliegen können, auf die Selbstkosten (und damit auf den Angebotspreis) der Produkte aus. So gehen z. B. Preisschwankungen auf den Beschaffungsmärkten, Mengenschwankungen beim Verbrauch (z. B. erhöhter Ausschuss) oder sprunghafte Änderungen der Kosten bei Beschäftigungsgradänderungen in die jeweiligen Selbstkosten der Produkte ein. Dadurch entstehen in unterschiedlichen Perioden unterschiedliche Selbstkosten für gleiche Produkte.

Beispiel

Im Januar sind 100 Stk. eines Produktes für insgesamt 150.000 € hergestellt worden. Je Stk. werden in der Kostenträgerrechnung also 1.500 € verrechnet. Im Februar betrugen aufgrund unplanmäßiger Reparaturarbeiten die angefallenen Kosten bei gleicher Produktionsmenge 175.000 €. Die Kosten je Stk. dieser Abrechnungsperiode, die Grundlage für die Preiskalkulation sind, belaufen sich auf 1.750 €. Im März ist aufgrund eines hohen Krankenstandes die Produktionsmenge auf 75 Stk. gesunken. Die Kosten je Stk. betragen 2.000 €. Diese Zufallsschwankungen schlagen bei der Istkostenrechnung also direkt auf den Angebotspreis der jeweiligen Periode durch

Tabelle 3.56 Istkosten für die Monate Januar bis März

	Januar	Februar	März
angefallene Kosten	150.000 €	175.000 €	150.000 €
Produktionsmenge	100 Stück	100 Stück	75 Stück
Kosten je Einheit	1.500 €/Stück	1.750 €/Stück	2.000 €/Stück

Die Istkostenrechnung ist eine rückschauende Rechnung, die lediglich die Kosten einer Periode mit den in dieser Periode erstellten Leistungen verrechnet. Der Vorteil der Istkostenrechnung liegt zunächst in der vereinfachten abrechnungstechnischen Handhabung. Dieser Vorteil ist aber mit mehreren Nachteilen verbunden:

- wenn mehrere Abrechnungsperioden betrachtet werden, müssen in jeder Periode aufgrund neuer Istwerte (z. B. Änderungen im Beschäftigungsgrad etc.) neue Zuschlagssätze und neue Selbstkosten ermittelt werden.

- eine Auswertung und eine Vergleichbarkeit des Zahlenmaterials verschiedener Abrechnungsperioden unter Wirtschaftlichkeitsgesichtspunkten ist nur schwer möglich.

- die Fokussierung auf Vergangenheitswerte erlaubt nur in beschränktem Umfang dispositive Entscheidungen zur Steuerung und Führung des Betriebes, weil die Ergebnisse zu spät zur Verfügung stehen.

Durch Planperspektive Steuerung ermöglichen

Daher gehen die Bestrebungen zur Weiterentwicklung der Kostenrechnung dahin, mittels Vorgabekosten einen Einblick in die Zukunftsentwicklung und damit auch eine Kontroll- und Steuerungsmöglichkeit zu gewinnen.

Eine reine Istkostenrechnung ist praktisch nicht durchführbar, da einige Kostenarten nur durch zeitliche und sachliche Abgrenzungen bestimmt werden können (vgl. Kapitel 1.3.1: Abgrenzung von Ausgaben, Aufwand und Kosten), wie z. B. die kalkulatorischen Abschreibungen und die kalkulatorischen Zinsen. Die kalkulatorischen Kosten haben damit nie Istkosten-, sondern immer Normal- bzw. Plankostencharakter.

3.2.3.2 Normalkostenrechnung

Durchschnittsbetrachtung

Um die bei der Istkostenrechnung unvermeidbaren Schwankungen in der Betriebsabrechnung und der Kalkulation zu verringern, bildet man bei der Normalkostenrechnung durchschnittliche Kosten („Normalkosten") aus vergleichbaren Vergangenheitswerten mehrerer Perioden.

> Normalkosten stellen also keine Plankosten mit Vorgabecharakter dar, sondern für die Bildung der Normalkosten sind ausschließlich die Istkosten vergangener Abrechnungsperioden zugrunde gelegt, aus denen ein statistischer Mittelwert gebildet wird.

Dabei werden besonders abnorme Werte aus der Durchschnittsbildung ausgeklammert.

Tabelle 3.57 Beispiel zur Normalkostenrechnung

	Januar	Februar	März
Produktionsmenge	100 Stück	100 Stück	75 Stück
Verrechnungssatz	1.600 €/Stück		
verrechnete Kosten	160.000 €	160.000 €	120.000 €
angefallene Kosten	150.000 €	175.000 €	150.000 €
Kostendeckung	+ 10.000 €	- 15.000 €	- 30.000 €

Die Normalisierung der Kosten muss sich nicht zwangsläufig auf alle Kostenelemente erstrecken. In der Praxis begnügt man sich häufig mit der Ermittlung derjenigen Normalkosten, die einen wesentlichen Anteil der Selbstkosten ausmachen. Für sie werden sogenannte Verrechnungspreise vorgegeben, also vom Betrieb für interne Verrechnungszwecke festgelegte Preise. Es handelt sich dabei z. B. um

- Verrechnungspreise für Material (Durchschnittswert für Einkaufspreise und Lagerkosten)
- Verrechnungspreise für Lohnarbeiten (Durchschnittswert von Tariflohn und gesetzlichen/freiwilligen Sozialleistungen) und
- Verrechnungspreise für innerbetriebliche Leistungen (beispielsweise durchschnittlicher Arbeitsstundensatz für Betriebshandwerker).

Die Gemeinkosten werden durch feste Gemeinkostenzuschläge („Normalzuschläge") berücksichtigt (vgl. die Beispiele zum Betriebsabrechnungsbogen und der Kalkulation in Kapitel 3.1.).

Über- und Unterdeckungen

In der Regel weichen die Normalkosten, die in der Kostenträgerrechnung verrechnet werden, von den Istkosten ab. Es entstehen Über- oder Unterdeckungen (siehe Tabelle 3.57).

Unterdeckung:	Istkosten > Normalkosten
Überdeckung:	Istkosten < Normalkosten

Die Über- oder Unterdeckungen werden dabei grundsätzlich nicht auf die Kostenträger weiterverrechnet, sondern gehen in das Betriebsergebnis ein. Bei größeren Abweichungen müssen ggf. die Normalgemeinkostensätze angepasst werden.

Keine Unterscheidung von fixen und variablen Kosten

Bei der starren Normalkostenrechnung, die nicht zwischen fixen und variablen Kostenanteilen unterscheidet, werden im Rahmen der Kostenkontrolle die Abweichungen zwischen Normal- und Istkosten in zwei Kategorien eingeteilt:

- Preisabweichung und
- Mengenabweichung.

Die Preisabweichung entsteht als Differenz zwischen Istpreisen für Material, Löhne, usw. und den festen Verrechnungspreisen (vgl. Abbildung 3.28):

Verrechnungspreisabweichung = Istmenge × (Verrechnungspreis − Istpreis)

Die Mengenabweichung tritt auf, wenn die durchschnittlichen Mengen (Normalmengen) an Kostengütern pro Kostenstelle nicht mit der tatsächlich verbrauchten Menge (Istmenge) übereinstimmen:

Mengenabweichung = Verrechnungspreis × (Normalmenge − Istmenge)

Da die starre Normalkostenrechnung mit einem durchschnittlichen Beschäftigungsgrad arbeitet, sind die Differenzen, die durch die Abweichung des tatsächlichen Beschäftigungsgrades vom durchschnittlichen Beschäftigungsgrad bedingt sind, in der Mengenabweichung mit enthalten. Diese **Tatsache führt dazu, dass die Mengenabweichung für die Betriebskontrolle nur wenig Aussagewert hat** (vgl. Kilger/Pampel/Vikas 1993).

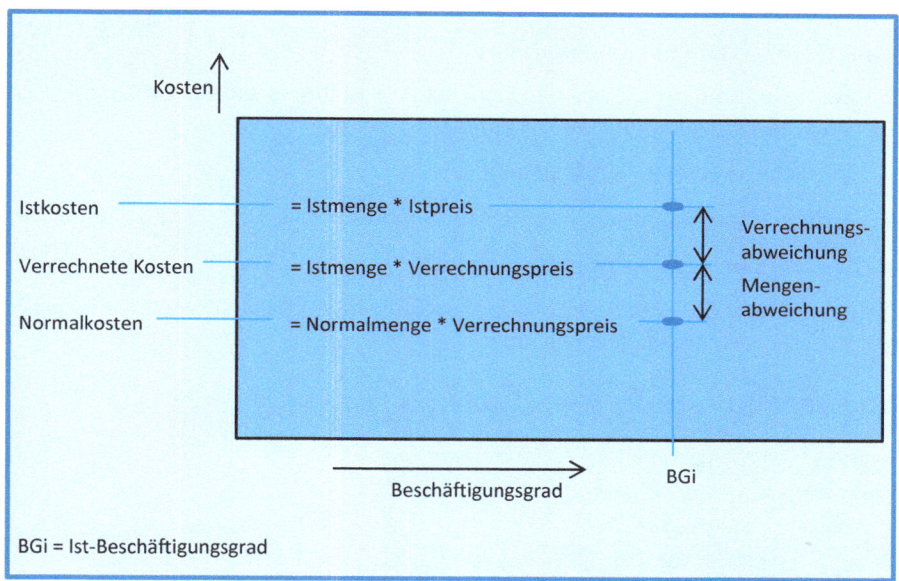

Abbildung 3.28 Abweichungsanalyse bei der Normalkostenrechnung

Verbrauchs- vs. Beschäftigungsabweichung

Deshalb teilt man bei der flexiblen Normalkostenrechnung zur besseren Kontrolle die Mengenabweichung in eine Verbrauchs- und eine Beschäftigungsabweichung auf. Dies bedingt jedoch eine Aufspaltung der Gesamtkosten einer Kostenstelle in fixe und variable Bestandteile (vgl. die Beispiele bei der Plankostenrechnung im folgenden Kapitel).

3.2.3.3 Plankostenrechnung

3.2.3.3.1 Überblick

Während mit der Ist- und der Normalkostenrechnung die entstandenen Kosten der zurückliegenden Periode verrechnet werden, werden mit der **Plankostenrechnung die erwarteten Kosten der zukünftigen Periode(n) abgebildet.**

Das wesentliche Ziel ist also ihre Verwendung als Instrument der betrieblichen Planung mit dem primären Zweck der Betriebskontrolle durch den Vergleich der tatsächlich angefallenen Werte der betrachteten Periode(n) mit den durch die Plankostenrechnung ermittelten Vorgabewerten dieser Periode(n).

Dazu sind die Plankosten nicht aus den Istkosten der vergangenen Perioden abzuleiten, sondern durch eine besondere Kostenplanung zu bestimmen.

Vorgabekosten

Die sich durch die Multiplikation von Planmengen und Planpreisen ergebenden Plankosten dienen den Kostenstellenleitern als Vorgabekosten, die sie möglichst nicht überschreiten sollten. Außerdem soll die Plankostenrechnung die Grundlage für die Kostenkontrolle schaffen, indem sie bestimmte Einflüsse der Kostenschwankungen aus der Abrechnung eliminiert.

Kostenschwankungen ausklammern

Kostenschwankungen, die aus der Plankostenrechnung auszuklammern sind, werden verursacht durch (Voß 1991, S. 86 ff.):

- Preisschwankungen der Kostengüter,
- Verbrauchsschwankungen bei den Kostengütern und
- Beschäftigungsgradschwankungen.

Die Anwendung der Plankostenrechnung wird vor allem dann erleichtert, wenn folgende Voraussetzungen gegeben sind:

Tabelle 3.58 Voraussetzung der Plankostenrechnung

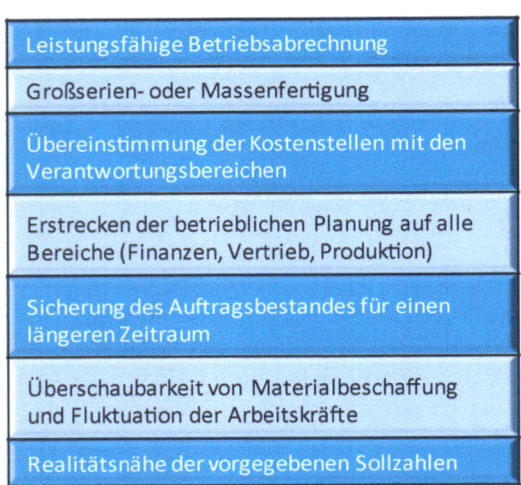

Folgende wichtige Begriffe zur Plankostenrechnung sollen vorab kurz erläutert werden:

- Unter **Plankosten** versteht man den unter Wirtschaftlichkeitsgesichtspunkten anzustrebenden periodenunabhängigen Verbrauch an Kostengütern, der beim Vorliegen günstiger Fertigungsbedingungen und dem Einsatz genügend eingearbeiteter Arbeitsplätze auch erreicht werden kann (geplante Kosten bei einem geplanten Beschäftigungsgrad).

- Bezugsbasis für die Plankosten ist der **Planbeschäftigungsgrad**, der je nach Zielsetzung des Unternehmens der am häufigsten auftretende Beschäftigungsgrad, der maximal erzielbare Beschäftigungsgrad, der kostenoptimale (d. h. stückkostenminimale) Beschäftigungsgrad oder der Beschäftigungsgrad der sich am Engpass ausrichtet, sein kann. Welche Basis die geeignetste ist, kann nicht gesagt werden. In der Praxis ist häufig die engpassorientierte Festlegung der Planbeschäftigung zu finden. Engpässe sind hier einzelne Maschinen, Maschinengruppen oder Abteilungen. Plankosten können auch als Produkt von Planverrechnungspreisen und Planmengen verstanden werden.

- **Planverrechnungspreise** werden unter Berücksichtigung der zu erwartenden Lohn- und Preisentwicklungen, der Konditionen der Lieferanten, wirtschaftlicher Bezugsmengen usw. festgelegt.

- **Planmengen** werden analytisch aufgrund technisch-mengenmäßiger Untersuchungen für den Planbeschäftigungsgrad ermittelt. Grundlage für die Ermittlung der Planmengen sind die Analyse des Produktionsablaufes und des Geschehens in den einzelnen Kostenstellen sowie die Ermittlung des notwendigen Materialverbrauchs.

Eine Zusammenfassung der Ist-, Normal- und Plankosten ist mit Abbildung 3.29 gegeben.

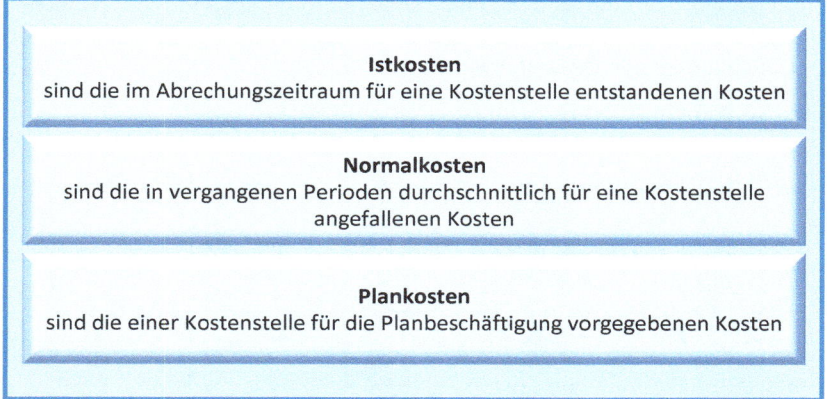

Abbildung 3.29 Ist-, Normal- und Plankosten

3.2.3.3.2 Starre Plankostenrechnung

Die starre Plankostenrechnung ermittelt die Plankosten bei einem bestimmten, während der Abrechnungsperiode konstant (starr) gehaltenen Planbeschäftigungsgrad. Weicht der Istbeschäftigungsgrad vom Planbeschäftigungsgrad ab, so errechnen sich die verrechneten Plankosten einer Kostenstelle beim Istbeschäftigungsgrad wie folgt:

verrechnete Plankosten beim $BG_i = (BG_i / BG_P) \times$ Plankosten

BG_i = Ist-Beschäftigungsgrad BG_p = Plan-Beschäftigungsgrad

Sollkosten = Plankosten

Bei der **starren Plankostenrechnung sind die Plankosten mit den Sollkosten** (= geplante Kosten bei Ist-Beschäftigungsgrad) identisch. In völliger Übereinstimmung mit der starren Normalkostenrechnung werden bei der starren Plankostenrechnung die Plankosten des Planbeschäftigungsgrades proportionalisiert, d. h., der Kostenplanung wird ein linearer Verlauf der Gesamtkostenkurve zugrunde gelegt.

Keine Unterscheidung von fixen und variablen Kosten

Eine Auflösung der Plankosten in fixe und variable Kostenanteile wird nicht durchgeführt. Die starre Plankostenrechnung kann somit nur die Gesamtabweichungen zwischen Plankosten und Istkosten feststellen. Dadurch wird die laufende Abrechnung zwar einfach, aber eine wirkliche Kontrolle der Kosten ist nicht möglich, da die Plankosten an die Istbeschäftigungsgrade nicht verursachungsgerecht angepasst werden können.

Beispiel

Für eine bestimmte Kostenart werden in einer Kostenstelle monatlich Kosten in Höhe von 90.000 € beim geplanten Beschäftigungsgrad BG_p von 12.000 Fertigungsstunden anvisiert. Bei der Kalkulation wird demnach ein Verrechnungssatz von 90.000 €/12.000 h = 7,50 €/h zugrunde gelegt (vgl. Abbildung 3.30). Wegen des rückläufigen Absatzes werden in einem Monat nur 9.000 Fertigungsstunden geleistet (BG_i). Es wurden demnach folgende Kosten auf die Kostenträger verrechnet: 9.000 h * 7,50 €/h = 67.500 €; die Istkosten der Kostenstelle betrugen aber 82.250 €. Damit ergibt sich folgende Gesamtabweichung:

90.000 € – 82.250 € = 7.750 €

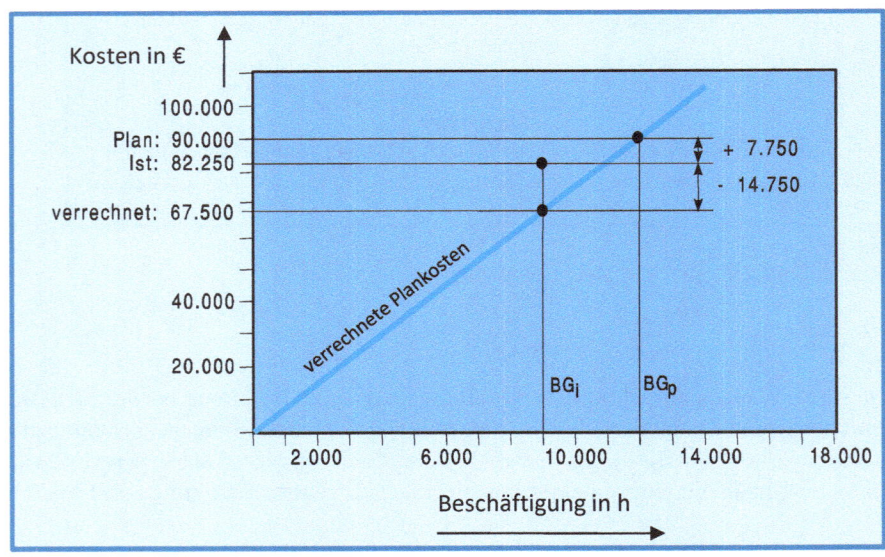

Abbildung 3.30 Beispiel zur starren Plankostenrechnung (Quelle: in Anlehnung an Kilger/Pampel/Vikas 1993

Diese Kostenunterschreitung ist nun zweifellos keine Kosteneinsparung, sondern wird vorwiegend dadurch hervorgerufen, dass sich die Plankosten auf 12.000 Fertigungsstunden und die Istkosten nur auf 9.000 Fertigungsstunden beziehen. Welcher Kostenbetrag für die Realisierung von nur 75 % des Planbeschäftigungsgrades angemessen wäre, lässt das System der starren Plankostenrechnung infolge der fehlenden Kostenauflösungen in fixe und variable Bestandteile nicht erkennen.

Die Abweichung von 7.750 € ist zwar eine echte Kostenabweichung, dennoch ist ihre Aussagefähigkeit gering, da keine Aussage darüber getroffen wird, wie sich die Kosten bei rückläufiger Beschäftigung hätten verändern müssen und welche Kostenabweichungen durch innerbetriebliche Unwirtschaftlichkeiten entstanden sind.

Aussage von Abweichungen gering

Eine andere Abweichung ergibt sich dadurch, dass man die Istkosten von 82.250 € mit den verrechneten Plankosten von 67.500 € vergleicht:

67.500 € – 82.250 € = -14.750 €

Diese Kostendifferenz ist zweifellos nun auch keine Kostenüberschreitung, sondern entsteht vor allem durch die Proportionalisierung von Fixkostenanteilen.

Es zeigt sich, dass die **Anwendung der starren Plankostenrechnung** – wie auch der starren Normalkostenrechnung – **nur dann sinnvoll ist, wenn geringe Abweichungen vom Planbeschäftigungsgrad auftreten** bzw. wenn geringe Fixkostenanteile vorliegen. Dies trifft in der Praxis aber nur selten für alle Kostenstellen zu. Die starre Plankostenrechnung ist deshalb nur für einzelne Kostenstellen geeignet, die eine gleichmäßige Beschäftigung und ein einheitliches Produkt aufweisen (z. B. Stromerzeugung), während für die übrigen Kostenstellen die flexible Plankostenrechnung vorzuziehen ist.

Anwendung nur bei geringen Fixkostenanteilen

3.2.3.3.3 Flexible Plankostenrechnung

Die starre Variante der Plankostenrechnung hat gedanklich nur einen festgelegten Beschäftigungsgrad als Grundlage genutzt.

> Die flexible Plankostenrechnung passt im Unterschied hierzu die Plankosten während der Abrechnungsperiode an die jeweilige Istbeschäftigung an.

Aufteilung in fixe und variable Kosten

Dieses Vorgehen nennt man **Vorgabe von Sollkosten**. Dazu ist eine Unterteilung der Plankosten in fixe und variable Anteile erforderlich. Das primäre Ziel der flexiblen Plankostenrechnung ist es, Abweichungen zwischen Plan- und Istkosten, die der Kostenstellenleiter nicht zu verantworten hat, aus dem Soll-Ist-Vergleich zu eliminieren. Im Wesentlichen handelt es sich hier um das Ausschalten beschäftigungsunabhängiger Abweichungen. Diese beschäftigungsunabhängigen Abweichungen werden eliminiert, indem die für die Planbeschäftigung ermittelten Plankosten in Sollkosten der Istbeschäftigung umgerechnet werden.

Bei der flexiblen Plankostenrechnung unterscheidet man demnach:

Plankosten = geplante Kosten der geplanten Beschäftigung
(Planmenge × Planpreis bei Planbeschäftigung)

Sollkosten = die einer bestimmten Stelle für eine bestimmte Ist-Beschäftigung vorgegebenen Kosten

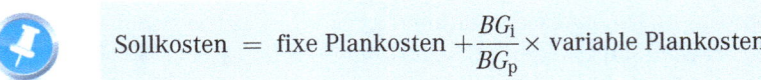

$$\text{Sollkosten} = \text{fixe Plankosten} + \frac{BG_\text{I}}{BG_\text{p}} \times \text{variable Plankosten}$$

BG_I = Ist-Beschäftigungsgrad BG_p = Plan-Beschäftigungsgrad

Sollkostenermittlung bei Gemeinkosten problematisch

Bei der **Ermittlung der Sollkosten wird von der Annahme ausgegangen, dass sich die variablen Kosten proportional der Beschäftigung anpassen**, während die fixen Kosten konstant verlaufen (vgl. Abbildung 3.31). Problematisch ist die Sollkostenermittlung vor allem bei den verschiedenen Gemeinkostenarten, da diese fixe Anteile haben. Bei Einzelkosten wird eine Proportionalität zum Beschäftigungsgrad bzw. der Stückzahl unterstellt.

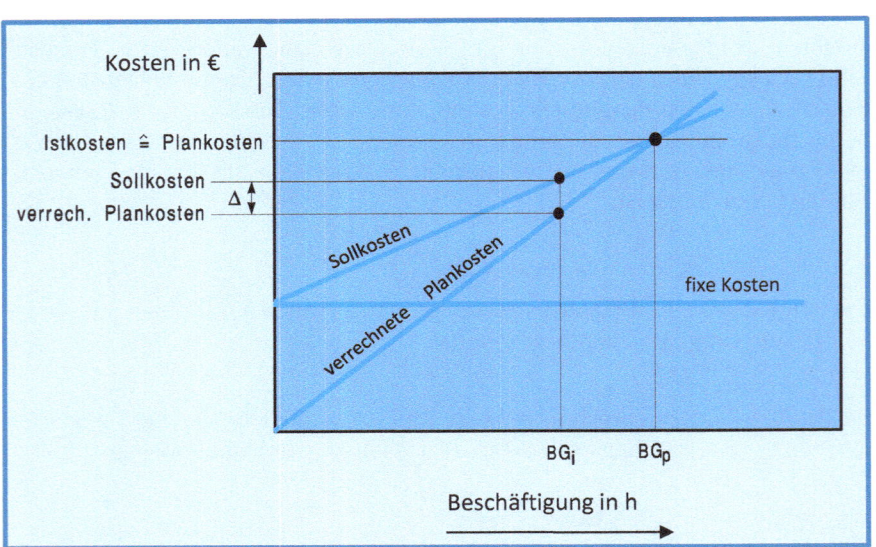

Abbildung 3.31 Zu den Begriffen Plankosten und Sollkosten (Quelle: in Anlehnung an Kilger/Pampel/Vikas 1993)

Beispiel[12]

Ausgehend vom vorherigen Beispiel (Abbildung 3.30) lassen sich die Sollkosten bestimmen, wenn davon ausgegangen wird, dass von den gesamten Plankosten KP 35.000 € fix und 55.000 € proportional sind. Da der Istbeschäftigungsgrad 75 %

---

12 Flexible Plankostenrechnung (in Anlehnung an Kilger/Pampel/Vikas 1993)

des Planbeschäftigungsgrades beträgt, ergeben sich für den Beschäftigungsgrad BG_i folgende Sollkosten:

Sollkosten der Istbeschäftigung BG_i = 35.000 + 0,75 × 55.000 = 76.250 €

In der flexiblen Plankostenrechnung werden nun die 76.250 € Sollkosten der Istbeschäftigung mit den tatsächlichen Istkosten von 82.250 € verglichen, und es ergibt sich eine Kostenabweichung in Höhe von – 6.000 € (vgl. Abbildung 3.32).

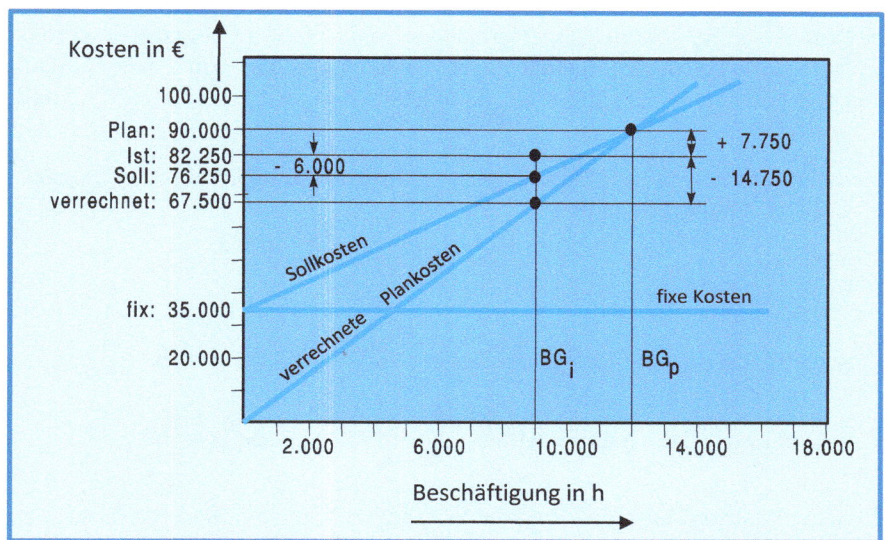

Abbildung 3.32 Beispiel zur flexiblen Plankostenrechnung (Quelle: in Anlehnung an Kilger/Pampel/Vikas 1993

Nur bei der Planbeschäftigung BG_p stimmen die verrechneten Plankosten mit den Sollkosten überein. Der Abstand zwischen der Sollkostenkurve und der Plankostenkurve wird als **Beschäftigungsabweichung** bezeichnet.

Beschäftigungsabweichung = Plankosten bei BG_i – Sollkosten bei BG_i

Falls der Planbeschäftigungsgrad dem Istbeschäftigungsgrad entspricht (falls $BG_p = BG_i$), dann ist die Beschäftigungsabweichung gleich null.

Abweichungsarten

Abschließend werden die drei Abweichungsarten

- **Preisabweichung**
- **Beschäftigungsabweichung** und
- **Verbrauchsabweichung**

noch einmal kurz zusammenfassend charakterisiert.

Preisabweichungen ergeben sich aus den Preisschwankungen auf den Beschaffungsmärkten:

Planpreis × Istmenge − Istpreis × Istmenge = Preisabweichung

Als wesentlichste Preisabweichungen sind die Abweichungen bei den Materialpreisen und den Lohntarifen zu nennen.

Die **Beschäftigungsabweichung**en erhält man, indem man die vorgegebenen Sollkosten den auf die Leistungseinheiten verrechneten Plankosten beim Istbeschäftigungsgrad gegenüberstellt. Falls $BG_p = BG_i$, dann ist die Beschäftigungsabweichung null.

Planverrechnungspreis × Planmenge − Planverrechnungspreis × Sollmenge
= Beschäftigungsabweichung

oder

Beschäftigungsabweichung = verrechnete Plankosten − Sollkosten

Beschäftigungsabweichung = Plankosten bei BG_i − Sollkosten bei BG_i

Verbrauchsabweichungen entstehen, wenn Sollmengen und tatsächlich verbrauchte Istmengen an Kostengütern nicht übereinstimmen. Die Verbrauchsabweichungen werden beim Istbeschäftigungsgrad festgestellt, nachdem zunächst die Preis- und dann die Beschäftigungsabweichungen ausgeschaltet wurden:

Planverrechnungspreis × Sollmenge − Planverrechnungspreis × Istmenge
= Verbrauchsabweichung

oder:

Verbrauchsabweichung = Sollkosten bei BG_i − verrechnete Kosten

Die Verbrauchsabweichung ist ein Indiz für die Wirtschaftlichkeit einer Kostenstelle und ist vom jeweiligen Kostenstellenleiter zu verantworten.

Eine schematische Darstellung dieser drei Abweichungsarten ist mit Abbildung 3.33 gegeben.

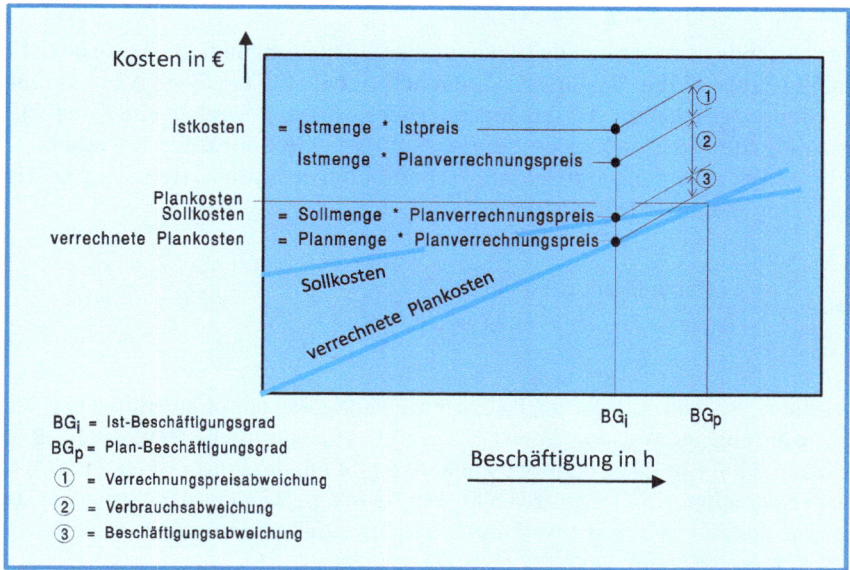

Abbildung 3.33 Abweichanalyse bei der flexiblen Plankostenrechnung (Quelle: in Anlehnung an Kilger/Pampel/Vikas 1993)

Eine nach Kostenstellen getrennte Darstellung der beschriebenen Abweichungen in Tabellenform ermöglicht dem verantwortlichen Kostenstellenleiter die übersichtliche Kostenkontrolle in seinem Bereich (Tabelle 3.59).

Tabelle 3.59 Kostenstellenbezogene Abweichung (Quelle: in Anlehnung an Kilger/Pampel/Vikas 1993)

		Kostenstelle:		Leiter:			
		Monat:		Stellvertreter:			
		Plan-Beschäftigung:				Ist-Beschäftigung:	
Kostenart		Planverr.-Preis:		€/h	Istpreis:	€/h	
Nr.	Bezeichnung.	Ist-kosten	Plan-kosten	Verrech.-Preisabw.	Beschäft.-abweichg.	Verbr.-abweichg.	Bem.
	Summe						

Gemeinkostenaufteilung über Variatoren

Unter Umständen verursacht die Gemeinkostenaufspaltung in fixe und variable Kostenanteile einige Mühe. Um dies zu vereinfachen, hat man ein System von Veränderungsfaktoren geschaffen, das das Ergebnis der Kostenauflösung in einer Kennziffer („Variator") zum Ausdruck bringt. Ein Variator ist eine Kennziffer, die angibt, wie viel Prozent der Plankosten (bei Planbeschäftigung) sich proportional zur Beschäftigung einer Kostenstelle verhalten sollen.

$$\text{Variator} = \frac{\text{Variable Plankosten bei } BG_\text{p}}{\text{Gesamte Plankosten bei } BG_\text{p}} \times 100$$

Ein Variator von 100 % bedeutet, dass sämtliche Plankosten proportional verlaufen sollen, während ein Variator von 0 % anzeigt, dass sämtliche Plankosten als fix anzusehen sind. Ein Zwischenwert von z. B. 6 gibt an, dass die Kosten zu 60 % aus proportionalen und zu 40 % aus fixen Kosten bestehen. **Da sich diese Aussage stets auf geplante Kosten bezieht und das Ergebnis einer planmäßigen Kostenauflösung ist, ist auch jeder Variator eine Plangröße.**

Einzelvariatoren vs. Gesamtvariatoren

Man unterscheidet Variatoren für einzelne Kostenarten einer Kostenstelle und Gesamtvariatoren, die sich auf die Gesamtkosten einer Kostenstelle beziehen. Für die Gemeinkostenplanung interessieren nur die Variatoren einzelner Kostenarten, da die Gemeinkostenplanung stets kostenartenweise durchzuführen ist.

Normierung des Wertebereichs in der Praxis: 0–10

Statt der prozentualen Schreibweise verwendet man häufig die „Zehner-Form". Hierbei werden z. B. die Werte 40 % bzw. 60 % durch 4 bzw. 6 ersetzt. Die Skala möglicher Variationen reicht dann von 0 bis 10 (vgl. Tabelle 3.60.). Diese Zehner-Form bei der Variatorangabe hat sich in der Plankostenrechnung durchgesetzt.

Für die Unternehmensführung besteht der große Vorteil der Plankostenrechnung gegenüber der Istkostenrechnung in der Aufspaltung des Betriebsergebnisses nach folgender Beziehung, die ein „management by exception" ermöglicht.

Die Analyse der Gesamtabweichung bzw. der Abweichung in einzelnen Kostenstellen liefert die Grundlage für die Beurteilung des Istzustandes und für zukünftige Planungen.

Tabelle 3.60 Beispiele für Variatoren (Quelle: Denzau 1992)

Kostenart	Variator (Mittel)	Von – bis	Bemerkungen
Hilfslöhne			
Transport	8	7 – 9	
Aufräumen	6	4 – 8	
Reinigen	0		
Lagerarbeiten	6		
Gehälter	0		
Hilfs- und Betriebsstoffe	**7**	**6 – 8**	
Schmiermittel	8		
Schutzkleidung	6	5 – 7	
Verpackungsstoffe	7	5 – 9	Betriebsindividuell
Energie	**7**	**0 – 9**	
Strom	9		
Dampf	4	0 – 6	Heizung
Dampf	8		Antrieb
Wasser	6	0 – 8	Je nach Verwendungszweck
Azetylen	9		
Sauerstoff	9		

Tabelle 3.61 Beispiele für Variatoren (Quelle: Denzau 1992)

Kostenart	Variator (Mittel)	Von – bis	Bemerkungen
Betriebs- und Geschäftsausstattung	8	5 - 9	
Ausschuss	9	8 – 10	
Entwicklung und Versuche		0 – 6	besonderes Budget je nach Branche
Brennstoffe	7	5 - 8	
Werkzeuge	8	7 – 9	
Werksgeräte	8	6 – 9	je nach Art
Werksinterner Transport	8	7 – 9	
Raumkosten	0		
Kalk. Abschreibungen			aus dem Verhältnis von Nutzungsdauer benutzt und unbenutzt
Kalk. Zinsen	0		auf Anlagevermögen
Kalk. Zinsen	8	6 – 10	auf Umlaufvermögen
Instandhaltung		4 - 8	je nach Art des Anlagegegenstandes
Steuern	0		
Abgabe amtliche Gebühren	0		
Versicherungen	0		
Bürobedarf	7	5 – 9	
Postkosten	6	5 – 8	
Reisekosten und Spesen	5	5 - 8	
Vertreterkosten		0 – 10	je nach Art Fixum oder gleitend mit Umsatz

3.2.3.4 Übungsaufgaben zu Ist-, Normal- und Plankosten

Auf beigefügter CD finden Sie die Lösungen der folgenden Aufgaben.

Aufgabe 3.2.3.4-1

Bestimmen Sie die gesamte Verrechnungspreisabweichung einer Periode anhand des Zahlenmaterials von Tabelle 3.62.

Tabelle 3.62 Ermittlung von Verrechnungspreisabweichungen bei der Normalkostenrechnung

Kostenart	Ist-Menge	Verrechnungspreis	Ist-Preis	Verrechnungspreis - Istpreis	Preisabweichung
Material	1.000 kg	19,50 €/kg	19,30 €/kg		
Löhne	1.500 h	34,00 €/h	34,50 €/h		
Innerbetriebliche Leistungen	200 h	20,00 €/h	19,50 €/h		
Preisabweichung = Ist-Menge x (Verrechnungspreis − Ist-Preis)					

Aufgabe 3.2.3.4-2

In der Fertigungsstelle A sind für den Beschäftigungsgrad BG = 16.000 h monatlich Gemeinkosten in Höhe von 40.000 € geplant.

Wie hoch ist der verrechnete Gemeinkostensatz je Stunde in der Fertigungsstelle A? Untersuchen Sie die entstandenen Abweichungen, wenn nach Ablauf der Abrechnungsperiode bei 14.000 geleisteten Arbeitsstunden 37.800 € an Gemeinkosten angefallen sind.

Aufgabe 3.2.3.4-3

Die Plangemeinkosten einer Kostenstelle bei Planbeschäftigung betragen 20.000 €.

Wie hoch sind die Soll-Gemeinkosten für einen um 10 % zurückgegangenen Istbeschäftigungsgrad, wenn der Variator 8 zugrunde gelegt wird?

Aufgabe 3.2.3.4-4

In der Kostenstelle Verpackung sind Reinigungsarbeiten (Kostenart 4185) erforderlich, für die im Jahr ein Lohnsatz von 12 € pro Stunde geplant ist. Für die laufenden (beschäftigungsunabhängigen) Reinigungsarbeiten fallen im Monat 333 Stunden an, die bei dem angegebenen Lohnsatz 4.000 €/Monat fixe Planreinigungskosten verursachen.

Für den Planbeschäftigungsgrad von 10 Tonnen pro Monat an Fertigungserzeugnissen (BG = 100 %) werden 500 Reinigungsstunden geplant (Planmenge), was monatlichen Plankosten von 6.000 € entspricht. Bei der Kalkulation werden 600 € je Tonne Fertigungserzeugnis an Reinigungskosten der Verpackungsstelle verrechnet.

Über die monatliche Betriebsabrechnung werden für November folgende Istdaten erfasst:

Istreinigungskosten: 7.600 €
Iststundenzahl: 550 Stunden
Istlohnsatz: 13,80 €/h
(unerwartet hohe Lohnkostensteigerung am 1.Oktober)
Istausbringungsmenge: 7 t

Stellen Sie die verschiedenen Kostenangaben in Abhängigkeit vom Beschäftigungsgrad in Abbildung 3.34 grafisch dar.

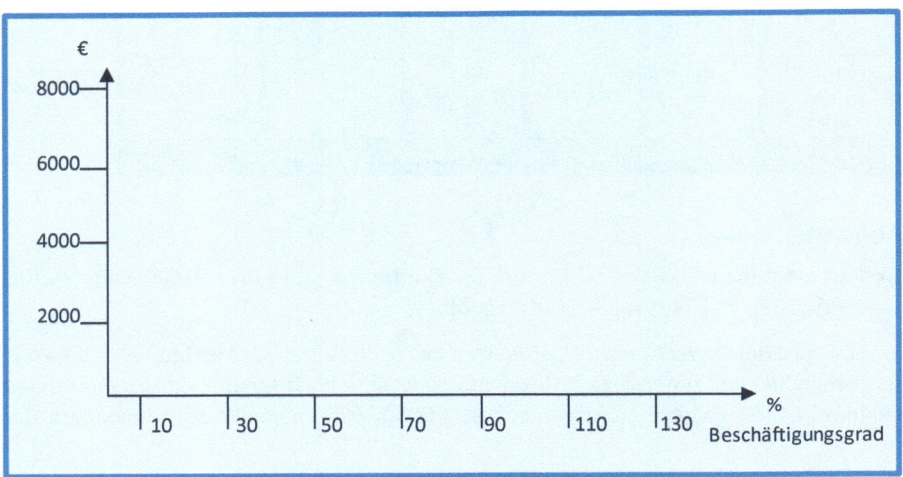

Abbildung 3.34 Beispiel zur flexiblen Plankostenrechnung

1. Wie verläuft die Gerade der verrechneten Plankosten?
2. Wie verläuft die Sollkostengerade?
3. Wie hoch sind die verrechneten Reinigungskosten auf die Produktion des Monates November?
4. Wie viel beträgt die Gesamtunterdeckung dieses Monats?
5. Welche Kostendifferenz ist allein der Beschäftigungsabweichung zuzuschreiben?
6. Wie hoch ist die Verbrauchsabweichung?
7. Wie hoch ist die Verrechnungspreisabweichung?
8. Welche Abweichungen hat der Kostenstellenleiter zu vertreten?
9. Wodurch entstehen die anderen Abweichungen?

Aufgabe 3.2.3.4-5

Abbildung 3.35 gibt verschiedene Sollkostenverläufe für fünf unterschiedliche Variatoren wieder.

Welchen Reagibilitätsgraden entsprechen die angegebenen Variatoren für den Beschäftigungsgrad 100 %?

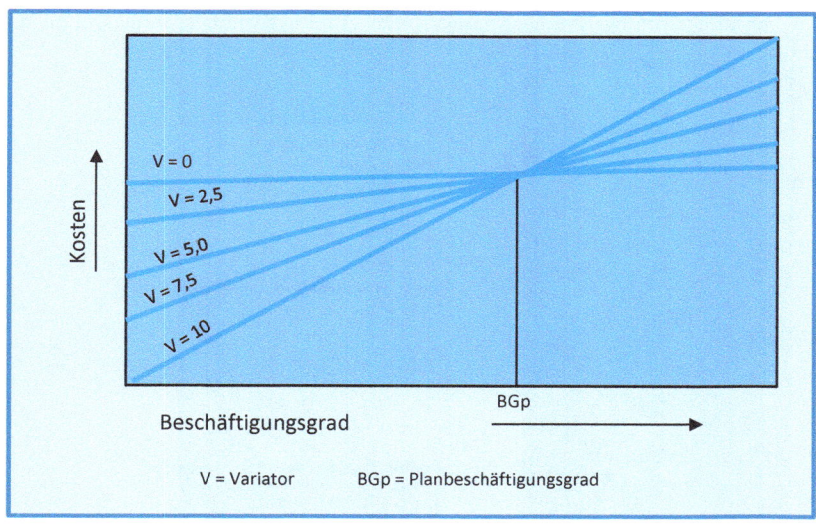

Abbildung 3.35 Sollkostenverläufe bei verschiedenen Variatoren (Quelle: in Anlehnung an Kilger/Pampel/Vikas 1993)

3.2.4 Prozesskostenmanagement

3.2.4.1 Die Kostenproblematik heutiger Industrie-/Dienstleistungsunternehmen

Nachfolgende Erörterungen orientieren sich an Remer und Müllhaupt (2005). Zur weiteren Vertiefung wird daher das Buch „Einführen der Prozesskostenrechnung: Grundlagen, Methodik, Einführung und Anwendung der verursachungsgerechten Gemeinkostenzurechnung" von Remer und Müllhaupt (2005) empfohlen.

Auf zunehmend globalisierten Märkten, die vor allem durch immer kürzere Produktlebenszyklen bei steigendem Innovationsdruck gekennzeichnet sind, wird der Wettbewerb mehr und mehr über den Preis entschieden. Einzelne Produkte zeichnen sich dabei nur zu oft durch Diskrepanzen zwischen Funktionalität und Preis aus, sodass diese auf internationalen Märkten nicht selten um bis zu 30 % zu teuer sind.

Parallel haben sich in den letzten Jahren vor allem aufgrund der Zunahme der Produktdiversifizierung und des Einsatzes von integrierten Produktionssystemen auch die Kostenstrukturen der Unternehmen deutlich verändert. Während die Bedeutung von direkten Produktionskosten kontinuierlich abnimmt, erreichen Gemeinkosten in den meisten Unternehmen bereits einen Anteil von 50% der Gesamtkosten, wobei mit einem weiteren Anstieg zu rechnen ist (Schuh/Steinfatt 1993).

Preiswettbewerb

Zunehmender Gemeinkostenanteil

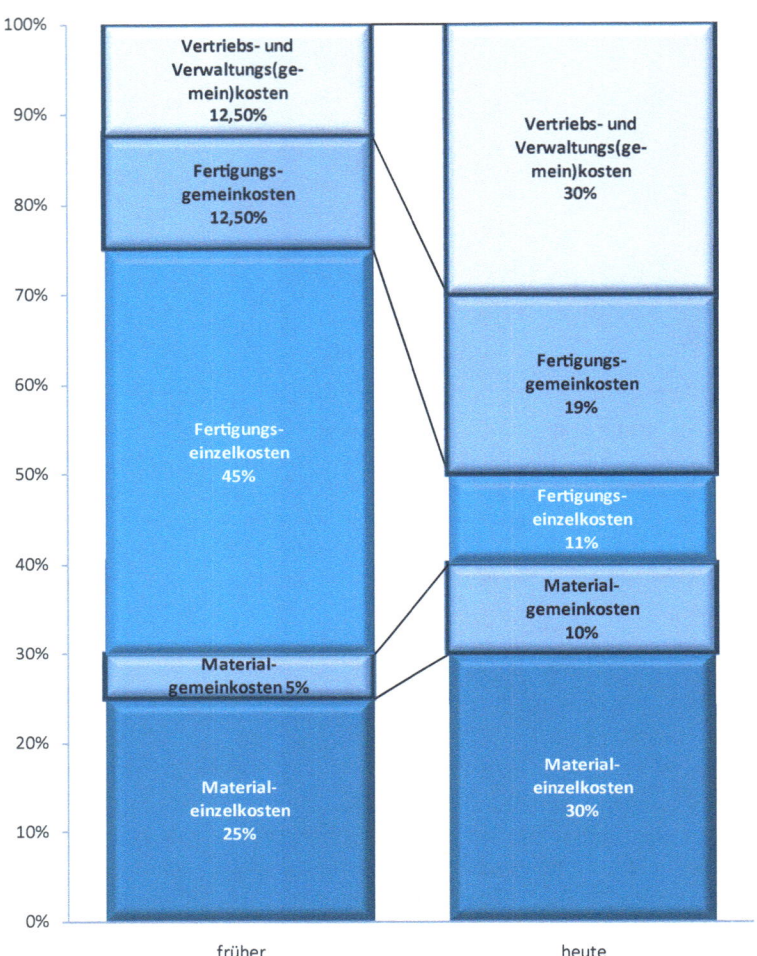

Abbildung 3.36 Entwicklung der Kostenstrukturen (Quelle: in Anlehnung an Remer/ Mühlhaupt 2005, S. 10)

Wachsende Bedeutung von Marktorientierung

Vor diesem Hintergrund gewinnen die Begriffe „Markt- und Kostenorientierung" noch mehr an Bedeutung. Handlungsbedarf in Bezug auf die Verbesserung der Markt- und Kostenorientierung wird zwar in vielen Unternehmen prinzipiell erkannt, die Umsetzung bereitet im praktischen Betriebsgeschehen jedoch oftmals noch Probleme, obwohl zur Unterstützung dieser Aufgabe zahlreiche leistungsfähige Methoden und Werkzeuge zur Verfügung stehen. Dies hängt auch mit Schwächen im Management zusammen, gerade kleine und mittlere Unternehmen (KMU) weisen hier nicht selten noch Defizite auf.

Zu starke Technikorientierung als Ursache

Vor allem in den Bereichen Produktentwicklung und Qualität sind immer noch manche Unternehmen nach wie vor stark technisch orientiert. „Marktorientierte" Unternehmen zeichnen sich dagegen vor allem aus durch:

- Verfügbarkeit von technischem Know-how in allen Unternehmensbereichen,
- Verfügbarkeit von Kostendaten in den technischen Bereichen,
- Innovationsfähigkeit und Flexibilität bei Entwicklungszeiten,
- Verstärkte Kundenorientierung bis hin zur Einbeziehung von Kunden bereits bei der Produktplanung und
- den Einsatz von Methoden und Werkzeugen bzgl. dem kostengünstigen Entwickeln und Konstruieren.

Konstruktion beeinflusst Herstellkosten erheblich

Letzteres greift dabei die Überlegung auf, dass Möglichkeiten der Kostenbeeinflussung gerade am Anfang des Entwicklungsprozesses besonders effektiv sind. Den größten Einfluss auf die Herstellkosten hat immer noch das Produktkonzept, da hierüber die wesentlichen Eigenschaften, Funktionalitäten und auch die Herstellungsprozesse des Produkts weitestgehend determiniert werden. Den Bereichen Konstruktion und Entwicklung kommt daher große Verantwortung in Bezug auf den gesamten Lebenszyklus eines Produktes zu, denn mit der Arbeit des Konstrukteurs werden bereits über 70 % der später anfallenden Herstellungskosten festgelegt, obwohl er selbst nur einen Aufwand von etwa 10 % der Produktkosten verursacht (Ehrlenspiel/Lindemann/Kiewert 2007, S. 2 ff.).

Dabei kann es heute nicht mehr nur darum gehen, Produkte nach dem Verständnis vergangener Jahre lediglich kostengünstiger zu realisieren. Marktgerechtes Konstruieren und Produzieren erfordert nicht nur die Anwendung von Kostenwissen, welches schon in frühen Stadien des Produktentstehungsprozesses zuverlässige Aussagen über die erst später verifizierbaren Herstellkosten erlaubt. Zusätzlich muss eine marktgerechte Produktkonzeption die angebotenen Funktionalitäten den Wünschen des Kunden anpassen. Dazu müssen zahlreiche, teilweise miteinander konkurrierende Aspekte schon in der Entwurfsphase berücksichtigt werden. Notwendige Voraussetzung dafür ist die möglichst vollständige Verfügbarkeit relevanter Informationen für den Konstrukteur. Dies erstreckt sich

Marktgerechte Produktkonzeption

- **unternehmensintern** insbesondere auf Daten über vorhandene Kosten und Kostenstrukturen und das Einbringen/Berücksichtigen von Know-how aus allen Unternehmensbereichen im Rahmen der frühen Produktentstehungsphasen.
- **unternehmensextern** auf die detaillierte Kenntnis der Anforderungen des Marktes. Aber: die Umsetzung des technisch machbaren in Bezug auf Innovationen ist richtig und gewünscht. Die technischen Bereiche müssen jedoch auch erkennen, dass weniger oder einfachere Produktmerkmale den Kundenwunsch manchmal genauso oder sogar besser erfüllen.

Zielkostenmanagement

Wieder fokussiert auf den Bereich der Produktkosten, auf die am Markt erzielbaren Preise bzw. auf die Ebene der Rechentechnik/Kalkulationssystematiken, wird bereits von vielen Unternehmen die Methode des „Target Costings" (wieder) angewandt. Ziel des Target Costings ist die konsequente Umsetzung des Kundenwunsches, sowohl bezüglich des Preises als auch der Produktmerkmale. Dies entspricht der Erkenntnis, dass heutige Märkte nur noch bestimmte Produktmerkmale zu bestimmten Preisen akzeptieren. Target Costing beinhaltet dazu ein Zielkostenmanagementsystem, das der Herstellung eines optimal auf die Marktanforderungen ausgerichteten Produktes dient und das bereits in zahlreichen Unternehmen zu einer bemerkenswerten Steigerung der Marktorientierung und damit auch der Wettbewerbsfähigkeit führen konnte (vgl. hierzu Kapitel 4 und ebenso die Fallstudie im Ordner 4.1 auf der CD).

Vor dem Hintergrund der beschriebenen Veränderungen im unternehmerischen Umfeld und der gestiegenen Notwendigkeit zur Berücksichtigung der Wünsche des Marktes, **ist auf Ebene der Rechentechnik bzw. der Systematik der Kostenrechnung** neben dem Target Costing **ein weiterer Ansatz weit verbreitet: die Prozesskostenrechnung**.

3.2.4.2 Prozessorientierung

Traditionelle Perspektive

Auf das oben beschriebene „neue Umfeld" wird in den Unternehmen i. d. R. „klassisch" reagiert: wünscht z. B. der Kunde eine Variante des bestehenden Produktes, dann wird die eigene Produktpalette verbreitert.

Gesichtspunkte wie **„Standardisierung", „Wiederholteileverwendung", „Produkte die auf Baugruppen/Baukästen basieren"** oder gar Themen wie „Kosten der neuen Variante für Zeichnungsverwaltung, Materialeinkauf und Lagerung, Arbeitsplanung usw." bleiben unbeachtet.

Neuere Ansätze sind jedoch bekannt und deren vereinzelte Umsetzung in den Unternehmen zeigt, dass gerade auch in den nicht wertschöpfenden Bereichen beträchtliche Kosteneinsparungen erzielt werden können. Diese neueren Ansätze haben ihren Nutzen jedoch nicht nur in Bezug auf die Kosten. Vielmehr hat mit der Umsetzung verschiedener Maßnahmen – die mit den Schlagworten „Reengineering", „Workflow-Management", „Fraktale ..." oder „Prozess(kosten)management" umschrieben werden können – ein **neues Denken Einzug in die Unternehmen gehalten**:

- das Unternehmen konzentriert sich auf seine Kernkompetenz;
- die Produkte sind Ausdruck der Kernkompetenz und Wettbewerbsstrategie des Unternehmens;
- die Ressourcen des Unternehmens und damit die Ablauf-/ Prozessorganisation ist ausgerichtet auf die Erfüllung des Kundenwunsches (kundenorientierte Prozessorganisation);
- Varianten basieren auf einer Baukastenstruktur;
- die Bereiche „Qualität", „Kosten" und „Zeit" werden beherrscht; dazu werden (ablauf-) organisatorische, technologische u. a. Problemfelder gezielt lokalisiert und eliminiert;
- alle Bereiche eines Unternehmens müssen ein Höchstmaß an Effizienz und Effektivität aufweisen.

Hauptzielsetzung aller Verbesserungsmaßnahmen ist es, Strukturen zu schaffen, mit denen die Kundenbedürfnisse erkannt, erfüllt und ggf. sogar nachhaltig übertroffen werden können.

Differenzierung im Wettbewerb

Das eigene Unternehmen kann sich so als ein vom Wettbewerber differenzierender Problemlöser anbieten. Vor diesem Hintergrund ist besonders das Zusammenspiel von Qualität, Kosten und Zeit von Bedeutung.

Abbildung 3.37 Erfolgsfaktoren für Kundenorientierung

- Der zeitliche Aspekt zielt in erster Linie auf die Durchlaufzeit ab. Wie lange dauert es, bis ein Auftrag/Projekt vollständig abgeschlossen ist?
- Die Qualität des Produktes/der Dienstleistung bzw. die Qualität der Auftragsabwicklung orientiert sich an dem, was Kunde und Markt vorgeben bzw. leitet sich aus dem Selbstverständnis des eigenen Unternehmens ab.
- Der Kostenaspekt ist mit beiden Bereichen verbunden; Je länger die Durchlaufzeit, desto höher werden die Kosten generell sein. Je höher außerdem die angestrebte Qualität ist, umso höher werden die dadurch induzierten Kosten letztlich sein.

Um bzgl. aller drei Bereiche ein Gesamtoptimum erreichen zu können, ist ein bereichsübergreifendes Denken und Handeln erforderlich. Damit sind automatisch eine Abkehr von der herkömmlichen Arbeitsteilung und eine Erweiterung des Verantwortungsbereiches des einzelnen Mitarbeiters verbunden.

Mit dem Aufbrechen der Strukturen ändert sich auch die Sichtweise; Neben dem eigentlichen Produkt/Projekt rücken die für die Erstellung/Abarbeitung notwendigen Prozesse in den Mittelpunkt.

Prozessorientierung

Bei der **Prozessorientierung liegt der Fokus** (Abbildung 3.38) nun nicht mehr auf einzelnen Aufgaben oder Funktionen, sondern auf einem Objekt, welches das Unternehmen durchläuft. Hierbei kann es sich um einen Kundenauftrag handeln, aber z. B. auch eine Anfrage nach einer kundenspezifischen Variante. Bildlich gesprochen setzt sich der Betrachter auf das Objekt und durchläuft mit diesem den gesamten Prozess (Eversheim 1996, S. 14). **Die Organisation ist dann so zu gestalten, dass ein Vorgang bei vorgegebener Qualität möglichst schnell und möglichst effizient durch das Unternehmen läuft.** Damit wird auch eine deutliche Kundenorientierung erreicht, denn sowohl die Kernprozesse, die oft direkten Kundenbezug haben, als auch Supportprozesse, welche sich wiederum auf die Kernabläufe beziehen, werden an den Kundenbedürfnissen ausgerichtet.

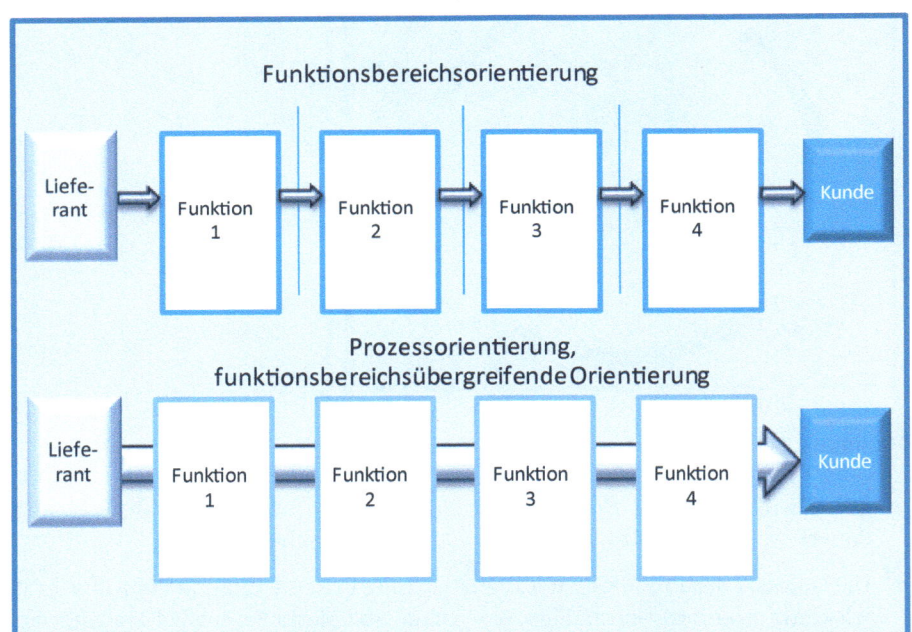

Vernetzung als Erfolgsfaktor

Abbildung 3.38 Unterschied funktions- und prozessorientierte Perspektive

Hat die funktionsorientierte Betrachtung in bestimmten Fällen durchaus ihre Berechtigung, etwa bei einfachen Tätigkeiten mit nur sehr begrenzten wechselseitigen Abhängigkeiten, ist die **heutige moderne Unternehmenswelt durch die Erfordernis geprägt, ein Zusammenspiel der einzelnen Tätigkeiten in idealer Weise zu unterstützen.** Denn ein Kundennutzen kann letztlich nur erreicht werden, wenn Aktivitäten und Ressourcen vernetzt werden. Alle betroffenen Mitarbeiter unterstützen sich und arbeiten auf das Ziel der Kundenzufriedenheit hin.

Vorteile

Fasst man nun die klassischen Aufgaben und Funktionen in idealtypischen Abläufen zusammen, erhält man einen Prozess (Gaitanides 1983). Kern der Perspektive ist hierbei die Existenz von Prozessen, deren Zeitbedarf und Ressourcenverbrauch, nicht mehr der Übergang von einem Bereich in den nächsten. Vorteile sind:

- Da hier übergreifend über Funktionen dargestellt wird, wie genau der Kundennutzen letztlich erzeugt wird, kann die Transparenz deutlich erhöht werden, beispielsweise hinsichtlich ineffizienter Teilprozesse oder auch rentabler Kunden. Verknüpft man Teilprozesse zu Prozessketten, erhält man letztlich eine ablauforientierte Organisationsgestaltung.

- Diese unterstützt zum einen die Forderung nach Verkürzung von Durchlaufzeiten, darüber hinaus weist die so entstehende Organisation eine sehr viel höhere Flexibilität auf bei Änderungen der Aufgabeninhalte oder im Falle von Störungen.

- Eine konsequente Prozessorientierung kann hierbei zu deutlichen Wettbewerbsvorteilen führen. Diese sind – da den Wettbewerbern allenfalls teilweise bekannt – z. T. erheblich schwerer zu imitieren als Technologievorsprünge (De Meyer 1992).

Nachteile

Zweifellos impliziert eine konsequente Prozessorientierung auch zahlreiche Nachteile:

- So wird oft ein Verlust an Spezialisierungsvorteilen zu beobachten sein, was u. a. zum Abschwächen von Lernkurven- und Kostendegressionseffekten führt.

- Darüber hinaus ist mit einer konsequenten Umgestaltung der Organisation im Hinblick auf eine Prozessorientierung ein erheblicher Restrukturierungsaufwand verbunden.

- Nicht zuletzt sind Prozesse teilweise sehr umfassend und weisen daher eine entsprechende Komplexität auf, die zu verstehen und zu beherrschen aufwendig sein kann. Dies trifft insbesondere die Prozessverantwortlichen.

Dennoch hat sich diese Sichtweise sowohl in den Wirtschaftswissenschaften als auch der Praxis durchgesetzt und wird allgemein als State of the Art angesehen.

3.2.4.3 Wirkbereiche des Prozesskostenmanagements

Prozesse bedürfen der Planung, Modellierung und Pflege. Deshalb muss im Unternehmen ein „Prozessmanagement" installiert werden. Im Rahmen dieses Prozessmanagements werden die Prozesse / Vorgänge / Tätigkeiten / Aktivitäten[13] und deren Ergebnisse des gesamten Unternehmens oder bestimmter Teilbereiche analysiert und gestaltet.

Prozessmanagement

---

13 Die Begriffe „Prozesse/Vorgänge/Tätigkeiten/Aktivitäten" werden hier jeweils als Synonyme verwendet

Schwerpunkt der folgenden Kapitel ist deshalb der Bereich der „Prozessorientierung" und hierzu das Thema „Kosten der Geschäftsprozesse".

Formen der Kostenbeeinflussung

Bevor dieses Thema näher behandelt wird, gibt die folgende Tabelle 3.63 nochmals eine Übersicht zu den drei grundsätzlichen Formen der Kostenbeeinflussung.

Tabelle 3.63 Formen der Kostenbeeinflussung

Kostenbeeinflussung produktbezogen	Kostenbeeinflussung bereichsbezogen	Kostenbeeinflussung vorgangsbezogen
• Konstruktions- und entwicklungsbezogene Kostenbeeinflussung (Relativkosten, Konstruktionskataloge, usw.) • Wertanalyse • Zielkostenvereinbarungen (Target Costing) • usw.	• auf Basis von kostenstellenbezogenen Soll-Ist-Kostenvergleichen (z. B. Kostenstellenbogen) • kostenstellenbezogene Gemeinkostenverrechnung • Anwendung bereichsübergreifender Organisationskonzepte (Projektmanagement) • usw.	• Identifikation von Kostentreibern und Unterscheidung von wertschöpfenden und nicht wertschöpfenden Tätigkeiten • prozessorientierte Kostenberechnung • prozessorientiertes Kostenmanagement • usw.
zielt in erster Linie auf die **Einzelkosten bzw. die variablen Kosten**	zielt in erster Linie auf die **Gemeinkosten bzw. die fixen Kosten**	zielt in erster Linie auf die **Gemeinkosten bzw. die fixen Kosten**

Steuerung der Gemeinkosten

Die bereichsbezogenen Ansätze der Kostenbeeinflussung werden traditionell vorwiegend im Fertigungsbereich angewandt. Dies hat seinen Ursprung darin, dass früher die Kosten des Fertigungsbereiches die anderen Kosten überwogen. Verursacht durch die starke Zunahme der Gemeinkosten in den Unternehmensbereichen außerhalb der Fertigung entstanden Methoden der Gemeinkostenbeeinflussung wie z. B. das Zero-Base-Budgeting oder die Gemeinkostenwertanalyse (Vergleiche zur Problematik des Gemeinkostenanstieges auch die Kapitel „Platzkosten" bzw. „Maschinenkosten").

Prozessorientiertes Kostenmanagement

Mit der vorgangsbezogenen (prozessbezogenen) Kostenbeeinflussung steht ein Hilfsmittel zur Beherrschung der Gemeinkosten zur Verfügung. Mit ihr können Aussagen zu zwei Aspekten gemacht werden, der Kostenverrechnung und dem Kostenmanagement.

Tabelle 3.64 Handlungsfelder der Prozesskostenrechnung

Prozessorientierte Kosten(ver)rechnung	Prozessorientiertes Kostenmanagement
verursachungsgerechtere Kostenerfassung	Sinnhaftigkeit von Prozessen
deutlich mehr Kosten direkt zurechenbar	Wertschöpfungsbeitrag von Prozessen
Gemeinkosten werden in Einzelkosten überführt	Identifizierung von Effizienzpotenzialen

Diese beiden Aspekte der Prozesskostenrechnung stehen in Zusammenhang, es besteht jedoch kein „Automatismus". Zwar können mithilfe der Prozesskostenrechnung die Gemeinkosten eines Unternehmens oder verschiedener Teilbereiche besser beherrscht werden, dies bedeutet jedoch nicht, dass sich die nun als „Einzelkosten verrechneten Gemeinkosten" gleichzeitig auch verringern.

Häufig sind *Gemeinkosten nämlich fixe Kosten, die sich nicht automatischen ändern, nur weil sich die betrieblichen Prozesse und die Mengen der einzelnen Prozesse ändern* (z. B. die Gehälter für die Angestellten im Bürobereich verringern sich nicht dadurch, dass weniger Produkte hergestellt werden). Hier ggf. brach liegende Kostensenkungspotenziale können nur durch Managemententscheidungen auf Basis der Erkenntnisse der Prozesskostenrechnung realisiert werden (z. B. „Verschlankung" von Abläufen im Bürobereich – das heißt z. B. Abschaffung einzelner Prozesse – und dadurch die Möglichkeit zur Freisetzung von bisher für diese Tätigkeiten benötigtem Personal).

Kostensenkungen oft nur durch Managemententscheidungen

Kostenkategorien

Abbildung 3.39 zeigt den *Ansatz der Prozesskostenrechnung in Bezug auf das Gemeinkostenmanagement* grafisch. Während in herkömmlichen Kostenrechnungssystemen variable und fixe Kosten oder Einzel- und Gemeinkosten unterschieden werden, unterteilt die Prozesskostenrechnung die Kosten in solche mit wertschöpfendem[14] (leistungsmengeninduzierte Prozesse) und nicht wertschöpfendem Anteil (leistungsmengenneutrale Prozesse).

---

[14] Wertschöpfung bezeichnet die Differenz zwischen den Werten der im Unternehmen erstellten und den außerhalb von diesem Unternehmen bezogenen Leistungen. Die Wertschöpfung misst die geschaffene Werterhöhung bzw. den Mehrwert (value added) und drückt damit die Eigenleistung eines Unternehmens aus.

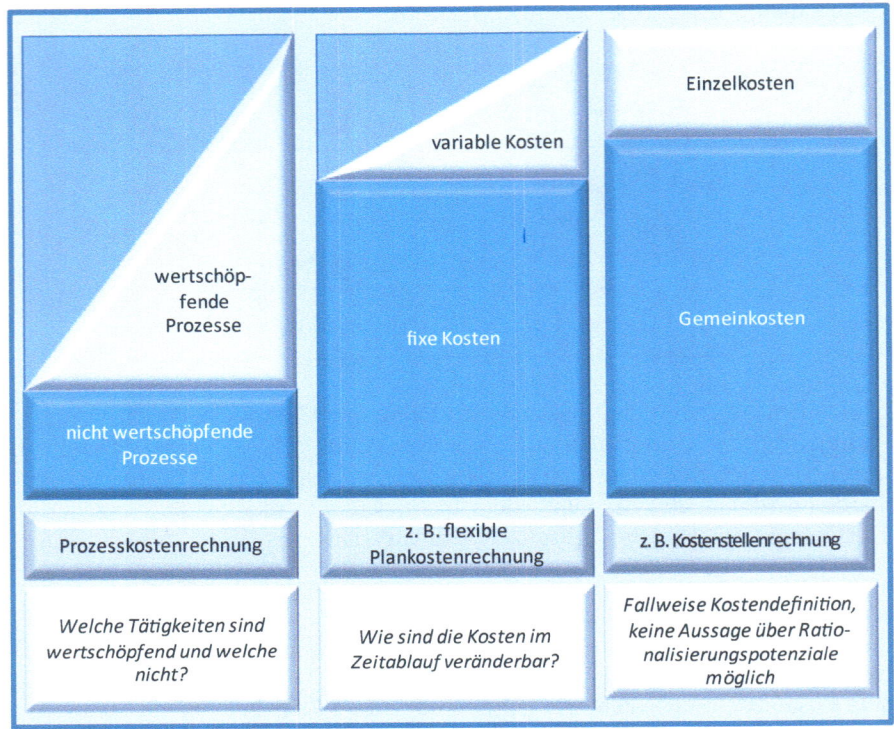

Abbildung 3.39 Betrachtungsweisen des Kostenvolumens einer Kostenstelle

Diese drei Ansätze sind im Sinne eines Kostenmanagements unterschiedlich brauchbar:

- So lassen sich auf Basis z. B. der herkömmlichen Kostenstellenrechnung i. d. R. keine brauchbaren Verbesserungsansätze ableiten.

- **Die flexible Plankostenrechnung als System der Teilkostenrechnung lässt bereits Verbesserungspotenziale erkennen.** So ist einerseits die Höhe der fixen und der variablen Kosten erkennbar. Daneben kann eine Aussage gemacht werden, vor welchem zeitlichen Horizont fixe Kosten abgebaut werden können. Im Rahmen der Gesamtplanung (Umsatzziele, erwartete Umsatzrückgänge, Investitionen in Maschinenkapazität und Personal, usw.) des Unternehmens können so Managemententscheidungen getroffen werden.

- **Die Daten der Prozesskostenrechnung können ebenfalls als Grundlage für Entscheidungen dienen.** Allerdings steht hier nicht der zeitliche Aspekt im Vordergrund. Vielmehr können nicht wertschöpfende und damit „unnötige" Abläufe aufgedeckt und durch Managemententscheidungen beseitigt werden.

3.2.4.3.1 Unterschiede und Gemeinsamkeiten von Prozesskostenrechnung und herkömmlicher Kostenrechnung

Ihren Ursprung hat die Prozesskostenrechnung in einem Verfahren, dass von Robert S. Kaplan, Robin Cooper und Thomas H. Johnson in den 1980er-Jahren in den USA entwickelt worden ist – dem Activity Based Costing. Zentrale Motivation war die Überlegung, dass eine stückzahlbezogenen Verrechnung von Gemeinkosten in vielen Fällen nicht zielführend ist. Für die Zwecke der in der deutschen Tradition der Kostenrechnungssysteme verwendeten Systeme wurde der **Ansatz zum Konzept der Prozesskostenrechnung weiterentwickelt** (Deimel/Isemann/Müller 2006). Während Letztere im deutschsprachigen Raum die Grenzkostenrechnung im Fertigungsbereich ergänzt, will Activity Based Costing als eigenständiges Kostenrechnungssystem verstanden werden, welches insbesondere für indirekte Bereiche des verarbeitenden Gewerbes sowie Dienstleistungsunternehmen geeignet ist.

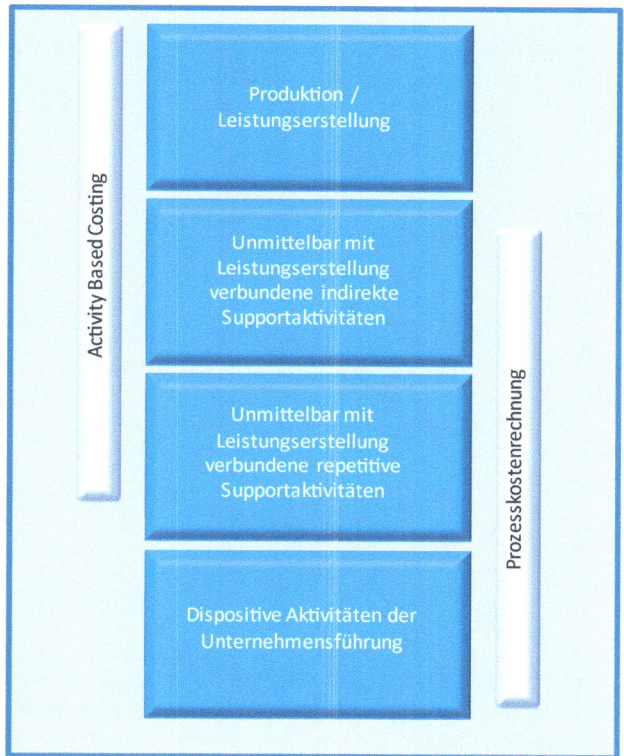

Abbildung 3.40 Activity Based Costing vs. Prozesskostenrechnung (Quelle: in Anlehnung an Remer/ Müllhaupt 2005, S. 46)

Die Prozesskostenrechnung[15] ist nicht an Produkten oder Projekten, sondern an den Vorgängen im Unternehmen ausgerichtet. Ein weiterer Unterschied zu den herkömmlichen Verfahren und Teilgebieten der Kostenrechnung ist der, dass die **Prozesskostenrechnung mehrere Bezugsgrößen hat**. Es handelt sich jedoch – trotz aller Unterschiede – um eine Vollkostenrechnung.

Vorgangsorientiert

---

15 Neben dem Begriff „Prozesskostenrechnung" werden synonym auch folgende Begriffe verwendet: „Vorgangskostenrechnung", „Cost-Driver-Accounting", „aktivitätsorientierte Kostenrechnung"

Wie u. a. das Beispiel zur differenzierten Zuschlagskalkulation gezeigt hat, werden die im Rahmen der Leistungserstellung entstandenen Kosten auf die Produkte verrechnet unter **Verwendung von Bezugsgrößen, die typischerweise mit der Produktionsmenge variieren,** z. B. Fertigungslohn, Maschinenstunden oder Materialkosten (Fertigungs- und Materialeinzelkosten sind einerseits direkte Zuschlagsgrundlage für die Fertigungs- und Materialgemeinkosten und andererseits indirekte über die Herstellkosten auch Zuschlagsgrundlage für die Vertriebs- und Verwaltungsgemeinkosten). Bezugsgröße der gesamten Kalkulation ist also allein die Produktionsmenge.

> Im Unterschied zu den traditionellen Kostenrechnungssystemen werden in der Prozesskostenrechnung hingegen mehrere Bezugsgrößen verwendet, die sich neben der Produktionsmenge auf zahlreiche andere, die Prozesse beeinflussende Maßgrößen beziehen.

Diese umfassen beispielsweise:

- Anzahl der Rüstvorgänge;
- Anzahl der verwalteten Zeichnungen;
- Anzahl der aktiven Kunden;
- Anzahl der aktiven Teile;
- Anzahl der Varianten;
- Anzahl der Sonderwünsche;
- Anzahl der Baugruppen/Bau-/Gleich-/Normteile;
- Anzahl der Änderungen;
- usw.

Cost Driver als zentrale Einflussfaktoren

Diese **Bezugsgrößen werden auch Kostentreiber (Cost Driver)** genannt. Dies deshalb, weil die Kostentreiber die Maßgröße sind, von welchen der Aufwand der Vorgänge in der jeweiligen Kostenstelle abhängt. Sie sind die Faktoren, die den Anfall eines Prozesses überhaupt erst erforderlich macht:

- von der **Anzahl der** (z. B. von der Fertigung angeregten) Änderungen hängt es beispielsweise ab, welcher Aufwand in E+K nach abgeschlossener Produktentwicklung zusätzlich für die (fertigungstechnische) Optimierung des Produktes getätigt werden muss und
- von der **Anzahl der aktiven Bauteile** hängt es ab, welcher Aufwand im Einkauf entsteht.

Die Kostentreiber sind damit der Ansatzpunkt für Verbesserungen:

- Warum sind so viele Änderungen nach abgeschlossener Produktentwicklung notwendig?
- Warum sind so viele Teile aktiv?

- Warum ist die Zahl der Rüstvorgänge so hoch?
- etc.

Unterschied zu herkömmlichen Systemen

Diese Fragen werden in Unternehmen, in denen keine prozessbezogene Betrachtung vorgenommen wird, selbstverständlich auch gestellt. Der Unterschied ist allerdings der, dass bei einer herkömmlichen Betrachtung eben nur die Fragen gestellt werden. Den **Kostentreibern hingegen werden im Rahmen der Prozesskostenrechnung die tatsächlich mit ihnen „produzierten" Kosten zugeordnet.** Somit wird deutlich:

- was es kostet, wenn viele Produktänderungen durchgeführt werden müssen (statt z. B. bereits im Rahmen des Produktentwurfes das Know-how bzw. die Möglichkeiten der Fertigung zu berücksichtigen),
- was es kostet, wenn umgerüstet werden muss (statt z. B. bestimmte Lose rüstzeitoptimal einzuplanen) und
- was es kostet, wenn so viele Teile aktiv sind (statt über eine Normung, Wiederholteileverwendung und Modularisierung die Teilezahl und die damit verbunden Handlingskosten in E+K, Einkauf, Materialwirtschaft usw. zu senken).

Die Praxis zeigt, dass dann, wenn die Kosten (eines Vorganges) bekannt sind, der Änderungs-/ Optimierungsdruck größer ist. Dies ist der eigentliche Verdienst der Prozesskostenrechnung im Rahmen eines aktiven Managements der Kosten.

Die **Prozesskostenrechnung** ist **allerdings kein neues und eigenständiges Teilgebiet der Kostenrechnung**. Sie ist vielmehr als Teil im Rahmen der Kette „Kostenarten-, Kostenstellen- und Kostenträgerrechnung" zu sehen.

Wie bereits an anderen Stellen dieses Buches angedeutet:

- verlangt der starke Anstieg der fixen Kosten eines Unternehmens eine stärkere Unterscheidung zwischen Kosten die zur Leistungserstellung direkt notwendig bzw. nicht direkt notwendig sind,
- zwingt der Anstieg der Gemeinkosten dazu, verstärkt Gemeinkosten als Einzelkosten zu erfassen und zu verrechnen,
- verlangt ein Agieren auf vom Käufer dominierten Märkten genaues Datenmaterial über Produktpreise, Produktkosten, Preisuntergrenzen, maximale Rabatte usw.

Mit den traditionellen Methoden der Kostenrechnung können diese Fragen nur teilweise beantwortet werden. Um hier befriedigende Ergebnisse und Aussagen – insbesondere zu den Gemeinkostenbereichen – zu bekommen, ist es sinnvoll, die Kosten für Vorgänge zu erfassen, die notwendig sind, um eine Aufgabe zu erledigen.

Handlungsdruck

Zwischen der prozessorientierten Kalkulation und der Zuschlagskalkulation treten relevante Unterschiede auf. So erfolgt die Zuordnung der Gemeinkosten an Prozessinanspruchnahme und nicht – wie bei der Zuschlagkalkulation – nach der Zuschlagsbasis. Daraus resultiert der sogenannte „Allokationseffekt". Ein weiterer

Unterschied besteht im „Komplexitätseffekt", der besagt, dass komplexere Produkte auch mehr Gemeinkosten verursachen, d. h. die indirekten Leistungsbereiche stärker in Anspruch nimmt. Weiterhin vernachlässigt die Zuschlagskalkulation auch den „Degressionseffekt", d. h., bei prozessorientierter Kalkulation entsteht ein degressiver Verlauf der Stückkosten, wohingegen die Zuschlagskalkulation konstante Stückkosten impliziert. Zur Vertiefung des Wissens sei der interessierte Leser auf Coenenberg/Fischer/Günther (2009) verwiesen.

Verfeinerung herkömmlicher Methoden

Die Ergebnisse dieser prozessbezogenen Erfassung und der damit möglichen Zurechnung der Kosten auf die Kostenträger ersetzen, ergänzen oder verfeinern die mit den herkömmlichen Methoden ermittelten Ergebnisse.

> Das eigentliche Verdienst der Prozesskostenrechnung im Rahmen der „Rechentechnik" von Kostenarten-, Kostenstellen- und Kostenträgerrechnung ist es also, Gemeinkosten so festzuhalten, dass sie wie Einzelkosten einem Kalkulationsobjekt direkt zugerechnet werden

3.2.4.3.2 Begriffe aus der Prozesskostenrechnung

Für ein umfassendes Verständnis der Prozesskostenrechnung ist die Kenntnis einiger **zentraler Begriffe** von Bedeutung. Diese sind in Tabelle 3.65 zusammengefasst.

- Anmerkung zu Zeile 7:

    1.: %-Satz × Kapazität in Stunden pro Tag

    2.: Stunden pro Tag × € pro Stunde = € pro Tag
       = Kapazitätsbedarf je Zeiteinheit bewertet in Geldeinheiten

- Der finanzielle Gesamtaufwand der Kostenstelle ergibt sich durch die Berücksichtigung

    der Kosten der Mitarbeiter dieser Kostenstelle
       (Anzahl der Mitarbeiter × durchschnittliche Gehaltskosten)

    der Kosten der Maschinen und Anlagen dieser Kostenstelle

Tabelle 3.65 Sollkostenverläufe bei verschiedenen Variatoren

	Begriff	Definition	Beispiele
1	Hauptprozess	Summe verschiedener Teilprozesse	Neuprodukt konzipieren; Erodieren
2	Teilprozesse / Tätigkeiten / Vorgänge / Aktivitäten		Pflichten-/Lastenheft erstellen; Suche nach techn. Lösungsprinzipien; Teil bearbeiten
3	Kostentreiber (Cost-Driver, Maß-/Bezugsgrößen)	geben an, zu welcher Größe der jeweilige Prozess proportional ist	Anzahl Varianten; Anzahl technische Prinzipien; Anzahl Teile
4	Kostenstelle		E + K; mechanische Fertigung
5	Tätigkeitsanalyse	Einsatz von Hilfsmitteln zur Identifikation von Prozessen	Selbstaufschrieb, Interviews, Arbeitsablaufstudien; Zeitrichtwerte
6	Gesamtkapazität der Kostenstelle		z.B. Mannjahre, Stunden pro Tag
7	leistungsmengeninduzierter Anteil der Kostenstelle (wertschöpfender Kapazitätsverbrauch)	Kapazitätsbedarf je Teilprozess	€ pro Zeiteinheit als Ergebnis von Zeile 6 x Zeile 10
8	leistungsmengenneutraler Anteil der Kostenstelle (nicht wertschöpfender Kapazitätsverbrauch)	Gesamtkapazität der Kostenstelle minus Kapazitätsbedarf je Teilprozess	
9	Prozessmenge	mengenmäßiger Umfang der erbrachten Leistung; Häufigkeit der Vorgänge pro Zeiteinheit	z.B. 2 Konzepte pro Woche; 10 Teile pro Schicht
10	finanzieller Gesamtaufwand der Kostenstelle bzw. Verrechnungssatz der Kostenstelle		z.B. T€ je (Mann)Jahr bzw. € je Stunde
11	Zeitdauer zur einmaligen Durchführung eines Vorganges (= Kapazitäts-/Ressourcenverbrauch je Prozess)		z.B. Stunden für die (Machbarkeits-)Prüfung eines technischen Prinzips
13	Prozesskostensatz = finanz. Aufwand zur Durchführung eines Vorganges	Zeile 10 x Zeile 11	Kosten je technischem Prinzip; Kosten, um ein Teil zu erodieren

Ziel der Prozesskostenrechnung ist es, den finanziellen Aufwand zur Durchführung eines Vorganges (= Prozesskostensatz) zu ermitteln. Dazu ist die Erhebung verschiedener Daten, z. B. im Rahmen einer Tätigkeitsanalyse, notwendig.

Ziel

Die folgenden Kapitel zeigen, wie Haupt- und Teilprozesse sowie deren Kostentreiber festgelegt werden können:

- Ein **Teilprozess** ist die kleinste Einheit, für die Kosten und Zeiten erfasst werden. Teilprozesse können physischer Natur (z. B. Entwürfe ausarbeiten, Stücklisten erstellen, Waren ein- und auslagern) aber auch wertmäßiger Natur sein (z. B. Kapital verzinsen). Durch einen Teilprozess sollte der Anteil einzelner Unternehmensbereiche an der Aufgabenerfüllung sichtbar sein.

- **Hauptprozesse** sind funktional abgeschlossene Aufgabenketten. Sie sind die Summe der Teilprozesse. Im Entwicklungs- und Konstruktions-(E+K-)Bereich kann z. B. die Aufgabe „Neuprodukt entwickeln" als Hauptprozess definiert werden.

Die bisher vorgestellten **herkömmlichen Kostenverrechnungsmethoden** (wie z. B. die differenzierte Zuschlagskalkulation) legen als Kostentreiber/Bezugs-/Maßgröße die Produktionsmenge zugrunde. Man geht also davon aus, dass sich alle Kosten proportional mit der Produktionsmenge ändern. Dies trifft aber z. B. auf die Kosten der Zeichnungsverwaltung überhaupt nicht zu. Selbst fertigungsnah anfallende Kosten wie z. B. die Rüstkosten sind nicht mit der Produktionsmenge proportional (z. B.

Produktionsmenge als traditioneller Kostentreiber

bedeutet eine Verdoppelung der produzierten Menge nicht eine Verdoppelung der Rüststunden). Gleichwohl hängen z. B.:

- die Kosten der Zeichnungsverwaltung von der Anzahl der Zeichnungen ab (sie sind also proportional zur Anzahl der Zeichnungen),
- die Kosten der nachträglichen Produktüberarbeitungen von den z. B. fertigungstechnisch notwendigen Änderungen ab,
- die Kosten eines Kundenauftrages von der Anzahl der Sonderwünsche des Kunden ab.

Die Kostentreiber geben also an, zu welcher Größe der jeweils betrachtete Vorgang proportional ist. Sie sind die Faktoren, die den Anfall von Prozessen überhaupt erst erforderlich machen.

Prozessgliederung

Die Haupt- und Teilprozesse müssen in verschiedenen Bereichen des Unternehmens bearbeitet werden. Diese Bereiche werden in der Prozesskostenrechnung als Kostenstellen bezeichnet. Diese Kostenstellen können den herkömmlichen Kostenstellen des Unternehmens (Abteilungen, Unterabteilungen usw.) entsprechen. Im Sinne einer Orientierung an Vorgängen können sie aber auch die (abteilungsübergreifende) Abwicklung eines Vorganges umfassen.

Die Gesamtkapazität der Kostenstelle sollte sinnvollerweise in Kapazität je Zeiteinheit, also z. B. in Mannjahren bzw. Stunden pro Tag, angegeben werden.

Bezogen auf eine Kostenstelle, die darin ablaufenden Vorgänge und die hierfür benötigten Ressourcen/Kapazitäten können leistungsmengeninduzierte (lmi) und leistungsmengenneutrale (lmn) Vorgänge unterschieden werden.

Leistungsmengeninduzierte Vorgänge sind wertschöpfend

Leistungsmengeninduzierte Vorgänge einer Kostenstelle sind solche Vorgänge, bei denen sich der Ressourcen-/Kapazitätsverbrauch dann ändert, wenn sich die Prozessmenge ändert (je höher die Anzahl der Änderungen ist, desto mehr Zeichnungen müssen geändert werden; je höher die Anzahl der Kundenaufträge ist, desto mehr Bestellungen müssen durchgeführt werden). Leistungsmengeninduzierte Vorgänge sind also solche Prozesse, die zur Wertschöpfung beitragen.

Leistungsmengenneutral: keine direkte Wertschöpfung

Leistungsmengenneutrale Vorgänge einer Kostenstelle sind solche Vorgänge, bei denen sich der Ressourcen-/Kapazitätsverbrauch nicht ändert, wenn sich die Prozessmenge ändert (z. B. der Schulungs-/Weiterbildungs-/Normungsaufwand ist unabhängig von der Anzahl der Sonderwünsche der Kunden). Leistungsmengenneutrale Vorgänge sind also solche Prozesse, die nicht direkt zur Wertschöpfung beitragen (z. B. leitende Tätigkeiten eines Mitarbeiters der Kostenstelle „E+K", Schulung, Weiterbildung, Richtlinien erstellen).

Neben den leistungsmengeninduzierten und leistungsmengenneutralen Prozessen bestehen noch Tätigkeiten mit nicht repetitivem Charakter. Die davon betroffen

Gemeinkosten werden als sogenannte Restgemeinkosten bezeichnet und können über traditionelle Zuschlagssätze verteilt werden.

Leistungsmengeninduzierte Prozesse sind Prozesse, deren Ressourcen-/Kapazitätenverbrauch maßgeblich der Fortführung der Wertschöpfungskette dient, wie z. B. Stücklisten und Arbeitspläne erstellen, Bestellungen bearbeiten usw. (Strecker 1991).

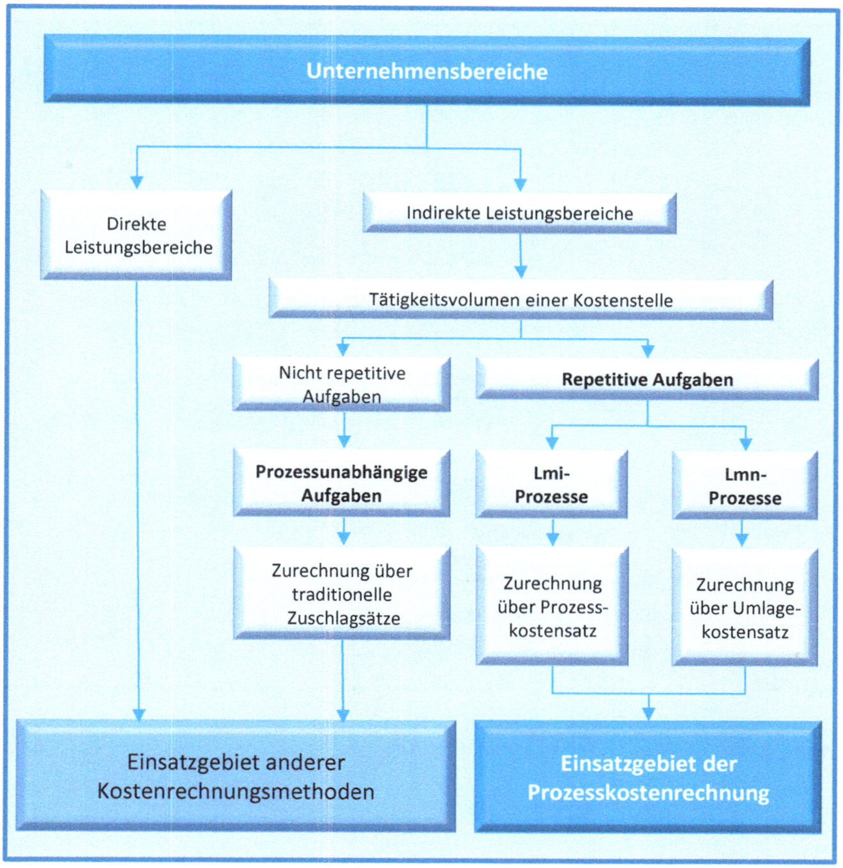

Abbildung 3.41 Einsatzgebiete Prozesskostenrechnung (Quelle: eigene Darstellung in Anlehnung an Däumler / Grabe 2009, S. 191)

Beispiel

Die Kapazität der Kostenstelle „Neuproduktentwicklung" beträgt 100 %. Eine Tätigkeitsanalyse hat gezeigt, dass für die gewöhnliche Abwicklung der anstehenden Aufgaben wie z. B. Planung, Konzeption oder Entwurf nur ca. 70 % der Kapazität benötigt wird, die leistungsmengeninduzierten Vorgänge also nur knapp drei Viertel der hier vorhandenen Kapazität in Anspruch nehmen. Es muss geprüft werden, ob tatsächlich

30 % der Kapazität für leitende oder ähnliche nicht wertschöpfende Aufgaben benötigt werden. Ggf. sind Abläufe zu vereinfachen oder die Kapazität der Kostenstelle ist zu verringern. Hierzu sind jedoch Managemententscheidungen notwendig

Beispiel

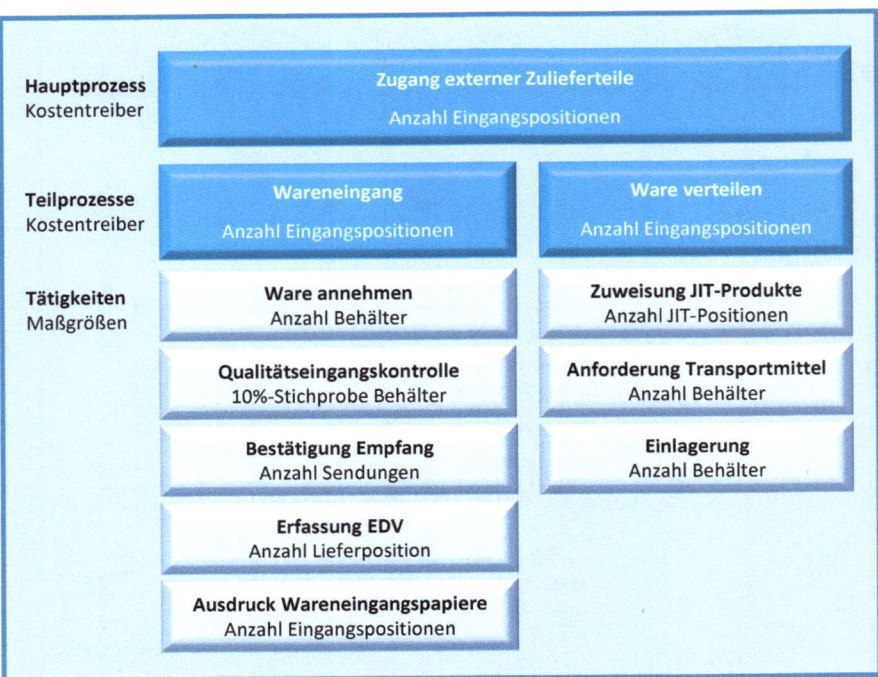

Abbildung 3.42 Beispiel für Prozessgliederung (Quelle: in Anlehnung an Remer/ Müllhaupt 2005, S. 29

3.2.4.3.3 Ablauf der Prozesskostenrechnung

Obgleich der Gedanke einen gewissen Reiz hat, kann nicht von idealtypischen Standardprozessen ausgegangen werden. Vielmehr müssen im Rahmen der Prozessanalyse die Geschäftsprozesse unternehmensspezifisch herausgearbeitet werden.

Die dabei zugrunde liegenden Unterscheidungsmerkmale können vielfältig sein. Dieser Abschnitt zeigt einige Beispiele, welche Geschäftsprozesse definiert werden können.

Teilprozesse

Grundsätzlich werden Teil- und Hauptprozesse voneinander unterschieden. **Im Falle der Teilprozessanalyse werden für jede Kostenstelle logisch zusammengehörige Aktivitäten gedanklich zu Ketten verbunden, welche die Teilprozesse**

darstellen. Diese werden dann auf die mit ihnen verbundenen Leistungsarten untersucht, wobei im Wesentlichen repetitve und nichtrepititive Tätigkeiten zugrunde gelegt werden. In der Hauptprozessanalyse werden logisch zusammengehörige Teilprozesse zu Aufgabenkomplexen, den Hauptprozessen verbunden. Diese können auch kostenstellenübergreifend sein.

Wie die folgende Tabelle 3.66 zeigt, können allgemeingültige Vorgangsbeschreibungen, wie sie z. B. die VDI-Richtlinien 2222 und 2235 in Bezug auf den Konstruktionsprozess darstellen, als **Basis zur Festlegung von Prozessen herangezogen werden.**

Tabelle 3.66 Prozessdefinition auf Basis der VDI-Richtlinien 2222 und 2235 (VDI 1997, VDI 1987)

Geschäfts-prozessklassen	Haupt-prozess	Teilprozess	Kostentreiber (Anzahl der ...)
Neuprodukt-entwicklungen	Planen	Datenbankrecherche; Wettbewerber- /Marktuntersuchungen	Produktideen
	Konzeption	Pflichtenheft erstellen; Lastenheft erstellen; Suche nach Lösungsprinzipien; Erarbeitung von Prinzipkombinationen; Erarbeitung von Konzeptvariationen; Auswahl des Konzeptes	Varianten; technischen Prinzipe; Sonderwünsche von Kunden
	Entwurf	maßstäblicher Entwurf; Bewertung; Verbesserung; Entscheidung	Varianten; Baugruppen; Bauteile; Gleich-/Normteile; Änderungen
	Ausarbeitung	Gestalten und Optimieren der Teile; Stücklisten, Arbeitspläne; Prototyp; Kostenprüfung; Entscheidung	Varianten; Baugruppen; Bauteile; Gleich-/Normteile; Änderungen
Anpassungs-konstruktion	Entwurf	maßstäbl. Entwurf; Bewertung; Verbesserung; Entscheidung	Varianten, Sonderwünsche, Baugruppen/-teile, Gleich-/Normteile
	Ausarbeitung	Gestalten und Optimieren der Teile; Stücklisten, Arbeitspläne; Prototyp; Kostenprüfung; Entscheidung	Varianten, Sonderwünsche, Baugruppen/-teile, Gleich-/Normteile; Änderungen

Die folgende Tabelle zeigt am Beispiel Versand und Vertrieb eines Herstellers von Leiterplatten, wie dort einzelne Geschäftsprozesse definiert wurden.

Die Ermittlung der einzelnen betrieblichen Prozesse wird als Tätigkeitsanalyse bezeichnet. Sie hat zum Ziel, inhaltliche abgeschlossene Erfüllungsvorgänge (die Haupt- und Teilprozesse), also die Arbeitsinhalte und die Arbeitsabläufe in den zu untersuchenden Bereichen, festzulegen.

Tabelle 3.67 Beispiel für Prozessdefinition auf Basis der VDI-Richtlinien 2222 und 2235 (VDI 1997, VDI 1987)

Geschäfts-prozessklassen	Haupt-prozess	Teilprozess	Maßgröße (Anzahl der ...)
Versand / Distribution	Handling Fertigung	Abtransport; Einlagerung; Kontrolle;	Trägerplatten
	Kommissionierung	Kommissionierung, Kontrolle	kommissionierten Verkaufseinheiten
	Bereitstellung	Transport; Bereitstellungslager; Kontrolle	Trägerpaletten
	Transport Kunde	Laden; Transport; Entladen	Versandzonen, Mengen
Vertrieb	Auftragsabwicklung	Kunde anrufen; Bestellung bearbeiten; Papiere drucken; Rechnung schreiben; Zahlung buchen	Aufträge
	Kunden betreuen	Stammdatenpflege; Kundenbesuche;	Kunden
	Kundenakquise	Messen, Öffentlichkeitsarbeit	Messen

Erste Ansatzpunkte bilden die betrieblichen Funktionen (Einkauf, Arbeitsvorbereitung usw.). Im Vordergrund stehen allerdings vorgangsbezogene und nicht räumliche oder hierarchische Gesichtspunkte (Strecker 1991).

Festlegung Kostentreiber

Im Rahmen der Tätigkeitsanalyse werden auch die Kostentreiber festgelegt. Bei diesen handelt es sich um die **Haupteinflussfaktoren der Kostenentstehung und -entwicklung.** Diese sind daher wesentlich verantwortlich für das Entstehen der Gemeinkosten, ein direkter Zusammenhang zu diesen sollte bestehen. Die Aggregation von Teil- zu Hauptprozessen erfolgt basierend auf übereinstimmenden bzw. hochkorrelierten Kostentreibern.

Neben den Prozessen und den Kostentreibern sind der mengenmäßige Umfang der erbrachten Leistung – die Prozessmenge – und die hierfür benötigten Ressourcen/Kapazitäten zu ermitteln. **Bezüglich der Ressourcen/Kapazitäten kann zwischen leistungsmengenneutralen und leistungsmengeninduzierten Prozessen unterschieden werden**. Hierauf wurde bereits näher eingegangen.

Generell sind personelle und Anlagen-/Maschinenressourcen zu unterscheiden.

Die Herausforderung im Rahmen der Tätigkeitsanalyse ist darin zu sehen, dass das Kostenwachstum der Gemeinkostenbereiche erkannt werden muss. Im Mittelpunkt steht die Frage, welche Teile des Unternehmens sich verändern, wenn das Unternehmen die Produktpalette, den Kundenstamm, den Lieferantenstamm, die Verfahrenstechnologien, die Absatzkanäle usw. erweitert bzw. ändert.

Hilfsmittel der Tätigkeitsanalyse können z. B. sein:

- Selbstaufschriebe,
- Befragungen/Interviews,
- Arbeitsablaufstudien / arbeitswissenschaftliche Studien
- eingesetzte EDV-Systeme wie z. B. die Betriebsdatenerfassung in der Produktion, der Lagerrechner oder die Teile-, Sach- und Lieferantenstammdaten im PPS-/Materialwirtschaftssystem.

Kostenermittlung pro Prozess im Allgemeinen

Die **Prozessmenge** ist im Weiteren mit den anfallenden Kosten der Kostenstelle bzw. der Zeitdauer für die Durchführung eines Vorganges sowie dem Stundensatz der Kostenstelle zu verknüpfen. Besonders in Bezug auf den Stundensatz ist auch hier zwischen personellen und Anlage-/Maschinenressourcen zu unterscheiden.

Ein **Prozesskostensatz** allgemein ergibt sich aus der Division der Prozesskosten durch die Prozessmenge bzw. der Multiplikation der Prozesszeit mit einem Verrechnungssatz.

$$\text{Prozesskostensatz} = \frac{\text{Prozesskosten}}{\text{Prozessmenge}}$$

Kostenermittlung pro Teilprozess

Der **Prozesskostensatz für einen Teilprozess** drückt aus, welche Kosten bei einem einmaligen Ablaufen eines Teilprozesses der betreffenden Kette anfallen:

$$\text{Prozesskostensatz pro Teilprozess (lmi)} = \frac{\text{lmi} - \text{Teilprozesskosten}}{\text{Teilprozessmenge}}$$

(lmi): leistungsmengeninduzierter Prozess

Die leistungsmengenneutralen (lmn-) Prozesskosten werden mittels einer Umlage auf die lmi-Prozesse verteilt:

$$\text{Umlagesatz} = \frac{\text{Prozesskosten (lm}n\text{)}}{\text{Prozesskosten (lm}i\text{)}} \times \text{Prozesskostensatz}$$

Der Gesamtprozesskostensatz ergibt sich dann aus:

$$\text{Gesamtprozesskostensatz} = \text{Prozesskosten (lmi)} + \text{Umlagesatz(lmn)}$$

Die Bestimmung der Hauptprozesskosten und -mengen kann oft basierend auf den Kostentreibermengen der Teilprozesse erfolgen. Die Zurechnung erfolgt anteilig und hängt von dem Anteil eines Teilprozesses ab, der in den Hauptprozess einfließt. Die **leistungsmengeninduzierten Hauptprozesskosten** ergeben sich dann aus:

$$\text{Hauptprozesskosten (lm}i) = \sum_{i=1}^{n} \text{lm}i - \text{Teilprozesskosten}_i \times \text{Zuordnungsanteil}_i$$

n = Anzahl verbundener Teilprozesse

i = Teilprozess

Die Summe der gesamten Hauptprozesskosten ergibt sich aus:

$$\text{Hauptprozesskosten(g)} = \sum_{i=1}^{n} \text{gesamte Teilprozesskosten}_i \times \text{Zuordnungsanteil}_i$$

Die Hauptkostensätze werden auf dieser Basis wie folgt gebildet:

$$\text{Umlagesatz} = \frac{\text{Prozesskosten (lm}n)}{\text{Prozesskosten (lm}i)} \times \text{Prozesskostensatz}$$

$$\text{Hauptprozesskostensatz (lm}i) = \frac{\text{Prozesskosten (lm}i)}{\text{Geplante Prozessmenge}}$$

Mithilfe des Prozesskostensatzes und der Prozessmenge kann nun für jeden Teilprozess eine kostenmäßige Betrachtung stattfinden. Die Summe der Kosten der Teilprozesse ergibt die Kosten der Hauptprozesse.

Vorteile/Nutzen

Die Prozesskostenrechnung ermöglicht durch ihre differenzierte Kostenbetrachtung zahlreiche Verbesserungen:

- Die bisher aus der Prozesskostenrechnung erhaltenen Informationen dienen u. a. **der Wirtschaftlichkeitskontrolle**, d. h., mithilfe der Erkenntnisse aus den Ergebnissen der Prozesskostenrechnung ist es möglich, Unwirtschaftlichkeiten z. B. in den Abläufen der Gemeinkostenbereiche aufzudecken.

- Zudem kann abgeschätzt werden, welche Rationalisierungspotenziale durch bestimmte Maßnahmen ausgeschöpft werden können (z. B. Teilefamilienbildung und deren Auswirkung auf Prozessmengen und Kosten).

- Mithilfe des Prozesskostensatzes können zudem die von einem Kostenträger (Produkt, Projekt, Dienstleistung) in Anspruch genommenen Teilprozesse wertmäßig ermittelt werden („Die Erfüllung des Sonderwunsches kostete x €"). Die so ermittelten Kosten können quasi als Einzelkosten in die Kalkulation einfließen. Ergebnis ist eine wesentlich genauere und verursachungsgerechtere Kalkulation, da auf eine herkömmliche Verteilung der Gemeinkosten auf die Kostenträger mittels Zuschlagssätzen verzichtet wird.

Nachteile / Grenze

Neben den zahlreichen positiven Aspekten der Prozesskostenrechnung sind auch einige Nachteile zu nennen.

- Zum einen ist mit diesem Konzept ein hoher Aufwand verbunden, u. a. aufgrund der umfangreichen Geschäftsprozessanalyse oder der diffizilen Bestimmung der Kostentreiber.

- Die erhöhte Transparenz ist ebenfalls nicht nur mit Vorteilen verbunden, kann sie doch relativ eindeutig die Leistung einzelner Mitarbeiter und Teams messbar machen. Hier ist mit Widerständen zu rechnen.

- Von nicht zu unterschätzender Bedeutung ist die Problematik des Detaillierungsgrades der Tätigkeiten, hier besteht die Gefahr dass man sich verrennt und das Gesamtbild nur mehr diffus wahrnimmt.

- Schließlich ist die Prozesskostenrechnung ein Vollkostenrechnungssystem, in welchem Gemeinkosten nun zwar deutlich besser verrechnet werden können, die leistungsmengenneutralen Gemeinkosten aber immer noch über Schlüssel umgelegt und die Fixkosten proportionalisiert werden (Deimel/Isemann/Müller 2006, S. 262).

Prozesskostenkalkulation

Abbildung 3.43 zeigt den Ablauf einer Kalkulation unter Berücksichtigung von Prozesskosten. Abbildung 3.44 fasst den Ablauf der Prozesskostenrechnung nochmals zusammen.

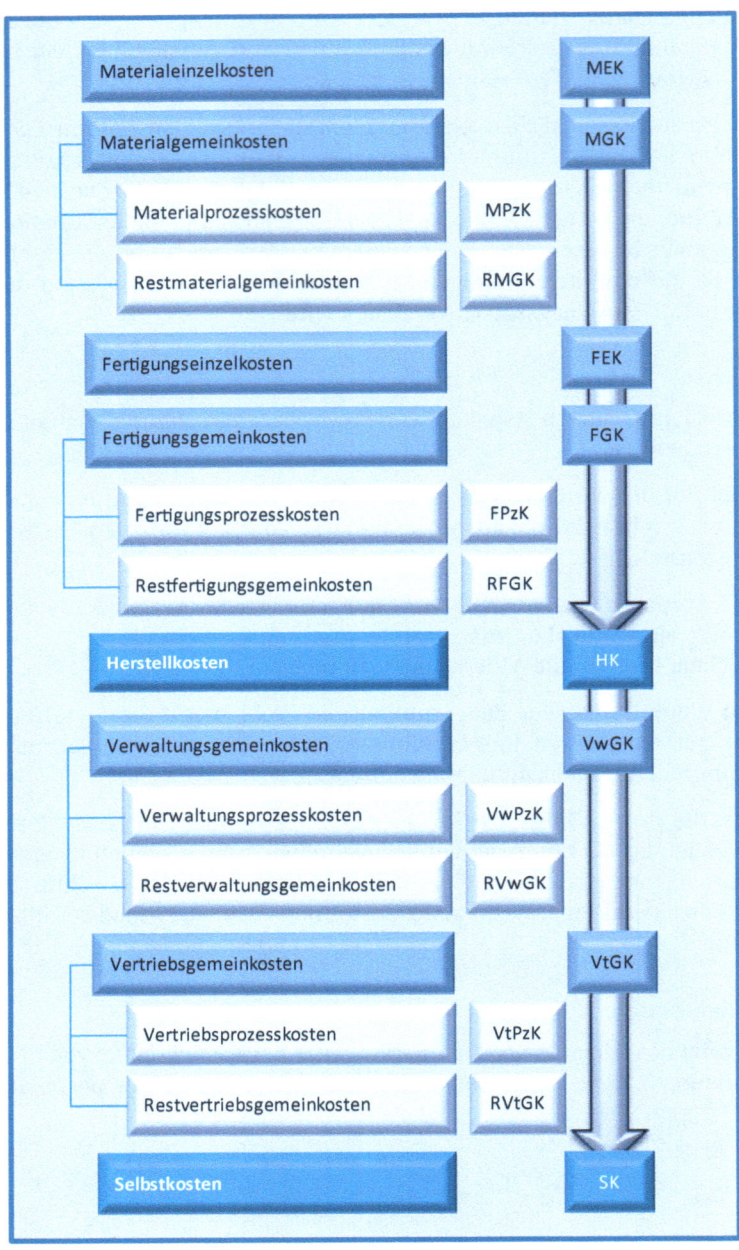

Abbildung 3.43 Kalkulation unter Berücksichtigung von Prozesskosten

Abbildung 3.44 Einbettung und Vorgehensweise bei der Prozesskostenrechnung

3.2.4.4 Prozesskostenrechnung in technischen Bereichen

Eine Prozesskostenrechnung lohnt sich vor allem in Bezug auf zwei Felder:

Einsatzfelder

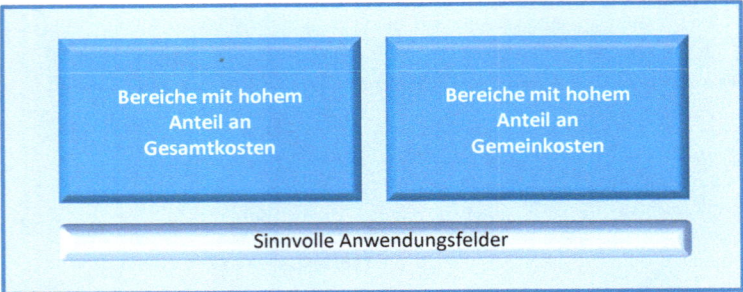

Abbildung 3.45 Besonders sinnvolle Einsatzfelder der Prozesskostenrechnung

- Bereiche mit hohem Anteil an Gesamtkosten: „Im Unternehmen x ist der Anteil der E+K-Kosten 15 % der Gesamtkosten."

- Bereiche mit hohem Anteil an Gemeinkosten: „Der Gemeinkostenzuschlagssatz für die als Gemeinkosten definierten Kosten der Produktion (z. B. Kosten der Arbeitsvorbereitung, der Fertigungsvorbereitung) beträgt 160 % auf den Fertigungslohn."

- „Der Gemeinkostenzuschlagssatz für die als Gemeinkosten definierten Kosten der unterstützenden Bereiche (z. B. Instandhaltung, Logistik, Qualitätswesen) beträgt 90 % auf die Herstellkosten."

Verrechnung prozessbezogener Einzelkosten

Hier besteht die Möglichkeit, **mithilfe der Prozesskostenrechnung einen Teil der Kosten als prozessbezogene Einzelkosten verursachungsgerecht auf die Produkte, die Produktgruppen oder die Projekte zu verrechnen**. Findet eine solche prozessbezogene Unterscheidung der Abläufe nicht statt, dann werden z. B. alle E+K-Kosten en bloc als Gemeinkosten verrechnet. Die Nachteile eines solchen Vorgehens wurden bereits erläutert.

Wird der Ansatz der verursachungsgerechteren Verrechnung der Kosten weiterverfolgt, dann gewinnen zwei Fragestellungen zunehmend an Bedeutung (Horváth/ Renner 1990):

- Wie können z. B. die Entwicklungskosten für Neuprodukte oder für Varianten bereits in der Frühphase der Konstruktion realistisch geschätzt werden?

- Wie können z. B. die Entwicklungskosten den entstandenen Produkten präzise zugerechnet werden?

Schätzung Entwicklungskosten

Die Antwort auf die erste Frage wird durch die Prozesskostenrechnung möglich. Es wird dabei angenommen, dass es auch im Entwicklungsbereich Vorgänge gibt, die sich wiederholen und somit als Prozess definiert werden können.

Die Praxis zeigt, dass es schwierig ist, für den Bereich Forschung/Versuch sinnvolle Prozesse festzulegen. Deshalb wird dort die Prozesskostenrechnung i. d. R. nicht angewandt.

Folgende Besonderheiten sind bei der Anwendung der Prozesskostenrechnung, z. B. im Entwicklungs- und Konstruktionsbereich (E+K) zu beachten:

- Die Haupt- und Einzelprozesse können (falls sinnvoll vor dem unternehmensspezifischen Hintergrund) in Anlehnung an die Entwicklungsphasen eines Projektes definiert werden.
- Der Zeithorizont für die Erfassung der Prozessmengen (Anzahl der Neukonstruktionen, Variantenkonstruktionen oder Versuche) sollte angesichts der langen Bearbeitungszeiten im Entwicklungsbereich mindestens ein Jahr umfassen. Hier kann es sinnvoll sein, die Vorgänge z. B. nicht in „Neukonstruktionen pro Monat", sondern in „Monate pro Neukonstruktion" zu messen.
- Elemente einer strategischen Kalkulation in der Frühphase der Konstruktion wären z. B. die Prozesskostensätze für „Vorentwicklung durchführen", „Pflichtenhefte erstellen", „Neukonstruktion durchführen", „Muster fertigen", „Funktionstest und Versuch" durchführen und auswerten oder „Dokumentation durchführen".

Verrechnung Entwicklungskosten

Bei der Beantwortung der zweiten Frage (Zurechnung der E+K-Kosten auf das entwickelte Produkt) ist zu beachten, dass die **hohen Entwicklungskosten für Vorentwicklungen, Findung neuer Funktionsprinzipien und Neukonstruktionen nicht nur dem ersten Produkt belastet werden dürfen** (dieses würde „zu teuer", nachfolgende Varianten „zu billig" kalkuliert). Sie müssen vielmehr nach einem vorher festgelegten Verteilungsschlüssel und abhängig von den Stückzahlen auf alle später entstehenden Varianten und auch über mehrere Perioden verteilt werden – dieser Aspekt wird im Rahmen des Lifecycle Costings näher beleuchtet.

Eine kundenspezifische Variantenkonstruktion erhält demnach neben den Prozess(einzel)kosten für „Variantenkonstruktion", „Versuch" und „Dokumentation" auch anteilige Entwicklungskosten aus einem Budget „Kosten für Voruntersuchung, Funktionsprinzip-Erarbeitung und Neukonstruktion". Problematisch ist hierbei insbesondere die **Schätzung der Anzahl später entstehender Varianten und der Planstückzahlen je Variante.**

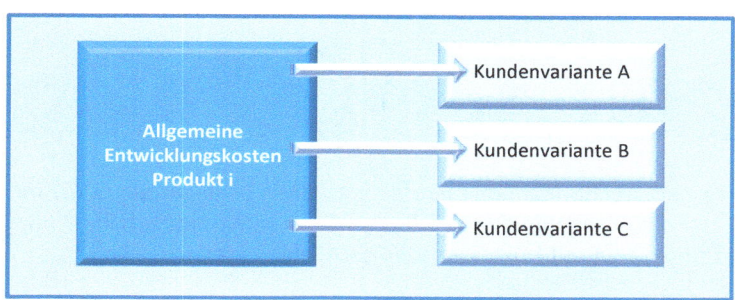

Abbildung 3.46 Verrechnung allgemeiner E+K Kosten

Erhebung relevanter Daten

Um **Daten für die Prozesskostenrechnung** zu gewinnen, ist es sinnvoll, ein geeignetes Zeiterfassungsformular anzuwenden. Hier ist darauf zu achten, dass eine Unterscheidung nach durchgeführtem Prozess (Konstruieren, Änderungen durchführen, Schulung besuchen), Projektphase (Voruntersuchung, Neukonstruktion usw.) und bearbeiteter Teilenummer gemacht wird.

Ein so gestaltetes Erfassungsformular liefert nicht nur wertvolle Hinweise über die durchschnittliche Prozessdauer (Beziehung „Prozess/Zeit"), sondern ermöglicht auch eine Erfassung der Ist-Kosten (Beziehung „Zeit/Projekt" oder „Zeit/Teile-Nummer") für die spätere Verrechnung angefallener E+K-Kosten auf die Produkte und Varianten.

Beispiel

Die oben dargestellten Verfahren sollen an einem kurzen Beispiel (in Anlehnung an Freidank 1994) illustriert werden. Dabei fertigt ein Unternehmen zwei Produkte: CB70 in der Stückzahl 5.000, GT150 mit insgesamt 2.000 Einheiten. Die angefallenen Kosten in Tausend € sind in Tabelle 3.67 wiedergegeben. Die Verteilung der prozessabhängigen und -unabhängigen Kosten ist dem Unternehmen bekannt. Die Gemeinkosten, die keinem Prozess zugeordnet werden können, sind unverändert über einen Zuschlagssatz auf Wertgrößenbasis (Verwaltungsgemeinkosten) zu verrechnen. Die prozessabhängigen Kosten werden entsprechend der Belastung der Ressourcen den Produkten zugeordnet.

Tabelle 3.68 Kalkulation auf Bezugsgrößenbasis (Quelle: in Anlehnung an Freidank 1994)

	Summe	%	CB70	GT150
Materialeinzelkosten	5.500	100	500	5.000
Materialgemeinkosten	1.100	20	100	1.000
Fertigungsgemeinkosten	16.000		6.200	9.800
Herstellkosten	22.600	100	6.800	15.800
Verwaltungsgemeinkosten	4.520	20	1.360	3.160
Vertriebsgemeinkosten	6.780	30	2.040	4.740
Selbstkosten	33.900		10.200	23.700
Menge			5.000	2.000
Durchschnittskosten			2,04	11,85

Durch die Prozesskostenrechnung kehrt nun eine größere Transparenz in die indirekten Bereiche ein, die Zurechnungen werden genauer. Dies zeigt Tabelle 3.68, in welcher die Kalkulation nun auf Prozesskostenbasis erfolgt ist.

Tabelle 3.69 Kalkulation auf Prozesskostenbasis (Quelle: in Anlehnung an Freidank 1994)

	Summe	%	CB70	GT150
Material-Einzelkosten	5.500	100	500	5.000
Material-Gemeinkosten	1.100			
prozessabhängig	902		400	502
prozessunabhängig	198		18	180
Fertigungsgemeinkosten	16.000		6.200	9.800
Herstellkosten	22.600	100	7.118	15.482
Verwaltungsgemeinkosten	4.520	20	1.424	3.096
Vertriebsgemeinkosten	6.780			
prozessabhängig	4.520		2.712	1.808
prozessunabhängig	2.260		712	1.548
Selbstkosten	33.900		11.966	21.934
Menge			5.000	2.000
Durchschnittskosten			2,39	10,97

3.2.4.5 Übungsaufgaben zur Prozesskostenrechnung

Auf beigefügter CD finden Sie die Lösungen der folgenden Aufgaben.

Aufgabe 3.2.4.5.-1

Werden Zuschlagskalkulationen und Prozesskostenrechnung gegenüber gestellt, welche Kosten sind dann unterschiedlich?

- Materialgemeinkosten
- Herstellkosten
- Kosten pro anzupassendem Teil
- Verwaltungsgemeinkosten

Aufgabe 3.2.4.5.-2

Von welcher Größe hängen bei einer Kalkulation mit Berücksichtigung der Prozesskosten die Selbstkosten ab?

- Materialkosten
- Herstellkosten
- Stückzahl des Auftrages
- Verwaltungskosten

Aufgabe 3.2.4.5.-3

Die Selbstkosten eines Produktes sollen unter Berücksichtigung der Prozesskosten kalkuliert werden. Beantworten Sie hierzu folgende Fragen:

- Ändern sich die Herstellkosten im Vergleich zu einer Kalkulation mit Zuschlagssätzen?
- Bei der Kalkulation unter Berücksichtigung der Prozesskosten hängen die Selbstkosten von welcher Größe ab?

3.2.5 Fallstudie Schuler GmbH – Kalkulation auf Teilkostenbasis

Fortsetzung der Fallstudie von Kap. 3.1.5.

Herrn Maier ist bewusst, dass der Geschäftsführer Herr Schuler einerseits an dem Auftrag sehr interessiert ist, andererseits aber Aufträge mit Verlusten in der Vergangenheit stets abgelehnt hat. Außerdem hat er beim Rundgang durch die Produktion gesehen, dass aktuell die Auftragslage wohl eher schlecht ist, also viele Maschinen stillstehen. Nun erinnert sich Herr Maier an sein Studium und an die Tatsache, dass es ja noch andere Kostenrechnungssysteme gibt, nämlich die Teilkostenrechnung. Er entscheidet sich, sein Wissen auf diesen Fall anzuwenden.

Aufgabenstellung: Kalkulation auf Teilkostenbasis

Erstellen Sie auch hier ein entsprechendes Kalkulationsschema für beide Produkte auf Basis der Ist-Kosten. Das Schema soll die variablen Anteile der Herstell- und Selbstkosten, wie auch die Deckungsbeiträge I und II jeweils produktbezogen (auf eine Produktionseinheit) angeben. Das Betriebsergebnis hingegen soll produktübergreifend dargestellt werden. Zeigen Sie den Lösungsweg detailliert auf, inklusive Zuschlagssätze ohne Kommastellen, und interpretieren Sie auch in diesem Fall das Ergebnis. Ziehen Sie insbesondere einen Vergleich zu Vollkostenrechnung.

Tabelle 3.70 Betriebsabrechnungsbogen Januar

Kostenarten	BAB Gebr. Schuler Januar, Angaben in €							
	Hilfskostenstellen			Hauptkostenstellen				
	3101	3102	3103	4101	4102	4103	4104	Summe
MEK				160.000				
Fertigungslohn (FEK)					60.000			220.000
Hilfslöhne	1.200	1.400	2.400	4.800	6.400	800	600	17.600
Gehälter	0	0	0	600	1.100	1.400	1.200	4.300
kalk. Abschreibungen	0	0	0	0	0	0	0	0
Sozialabgaben	1.260	1.470	2.520	7.200	35.880	5.880	4.950	59.160
kalk. Zinsen	56	42	420	476	980	420	273	2.667
Versicherung	0	0	0	0	0	0	0	0
Reinigungskosten	252	1.007	346	283	3.038	778	630	6.334
Heizkosten	179	716	246	201	2.158	552	447	4.500
Summe	2.947	4.635	5.932	13.561	49.556	9.830	8.100	94.561
Umlage 3101	-3.297	725	165	99	1.978	198	132	0
Umlage 3102	225	-5.611	168	786	2.059	1.868	505	0
Umlage 3103	125	251	-6.265	501	3.759	5.01	1.128	0
Summe Endstellenkosten	0	0	0	14.947	57.352	12.397	9.865	94.561

Benötigte Informationen: Kalkulation auf Teilkostenbasis

Herr Maier greift u. a. auf die Information aus den vorigen Projekten als auch auf neue Daten zu. Hierzu zählen:

- Neuer Betriebsabrechnungsbogen (BAB), der zwischen fixen und variablen Kosten unterscheidet. Die Kostenrechnungsabteilung wird gebeten, einen BAB zu erstellen, bei dem nur noch die variablen Gemeinkosten verrechnet werden.

- Des Weiteren wird die Kostenrechnungsabteilung gebeten, die erzeugnisfixen Kosten pro Stück als auch die Unternehmensfixkosten als Ganzes zu ermitteln. Die Ergebnisse lauten: Erzeugnisfixkosten pro Stück betragen 131,82 €/Stk. für Xenon und 38,41 €/Stk. für Halogen; die Unternehmensfixkosten belaufen sich auf 48.722 €.

Tabelle 3.71 Kalkulationsschema

Produkt	Xenon	Halogen
	Ist	Ist
MEK		
+ var. MGK		
+ FEK		
+ var. FGK		
= var. HK		
+ var. VwGK		
+ var. VtGK		
= var. SK		
./. Nettoverkaufspreis		
= Deckungsbeitrag I.		
./. Erzeugnisfixkosten		
= Deckungsbeitrag II		
./. Unternehmensfixkosten		
= Betriebsergebnis		

Lösungsweg: Kalkulation auf Teilkostenbasis

Auf Basis dieser Informationen können die Produkte wie folgt schrittweise kalkuliert werden:

1. Schritt: Folgende Daten sind den obigen Informationsquellen zu entnehmen und in das nachfolgende Kalkulationsschema zu übernehmen:

- die Materialeinzelkosten (*MEK*) und die variablen Materialgemeinkosten (var. *MGK*), welche in Summe die variablen Materialkosten (var. *MK*) darstellen,
- die Fertigungseinzelkosten (*FEK*) und die variablen Fertigungsgemeinkosten (var. *FGK*), die in Summe die variablen Fertigungskosten (var. *FK*) darstellen,
- die variablen Herstellkosten (var. *HK*) des Produkts als Summe aus *MEK*, var. *MGK*, *FEK* und var. *FGK*,
- die variablen Verwaltungsgemeinkosten (var. *VwGK*),
- die variablen Vertriebsgemeinkosten (var. *VtGK*),
- die variablen Selbstkosten (var. *SK*) des Produkts als Summe aus var. *HK*, var. *VwGK* und var. *VtGK*.

2. Schritt: Die Ist-Gemeinkostenzuschlagssätze sind analog zum vorhergehenden Projekt aus dem BAB zu entnehmen (gerundet):

- Kostenstelle 4101 = Summe Endstellenkosten 4101 / *MEK* = 14.947 €/160.000 € = 9 %
- Kostenstelle 4102 = Summe Endstellenkosten 4102 / *FEK* = 57.352 €/60.000 € = 96 %
- Kostenstelle 4103 = Summe Endstellenkosten 4103 / var. *HK* = 12.397 €/289.299 € = 4 %
- Kostenstelle 4104 = Summe Endstellenkosten 4104 / var. *HK* = 9.865 €/289.299 € = 3 %

3. Schritt: Einsetzen der Werte in das Kalkulationsschema pro Stück:

Tabelle 3.72 Durchführung der Kalkulation

Produkt	Xenon	Halogen
	Ist	Ist
MEK	250,00 €	50,00 €
+ var. MGK (9%)	22,50 €	4,50 €
+ FEK	75,00 €	25,00 €
+ var. FGK (96%)	72,00 €	24,00 €
= var. HK	419,50 €	103,50 €
+ var. VwGK (4%)	16,78 €	4,14 €
+ var. VtGK (3%)	12,59 €	3,11 €
= var. SK	448,87 €	110,75 €
./. Nettoverkaufspreis	796,00 €	166,00 €
= Deckungsbeitrag I	347,13 €	55,25 €
./. Erzeugnisfixkosten	131,82 €	38,41 €
= Deckungsbeitrag II	215,31 €	16,84 €
./. Unternehmensfixkosten	48.722,00 €	
= Betriebsergebnis *	57.610,00 €	

*) Betriebsergebnis =
[DB II (Xenon) × 400 Stk.
+ DB II (Halogen) × 1200 Stk.]
− Unternehmensfixkosten

Schlussfolgerungen: Kalkulation auf Teilkostenbasis

Herrn Maier ist nunmehr klar, dass nach der Betrachtung der Teilkostenrechnung das **Produkt Halogen** zwar nicht die „vollen Kosten" deckt, aber zumindest ein Teil der Fixkosten und damit insgesamt zur Verbesserung des Betriebsergebnisses – unter der Annahme freier Produktionskapazitäten – beiträgt. Somit ist aus **Sicht des Teilkostenrechners** kurzfristig ein Verkauf des Produktes Halogen sinnvoll. Dennoch ist klar, dass auf lange Sicht gesehen eine volle Deckung der Fixkosten anzustreben ist.

3.2.6 Fallstudie Schuler GmbH – Kalkulation auf Prozesskostenbasis

Herr Maier fragt sich nun, warum eigentlich das Produkt Halogen im Vergleich zu Xenon so schlecht abschneidet und führt nun intensive Gespräche mit der Produktion, der Entwicklung als auch dem Vertrieb. Auf Empfehlung eines ehemaligen Studienkollegen prüft er u. a. die Gemeinkostenverteilung (Overhead-Kosten) und kommt zur Erkenntnis, dass hier eine nähere Betrachtung sinnvoll erscheint, zumal die Produktlinienleiter Halogen auf eine ungerechte Verteilung zulasten seine Produktlinie aufmerksam macht. Ein geeignetes Verfahren hierzu ist die Prozesskostenrechnung nach Ebert (2004), S. 220 ff.

Aufgabenstellung: Kalkulation auf Prozesskostenbasis

a) Für die beiden Produkte und die aufgeführten Kostenstellen sind die Prozess-, Umlage- und Gesamtprozesskostensätze in tabellarischer Form in der dafür geeigneten Tabelle darzustellen. Der Lösungsweg ist detailliert darzulegen.

b) In tabellarischer Form (in der dafür geeigneten Tabelle) sind die Ergebnisse der Prozesskostenrechnung denen der Vollkostenrechnung gegenüberzustellen.

Aus den Ergebnissen der Rechnungen sind abermals entsprechende Schlussfolgerungen zu ziehen und darzulegen. Insbesondere in vergleichender Form mit der Vollkostenrechnung.

Benötigte Informationen: Kalkulation auf Prozesskostenbasis

Herr Maier greift u. a. auf die Information aus den ersten Projekten und auf neue Daten zu. Hierzu zählen:

- Nachfolgende Übersicht (Tabelle 3.73) über die wichtigsten gemeinkostenverursachenden Haupt- und Teilprozesse, die als leistungsmengeninduzierte Prozesse (lmi) angesehen werden können.

- Des Weiteren existiert für jeden Hauptprozess noch nicht eindeutig zuzuordnende Verwaltungstätigkeit, die als leistungsmengenneutrale Prozesse (lmn) angesehen werden können. Sie werden als sogenannte „Verwaltungstätigkeiten" aufgeführt.

- Detailinformationen über die wichtigsten gemeinkostenverursachenden Teilprozesse (Tabelle 3.74), wobei davon ausgegangen wird, dass die nachfolgenden Prozessdaten zum gleichen Zeitpunkt erhoben wurden wie das verwendete Zahlenmaterial des BABs (siehe Abschnitt „Vollkostenrechnung").

Tabelle 3.73 Kostenstellen und Hauptprozesse

Kosten-stelle	Haupt-prozesse	Prozess-wieder-holungen Xenon	Prozess-Wieder-holungen Halogen	Teilprozesse
4101	Material-beschaffung	400	300	TP 4101-1: Einholung Angebote
				TP 4101-2: Bestellung des Materials
				TP 4101-3: Einlagerung
4102	Produkt-fertigung	410	1000	TP 4102-1: Koordination der Fertigung
				TP 4102-2: Qualitätssicherung
4103	Verwaltung	400	350	TP 4103-1: Personalverwaltung
				TP 4103-2: Informationsverwaltung
4104	Vertrieb	700	600	TP 4104-1: Kommissionierung der Erzeugnisse
				TP 4104-2: Auftragskoordination

Tabelle 3.74 Detailkosteninformation

Teilprozess	Bezugsgröße / Cost driver	Prozessmenge (St.)		MA Kapazität (MJ)*	
		Xenon	Halo-gen	Xenon	Halo-gen
Einholung Angebote	Anzahl Angebote	400	400	0,5	0,5
Bestellung des Materials	Anzahl Bestellungen	200	800	0,5	1
Einlagerung	Anzahl Einlagerungen	150	600	0,5	1
Verwaltungstätigkeiten				0,5	0,5
Summe					5
Koordination der Fertigung	Anzahl Fertigungsaufträge	400	1200	1,5	1,5
Qualitätssicherung	Anzahl Erzeugnisse	420	1280	2	2
Verwaltungstätigkeiten				1	1
Summe					9

*) MA = Mitarbeiter ; MJ = Mannjahre

Tabelle 3.74 *(Fortsetzung)* Detailkosteninformation

Teilprozess	Bezugsgröße / Cost driver	Prozessmenge (St.)		MA Kapazität (MJ)*	
		Xenon	Halogen	Xenon	Halogen
Personalverwaltung	Anzahl Vorgänge	175	350	1	1
Informationsverwaltung	Anzahl Erzeugnisse	420	1280	1	2
Verwaltungstätigkeiten				0,5	0,5
Summe					6
Kommissionierung der Erzeugnisse	Anzahl Erzeugnisse	400	1200	0,5	1,5
Auftragskoordination	Anzahl Aufträge	400	1200	1	2
Verwaltungstätigkeiten				0,5	0,5
Summe					6

- Informationen über mögliche Restgemeinkosten:

Tabelle 3.75 Restgemeinkosten

		Xenon	Halogen
Restgemeinkosten	Material	0,00 €	0,00 €
	Fertigung	0,00 €	0,00 €
	Verwaltung	0,00 €	0,00 €
	Vertrieb	0,00 €	0,00 €

Restgemeinkosten beziehen sich auf Prozesse mit nicht-repetitivem Charakter, d. h., diese fallen im Gegensatz zu den leistungsmengeninduzierten als auch leistungsmengenneutralen Prozesskosten nicht „wiederholend" an. Für derartige Restgemeinkosten werden traditionelle Zuschlagssätze aus der Vollkostenrechnung genutzt.

Aus Vereinfachungsgründen wurde angenommen, dass alle Gemeinkosten der Hauptkostenstellen in leistungsmengeninduzierten und leistungsmengenneutralen Prozesskosten überführt werden konnten, d. h. Restgemeinkosten nicht bestanden.

Lösungsweg: Kalkulation auf Prozesskostenbasis

Auf Basis dieser Informationen können die Produkte wie folgt schrittweise kalkuliert werden:

- **1. Schritt**: Erstellung einer Verrechnungstabelle, die die relevanten Daten enthält. Hierzu dient nachfolgende Tabelle:

Tabelle 3.76 Kalkulationsschema

Haupt-prozess	Teilprozess	Xenon				Halogen			
		Prozess-kostensatz	Umlagesatz	Gesamt-prozess-kosten-satz (PKS)	Prozessbean-spruchung pro Produkt x PKS = Prozesskosten	Prozess-kostensatz	Umlagesatz	Gesamt-prozess-kosten-satz (PKS)	Prozessbean-spruchung pro Produkt x PKS = Prozesskosten
Materialbeschaffung (Kst. 4101)	Einholung Angebote								
	Bestellung des Materials								
	Einlagerung								
	Verwaltungstätigkeiten								
	Summe Hauptprozess								
Produkt-fertigung (Kst. 4102)	Koordination Fertigung								
	Qualitätssicherung								
	Verwaltungstätigkeiten								
	Summe Hauptprozess								
Verwaltung (Kst. 4103)	Personalverwaltung								
	Informationsverwaltung								
	Verwaltungstätigkeiten								
	Summe Hauptprozess								
Vertrieb (Kst. 4104)	Kommissionierung der Erzeugnisse								
	Auftragskoordination								
	Verwaltungstätigkeiten								
	Summe Hauptprozess								

■ **2. Schritt:** Die Prozesskosten-, Umlage- und Gesamtprozesskostensätze können anhand der vorliegenden Daten berechnet werden.

$$\text{Prozesskostensatz}^* = \frac{\text{Prozesskosten}}{\text{Prozessmenge}}$$

$$= \frac{\frac{\sum \text{ESK der Kostenstelle} \times \text{MA Kapazität Teilprozess}}{\sum \text{MA Kapazität der Kostenstelle}}}{\text{Prozessmenge Teilprozess}}$$

$$\text{Umlagesatz} = \frac{\sum \text{lm}n - \text{Prozesskosten}}{\sum \text{lm}i - \text{Prozesskosten}} \times \text{Prozesskostensatz}$$

$$= \frac{\frac{\sum \text{ESK der Kostenstelle} \times \text{MA Kapazität Verwaltungsprozess}}{\sum \text{MA Kapazität der Kostenstelle}}}{\frac{\sum \text{ESK der Kostenstelle} \times \sum \text{MA Kapazität Teilprozesse exkl. Verwaltung}}{\sum \text{MA Kapazität der Kostenstelle}}}$$

$\times$ Prozesskostensatz

Gesamtprozesskostensatz = Prozesskostensatz + Umlagesatz

*) ESK der Kostenstelle = Endstellenkosten einer Kostenstelle – siehe Betriebsab-rechnungsbogen der Vollkostenrechnung

Beispielrechnungen für Prozess-, Umlage- und Gesamtprozesskostensatz für das Produkte Xenon für den Teilprozess „Einholen Angebote" des Hauptprozesses „Materialbeschaffung" (Hauptkostenstelle 4101):

a) **Prozesskostensatz** (Teilprozess „Einholung Angebote", Hauptkostenstelle 4101)

$$= \frac{\frac{41.494\ €\ \times\ 0{,}5}{5}}{400} = 10{,}37\ €$$

Erläuterungen: Die Gemeinkosten der Kostenstelle 4101 betragen lt. BAB 41.494 € gemäß Tabelle 3.42. Ursache hierfür sind Mitarbeiterkosten in Höhe von 5 Mannjahren (MJ) gemäß Tabelle3.42. Von den 5 MJ verursacht der lmi-Teilprozess „Angebote einholen" 0,5 MJ für das Produkt Xenon und 0,5 MJ für das Produkt Halogen, d. h. in Summe 1 MJ, was bei 41.494 € einer Summe von 8.298,8 € (= 41.494 € / 5 MJ) entspricht. Diese 8.298,8 € resultieren aus 800 Prozesswiederholungen (= Prozessmenge „Anzahl Angebote"), d. h., es liegen Kosten pro Prozesswiederholung von 10,37 € (= 8298,8 € / 800 × Prozesswiederholungen) vor. Bei einer gegebenen Produktionsmenge sind beim Produkt Xenon 400 Prozesswiederholungen aufgetreten, die Kosten je Wiederholung von 10,37 € verursacht haben, ins Summe also 4.149,4 € (die vorgenommenen Rundungen sind zu beachten).

b) **Umlagesatz** (Teilprozess „Einholung Angebote" Hauptkostenstelle 4101)

$$= \frac{\frac{41.494\ €\ \times\ 0{,}5}{5}}{\frac{41.494\ \times\ (0{,}5 + 0{,}5 + 0{,}5)}{5}} \times 10{,}37\ € \ = \ 3{,}46\ €$$

Erläuterungen: Die leistungsmengenneutralen Prozesskosten müssen ebenfalls verteilt werden. Die Verwaltungskosten verursachen pro Produkt lt. Tabelle 3.74 0,5 MJ, dies entspricht 4.149,4 € (= 41.494 € / 5 MJ bezogen auf 0,5 MJ). Da beim Produkt Xenon alle drei Teilprozesse jeweils Kosten in Höhe von 0,5 MJ verursachen, lassen sich die 4.191,4 € gleichverteilen, d. h., jeder Teilprozess trägt 1/3 der Verwaltungskosten (= 1.383,13 €), multipliziert mit dem entsprechenden Prozesskostensatz ergibt dies für den Teilprozess „Einholung Angebote" beim Produkt Xenon Umlagekosten von 3,46 € (= 10,37 € × 0,33) pro Prozess. Probe: 3,46 € × 400 Prozesswiederholungen = 1.383 € (die vorgenommenen Rundungen sind zu beachten).

c) **Gesamtprozesskostensatz** (Teilprozess („Einholung Angebote" Hauptkostenstelle 4101): = 10,37 € + 3,46 € = 13,83 €

Erläuterung: Addiert man für alle Teilprozesse des Hauptprozesses „Materialbeschaffung" (Kst. 4101) die Teil-Gesamtprozesskostensätze, so erhält man den sogenannten Gesamtprozesskostensatz, der in diesem Falle 78,38 € beträgt! Dieser Wert geht in die Kalkulation als „Materialprozesskostensatz *MPzK*" ein.

- **3. Schritt:** Die Ermittlung der Beanspruchung der vier Hauptprozesse pro Produkt ergibt sich aus dem Verhältnis von „Prozesswiederholungen zur Produktionsmenge". Hieraus ergeben sich folgende Tabellen 3.77 und 3.78:

Tabelle 3.77 Hauptprozesse Xenon

Hauptprozesse - Produkt Xenon -	Prozess-wiederholung*	Produktions-menge**	Prozessbean-spruchung pro Stück
Materialbeschaffung	400	400	1
Produktfertigung	410	400	1,025
Verwaltung	400	400	1
Vertrieb	700	400	1,75

*) Prozesswiederholungen siehe Aufgabenstellung
**) Produktionsmenge lt. Aufgabe 400Stk.

Tabelle 3.78 Hauptprozesse Halogen

Hauptprozesse - Produkt Halogen -	Prozess-wiederholung*	Produktions-menge**	Prozessbeans-pruchung pro Stück
Materialbeschaffung	300	1200	0,25
Produktfertigung	1000	1200	0,833
Verwaltung	350	1200	0,292
Vertrieb	600	1200	0,5

*) Prozesswiederholung siehe Aufgabenstellung
**) Produktionsmenge lt. Aufgabe 1200 Stk.

Obige Werte sind in nachfolgende Lösungstabelle zu übernehmen.

Tabelle 3.79 Prozesskostenanteil für Xenon (analoges Vorgehen für Halogen)

Hauptprozess	Teilprozess	Xenon			
		Prozesskostensatz	Umlagesatz	Gesamtprozesskostensatz (PKS)	Prozessbeanspruchung pro Produkt x PKS = Prozesskosten
Materialbeschaffung (Kst. 4101)	Einholung Angebote	**10,37 €**	**3,46 €**	**13,83 €**	
	Bestellung des Materials	20,75 €	6,92 €	27,66 €	
	Einlagerung	27,66 €	9,22 €	36,88 €	
	Verwaltungstätigkeiten				
	Summe Hauptprozess			78,38 €	1,0 x 78,38 € = 78,38 €
Produktfertigung (Kst. 4102)	Fertigungskoordination	54,01 €	15,43 €	69,44 €	
	Qualitätssicherung	68,58 €	19,60 €	88,18 €	
	Verwaltungstätigkeiten				
	Summe Hauptprozess			157,62 €	1,025 x 157,62 € = 161,56 €
Verwaltung (Kst. 4103)	Personalverwaltung	37,93 €	9,48 €	47,42 €	
	Informationsverwaltung	15,81 €	3,95 €	19,76 €	
	Verwaltungstätigkeiten				
	Summe Hauptprozess			67,17 €	1,0 x 67,17 € = 67,17 €
Vertrieb (Kst. 4104)	Kommissionierung der Erzeugnisse	6,49 €	2,16 €	8,65 €	
	Auftragskoordination	12,98 €	4,33 €	17,31 €	
	Verwaltungstätigkeiten				
	Summe Hauptprozess			25,96 €	1,75 x 25,96 € = 45,43 €

■ **4. Schritt:** Zwecks Vergleich zwischen Vollkostenrechnung und Prozesskostenrechnung wird eine Tabelle erstellt, welche die einzelnen Einzel-, Gemein-, Herstell- und Selbstkosten, wie auch die Gewinn-Differenz und das Betriebsergebnis gegenüberstellt. Da im Rahmen der Prozesskostenrechnung die Gemeinkosten in Prozesskosten und Restgemeinkosten aufgeschlüsselt werden, ist die Darstellung dem anzupassen. Es wird wie folgt definiert:

- **Materialprozesskosten** (*MPzK*)
- Restmaterialgemeinkosten (*RMGK*)
- Fertigungsprozesskosten (*FPzK*)
- Restfertigungsgemeinkosten (*RFGK*)
- Verwaltungsprozesskosten (*VwPzK*)
- Restverwaltungsgemeinkosten (*RVwGK*)
- Vertriebsprozesskosten (*VtPzK*)
- Restvertriebsgemeinkosten (*RVtGK*)
- Gewinn-Differenz = Nettopreis lt. Anfrage VOC AG – Selbstkosten *SK*

- **5. Schritt**: Anhand der Berechnungen ergeben sich folgende Ergebnisse für die Prozesskosten:

Tabelle 3.80 Prozesskosten nach Produkt

Produkt	Xenon	Halogen
MEK	250,00 €	50,00 €
+ MGK		
MPzK	78,38 €	10,37 €
RMGK	0,00 €	0,00 €
+ FEK	75,00 €	25,00 €
+ FGK		
FPzK	161,56 €	43,40 €
RFGK	0,00 €	0,00 €
= HK	564,94 €	128,77 €
+ VwGK		
VwPzK	67,17 €	9,98 €
RVwGK	0,00 €	0,00 €
+ VtGK		
VtrPzK	45,43 €	8,65 €
RVtGK	0,00 €	0,00 €
= SK	677,54 €	147,40 €
+ GA (10%)	67,75 €	14,74 €
= NVP	745,29 €	162,14 €
Gewinn-Differenz*	118,46 €	18,60 €

*) Gewinn-Differenz: Gewinnaufschlag plus Abweichungen zwischen Nettoverkaufspreis Schuler GmbH und Nettopreis lt. Angebot VOC AG bzw. Nettopreis lt. Angebot VOC AG minus Selbstkosten

- **6. Schritt:** Anschauliche Gegenüberstellung der Voll- und Prozesskostenrechnung in tabellarischer Form:

Tabelle 3.81 Gegenüberstellung Voll- und Prozesskostenrechnung

System	Gegenüberstellung			
	Kostenrechnung			
	Vollkosten		Prozesskosten	
Produkt	Xenon	Halogen	Xenon	Halogen
	Ist			
MEK	250,00 €	50,00 €	250,00 €	50,00 €
+ MGK	65,00 €	13,00 €		
MPzK			78,38 €	10,37 €
RMGK			0,00 €	0,00 €
+ FEK	75,00 €	25,00 €	75,00 €	25,00 €
+ FGK	162,00 €	54,00 €		
FPzK			161,56 €	43,40 €
RFGK			0,00 €	0,00 €
= HK	552,00 €	142,00 €	564,94 €	128,77 €
+ VwGK	55,20 €	14,20 €		
VwPzK			67,17 €	9,98 €
RVwGK			0,00 €	0,00 €
+ VtGK	44,16 €	11,36 €		
VtrPzK			45,43 €	8,65 €
RVtGK			0,00 €	0,00 €
= SK	651,36 €	167,56 €	677,54 €	147,40 €
+ GA (10%)	65,14 €	16,76 €	67,75 €	14,74 €
= NVP	716,50 €	184,32 €	745,29 €	162,14 €
Gewinn-Differenz*	144,64 €	-1,56 €	118,46 €	18,60 €
Betriebsergebnis**	55.984,00 €		69.704,00 €	

*) Gewinn-Differenz: Gewinnaufschlag plus Abweichungen zwischen Nettoverkaufspreis und Nettopreis

**) Betriebsergebnis: Produktionsmengen multipliziert mit der Gewinn-Differenz, bezogen auf die angefragten Abnahmemengen der VCO AG: 400 Stk. Xenon und 1.200 Stk. Halogen

Schlussfolgerungen: Kalkulation auf Prozesskostenbasis

Es lässt sich aus der Gegenüberstellung von **Vollkosten** und **Prozesskosten** nun ableiten, dass insbesondere beim **Produkt „Halogen"** die Gemeinkosten in der Vollkostenrechnung höher ausfallen, beim Produkt „Xenon" hingegen fallen diese in der Vollkostenrechnung niedriger aus. Daraus lässt sich schließen, dass bisher die Gemeinkosten in einem zu hohen Umfang dem Produkt „Halogen" zugeschlagen wurden. So fällt der Unterschied im Betriebsergebnis weniger signifikant aus, in der Gewinn-Differenz zeigen sich hingegen große Unterschiede, und das Produkt „Halogen" rutscht in den positiven Ertragsbereich.

Daraus ergeben sich – entsprechend der angefragten Produktionsmengen beider Produkte – auch unterschiedliche Betriebsergebnisse!

Fortsetzung der Fallstudie in Kap. 4.1.5.

4 Kostenmanagement

Theorie und Praxis

In vielen Unternehmen stellt sich die Frage, inwiefern die Kosten- und Erlösrechnung auch langfristig orientierte, strategische Entscheidungen unterstützen kann.

- Ein wichtiger Punkt, den Unternehmen klären müssen, zielt auf die Frage ab, was ein Produkt eigentlich an Kosten verursachen darf, damit es am Markt abgesetzt werden kann und möglichst auch noch einen Gewinn erwirtschaftet. In den heute vorherrschenden Käufermärkten ist dies von erheblicher Bedeutung, denn es impliziert die Anwendung einer kostenrechnerischen Perspektive noch bevor der Produktentwicklungsprozess begonnen wird.

- Ein anderer Aspekt hat ebenfalls mit der Marktbetrachtung zu tun. Normalerweise kann ein Produkt nur in der Phase Erlöse erwirtschaften, in welcher es am Markt verfügbar ist. Es verursacht aber bereits zuvor und auch danach weitere Kosten (Entwicklung, Entsorgung). Hier drängt sich die Frage auf, ob ein Produkt unter Berücksichtigung all dieser Kosten überhaupt Gewinne abwerfen wird; die Beantwortung dieser Frage wird in erheblichem Umfang die Gestalt des Produktportfolios beeinflussen.

- In Zeiten eines extrem harten Wettbewerbs benötigt man nicht nur einen Vorsprung bei Innovationen, Qualifikationen und Ähnlichem, sondern auch und vor allem im Hinblick auf die eigene Kostenstruktur. Wie gut muss man hier nun aber sein? Hier kann ein Vergleich mit Unternehmen hilfreich sein, die offensichtlich besser, womöglich sogar die Besten überhaupt, sind.

Kostenrechnerische Herausforderungen stellen sich im Besonderen auch im Engineering.

- Der Wettbewerbsdruck erfordert, dass bei bestehenden Produkten systematisch geprüft wird, ob diese zum einen die Funktionen haben, die die Kunden erwarten und ob sie diese auch zu bezahlen bereit sind. Derartige Analysen geben Hinweise auf mögliche Produktoptimierungen.

- Für viele Ingenieure, die im Vertrieb aktiv sind oder diesen Bereich zumindest zeitweise unterstützen, gehört es zum Alltag, mögliche Aufträge zu kalkulieren. Wenn nun aber das zu berechnende Produkt noch gar nicht existiert – bei Anlagenbauern wird dies der Regelfall sein – sind bestimmte Methoden notwendig, um hier verlässliche Schätzungen zu erhalten.

- Ein weiteres wichtiges Problem, das sich Unternehmen regelmäßig stellt, besteht in der Beurteilung von Maßnahmen – z. B. Investitionen, Optimierungsmaßnahmen etc. – die nur sehr begrenzt, wenn überhaupt, über zahlenmäßige Größen erfasst werden können. In solchen Situationen kann das bislang vorgestellte Instrumentarium wegen seiner quantitativen Ausrichtung nicht angewendet werden. Es bietet sich dann der Rückgriff auf Methoden an, die eine Entscheidung aus einer qualitativen Perspektive betrachten und zu lösen versuchen.

4.1 Grundlagen des Kostenmanagements

4.1.1 Einführung

In den vorhergehenden Kapiteln wurden sowohl die Ausgangsbasis des internen Rechnungswesens als auch diverse Instrumentarien zu dessen Implementierung vorgestellt. Diese Methoden dienen zum einen der Erfassung und Verrechnung der im Unternehmen angefallenen Kosten, etwa auf Produkte oder Projekte. Darüber hinaus wurden Ansätze zur kurzfristigen Entscheidungsfindung basierend auf einer Teilkostenbetrachtung erläutert und mit der Diskussion der Plankostenrechnung in die Thematik der betrieblichen Planung eingeführt. Mit der Prozesskostenrechnung steht darüber hinaus ein Ansatz zur Verfügung, der die Verrechnung indirekter Kosten, moderner, prozessorientierter Unternehmen unterstützt. Damit existieren in Summe zahlreiche, differenzierte Tools mit denen eine Kostenkontrolle möglich ist.

Steuerung und Kontrolle

Prinzipiell sind diese Methoden für den eigentlichen Zweck des Controllings – Kontrolle und Steuerung – bereits ausreichend, allerdings nur auf einer eher kurzfristigen Basis; dabei sind für eine sinnvolle Unterstützung solch kurzfristiger Entscheidungen grundsätzlich nur Teilkostenrechnungssysteme geeignet. Strategische Entscheidungen, die einen mittel- bis langfristigen Horizont haben, sind mit diesen Methoden nur sehr eingeschränkt zu unterstützen (Djanani/Schöb 1997, S. 319), aber für ebendiese strategischen Aufgaben wird eine möglichst genaue und insbesondere belastbare Grundlage benötigt. Beispielhaft können hier Entscheidungen zur Erweiterung des Produktprogramms oder zur Initiierung bzw. Einstellung von Entwicklungsprojekten genannt werden.

Diese spezifischen Informationsbedarfe der Unternehmensführung haben zur Herausbildung zahlreicher Kostenmanagement-Methoden geführt. Weitere gesamtwirtschaftliche Entwicklungen haben diesen Trend verstärkt (Tabelle 4.1).

Unter Kostenmanagement wird dabei die zielorientierte Gestaltung der Kosten eines Unternehmens verstanden – die Kostenrechnung wird durch die Beschränkungen ergänzt, denen das Unternehmen sich zur Erreichung seiner Ziele unterwerfen muss.

Tabelle 4.1 Einflussfaktoren auf das Kostenmanagement (Quelle: in Anlehnung an Götze 2010, S. 271)

Gesamtwirtschaftliche Tendenzen	Herausforderungen für die Unternehmensführung	Aufgabenfelder des Kostenmanagements
Öffnung der Märkte in Osteuropa und Asien	Kostendruck	Management der Kosten nach: • Struktur • Höhe • Verlauf
Wirtschaftliche Integration in Europa		
Globalisierung		
Käufermärkte		
Steigende Wettbewerbsintensität durch Anbieter aus Niedriglohnländern		
Automatisierung	Anstieg Gemein- und Fixkosten	Gemein- und Fixkostenmanagement
Zunehmende Produktkomplexität (z.B. durch Elektronik)		
Zwang zur Nische		
Stärkere Kundenorientierung	Adaption Kostenrechnungssysteme	Marktorientiertes Kostenmanagement
Prozessorientierung		Prozesskostenmanagement

Unterstützung strategischer Entscheidungen

Erfreulicherweise können aber die bisher kennengelernten Ansätze so erweitert werden, dass sie auch für strategische Entscheidungsaufgaben einsetzbar sind. Dies sind beispielsweise vertiefende Teilrechnungen oder veränderte Zuordnungen im Sinne von Anders- oder Zusatzkosten. Mit den dadurch entstehenden Instrumenten entwickelt sich die Kosten- und Erlösrechnung zu einem Management-Ansatz weiter, der den Kontroll- und insbesondere Steuerungscharakter des Controllings insbesondere auf strategischer Ebene unterstützt. Dies entspricht deutlich mehr als bisher vorgestellten Tools (Deming (1982): Do-Plan-Check-Act-(PDCA)-Zyklus). Dabei bleiben die bereits kennengelernten Prinzipien zur Erfassung und Verrechnung der Kosten bestehen, allerdings treten zusätzliche Instrumente und Konzepte sowie Perspektivenwechsel hinzu, die letztlich aber wieder in eine kostenrechnerische Perspektive überführt werden können (Deimel/Isemann/Müller 2006, S. 463 f.). Die folgende Tabelle stellt wichtige Unterschiede zwischen Kostenrechnung und Kostenmanagement zusammenfassend dar.

Verschiedene Instrumente sind für das Kostenmanagement entwickelt worden, die sich jeweils wieder in verschiedene Kategorien gliedern lassen. Diese sind in Abbildung 4.1 wiedergegeben und mit einigen Beispielen illustriert.

Kostenmanagement-Methoden

Tabelle 4.2 Unterschiede zwischen Kostenrechnung und Kostenmanagement (Quelle: Deimel/Isemann/Müller 2006, S. 463 f.)

Merkmal	Traditionelle Kostenrechnung	Kostenmanagement
Ansatzpunkt der Kostenbeeinflussung	Optimierungen bei gegebenem Rahmen	Kostengestaltung (Produkt- und Prozessgestaltung)
Zeithorizont	kurzfristig	kurz-, mittel- und langfristig
Lebenszyklusphasen	primäre Marktphase	sämtliche Phasen, von Entwicklung bis Entsorgung
Zielorientierung	interne Plankosten	interne und extern vorgegebene Plankosten

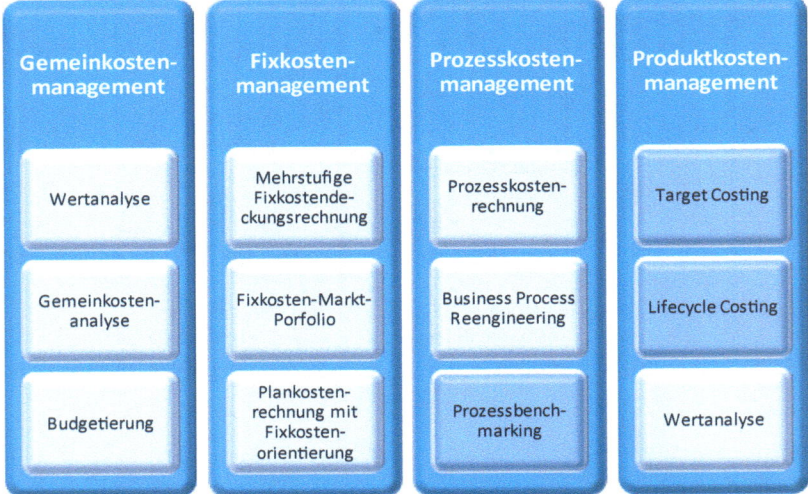

Abbildung 4.1 Instrumente des Kostenmanagements (Quelle: Deimel/Isemann/Müller 2006, S. 463 f.)

Von den in den letzten Jahren bzw. Jahrzehnten neu- bzw. weiterentwickelten Kostenmanagement-Konzepten sollen im Rahmen dieses Buches drei ausführlicher dargestellt werden.

- Target Costing ändert die Perspektive der Plankostenrechnung insofern, als nicht gefragt wird, welchen Preis ein bestimmtes Produkt am Markt erzielen muss, sondern welche Kosten dieses Produkt maximal generieren darf, um absetzbar zu sein. Da viele Märkte heutzutage Käufermärkte mit teils immenser Wettbewerbsintensität darstellen, ist davon auszugehen, dass eben dieser Markt den erzielbaren Preis definiert.

- Lifecycle Costing überwindet den Nachteil insbesondere kurzfristiger Kostenrechnungsmethoden, die praktisch erst in der Produktionsphase mit der Kontrolle und Steuerung der Kosten beginnen. Durch die Betrachtung der Kosteneinflussfaktoren und -entstehungen über den gesamten Lebenszyklus erhält die

Unternehmensführung wertvolle Informationen über die Vorteilhaftigkeit neuer Produkte und Projekte.

- **Cost Benchmarking** ist eine Sonderform des Benchmarkings, bei dem als Kriterium für den Vergleich der unternehmensspezifischen Produkte, Geschäftsbereiche oder Prozesse mit denen der Best Practice-Beispiele die Kosten eine besondere Rolle spielen. Für die Identifizierung der Leistungslücken bereitet die Kostenrechnung darüber hinaus notwendige Daten zu Kostenstrukturen, Leistungen und Verrechnungsobjekten wie Produkten auf.

4.1.2 Target Costing

4.1.2.1 Einführung

Ziel eines Unternehmens ist es, die eigenen Produkte zu einem möglichst hohen Preis am Markt abzusetzen. Andererseits ist das Festsetzen von Produktpreisen – vor allem in Bezug auf neue Produkte – eine strategische Entscheidung, die große Bedeutung in Bezug auf das Erreichen der angestrebten Marktanteile hat.

Marktorientierung

Target Costing (Zielkostenmanagement) ist in diesen Gesamtzusammenhang eingebettet. Das Zielkostenmanagement ist ein Hilfsmittel, um die Bedürfnisse des Marktes in allen Phasen der Produktentstehung mit zu berücksichtigen. Durch Zielkostenmanagement wird der Produktentstehungsprozess um den Aspekt der Kostenbetrachtung erweitert; die Zielkosten sind maßgeblicher Teil aller Phasen der Produktentstehung und -realisierung. So entsteht eine Entscheidungskette, die einen permanenten Einbezug des Faktors „Kosten" in alle Produktentscheidungen garantiert. Kosten „fallen" nicht einfach mehr an.

Dazu ist es notwendig, das bisher gängige Leitmotiv zu ändern: Statt

- „Wie viel wird ein Produkt kosten?" lautet die Frage nun
- „Wie viel darf ein Produkt kosten?"

Dieser Zusammenhang hat weitgehende Auswirkungen auf das bisher übliche Vorgehen im Rahmen der Produktplanung und Produktrealisierung. Die Kalkulation als Instrument der Preisbildung verliert in den Branchen, in denen der Wettbewerb sehr stark ist, ihre Bedeutung. Der Preis ist die Größe, die von vornherein vom Markt/Kunden als Fixum vorgegeben ist. Das Produkt darf nicht zu einem höheren als dem ermittelten Preis (Target Price) angeboten werden. Es bleiben diejenigen Unternehmen wettbewerbsfähig, die in der Lage sind, zu den vom Markt vorgegebenen Kosten zu produzieren.

4.1.2.2 Voraussetzungen und Vorgehensweise beim Target Costing

Intraorganisationale Zusammenarbeit

Eine wesentliche organisatorische Voraussetzung für die Arbeit mit Target Costs ist, dass Entwicklung und Konstruktion (E+K) mit den anderen Unternehmensbereichen eng zusammenarbeitet. Wird weitgehend kundenanonym entwickelt und gefertigt, kommt der Zusammenarbeit mit dem Vertrieb bzw. der Produktplanung eine große Bedeutung zu.

Ist beschlossen, ein neues Produkt zu entwickeln, dann ist ein fachübergreifendes Zielkosten-Team zu bilden. Dieses Team setzt sich in erster Linie zusammen aus den Mitarbeitern von E+K, Produktplanung, Qualitätswesen, Produktion und Controlling. Hilfsmittel, Methoden und Daten der verschiedenen Fachbereiche werden im Rahmen der Teamarbeit angewandt: Quality Function Deployment (QFD), Produktwert-Tableaus, Prozesskostenrechnung usw.

Vor diesem Hintergrund erfolgt die Definition des jeweiligen Zielkostenrahmens, die Aufteilung der gesamten Zielkosten auf die einzelnen Baugruppen und Komponenten des Produktes. So entstehen übersichtliche Ziel-Kosten-Strukturen. Leitmotiv ist hier: „Lieber frühzeitig Kosten mit realistischen Zahlen gestalten, als später Kosten detailgetreu verwalten".

Geht man davon aus, dass es für ein spezifisches Produkt zahlreiche Möglichkeiten gibt, dieses entsprechend der geforderten Funktionalität zu entwickeln und herzustellen, ist klar, dass einige von diesen Möglichkeiten aufwendiger sind als andere; darüber hinaus werden die unterschiedlichen Versionen jeweils andere Nutzungspotenziale beinhalten. Es gilt hier nun, die aus Kunden- und Unternehmenssicht ideale Ausgestaltung zu bestimmen (siehe Abbildung 4.2).

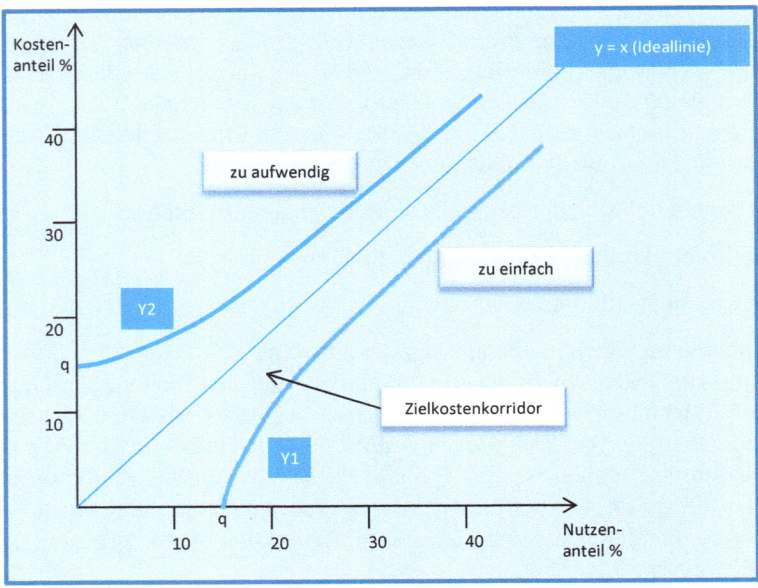

Abbildung 4.2 Schematische Darstellung des Kostenziels (Quelle: in Anlehnung an Horváth/Seidenschwarz 1992, S. 147)

Einbindung von Zulieferern

Um die Zielkostenvorgaben einhalten zu können, wird es immer mehr notwendig, auch die Zulieferer in das Zielkosten-Team einzubeziehen. Den Zulieferern müssen realistische Zielkostenvorgaben übermittelt werden. Falls notwendig, ist auch eine gemeinsame Kostenberatung denkbar.

Mit Target Costing ist eine neue Sichtweise verbunden. Im Zentrum steht die Frage, was ein Produkt kosten darf. Ausgangsbasis für die Beantwortung dieser Frage ist die Kenntnis des Marktes bzw. des auf dem betrachteten Markt möglichen Verkaufspreises des Produktes (Target Price; Zulässige Kosten = Zielpreis – angestrebter Gewinn).

Um die Zielkosten als Vorgabewert im Rahmen der Produktentstehung zu ermitteln, wird vom Target Price der sogenannte Target Profit (die angestrebte Gewinnmarge), abgezogen. Die so gewonnenen „zulässigen Kosten" (allowable costs) sind die kostenseitige Obergrenze. Sie dürfen nicht überschritten werden, da sonst entweder der zulässige Preis überschritten oder die angestrebte Gewinnmarge zu klein wird.

Im Weiteren werden z. B. der E+K-Bereich und die Produktion mit diesen **allowable costs** konfrontiert. In der Praxis wird der Vorgabewert „zulässige Kosten" unter den Kosten liegen, die allgemein als „realistisch erreichbar" angesehen werden. Deshalb wird nun von den Abteilungen „gegengerechnet": „Wie hoch sind die Kosten, wenn das Produkt ohne Innovation und auf Basis gegenwärtiger Technologien und Verfahren hergestellt wird?" Die so ermittelten Kosten werden „prognostizierte Kosten" (**drifting costs**) genannt. Diese von den Fachabteilungen prognostizierten Kosten werden i. d. R. höher sein als die vorgegebenen zulässigen Kosten.

Im nächsten Schritt werden die Differenz zwischen den prognostizierten und den zulässigen Kosten bzw. die einzelnen Bestandteile der prognostizierten Kosten näher analysiert. Folgendes Beispiel erklärt die Zusammenhänge:

- Die Baugruppe x verursacht 40 % der gesamten Herstellkosten. Warum?
- Warum ist zur Herstellung diese bestimmte Fertigungstechnologie /der Einsatz dieser bestimmten Maschine notwendig?
- usw.
- „Der Kostenanteil der Baugruppe x soll zukünftig nur 25 % der gesamten Herstellkosten betragen". *(Festlegung Kostenziel)*
- „Bauteil y soll zukünftig auch auf anderen Betriebsmitteln gefertigt werden können."

Dieses Kostenziel wird i. d. R. wertmäßig zwischen den prognostizierten und den zulässigen Kosten liegen. Die folgende Abbildung 4.3 zeigt ein Beispiel für die Vorgehensweise im Target Costing.

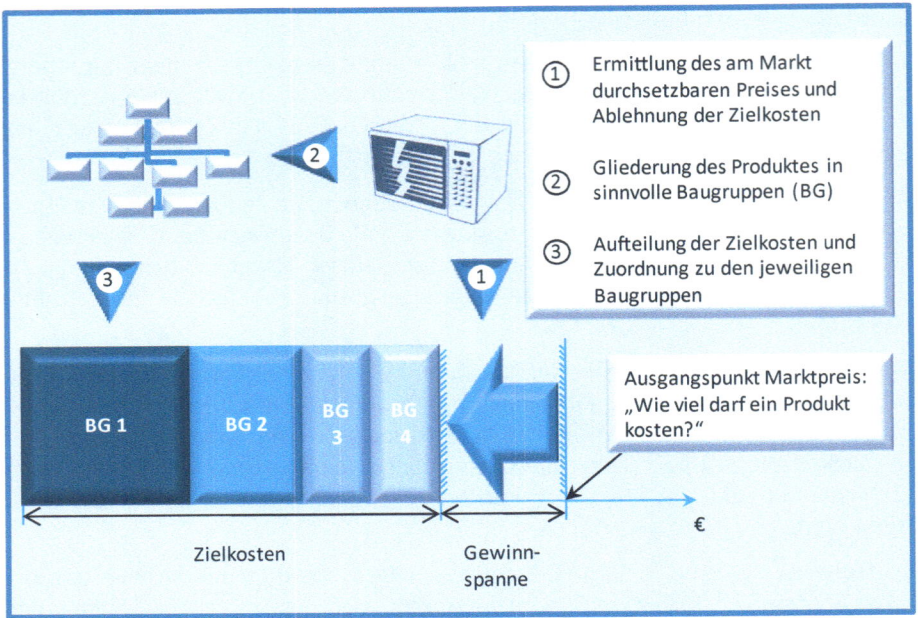

Abbildung 4.3 Ablauf des Target Costings

Produktoptimierung

Hier wird auch deutlich, warum Target Costing mit Zielkostenmanagement übersetzt wird. Target Costing ist eben nicht als Rechentechnik zu verstehen, sondern vielmehr als Methode, wie ein Produkt optimiert werden kann. Im Blickpunkt der Optimierung stehen in erster Linie die Kosten. Diese sind jedoch nur Ausdruck z. B. falsch gewählter Konstruktionsprinzipien, zu enger Toleranzen, falsch gewählter Werkstoffe, zu hoher Funktionalität usw. Ferner kann das Management über das Setzen der Zielkosten die Innovationsrate der einzelnen Produkte steuern.

Die zielkostengerechte Produktentwicklung hat dabei folgende Teilschritte:

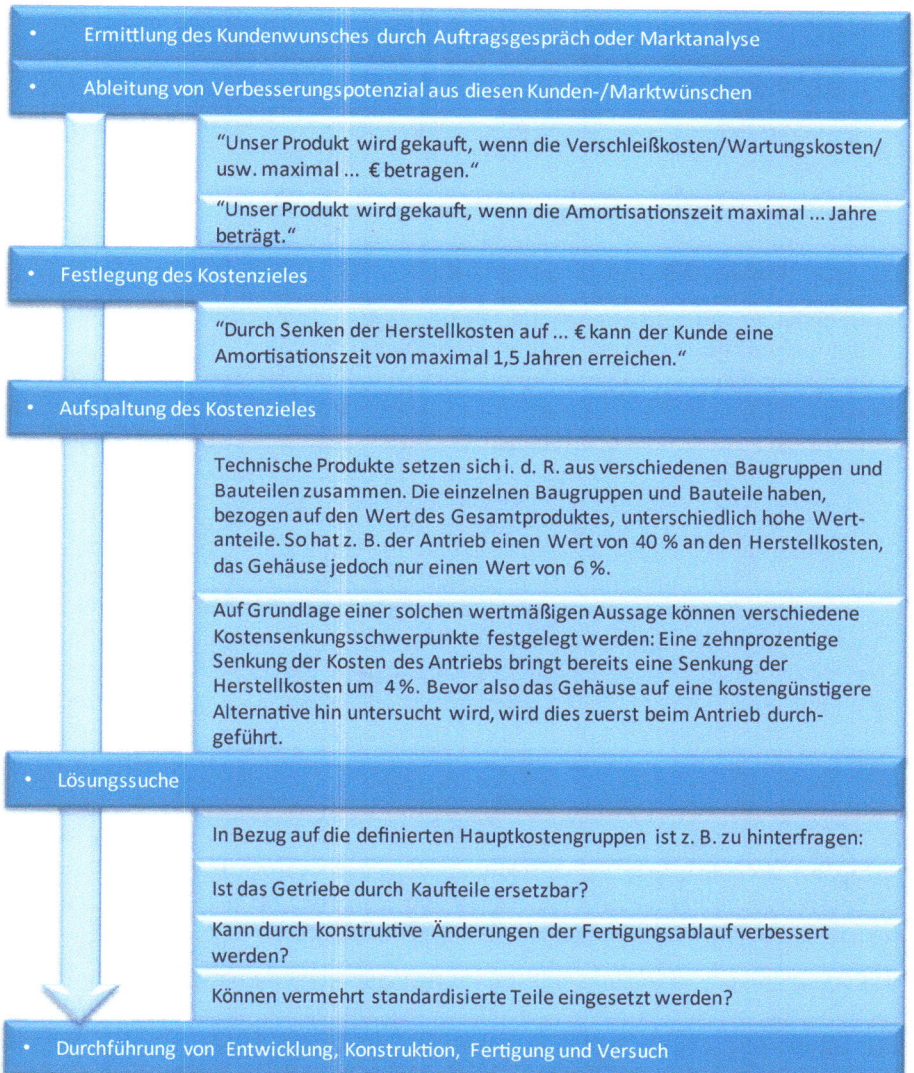

Abbildung 4.4 Ablauf einer zielkostengerechten Produktentwicklung (Target Costing)

4.1.2.3 Target Costing für Einzel- und Kleinserienfertigung

Charakteristika

Einzel- und Kleinserienfertigung in den unterschiedlichen Branchen zeichnen sich vor allem durch folgende Merkmale aus:

- kundenspezifische Fertigung

- lange Laufzeit einzelner Aufträge
- einzelne Aufträge stellen ein hohes Auftragsvolumen dar, das teilweise vorfinanziert werden muss
- wenige Konkurrenten
- oft unklare und sich ändernde Kundenwünsche

Zwingende Merkmale

Aufgrund dieser besonderen Situation bei Einzel- und Kleinserienfertigung muss das Target Costing folgende Merkmale haben:

- Gemeinsam mit dem Kunden müssen die **technischen Anforderungen** des Produktes und die damit in Verbindung stehenden **Kosten** im Auftragsgespräch festgelegt werden. Die festgelegten Kosten sind eine verbindliche Zielgröße für die spätere Auftragsabwicklung. Die Kosten, die als eine erste Zielvorgabe für den E+K-Bereich dienen, errechnen sich als die Differenz zwischen dem mit dem Kunden ausgehandelten Preis und einem Mindestzielgewinn. Die Zielkosten entsprechen also in einem ersten Schritt den erlaubten Kosten.

- Der vom Kunden **erwartete Nutzen** sollte bereits während des Auftragsgespräches herausgefunden werden. So lassen sich beispielsweise einzelne Produkte mit den dazugehörigen Dienstleistungen kombinieren. Das Ziel wird es sein, sogenannte „flexible Angebotsbündel" anzubieten, die jeweils aus einzelnen Modulen eines Baukastensystems bestehen (standardisierte Basisprodukte) und aus denen individuelle Produkte für den jeweiligen Kunden geschaffen werden können.

4.1.2.4 Zusammenspiel von Zielkostenmanagement und Prozesskostenrechnung

Gemeinkosten

Die zulässigen Kosten können entweder in Bezug auf die Herstellkosten oder in Bezug auf die Selbstkosten des Produktes festgelegt werden. In beiden Fällen sind Gemeinkosten zu berücksichtigen. Neben den Vorgaben für die Einzelkosten ist es deshalb auch sinnvoll, Gemeinkostenbudgets vorzugeben.

Prozesskostenrechnung für strukturelle Fragen

Das Zielkostenmanagement kann allerdings nur die Produktkosten unmittelbar beeinflussen. Strukturelle Probleme des Unternehmens in Organisation, Abläufen, Verwaltung usw. können lediglich aufgezeigt, nicht aber behoben werden. Die hier insbesondere in den Gemeinkostenbereichen notwendigen Veränderungen sind beispielsweise mit dem Instrumentarium der Prozesskostenrechnung zu lokalisieren und umzusetzen.

> Die Prozesskostenrechnung übt also dadurch, dass sie die Kostentreiber für einzelne Prozesse nennt, eine gewisse Wegweiserfunktion für das Zielkostenmanagement aus.

So kann z. B. ein Ergebnis der Prozesskostenrechnung die Feststellung „Vorgang x kostet y €" sein. Im Rahmen der Festlegung des Kostenzieles kann dann geprüft werden, ob dieser Vorgang x eine wertmäßige Rolle im Entstehungsprozess des betrachteten Produktes spielt. Falls ja, dann kann dieser Vorgang als verbesserungswürdig im Rahmen des Zielkostenmanagements definiert werden. Durch die Optimierung der betrieblichen Prozesse und den i. d. R. damit verbundenen Kosteneinsparungen im Gemeinkostenbereich lassen sich mittelbar auch die produktseitig gewünschten Zielkosten erreichen.

Variantenwahl

Ferner können die „Kosten für Prozesse" auch im Rahmen der Auswahl verschiedener Varianten-/Verfahrens-Alternativen angewandt werden: Variante x zeichnet sich durch einfachere Gestaltung, geringere Zahl der Baugruppen und Teile und weniger enge Toleranzen bei Form, Lage und Oberfläche aus. Allein mit direkten Einsparungen bei den Materialkosten wird das Kostenziel eher selten erreicht. Durch einfachere Gestaltung und weiter gefassten Toleranzen lassen sich im Weiteren Fertigungs- und Montagekosten reduzieren und damit ggf. das Kostenziel bereits erreichen. Zusätzlich kann ggf. noch durch die Änderung des technischen Prinzips eine Baugruppe oder auch Einzelteile eliminiert werden.

4.1.2.5 Zusammenfassung

Die Kernfragen des Target Costings sind immer wieder:

- Was will der Kunde?
- Was ist der Kunde bereit, dafür zu zahlen?

Kosten- und kundengerechte Produkte

Mit Target Costing ist es möglich, kosten- und kundengerechte Produkte zu realisieren. Das Konzept geht über die rein zielkostengesteuerte Produktentwicklung hinaus und es gibt bei der Einführung und Umsetzung dieser Methode viele Hürden und Hindernisse in der praktischen Anwendung. Um aber der Maschinenbaubranche auf Dauer das Überleben im harten internationalen Wettbewerb zu sichern, wird eine Beherrschung des Target-Costing-Prozesses die notwendige Voraussetzung sein. Viele der Ideen, Grundlagen und Teilmethoden des Target Costings sind auch in Deutschland lange bekannt. Dazu zählen auch die Wertanalyse in Form der Wertgestaltung sowie die Methoden des kostengünstigen Konstruierens und der Relativkostenbetrachtung die in Deutschland selbst entwickelt wurden.

Die Erfolgsverantwortung für das Produkt liegt im Entwicklungs- und Konstruktionsbereich. Das Management der Kosten und in noch viel stärkerem Maße das Management der E+K-Prozesse erfordern, dass Ideen nicht nur kreiert, sondern auch umgesetzt werden und Methoden nicht nur bekannt sind, sondern auch angewandt werden.

4.1.2.6 Aufgaben zum Themenbereich Target Costing

Auf beigefügter CD finden Sie die Lösungen der folgenden Aufgaben.

Aufgabe 4.1.2.6-1

Wie kann das Leitmotiv des Target Costings umschrieben werden?

- Wie viel wird ein Produkt kosten?
- Wie viel darf ein Produkt kosten?
- Wie viel kostet das Konkurrenzprodukt?
- Zu welchen Kosten produzieren wir unser Produkt?

4.1.3 Lifecycle Costing

4.1.3.1 Begriffliche Grundlagen

Lebenszyklus-Betrachtung

Im Unterschied zu den in Kapitel 3 behandelten Methoden, die sich oftmals auf eine Periode beziehen, zielt das Lifecycle Costing auf die Ermittlung und Analyse von Kosten über den gesamten – geplanten – Lebenszyklus eines Produktes ab und ermöglicht damit eine umfassende Beurteilung des Erfolgsbeitrages eines Produktes oder Projektes auf strategischer Ebene.

Strategische Entscheidungen

Wie eingangs dieses Kapitels erwähnt, dienen die hier vorgestellten Instrumente der Unterstützung mittel- bis langfristiger Entscheidungen. Für die strategische Steuerung des Unternehmens sind kurzfristig orientierte Tools, die für eine Periode beispielsweise Plan-Ist-Vergleiche berechnen, nicht ausreichend. Um also festzustellen, wie sich die Kosten für ein Produkt mittelfristig verhalten, ist eine Ausweitung des Betrachtungszeitraumes erforderlich. Eine konsequente Umsetzung dieser Überlegung führt dazu, dass der gesamte Lebenszyklus eines Produktes betrachtet wird, denn bei dieser Perspektive werden grundsätzlich alle relevanten Kosten erfasst. Bei der zusätzlichen Integration der Erlöse in das Betrachtungsmodell kann sogar der Erfolgsbeitrag des betreffenden Produktes ermittelt werden. Führt man Prognosen vor der Einführung neuer Produkte durch, können hiermit Entscheidungen zu deren Aufnahme in das Portfolio bzw. das kritische Überprüfen von Entwicklungsprojekten unterstützt werden.

Die kostenrechnerische Betrachtung des gesamten Lebenszyklus wird als Lifecycle Costing (oder auch Lebenszykluskostenrechnung) bezeichnet. Diese Perspektive ist nicht nur legitim, sondern vielmehr zwingend, wird doch in der Phase der Produktentwicklung ein Großteil der später entstehenden Kosten festgelegt. Lifecycle Costing kann nun frühzeitig Informationen dafür liefern, inwiefern ein Produkt nach der geplanten Spezifikation eine sinnvolle Ergänzung des Portfolios darstellt. Darüber hinaus können Abgleiche mit erwarteten Marktpreisen Anhaltspunkte für Umgestaltungen oder u. U. sogar die Einstellung eines Vorhabens liefern.

Produzenten- vs. Konsumentensicht

Prinzipiell werden in der betriebswirtschaftlichen Literatur zwei unterschiedliche Perspektiven des Lifecycle Costings unterschieden:

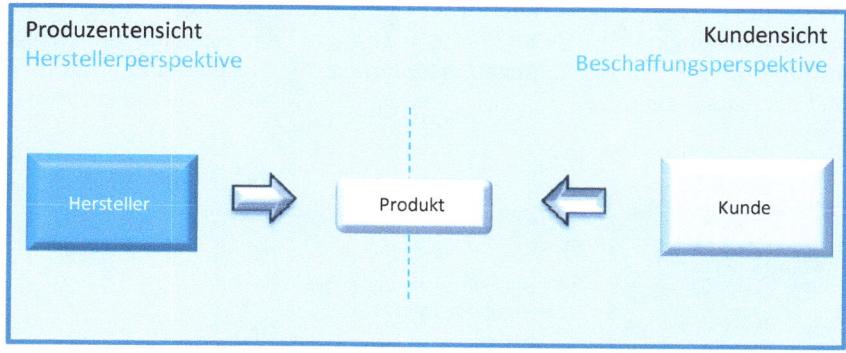

Abbildung 4.5 Interpretationen des Lifecycle Costings

Die zweite Variante betrachtet im Unterschied zu der oben skizzierten Fragestellung die Beschaffungsseite (Konsumentensicht) und prüft, welche von verschiedenen Alternativen über die geplante Einsatzdauer die geringsten Kosten verursacht. Wenig überraschend wird dieses Prinzip oft bei militärischen Gütern, aber auch bei Gebäuden oder etwa bei Software („Total Cost of Ownership") angewendet (z. B. Woodward 1997). Hier wird also der Lebenszyklus im Sinne der gesamten Einsatzzeit betrachtet. Die erste Variante wiederum ist mit den oben dargestellten Überlegungen verbunden und stellt damit die Produzentensicht dar. Hier werden also sämtliche Kosten – und ggf. Erlöse – betrachtet, die dem Hersteller eines Produktes von der Initiierung eines Vorhabens bis zum Ende des Lebenszyklus entstehen. Dieses Buch widmet sich ausschließlich dieser ersten Perspektive. Für diese kann folgende Definition gegeben werden (Deimel/Isemann/Müller 2006, S. 465):

„Unter Lifecycle Costing versteht man ein Kostenrechnungssystem zur Betrachtung der Kosten eines Produkts oder eines Projektes über den gesamten Produktlebenszyklus von den Vorlaufkosten (z. B. Forschung, Entwicklung, Markteinführung) über die begleitenden Kosten (Produktion, Marktpflege) bis hin zu Nachlaufleistungen (Rücknahmen, Rückbau der Anlagen)."

Obwohl mit Lifecycle Costing ein leistungsfähiges Tool für zwischenzeitliche Analysen verfügbar ist, gibt es nach wie vor zahlreiche Situationen, in denen beispielsweise die Frage nach spät im Lebenszyklus entstehenden Kosten nicht oder nur unzureichend adressiert wird. Beispiele hierfür finden sich im Bereich der Herstellung von Photovoltaik-Modulen, deren Entsorgung unter Einhaltung rechtlicher Vorschriften vergleichsweise aufwendig ist.

4.1.3.2 Vorbereitungen

Die oben vorgestellten Überlegungen haben deutlich gemacht, dass das Lifecycle Costing alle Kosten und Erlöse erfassen möchte, die sich im Laufe des Lebenszyklus eines Produktes ergeben. Damit wird prinzipiell eine Vollkosten-Betrachtung durchgeführt (Djanani/Schöb 1997, S. 350). Auf der Basis dieser Daten werden nun Analysen zur Vorteilhaftigkeit bestimmter Vorhaben durchgeführt. Da dieses Instrument der Unterstützung langfristiger Entscheidungen dient, müssen die relevanten Werte über eine längere Periode im Voraus bestimmt, d. h. prognostiziert, werden. Hierfür sind diverse Vorüberlegungen erforderlich, die zusammenfassend in Tabelle 4.3 dargestellt sind.

Tabelle 4.3 Vorab zu klärende Punkte

Produkt	Abgrenzung in zeitlicher und sachlicher Hinsicht
Planungshorizont	Welche Länge hat der Lebenszyklus und in welche Phasen wird er eingeteilt?
Prognosen	Festlegung der Instrumente zur Datenerhebung
Kosten-rechnerischer Ansatz	Welche Methode soll zur Erfassung der Kosten genutzt werden?
Vorteilhaftigkeit	Wie wird ermittelt, ob ein Projekt sinnvoll ist?

- Definition des Produktes: Hier ist zunächst zu klären, was unter einem Produkt im engeren Sinne überhaupt verstanden wird. Neben einer zeitlichen Festlegung stehen hier insbesondere Abgrenzungen zu Vor- und Nachfolgeprodukten sowie zu Varianten im Vordergrund. Dies impliziert insbesondere die Festlegung, was als Verbesserung im Sinne eines Facelifts und was als Neuprodukt gilt.

- Definition des Planungshorizontes: Dieser Aspekt ist von entscheidender Bedeutung, denn hier wird der Lebenszyklus an sich festgelegt. Auf dieser Basis sind dann die relevanten Einzelphasen zu bestimmen, für welche Kosten und Erlöse zu prognostizieren sind. Schematisch lassen sich Lebenszyklus, dessen Phasen, sowie deren Kosten wie folgt darstellen:

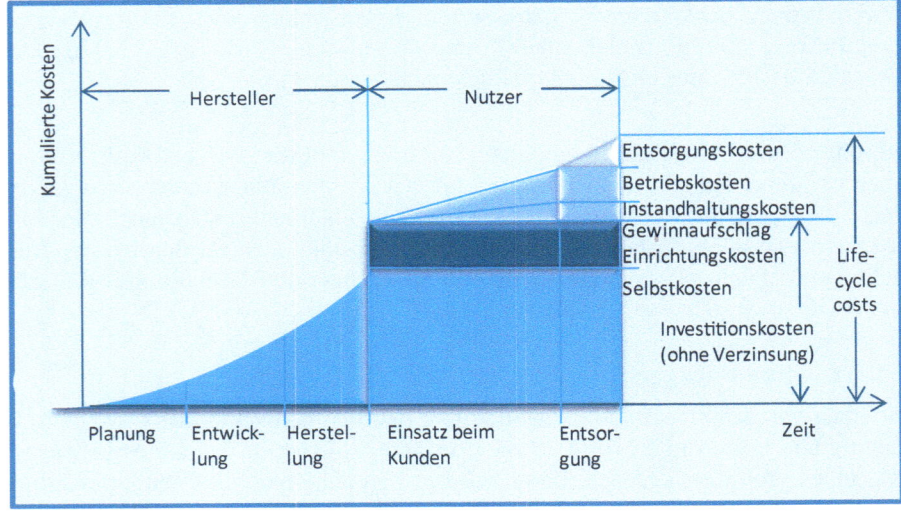

Abbildung 4.6 Zusammensetzung der Lifecycle-Kosten (Quelle: in Anlehnung an Lindemann/Mörtl 2010, S. 64)

- Definition der **Prognoseinstrumente**: Die erst in der Zukunft anfallenden Kosten- und Erlösgrößen abzuschätzen, ist sicherlich eine vergleichsweise schwierige Aufgabe. Prinzipiell können hier mehrere Verfahren angewendet werden, die sich in der Genauigkeit unterscheiden. Die Kenngrößenkalkulation stellt auf relativ hohem Abstraktionsniveau Beziehungen zwischen Produktmerkmalen und Kosten her, z. B. Tragfähigkeit oder Fördervolumen.
  - Auf bereits vorhandene Produkte greift die Ähnlichkeitskalkulation zurück, indem sie konstruktiv und funktionell vergleichbare Features existierender Lösungen als Grundlage nutzt (Djanani/Schöb 1997, S. 351).
  - Die Kenngrößenkalkulation wertet Nachkalkulationen ähnlicher Produkte aus und setzt globale Indikatoren wie Gewicht oder Volumen in Beziehung zu den Kosten (Adam 1998, S. 193).
  - Detaillierter aber anspruchsvoller ist das Verfahren der Geometriedaten (Siegwart/Senti 1995), bei dem basierend auf historischen Projekten multivariate Schätzfunktionen aufgestellt werden, mit denen die Kosten basierend auf den Werten der Geometriedaten geschätzt werden.

- **Kostenrechnerische Basis**: hier stellt sich die Frage, welches Kostenrechnungssystem die beste Ausgangsbasis für die Erfassung der periodenübergreifenden Kosten darstellt. Das System der Einzelkostenrechnung bietet aufgrund seiner Grundidee einen guten Ansatzpunkt für die Erfassung der Kosten; allerdings werden die periodenspezifischen Gemeinkosten hier nicht berücksichtigt. Die Grenzplankosten- bzw. Deckungsbeitragsrechnung können ebenfalls erweitert werden, um für das Lifecycle Costing relevante Daten zu liefern. Hier ist insbesondere eine Umgestaltung hin zu einer periodenübergreifenden Rechnung notwendig. Auch in dieser Variante bleibt die Frage der Erfassung der Gemeinkosten bestehen (Deimel/Isemann/Müller 2006, S. 465 f.). Um dem unterschiedlichen zeitlichen Anfall der Kosten gerecht zu werden, muss ein Kalkulationszinsfuß eingeführt werden, mit dem die Kosten – und auch Erlöse – durch Auf- bzw. Abzinsung auf einen einheitlichen Zeitpunkt bezogen werden (Djanani/Schöb 1997, S. 352).

- Die **Vorteilhaftigkeit** ist bei einer reinen Kostenbetrachtung zunächst durch einen reinen Vergleich der Höhe zu bestimmen. Bei intertemporalen Optimierungen wird also ein entsprechend globaler Minimalwert gesucht. Bei der Einbeziehung von Erlösen stellt sich dann die Frage, ob ein Produkt oder Vorhaben überhaupt einen Erfolgsbeitrag leisten kann. Hier werden also Deckungs- bzw. Gewinnbeiträge berechnet und beurteilt.

4.1.3.3 Umsetzung

4.1.3.3.1 Einteilung der Phasen

Lebenszyklusphasen

Für die folgende Beschreibung des Lifecycle Costings wird als Basis die Aufteilung des Lebenszyklus in seine Hauptphasen genutzt. Im Marketing werden prinzipiell fünf Phasen unterschieden, die Einführungs-, Wachstums-, Reife-, Sättigungs- sowie die Degenerationsphase. Für das Lifecycle Costing sind Anpassungen notwendig, sodass sich insgesamt drei Abschnitte ergeben:

3-Phasen-Produkt-lebenszyklus

- Den genannten Episoden gemein ist, dass sie sich auf den Zeitraum beziehen, in welchem das Produkt am Markt angeboten wird; da für das Lifecycle Costing der genaue Status des Marktes irrelevant ist, werden diese Phasen gedanklich zu einer einzigen, der Marktphase, zusammengefasst.
- In der Vorlaufphase findet die Produktentwicklung im engeren Sinne statt, einschließlich der Erstellung von Machbarkeitsstudien, Prototypenentwicklung, Vorserien etc.
- Die Nachlaufphase umfasst Garantieleistungen, Entsorgungen, Verschrottung der Anlagen und Ähnliches. Damit beginnt diese Phase praktisch gleichzeitig mit der Marktphase.

Vor- und Nachlaufphase

Vor- und Nachlaufphase unterscheiden sich insofern von der Marktphase, als prinzipiell nur letztere Erlöse generiert. Zweifellos gibt es Ausnahmen, so können bereits in der Vorlaufphase Subventionen beantragt werden. In der Nachlaufphase dagegen könnte beispielsweise die Entsorgung selbst oder Zusatzdienstleistungen wie Abholung gegen Entgelt angeboten werden. Da aber grundsätzlich nur die Hauptphase in der Lage ist, Deckungs- und Gewinnbeiträge zu generieren, werden die Vor- und Nachlaufkosten auf diese Phase übertragen und dort auf die verkauften bzw. zu verkaufenden Produkte anteilig umgerechnet. Damit wird verhindert, dass die betreffenden Kostenpositionen in den Perioden, in denen sie anfallen, auf die dann in der Produktion befindlichen – und Erlöse generierenden – Produkte verrechnet werden, die überhaupt nicht für deren Verursachung verantwortlich sind.

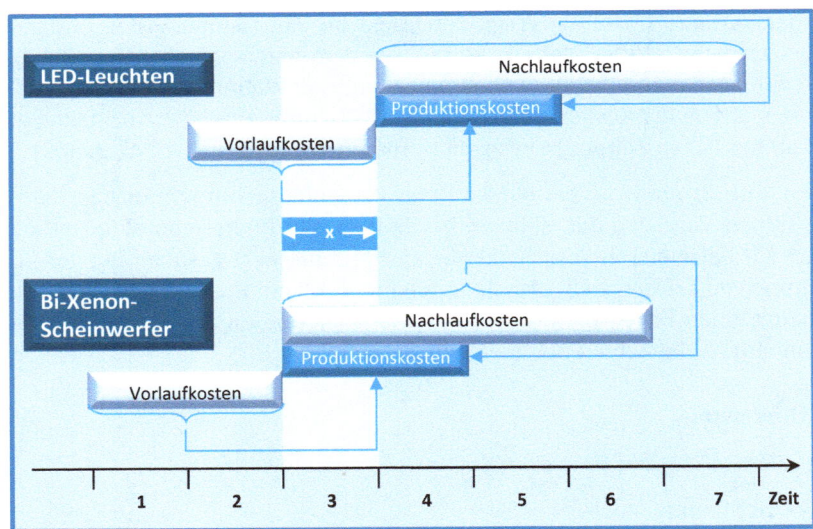

Abbildung 4.7 Umrechnung der Vor- und Nachlaufkosten am Beispiel von Scheinwerfern (Quelle: in Anlehnung an Coenenberg/Fischer/Günther 2009, S. 583 ff.)

Diese Überlegungen sind im Beispiel in Abbildung 4.7 zusammengefasst. Die Entwicklung der LED-Vollscheinwerfer dauert in diesem Beispiel noch an, während die Bi-Xenon-Scheinwerfer bereits Erlöse generieren.

Würde nicht dem Lifecycle Costing gefolgt werden, entfiele der durch „x" markierte Teil der Entwicklungskosten der LED-Vollscheinwerfer auf die Xenon-Scheinwerfer, diese würden dann mit einem Kostenblock belastet, den sie nicht verursacht haben.

4.1.3.3.2 Kostenkategorien

Basierend auf diesen Phasen, lassen sich drei Kostenkategorien unterscheiden (Coenenberg/Fischer/Günther 2009, S. 583 ff.):

- Vorlaufkosten oder Vorleistungskosten in der Vorlaufphase

    Hier werden alle Kosten zusammengefasst, die vor der Markteinführung entstehen. Dies sind sicherlich zum einen Kosten für Forschung und Entwicklung, etwa für Betriebsmittel oder auch Rechteerwerb. Zum anderen gehören Kosten für die Produktionsvorbereitung zu dieser Kategorie. Darüber hinaus sind Marketingkosten zu nennen, beispielsweise für Marktforschung, Schulungen, Aufbau von Vertriebskanälen und Ähnliches. Die Kosten dieser Phase spielen eine nicht zu unterschätzende Rolle, denn in dieser Phase wird wie bereits erwähnt ein erheblicher Teil der späteren Herstellkosten definiert. Dies weist auf mögliche Trade-off-Effekte hin, denn eine leicht ausgedehnte und damit teurere Entwicklungszeit kann durchaus zu einer optimierten Produktgestaltung und damit geringeren Herstellkosten führen. Obgleich zu Recht darauf hingewiesen wird, dass eine kurze Entwicklungszeit entscheidend für niedrige Vorlaufkosten ist (z. B. Siegwart/Senti 1995), wird deutlich, dass das Ziel einer Optimierung der Lifecycle Costs letztlich eine Optimierung der periodenübergreifenden Kosteneinflussfaktoren ist. Mit anderen Worten: nicht die Kosten einer Periode sind zu optimieren, sondern die des gesamten Lebenszyklus.

- Produktionskosten in der Marktphase

    In der Marktphase ist das Produkt am Markt verfügbar. Sämtliche Kosten, die hiermit in Verbindung stehen, sind hier zu berücksichtigen. Zum einen sind dies die Kosten für die Herstellung des Produktes. Darüber hinaus fallen auch in dieser Phase Marketingkosten an, die insbesondere zu Beginn vergleichsweise hoch sind, da hier die Platzierung am Markt unterstützt werden muss. Sicherlich werden – je nach Produkt – auch weiterhin Entwicklungskosten anfallen, zum einen für inkrementelle Verbesserungen, zum anderen für weitergehende Updates wie etwa Faceliftings. In der Softwareindustrie beispielsweise sind Updatezyklen von sechs Monaten für eine bestimmte Softwareversion durchaus üblich.

- Folgekosten oder Nachleistungskosten in der Nachlaufphase

    Unter dieser Kategorie werden Kosten für Wartung, Reparaturen und Garantieleistungen zusammengefasst. Darüber hinaus sind auch Schadensersatzleistungen im weiteren Sinne hierunter zu subsummieren. In den letzten Jahren sind sowohl auf nationaler als auch auf EU-Ebene die Vorschriften für die Rücknahme alter Produkte deutlich verschärft worden. Für Elektro- und Elektronikgeräte sind diese beispielsweise sehr weitgreifend, da die Produktverantwortung der Hersteller die unentgeltliche Rücknahme im Falle privater Haushalte sowie die umweltverträgliche

Entsorgung mit einschließt (Gesetz über das Inverkehrbringen, die Rücknahme und die umweltverträgliche Entsorgung von Elektro- und Elektronikgeräten),wodurch dem/der Hersteller/in der Nachlaufphase erhebliche Kosten entstehen (Coenenberg/Fischer/Günther 2009, S. 586). Dies verdeutlicht einmal mehr, dass die zielgerichtete Gestaltung der Kosteneinflussfaktoren über den gesamten Lebenszyklus von besonderer Relevanz ist, denn eine entsprechende Sorgfalt in der Entwicklungsphase kann die Nachlaufkosten erheblich reduzieren. Als Faustregel kann davon ausgegangen werden, dass durch eine Erhöhung der entwicklungsbezogenen Vorlaufkosten um eine Geldeinheit in den späteren Perioden acht bis zehn Geldeinheiten eingespart werden können (Coenenberg, Fischer und Günther 2009).

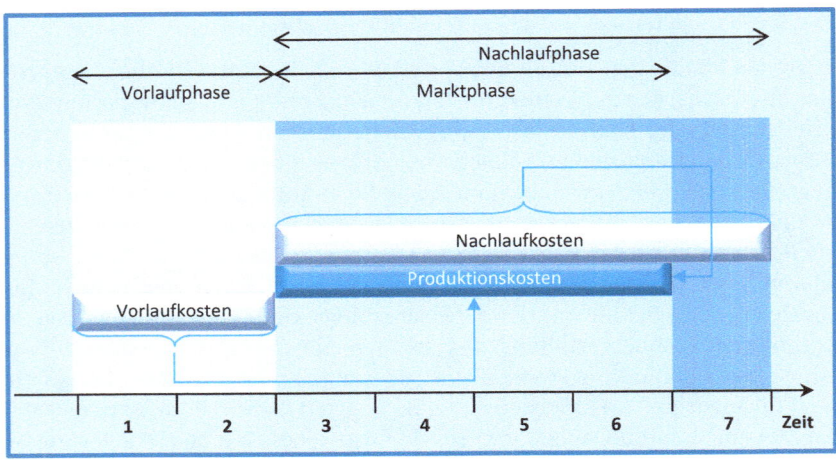

Abbildung 4.8 Abgrenzung der Kosten von Vor- und Nachlauf- sowie Marktphase (Quelle: in Anlehnung an Coenenberg/Fischer/Günther 2009, S. 583 ff.)

4.1.3.3.3 Erfassung der Kosten

Ansammlung kalkulatorischer Kosten

Grundsätzlich werden in allen Perioden sowohl variable als auch fixe Kostenanteile mit dem Produkt verbunden sein. Analog zum Konzept des Aktivierens im externen Rechnungswesen können alle in der Vorlaufphase anfallenden Kosten in den Kostenstellen abgegrenzt und über die Teilperioden dieser Phase kumuliert werden. Hierfür wird die kalkulatorische Bestandsrechnung genutzt. Entsprechend können die Kosten der Nachlaufperiode als Äquivalent zu den Rückstellungen des externen Rechnungswesens aufgefasst werden. Die Gründe für die Kostenentstehung lägen hier in der Marktphase, in welcher dann bereits kalkulatorische Kosten für die in der Nachlaufphase erwarteten Positionen erfasst werden. Damit würden also in der Marktphase entsprechende Ansammlungen gebildet. Diese kalkulatorischen Ansammlungen sind nun auf die Marktphase zu verrechnen, was zu einer sehr viel verursachungsgerechteren Zurechnung der Kosten auf die Nutzperioden führt.

4.1.3.3.4 Zurechnung der Kosten

Sind die Kosten für die jeweiligen Perioden erfasst bzw. prognostiziert, ist die Frage der Umrechnung zu klären. Prinzipiell bieten sich hier zwei Möglichkeiten (Djanani/Schöb 1997, S. 356):

- Verrechnung komplett auf die Periode, in der die Kosten angefallen sind.
- Verrechnung auf die Produkte, die die Kosten verursacht haben.

Verrechnung auf Produkte

Als Periodengemeinkosten könnten die Vor- und Nachlaufkosten grundsätzlich verrechnet werden, allerdings nur in Ausnahmefällen. Dies ist etwa der Fall, wenn sie verglichen mit Produktions- und Vertriebs- bzw. Verwaltungskosten unbedeutend sind, zeitlich gleichmäßig verteilt und von allen Produkten im Unternehmen ansatzweise gleich verursacht sind oder keinem Produkt zurechenbar sind. Bei periodenweiser Verrechnung kann die Umrechnung über Haupt- oder vorgelagerte Hilfskostenstellen erfolgen. Ist für eine Kostenposition die Verrechnung in einer Periode nach den oben genannten Fällen nicht sinnvoll oder möglich, muss eine Zurechnung auf das Produkt erfolgen. Als problematisch könnten sich diejenigen Positionen erweisen, die durch mehrere Produkte gemeinsam verursacht wurden, dies ist gerade bei Entwicklungskosten der Fall. Hier können entsprechende Gewichtungsfaktoren eine Verteilung erleichtern.

4.1.3.3.5 Erlösgestaltung

Mit diesen Kosteninformationen liegen wichtige Inputdaten für die langfristige, phasenübergreifende Erlösgestaltung vor. Hat ein Unternehmen hohe Produktions-, aber niedrige Vorlaufkosten, wäre dies vergleichsweise unproblematisch. Würde die Entwicklung des LED-Tagfahrlichtes (siehe Abbildung 4.5) aber hohe Entwicklungskosten und vergleichsweise niedrige Kosten in der Herstellung haben, würden zu niedrige Produktkosten und ein unzureichender Preis – und damit Deckungsbeitrag – ermittelt. Dasselbe gilt für den Fall hoher Entsorgungskosten. Würden beispielsweise kritische Stoffe bei der Herstellung der LED-Leuchten benutzt, wäre die Demontage und -Entsorgung entsprechend aufwendig. Auch wenn vermutlich nur ein Teil der produzierten Menge vom Unternehmen wirklich zurückgenommen werden müsste, sind diese Kosten in den Preisen zu berücksichtigen.

Erlösgestaltung

Für eine differenzierte und verlässliche Erlösplanung sind entsprechende Daten über Marktpotenzial und Marktanteil bereitzustellen. Wie für strategische Planungen allgemein bietet sich eine Unterteilung dieser Prognosen in drei verschiedene Szenarien an: optimistisch, wahrscheinlich und pessimistisch. Auf dieser Basis können unterschiedliche Verrechnungssätze ermittelt werden, die wiederum in der Summe die Entwicklung eines Preiskorridors ermöglichen (Djanani/Schöb 1997, S. 358).

4.1.3.3.6 Kontinuierliche Anwendung

Lifecycle Costing ist nicht nur eine einmalig durchgeführte Plan-Rechnung, sondern vielmehr eine fortlaufend während des gesamten Lebenszyklus anzuwendende Methode.

Allein der Vergleich von Plan- und Ist-Kosten stellt bereits wichtige Informationen für das Controlling zur Verfügung. Neben diesem eher kontrollorientierten Aspekt sind es aber auch die permanenten Vergleiche von noch zu deckenden Kosten mit den noch zu erwartenden Erlösen, die von erheblicher Bedeutung sind, denn diese stellen die Basis für Steuerungsmaßnahmen dar. So kann laufend geprüft werden, ob das Pricing der eingeführten LED-Scheinwerfer die Deckung der Kosten ermöglicht, ob ggf. Anhebungen im Preisniveau notwendig wären oder sogar Preissenkungen – die im Zuge der Sättigungs- und Degenerationsphasen vermutlich ohnehin notwendig werden – möglich sind. Während die ex-ante-Betrachtung mithin eindeutig die strategische Entscheidungsfindung unterstützt, kann eine ex-post-Betrachtung neben den eigentlichen Kontrollzielen auch der Erfahrungssammlung und der Planung für zukünftige Lebenszyklen dienen.

4.1.3.4 Vor- und Nachteile

4.1.3.4.1 Vorteile

Das oben dargestellte Verfahren macht deutlich, dass Lifecycle Costing mit zahlreichen Vorteilen verbunden ist (Djanani/Schöb 1997, S. 358 ff.).

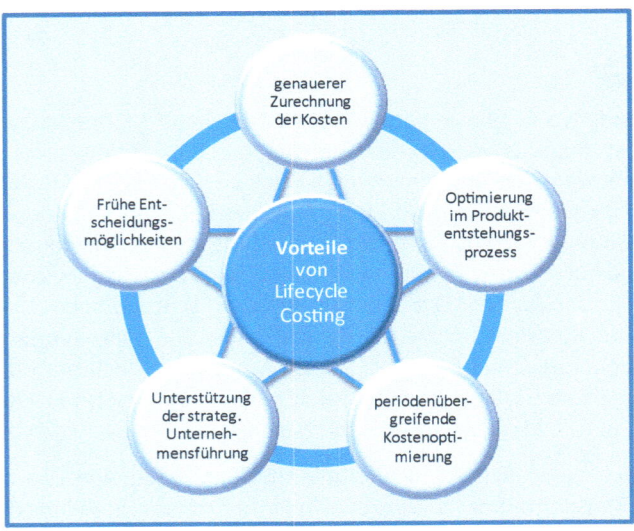

Abbildung 4.9 Vorteile des Lifecycle Costings (Quelle: in Anlehnung an Djanani/Schöb)

Folgende Vorteile lassen sich zusammenfassend darstellen:

- Obgleich im Kern lediglich eine Modifikation von Kostenarten- und Kostenträgerrechnung, liegt eine wesentliche Stärke des Ansatzes darin, dass er eine sehr viel genauere Zurechnung bestimmter Kostenpositionen auf die Produkte bzw. Projekte erlaubt, die sie auch verursacht haben. Unnötige Belastungen von derzeit am Markt befindlichen Produkten durch Entwicklungskosten anderer werden vermieden.

- Da dies grundsätzlich eine ex-ante-Betrachtung erfordert, kann hier zu einem sehr **frühen Zeitpunkt** geprüft werden, ob eine Aufnahme eines bestimmten Produktes in den Entwicklungsplan überhaupt sinnvoll ist: ist ein positiver Erfolgsbeitrag zu erwarten? Bei begonnen Vorhaben kann so rechtzeitig die Reißleine gezogen werden, nämlich dann, wenn ein Vergleich der aufgelaufenen und noch zu erwartenden Kosten mit den geplanten Erlösen keinen Deckungsbeitrag erwarten lässt.

- Damit ist nicht nur eine differenzierte Zurechnung der Kosten möglich, sondern insbesondere auch eine wertvolle **Unterstützung der strategischen Unternehmensführung**. Gerade die Gestaltung des Produktportfolios ist eine der hier wichtigsten Aufgaben.

- Nicht nur die Beurteilung von Für und Wider werden damit realisierbar, sondern auch gestalterische Maßnahmen. Durch Lifecycle Costing können die Kosten für ein Produkt nicht nur kurzfristig, sondern **periodenübergreifend optimiert** werden. Es ist beispielsweise möglich, in der Entstehungsphase andere oder höherwertigere Materialien zu nutzen, um in der Produktionsphase Kosten zu senken.

4.1.3.4.2 Nachteile

Obgleich ein leistungsfähiges Instrument, bringt die Anwendung von Lifecycle Costing auch etliche Herausforderungen mit sich (Djanani/Schöb 1997, S. 358 ff.).

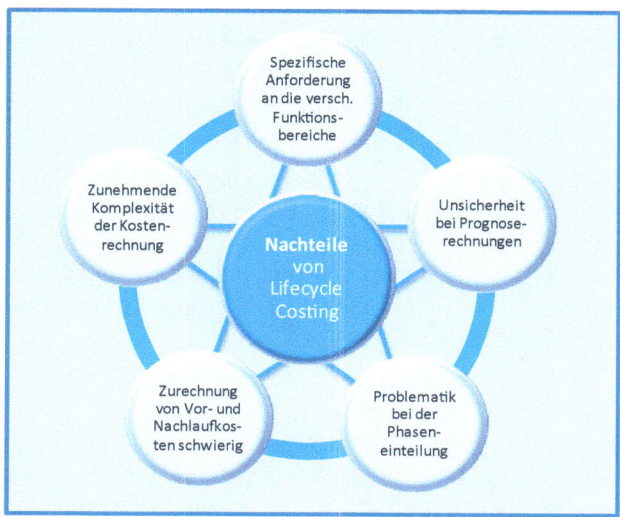

Abbildung 4.10 Nachteile des Lifecycle Costings (Quelle: in Anlehnung an Djanani/Schöb)

Die Nachteile lassen sich wie folgt zusammenfassen:

Lifecycle Costing ist periodenübergreifend und bietet daher bessere Informationen. Andererseits steigt – da auch kurzfristige Rechensysteme existieren

- die **Komplexität** der Kostenrechnung. Die unterschiedlichen Systeme sind außerdem zu harmonisieren. Diese Parallelität der Systeme muss von den Unternehmen als Gedanke überhaupt erst akzeptiert werden. Darüber hinaus ist die Definition, Erfassung, Dokumentation und Aufbereitung der Anders- und Zusatzkosten aufwendig.

- Ferner ist die **Zurechnung** bestimmter Vor- und Nachlaufkosten auf ein bestimmtes Produkt oft nicht trivial, da solche Kosten nicht selten durch mehrere Produkte verursacht werden. Hier ist also eine zeitliche und sachliche Zurechnung gleichzeitig durchzuführen.

- Die **Einteilung der Phasen** ist dabei alles andere als standardisiert. Dies bezieht sich zum einen auf die Frage, aus welchen Aktivitäten und Elementen eine solche Episode überhaupt besteht, denn hier gibt es sicherlich Unterschiede zwischen Produktlinien und selbst gleichartigen Produkten. Außerdem ist gerade in der Nachlaufphase problematisch, dass Kunden in vielen Fällen berechtigt, aber nicht verpflichtet sind, bestimmte Leistungen in Anspruch zu nehmen. Gerade in Fällen, wo über die Leistungen der Nachlaufphase Erlöse und Deckungsbeitrag erzielt werden sollen, ist dies gravierend.

- Ein sehr viel elementareres Problem stellt die Notwendigkeit dar, **Prognosen** aufzustellen. Dies ist sowohl für Kosten als auch für Erlöse (z. B. in Form einer Preis-Absatz-Funktion) erforderlich, um Steuerungsinformationen für die strategische Ebene bereitstellen zu können. Darüber hinaus müssen mit bestimmten Parametern auch spezifische Kostenwirkungen verbunden werden, auch hier ist man auf Schätzungen angewiesen. Damit ist das Lifecycle Costing mit einer relativen hohen Unsicherheit verbunden. Insofern ist das erklärte Ziel – die Unterstützung strategischer Entscheidungen – mit einem elementaren Nachteil – der hohen Unsicherheit aufgrund des langfristigen Betrachtungshorizontes – verbunden.

- Der Ansatz stellt aber nicht nur an das Controlling besondere Anforderungen, sondern auch an andere **Funktionsbereiche**. Die Daten für die Erlösseite erfordern ein vergleichsweise differenziertes Marketing und eine aufwendige Marktforschung, die zum einen kostenintensiv und zum anderen im Hinblick auf personelle Ressourcen anspruchsvoll ist. Gerade mittelständische Unternehmen stehen hier vor einer schwierigen Herausforderung.

4.1.3.5 Erfolgsfaktoren

Sowohl die Beschreibung des Verfahrens als auch der Vor- und Nachteile des Ansatzes überhaupt machen deutlich, dass Lifecycle Costing ein mächtiges Instrument sein kann, gleichwohl aber nur unter bestimmten Voraussetzungen wirklich ein Nutzen daraus entsteht (Djanani/Schöb 1997, S. 350 ff.):

- **Parametrisierung**: es wurde bereits dargestellt, dass mit Lifecycle Costing Produktkosten über mehrere Perioden hinweg optimiert werden können. Dies verlangt aber eine Einsicht in die relevanten Parameter sowie ihre Kostenwirkungen. Wie verändert beispielsweise ein in der Entwicklung vorgesehener aktiver Kühlkörper die Lebensdauer eines LED-Scheinwerfers und was bedeutet ein solches Bauteil für Wartung und Entsorgung? Wird die Wartung durch das zusätzliche Feature etwa komplizierter oder evtl. sogar einfacher, weil im Falle

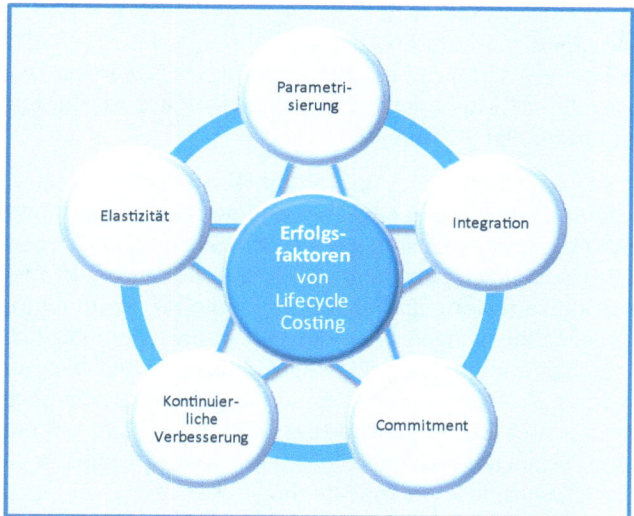

Abbildung 4.11 Erfolgsfaktoren des Lifecycle Costings (Quelle: in Anlehnung an Djanani/Schöb 1997, S. 350 ff.)

von LED-Leuchten praktisch ohnehin immer das ganze Modul zu wechseln ist? Eine wichtige Frage ist die Abgrenzung von Produkten: was ist noch eigenständiges Produkt, was Variante, was Facelift? Hier müssen vorab sehr gründliche Überlegungen angestellt werden, idealerweise durch funktionsübergreifende Teams aus Entwicklung, Produktion, Marketing und Service:

- Integration: Die Methode muss sauber in das System der Kostenrechnungen im Unternehmen integriert sein. Hierbei ist wie bereits erwähnt auf Harmonisierungen zu achten sowie darauf, dass die Synergieeffekte durch Nutzung bestehender bzw. vorhandener Daten erzielt werden können. Dies bezieht sich auf existierende Kostendaten z. B. aus der Plankostenrechnung, aber auch auf verwandte Bereiche wie die Investitionsrechnung, aus der beispielsweise der Zinsfuß für die Abzinsung genutzt werden kann.

- Commitment: Die Einführung und dauerhafte Umsetzung des Instruments soll der Unterstützung strategischer Entscheidungen dienen. Da es sich um eine komplexe und aufwendige Methode handelt, ist die Einführung alles andere als trivial. Ein klares Bekenntnis der Geschäftsführung sowie ggf. entsprechender Druck machen eine erfolgreiche Anwendung sehr viel wahrscheinlicher. Dies bezieht sich wie erwähnt nicht nur auf das Controlling, auch andere Funktionsbereiche müssen eingebunden werden, was für diese teilweise eine erhebliche Umorientierung erforderlich macht. Selbst bei größeren Unternehmen ist beispielsweise eine differenzierte Marktforschung einschließlich entsprechender Prognosen alles andere als selbstverständlich.

- Verbesserung: Eine konsequente Anwendung der Methode durch das Management erzwingt auch eine kontinuierliche Bereitstellung entsprechender Daten und eine anhaltende Verbesserung bzw. Verfeinerung des Instrumentariums. Die oben genannte Parametrisierung ist damit nicht nur eine einmalige Aktivität, sondern eine laufende Aufgabe. Dies ist insbesondere angesichts des starken Prognose-Charakters des Tools relevant. Prognosen sind immer fehlerbehaftet, können aber durch zunehmende Erfahrung sicherlich feinjustiert werden. Dies verbessert die bereitgestellten Kosteninformationen und damit auch die Entscheidungen, die damit unterstützt werden sollen.

- **Elastizität**: Basierend auf der Überlegung, dass Prognosen über mehrere Geschäftsjahre hinweg erforderlich sind und angesichts immer kürzer werdender Lebenszyklen wird deutlich, dass Entscheidungsunterstützung möglich ist, aber auch eine entsprechende Genauigkeit haben muss: Fehlentscheidungen können gerade bei großen Projekten gravierende Folgen für Liquidität, Profitabilität und den Bestand des Unternehmens haben. Aus diesem Grunde empfiehlt sich, wie bereits erwähnt eine Szenarientechnik: für ein Vorhaben sollten mehrere Kontexte definiert und durchgerechnet werden, woraus sich ein vergleichsweise stabiler Korridor für Kosten- und Erlösentwicklung ergeben kann. Mittels Simulationen können extreme Parameteränderungen evaluiert werden. Damit ist die Geschäftsführung auf sich ändernde Rahmenbedingungen vorbereitet und kann eine Entscheidung aus mehreren Perspektiven beurteilen.

4.1.3.6 Verbindung zu anderen Systemen

Synergieeffekte

Die obigen Darstellungen haben deutlich gemacht, dass Lifecycle Costing diverse Überschneidungen mit anderen (Kosten-)Rechnungssystemen aufweist. Dies ist durchaus von Vorteil, da dies zum einen Synergieeffekte erlaubt und zum anderen die Ergänzung unterschiedlicher Systeme die Entscheidungsunterstützung weiter verbessern und sogar auf die operative Ebene herunterbrechen kann.

Allowable Costs für den gesamten Lebenszyklus

- **Target Costing**: Ganz offensichtlich weist dieser Ansatz Ähnlichkeiten zum Lifecycle Costing auf. Auch hier wird geprüft, inwiefern prognostizierte Kosten prognostizierte Erlöse unter- oder überschreiten. Durch die zu erwartenden Erlöse werden letztlich auch die zu erwartenden zulässigen Kosten definiert. Dabei wird im Lifecycle Costing allerdings nicht nur die Entwicklung, sondern der gesamte Produktlebenszyklus betrachtet, insbesondere auch die Nachlaufphase. Hier wird also ausdrücklich eine intertemporale und nicht nur punktuelle, oftmals bei der Entwicklung ansetzende, Kostenoptimierung angestrebt. Darüber hinaus ist Target Costing letztlich kein Kostenrechnungssystem, sondern ein Prozess, dessen Ziel die Durchsetzung bestimmter, den Markterfolg sichernder Kosten ist (Djanani/Schöb 1997, S. 334).

> Tatsächlich kann die Verbindung von Target Costing und Lifecycle Costing als eine Art zyklischer Prozess verstanden werden. Sind Kostenziele definiert, müssen sie permanent geprüft und sogar infrage gestellt werden.

Mit anderen Worten: sind in einem bestimmten Bereich oder einer bestimmten Phase die Kostenziele erreicht, kann sich durch die Lebenszyklusbetrachtung und deren Abgleich von erwarteten Kosten und Erlösen die Notwendigkeit für weitere Kostenanpassungen ergeben, etwa bei der Ausgestaltung von Serviceleistungen im Entsorgungsbereich.

- **Investitionsrechnung**: eine mehrperiodige Betrachtung, die ebenfalls einen bestimmten Zeitraum komplett umschließen will – den Nutzungszeitraum –, ist die Investitionsrechnung. Auch diese versucht durch den Vergleich von Belastungen und Rückflüssen eine optimale Auswahl- bzw. Gestaltungsentscheidung zu treffen. Gemeinsam ist beiden Verfahren auch, dass zur Vermeidung von Verzerrungen Ab- bzw. Aufzinsungen angewendet werden, die auf einem definierten Zinsfuß basieren. Dies kann als Dynamisierung bezeichnet werden. Ferner müssen beide Verfahren das Problem der Zurechnung lösen, sowohl in Bezug auf Perioden als auch hinsichtlich der Verrechnungsobjekte (z. B. ein Produkt oder ein Vorhaben). Der fundamentale Unterschied besteht in der Art der verwendeten Größen. Die Investitionsrechnung benutzt im Unterschied zu Kosten und Erlösen des Lifecycle Costings Ein- und Auszahlungen. Darüber hinaus ist der Grenzbetrachtungscharakter der Investitionsrechnung sehr viel deutlicher als bei der letztlich Vollkosten orientierten Lebenszykluskostenrechnung.

Auf- und Abzinsungen

4.1.3.7 Beispiel[1]

Zur Illustration der Ausführungen soll nun eine Anwendung bei der Fischer AG, einem Hersteller von Bohrmaschinen für den professionellen Einsatz, betrachtet werden, bei welchem auf Ab- bzw. Aufzinsungen aus Vereinfachungsgründen verzichtet wird.

Dabei wird angenommen, dass bislang zwei verschiedene Produktlinien existieren, Schlagbohrmaschinen und Kombihämmer. Die Geschäftsführung überlegt nun, in den wachsenden Markt der Abbruchhämmer einzusteigen.

- Entwicklungszeit: geschätzt, drei Jahre
- Entwicklungskosten: 8.500.000 Euro
- Absatz: 12.000 Stück in vier Jahren

Aufgrund von mit den Großhändlern ausgehandelten Rücknahme- und Entsorgungsverpflichtungen fallen für jede Linie spezifische Entsorgungskosten an, wobei ein Teil der Materialien einer weiteren Verwendung zugeführt werden kann. Dennoch bleiben für alle Produkte Restkosten aus diesem Schritt bestehen. Am Ende der Periode 0 stellt sich die Situation für die Unternehmensleitung, basierend auf Plandaten von Marketing und Controlling, wie folgt dar:

Tabelle 4.4 Fixkosten

Fixkosten

Jahr	Fixkosten	Entwicklungskosten Abbruchhammer GE 1200
1	5.000.000	2.000.000
2	5.000.000	3.000.000
3	5.000.000	3.500.000
4	5.000.000	
5	5.000.000	
6	5.000.000	
7	5.000.000	

---

[1] In Anlehnung an Deimel/Isemann/Müller 2006, S. 469 ff.

Tabelle 4.5 Basisdaten Schlagbohrmaschine SG20
Stückzahlen und variable Kosten – SG 20

Jahr	Schlagbohrmaschine SG 20			
	Stückzahl	Variable Stückkosten	Entsorgungskosten	Marktpreis
1	30.000	150,00 €	13,00 €	316,00 €
2	32.000	160,00 €	13,00 €	316,00 €
3	34.000	170,00 €	15,00 €	318,00 €
4	38.000	180,00 €	15,00 €	320,00 €
5	40.000	180,00 €	16,00 €	320,00 €
6	42.000	190,00 €	16,00 €	322,00 €
7	45.000	195,00 €	17,00 €	324,00 €

Tabelle 4.6 Basisdaten Kombihammer KT65
Stückzahlen und variable Kosten – Kombihammer KT 65

Jahr	Kombihammer KT65			
	Stückzahl	Variable Stückkosten	Entsorgungskosten	Marktpreis
1	6.000	700,00 €	45,00 €	850,00 €
2	7.000	700,00 €	45,00 €	850,00 €
3	9.000	700,00 €	50,00 €	860,00 €
4	10.000	710,00 €	52,00 €	862,00 €
5	10.000	710,00 €	52,00 €	865,00 €
6	12.000	720,00 €	55,00 €	871,00 €
7	14.000	730,00 €	59,00 €	879,00 €

Tabelle 4.7 Basisdaten Abbruchhammer GE1200
Stückzahlen und variable Kosten – Abbruchhammer GE1200

Jahr	Abbruchhammer GE 1200			
	Stückzahl	Variable Stückkosten	Entsorgungskosten	Marktpreis
1	0	0,00 €	0,00 €	0,00 €
2	0	0,00 €	0,00 €	0,00 €
3	0	0,00 €	0,00 €	0,00 €
4	2.000	910,00 €	35,00 €	1.060,00 €
5	2.000	925,00 €	35,00 €	1.060,00 €
6	3.000	930,00 €	40,00 €	1.060,00 €
7	5.000	940,00 €	41,00 €	1.060,00 €

Das Management hat sich nun zunächst – wie immer bisher – auf die kurzfristigen, periodenbezogenen Beurteilungen konzentriert. Diese basieren auf einer Deckungsbeitragsrechnung, welche über Marktpreis und variable Kosten den Betrag der zu deckenden Fixkosten bestimmte. Hiernach ergab sich folgende Tabelle:

Tabelle 4.8 Gewinnsituation bei kurzfristiger Erfolgsrechnung

Jahr	SG20 Schlagbohrmaschine Fixkosten	Gewinn	KT65 Kombihammer Fixkosten	Gewinn	GE1200 Abbruchhammer Fixkosten	Gewinn
1	152,78 €	0,22 €	152,78 €	-47,78 €	0,00 €	0,00 €
2	147,44 €	-4,44 €	147,44 €	-42,44 €	0,00 €	0,00 €
3	132,56 €	0,44 €	132,56 €	-22,56 €	0,00 €	0,00 €
4	100,00 €	25,00 €	100,00 €	0,00 €	100,00 €	15,00 €
5	96,15 €	27,85 €	96,15 €	6,85 €	96,15 €	3,85 €
6	87,72 €	28,28 €	87,72 €	8,28 €	87,72 €	2,28 €
7	78,13 €	33,88 €	78,13 €	11,88 €	78,13 €	0,88 €

- Wie zu erwarten war, bedeuten die Anlaufkosten des Abbruchhammers z. T. deutliche Ergebnisprobleme. Insbesondere im Bereich der Kombihämmer würde sich die Lage auch nach der Einführung des neuen Produktes nur schwach entwickeln. Als eine gewisse Stütze der Ertragssituation erweist sich interessanterweise das älteste Produkt, die Schlagbohrmaschine. Dem gegenüber ergäbe sich bei der neuen Produktlinie eine vergleichsweise komfortable Situation, wobei sich klar zeigt, dass ein konstanter Preis selbst für ein neues Produkt wenig ratsam erscheint. Das Controlling warnt allerdings vor einer Interpretation der Daten: durch die nicht verursachungsgerechte Verrechnung der Entwicklungskosten sind streng genommen keine Aussagen über für die jeweiligen Produktlinien profitable Preise bzw. die Vorteilhaftigkeit zusätzlicher Aufträge möglich.

- Der Leiter der Controlling-Abteilung weist den Vorstand nun darauf hin, dass über die Sinnhaftigkeit der Einführung der Abbruchhämmer eigentlich noch gar keine Aussage getroffen werden kann, denn es ist aufgrund dieser periodenweisen Verrechnung nicht klar, ob der Bereich Abbruchhämmer überhaupt jemals seine Kosten wieder einbringen wird. Es wird daher entschieden, zum ersten Mal überhaupt das Konzept des Lifecycle Costings anzuwenden. In diesem Schritt werden zwei wesentliche Änderungen vorgenommen. Die Forschungs-, Entwicklungs- und Lizenzkosten werden aus den Fixkosten herausgerechnet und anteilig auf die Abbruchhämmer-Produktion verrechnet. Für alle Produktlinien werden außerdem die Rücknahme- und Entsorgungskosten direkt als zusätzliche variable Kosten zugerechnet.

Nach Anwendung dieser Maßnahme ergibt sich ein gänzlich anderes Bild, das im Folgenden wiedergegeben ist.

Tabelle 4.9 Gewinnsituation bei Lifecycle-Perspektive

Jahr	SG20 Schlagbohrmaschine Fixkosten	Gewinn	KT65 Kombihammer Fixkosten	Gewinn	GE1200 Abbruchhammer Fixkosten	Gewinn
1	138,89 €	0,11 €	138,89 €	-23,89 €	0,00 €	0,00 €
2	128,21 €	2,79 €	128,21 €	-8,21 €	0,00 €	0,00 €
3	116,28 €	5,72 €	116,28 €	3,72 €	0,00 €	0,00 €
4	110,00 €	5,00 €	110,00 €	10,00 €	272,50 €	-157,50 €
5	105,77 €	8,23 €	105,77 €	17,23 €	268,27 €	-168,27 €
6	103,51 €	2,49 €	103,51 €	13,49 €	266,01 €	-176,01 €
7	93,75 €	8,25 €	93,75 €	16,25 €	256,25 €	-177,25 €

- Es wird nun deutlich, dass der Schlagbohrmaschinen-Sektor eine positive Entwicklung nimmt. Dies ist angesichts der hohen Stückzahlen besonders bedeutsam. Hingegen ergeben sich ernste Zweifel, ob mit dem Abbruchhammer wirklich eine neue Produktlinie eingeführt werden sollte, denn anscheinend ist das Produkt bei der derzeitigen Planung nicht in der Lage, sich selbst zu tragen. Aus strategischen Gründen – Abrundung des Produktportfolios, Statement gegenüber Wettbewerbern setzen etc. – könnte die Umsetzung des Plans möglicherweise sinnvoll sein. Gleichwohl ist der negative Ergebnisbeitrag der Abbruchhämmer erheblich. Hier bieten sich zwei mögliche Ansätze: zum einen kann geprüft werden, inwiefern der Marktpreis höher angesetzt werden kann, zum anderen kann über das Instrument des Target Costings die Maßgabe erteilt werden, die Produktionskosten zu senken und die Entwicklungszeit zu beschleunigen, um so zu geringeren Stückkosten zu kommen. Aufgrund dieser neuen Erkenntnisse wäre also eine Sanierung oder gar Einstellung des Bereiches Kombimaschinen deutlich weniger drängend als verglichen mit der ursprünglichen Rechnung. Als zentrales Problem des Portfolios hat sich vielmehr der geplante neue Bereich Abbruchhämmer gezeigt.

Auf- und Abzinsungen
- Es ist klar, dass diese Berechnungen noch vergleichsweise einfach gehalten sind, da z. B. Auf- und Abzinsungen[2] noch nicht berücksichtigt wurden. Erste Anhaltspunkte für die Gestaltung des Portfolios und insbesondere den Optimierungsbedarf in der Planung des Abbruchhammer-Projektes haben sich dennoch für den Vorstand der Fischer AG ergeben. Gleichzeitig konnte ihm auch verdeutlicht werden, dass die Kombination bestimmter Rechnungssysteme – z. B. Target und Lifecycle Costing – für Kontroll- und Steuerungsaufgaben einen erheblichen Nutzen mit sich bringen kann.

In Abschnitt 4.1.6 findet der interessierte Leser eine Anwendung des Lifecycle Costings auf den Fall der Schuler GmbH. Dort werden auch weiterführende Aspekte wie Auf- und Abzinsungen im Detail vorgestellt und durchgerechnet. Eine umfassende Hinführung ist Bestandteil der Fallstudie.

4.1.3.8 Übungsaufgaben zum Lifecycle Costing

Auf beigefügter CD finden Sie die Lösungen der folgenden Aufgaben.

Aufgabe 4.1.3.8 - 1

Handelt es sich bei Lifecycle Costing um ein eigenständiges Kostenrechnungssystem? Begründen sie Ihre Antwort!

Aufgabe 4.1.3.8 - 2

Die XYZ GmbH entwickelt, baut und verkauft Werkzeugmaschinen zur Blechbearbeitung. Das Unternehmen hat eine Umsatzgröße von ca. 150 Mio. €. Welche Arten

---

2 Nähere Erläuterungen hierzu finden sich im Kapitel 5.2.3."Dynamische Verfahren der Wirtschaftlichkeitsrechnung"

von Vorlauf- und Nachlaufkosten erwarten Sie bei einer in das Portfolio aufzunehmenden Maschine, die u. a. auf der bislang von XYZ GmbH noch nie genutzten Laser-Technologie basieren soll?

Aufgabe 4.1.3.8 - 3

In Abschnitt 4.1.3.7 wurde ein Projekt der Fischer AG beschrieben. Mit welchen Maßnahmen könnte man die Ergebnisse in der Qualität noch weiter verbessern? Gehen Sie dabei insbesondere auf die periodenübergreifende Perspektive des Lifecycle Costings ein.

Aufgabe 4.1.3.8 - 4

Die Fischer AG möchte sowohl Target Costing als auch Lifecycle Costing als kontinuierliche Kostenmanagement-Tools einführen. Erläutern Sie, wie die Konzepte sinnvoll kombiniert werden können.

4.1.4 Cost Benchmarking

4.1.4.1 Begriffsklärung

Wie im Beispiel zum Lifecycle Costing deutlich geworden ist, hat die Fischer AG Kostenprobleme bei der Produktlinie Kombihammer KT65, die Deckungs- und Gewinnbeiträge sind hier relativ gering. Zahlreiche Wettbewerber können ihre Maschinen zu niedrigeren Preisen anbieten und bieten dabei mindestens die gleiche Qualität. Das Unternehmen hat hier eindeutig Handlungsbedarf, nicht nur aufgrund der Verluste in diesem Bereich, sondern auch verglichen mit den in der Regel niedrigeren Preisen der Haupt-Konkurrenten im Markt. Nachdem man diese Entwicklung aufmerksam beobachtet hat, stellt sich eine zentrale Frage: Was machen die Wettbewerber anders und sehr wahrscheinlich besser, damit diese technisch gleichwertige Lösungen zu günstigeren Konditionen anbieten können?

Diese Frage lässt sich durch ein Benchmarking[3] beantworten, einen direkten Vergleich des eigenen Ist-Zustandes mit demjenigen besserer Wettbewerber. In der wirtschaftswissenschaftlichen Literatur wird der Begriff Benchmarking teilweise mit sehr unterschiedlichen inhaltlichen Bedeutungen verbunden. Den weiteren Ausführungen soll folgende Definition zugrunde gelegt werden:

Vergleich mit dem Klassenbesten

---

[3] Ursprünglich stammt der Begriff Benchmarking aus der Vermessungskunde und bezeichnete dort eine Landmarke, einen Referenz- oder Orientierungspunkt. Im Bereich der Wirtschaftswissenschaften ist dies grundsätzlich als Orientierung der eigenen Aktivitäten an denen der besten Vergleichspartner („Best Practice") zu verstehen.

„Benchmarking ist ein systematischer und kooperativer Prozess, bei dem bestimmte Untersuchungsgegenstände einer Organisation mit anderen Organisationsbereichen oder fremden Organisationen verglichen werden. Durch diesen Vergleich sollen die Unterschiede zwischen den Vergleichspartnern auf Basis quantitativer Messgrößen (Benchmarks) offengelegt, die Ursachen für die identifizierten Unterschiede analysiert und die gewonnen Erkenntnisse in Leistungsverbesserungen umgesetzt werden." (Ulrich 1998, S. 25ff.)

Kosten als Benchmark

Das Cost Benchmarking ist hierbei eine besondere Ausprägung da hier die Kosten im Vordergrund stehen. Zum einen stellen die Kosten hierbei ein zentrales Benchmark dar, zum anderen hat die Kostenrechnung die Kostenstrukturen, Leistungen, Prozesse oder Produkte vergleichbar aufzubereiten. Insofern stellt diese Variante ein Instrument dar mit dem Unternehmen quantifizieren können, wie sich ihre Performance und Kostenstruktur verglichen mit denen relevanter Wettbewerber darstellen. Außerdem erlaubt es ihnen zu verstehen, wieso die Performance und Kostenstruktur unterschiedlich ist und diese Erkenntnisse dazu zu nutzen, ihre Wettbewerbsstrategien anzupassen und proaktive Pläne umzusetzen (Markin 1995).

Benchmarking als kontinuierliche Aufgabe

Die damit verbundenen Vergleiche mit dem oder den sogenannten „Klassenbesten" sind dabei nicht als nur einmalig durchzuführende Aufgabe im Falle von Krisenzeiten zu verstehen. Im Gegenteil: der Wettbewerbsdruck nimmt gerade in Branchen wie dem Automobilbereich durch stetig steigende Kundenanforderungen sowie kürzer werdende Lebenszyklen ständig zu. Dies macht es erforderlich, dass ein Unternehmen kontinuierlich seine Leistungsfähigkeit überprüft und verbessert, insofern ist Benchmarking als zyklischer Prozess zu sehen.

Der Kern des Benchmarkings im Sinne der Prüfung der Leistungsfähigkeit besteht darin, sich an einem Vergleichsobjekt zu orientieren, das eine höhere Leistungsfähigkeit aufweist, idealerweise sogar Bestleistungen zeigt. Das Benchmarking kann sich dabei, wie im Beispiel erwähnt, auf Produkte bzw. Produktgruppen beziehen sowie auch auf Serviceleistungen, Unternehmensfunktionen, Prozesse oder Methoden. Damit werden im Grunde zwei Zielsetzungen verfolgt:

- Der Vergleich zeigt zum einen Handlungsbedarfe bzw. Leistungslücken auf, die in der Regel quantifiziert werden können, z. B. niedrigere Gemeinkostenanteile oder höhere Deckungsbeiträge.

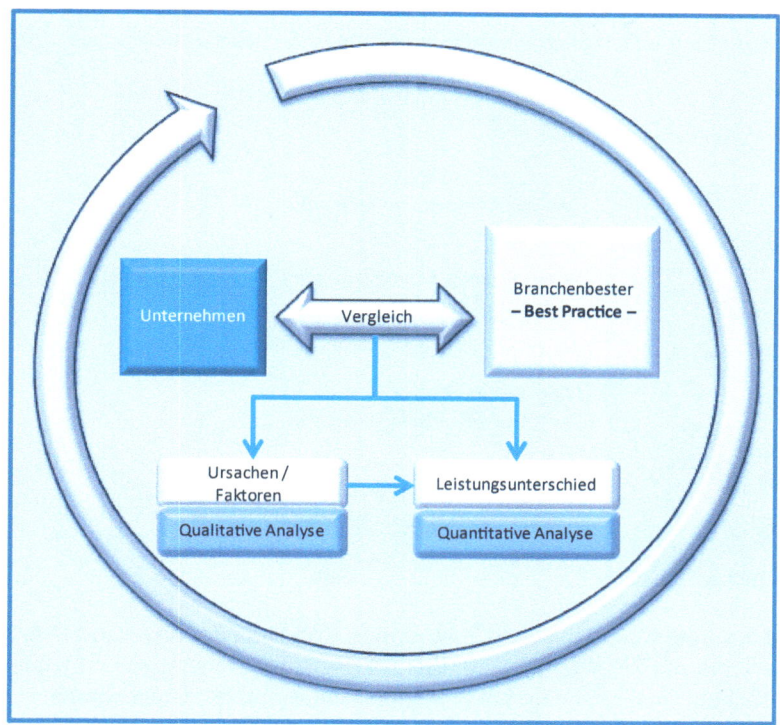

Abbildung 4.12 Benchmarking als kontinuierlicher Prozess

- Gleichzeitig kann eine sorgfältige Analyse der spezifischen Rahmenbedingungen der Vergleichsobjekte deutliche Empfehlungen für konkrete Verbesserungsmaßnahmen geben. Mit anderen Worten: der Vergleich prüft nicht nur Leistungsunterschiede sondern auch die Gründe für diese – die bei den Vergleichspartnern eingesetzten Methoden und Verfahren (Däumler/Grabe 2009, S. 237).

Nicht selten ist in der Praxis das Phänomen festzustellen, dass man bestimmte Faktoren der Benchmarking-Partner einfach nur zu kopieren versucht, ungeachtet der besonderen organisationalen Verhältnisse. Das reine Kopieren ist allein deshalb schon nicht sinnvoll, weil man dann bestenfalls nur so gut werden kann, wie die Vergleichsinstitution – anstreben sollte man aber, besser zu sein.

Kopieren alleine reicht nicht

Wie bereits das Target Costing ist auch das Cost Benchmarking kein eigenes Kostenrechnungssystem, sondern eher eine Prozessanweisung, die von den im Unternehmen existierenden Rechnungssystemen mit Daten versorgt wird.

4.1.4.2 Vorbereitungen

Die obigen Erläuterungen haben deutlich gemacht, dass Cost Benchmarking von der Konzeption her ein relativ einfaches Tool ist, je nach Untersuchungsziel aber auch vergleichsweise komplex werden kann. Um ein Cost Benchmarking durchzuführen, ist daher eine umfangreiche Vorbereitungsphase zu durchlaufen, in der einige grundlegende Elemente festzulegen sind (siehe Tabelle 4.10)(Däumler/Grabe 2009, S. 238 ff.):

Tabelle 4.10 Vorüberlegungen

Benchmarking-Art	Welches Verfahren soll Anwendung finden?
Benchmarking-Objekt	Was genau soll untersucht werden?
Benchmarks	Welche Leistungskenngrößen sollen verwendet werden?
Vergleichspartner	Gegen wen soll der Vergleichsgegenstand kontrastiert werden?
Datenverfügbarkeit	Welche Datenquellen welcher Qualität können herangezogen werden?
Verantwortlich	Wer nimmt das Benchmarking vor?

- **Auswahl der Benchmarking-Art**: Ein wichtiges Kriterium für die Art des Benchmarkings kann die Zielsetzung sein, die mit diesem verfolgt wird. Prinzipiell kann hierbei ein Qualitäts- oder ein Kostenbenchmarking festgelegt werden.

    Qualitäts- vs. Cost Benchmarking

    – Das **Qualitätsbenchmarking** stellt eher auf die Qualität bzw. die Eigenschaften des Untersuchungsgegenstandes ab und prüft, inwiefern dort Features oder Charakteristika vorhanden sind, die den eigenen Lösungen überlegen sind. Das **Kostenbenchmarking** im engeren Sinne betrachtet hingegen eindeutig die Seite der Kostenstruktur; hier wird de facto danach gefragt, wie ein bestimmtes Qualitätsniveau mit optimalen Kosten erreicht werden kann (Däumler/Grabe 2009, S. 239).

    Strategisches, taktisches und operatives Benchmarking

    – Bei der Art des Verfahrens kann andererseits auch nach dem zugrunde gelegten Zeithorizont differenziert werden. Je nach der Länge des Benchmarking-Prozesses wird zwischen **operativem, taktischem und strategischem Benchmarking** unterschieden (Däumler/Grabe 2009, S. 239).

    – Letztlich kann die Einteilung in diese drei Kategorien auch mit der Bedeutung des Untersuchungsobjektes für das Unternehmen verbunden werden. Während beispielsweise ein Vorhaben, das auf Kostensenkungen im Einkauf abzielt, vermutlich eher taktischen Charakter hat, ist die Optimierung der Kostenstruktur einer ganzen Produktlinie sicherlich ein Aspekt von strategischer Bedeutung, da er die Optimierung einer der wesentlichen strategischen Stellungen des Unternehmens betrifft, das Produktportfolio.

    Produkt, Prozess, Organisation, Strategie

- **Auswahl des Objektes**: Hier stellt sich die Frage, was genau untersucht, verglichen und optimiert werden soll. Grundsätzlich kann dies ein Produkt sein, ein Prozess oder auch eine Organisationseinheit (in Anlehnung an Däumler/Grabe 2009, S. 238).

- Im erstgenannten Fall steht das Produkt im Zentrum der Betrachtung. Dies kann etwa in der Form des Reverse Engineerings erfolgen, bei dem Wettbewerber-Produkte zerlegt und in allen Komponenten untersucht werden. Neben der Prüfung qualitativer Aspekte versucht man hier auch Anhaltspunkte über die Kostenstruktur der Hersteller zu erhalten.

- Bei einer Prozessbetrachtung geht es darum, einen bestimmten – i. d. R. abteilungsübergreifenden Ablauf – zu analysieren. Prozesse können hierbei vergleichsweise komplex sein. In solchen Fällen bietet sich eine hierarchische Untergliederung in Teilprozesse an. Eine Analyse der Prozesse setzt voraus, dass diese systematisch erfasst und dokumentiert sind, ein Schritt, der gerade bei mittelständischen Unternehmen nicht selten erst durchgeführt werden muss. Das Prozessbenchmarking umfasst sowohl einen qualitativen Teil, der sich mit der Gliederung der Prozesse befasst, als auch eine quantitative Komponente, bei der über entsprechende Kennzahlen die Prozessperformance vergleichbar gemacht wird.

- Der letztgenannte Fall des organisationalen Benchmarkings prüft, inwiefern eine bestimmte Organisationseinheit umfassend – also hinsichtlich Struktur und Abläufen – optimiert werden kann. So kann etwa untersucht werden, ob die eigene Forschungs- und Entwicklungsabteilung verglichen mit anderen effizient arbeitet, ausgedrückt z. B. in Kennzahlen wie Time-to-Market. Auch könnte die Frage des Umgangs mit Patenten in das Benchmarking einbezogen werden. Gleichsam eine Art Sonderfall dieser Benchmarking-Variante ist das Strategiebenchmarking, bei dem die strategische Ausrichtung eines Unternehmens oder Bereichs Grundlage des Vergleiches ist.

- **Leistungskenngrößen**: Grundsätzlich ist für jedes Benchmarking zu klären, wie genau die Leistungsunterschiede gemessen werden sollen, welche Maßgrößen also verwendet werden sollen. Dies zielt im Wesentlichen auf den quantitativen Teil des Verfahrens ab. Grundsätzlich sollten sowohl finanzielle als auch nicht-finanzielle Größen verwendet werden. Letztere zeichnen sich dadurch aus, dass sie Unterschiede zwischen den Vergleichsobjekten auf der Ebene der Kosteneinflussfaktoren bzw. Kostentreiber erfassen und abbilden. Reine Kostengrößen sind in ihrer Aussage begrenzt, da funktionale Zusammenhänge nur bedingt berücksichtigt sind. Beispielsweise stellen die Kosten einer Produktneuentwicklung bis zur Markteinführung den finanziellen Teil der Maßgrößen dar, während die Dauer des Time-to-Market bzw. bestimmter Teilschritte wie etwa der Herstellung der Vorserie Beispiel einer nicht-finanziellen Größe ist (Däumler/Grabe 2009, S. 238 ff.).

Qualitative vs. quantitative Benchmarks

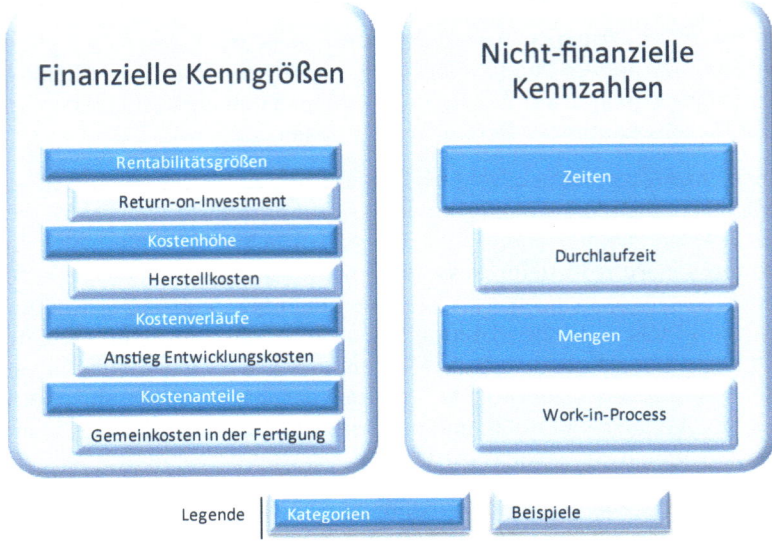

Abbildung 4.13 Kategorien und Beispiele für Benchmarks

Interne oder externe Vergleichs- objekte

- **Vergleichsobjekt**: dieser Aspekt ist sicherlich einer der wichtigsten des gesamten Verfahrens. Wurde festgelegt, welches Objekt untersucht werden soll und wie dessen Leistung gemessen werden soll, muss bestimmt werden, mit wem dieses Objekt nun zu vergleichen ist. Mit anderen Worten: Wer wird als „Klassenbester" gewählt (in Anlehnung an Däumler/Grabe 2009, S. 239)?
  - Zunächst ist hier an direkte Konkurrenten zu denken, denn mit diesen steht man im Wettbewerb um Aufträge. Dies gilt insbesondere dann, wenn das gewählte Objekt den Produktionsbereich bzw. dessen Kosten betrifft.
  - Selbstverständlich ist nicht nur ein reines Konkurrenzbenchmarking vorstellbar, vielmehr kann auch von branchenfremden Unternehmen gelernt werden. Ein Werkzeugmaschinenhersteller kann von einer Branche wie dem Automobilbereich, der in Hinsicht auf Produktionseffizienz sicherlich an der Spitze der Entwicklung steht, ohne Zweifel wertvolle Erkenntnisse erhalten. Da hier die Konkurrenzsituation nicht gegeben ist bzw. nicht im Vordergrund steht, wird hier auch von funktionalem Benchmarking gesprochen, in welchem in der Regel Abläufe in ausgewählten Funktionsbereichen im Vordergrund stehen. Darüber hinaus erleichtert diese Variante sicherlich das Finden williger Vergleichspartner, denn insbesondere Konkurrenten werden äußerst ungern Informationen freigeben, die ihnen offensichtlich einen Wettbewerbsvorteil bieten. Gleichwohl kann z. B. über existierende Kooperationen wie etwa strategische Allianzen, der Zugang selbst zu Konkurrenten erleichtert werden.
  - Natürlich kann insbesondere bei größeren Unternehmen auch ein internes Benchmarking durchgeführt werden, bei dem ein interner Bereich – eine Division – mit einer anderen verglichen wird. Im Falle von Konzernen können etwa Werke oder Tochtergesellschaften einander gegenübergestellt werden.

- **Datenverfügbarkeit**: Während also die Partnersuche bei internem Benchmarking relativ unproblematisch ist, müssen bei externem Benchmarking nicht nur sinnvolle – d. h. bessere – Vergleichspartner gefunden werden, sondern für diese auch entsprechende Daten verfügbar sein (in Anlehnung an Däumler/Grabe 2009, S. 240 f.).

  Primäre und sekundäre Datenquellen

  - Bei einem direkten Benchmarking ist dies vergleichsweise unkritisch, da die Partner hier direkt in Kontakt stehen; die Daten kommen dann oftmals vom Vergleichsunternehmen selbst.
  - Bei einem indirekten Vergleich sind die Partner über das Verfahren informiert, allerdings führt ein externer Dritter, etwa eine Unternehmensberatung, die Maßnahmen durch. In dieser Variante stehen oftmals Kennzahlen im Vordergrund, da eine solche Studie vertiefende qualitative Aspekte nur begrenzt aufzeigen kann.
  - Dies gilt beim anonymen Benchmarking noch in weit größerem Ausmaß, denn hier wird das Referenzunternehmen nicht über den Vergleich informiert. Entsprechend schwierig ist dann die Beschaffung von relevanten Daten, die praktisch sämtlich aus Sekundärquellen stammen müssen. Gleichwohl stehen insbesondere im heutigen globalisierten, online-orientierten Wirtschaftsumfeld zahlreiche Datenquellen zur Verfügung. Eine Übersicht gibt Tabelle 4.11.

- **Durchführung**: Neben den Aspekten klassischen Projektmanagements ist hier insbesondere zu klären, wer das Benchmarking durchführt. Selbst bei einem indirekten Vergleich, in welchem oftmals eine Unternehmensberatung die Detailarbeiten durchführt, muss der Auftraggeber geeignete Mitarbeiter mindestens zur Analyse und Umsetzung der Ergebnisse bestimmen. Hierbei sollte es sich idealerweise um ein Team handeln, in welches Vertreter unterschiedlicher Bereiche eingebunden sind (Däumler/Grabe 2009, S. 240 ff.).

  Cross-funktionale Teams

Dieses multifunktionale Team hat hierbei die Aufgabe, aus den festgestellten Defiziten und Ansatzpunkten konkrete Aktionspläne zu entwickeln und umzusetzen. Da insbesondere dieser Teil des Benchmarkings, der gleichsam auf das Schließen der

Tabelle 4.11 Datenquellen für externes Benchmarking (Quelle: in Anlehnung an Markin 1992, S. 18)

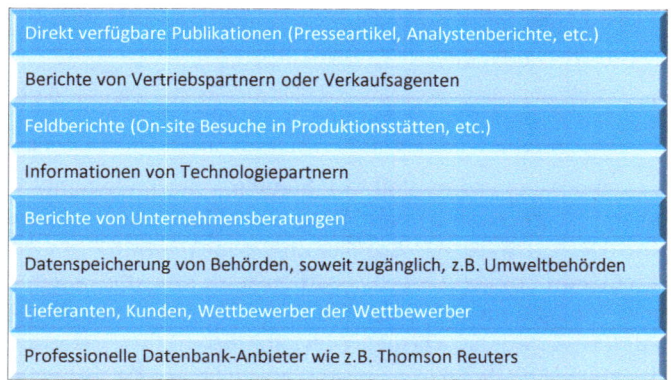

- Direkt verfügbare Publikationen (Presseartikel, Analystenberichte, etc.)
- Berichte von Vertriebspartnern oder Verkaufsagenten
- Feldberichte (On-site Besuche in Produktionsstätten, etc.)
- Informationen von Technologiepartnern
- Berichte von Unternehmensberatungen
- Datenspeicherung von Behörden, soweit zugänglich, z.B. Umweltbehörden
- Lieferanten, Kunden, Wettbewerber der Wettbewerber
- Professionelle Datenbank-Anbieter wie z.B. Thomson Reuters

Leistungslücke abzielt, teils erhebliche Umstrukturierungen impliziert, wird deutlich, dass ein klares Commitment von Seiten des Top Managements erforderlich ist, um wirkliche Verbesserungen zu erreichen.

Die dargestellten Überlegungen machen deutlich, dass Cost Benchmarking zwar eine klare Grundidee verfolgt, diese aber in konkreten Projekten sorgfältig ausgestaltet werden muss. Darüber hinaus sind die Grenzen zwischen einem reinen kostenorientierten Benchmarking und etwa einem reinen Produktbenchmarking fließend: auch wenn nur die Eigenschaften eines Produktes analysiert werden sollen, ist die Frage, zu welchen Kosten dieses in der vorliegenden Form hergestellt werden kann, integraler Bestandteil einer solchen Untersuchung.

4.1.4.3 Umsetzung

An der in Abschnitt 4.1.4.1 vorgestellten Definition wurde deutlich, dass es sich bei Cost Benchmarking um einen Prozess handelt, der prinzipiell zyklisch verläuft. Insbesondere impliziert dies, dass es sich um eine systematische Vorgehensweise handeln soll. In der wirtschaftswissenschaftlichen Literatur findet sich gleichwohl keine einheitliche Strukturierung hinsichtlich der Benchmarking-Phasen und ihren Bezeichnungen (Böhnert 1999, S. 92ff.). Im Folgenden wird der Prozess in sechs Phasen untergliedert:

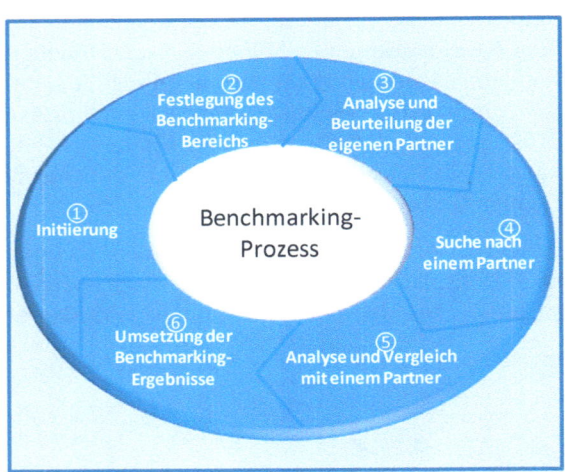

Abbildung 4.14 Phasen des Benchmarking-Prozesses (Quelle: in Anlehnung an Böhnert 1999, S. 92 ff.)

Zyklischer Prozess

Diese Schritte werden in der Regel sequentiell durchlaufen, allerdings kann die genaue Form von Vorhaben zu Vorhaben variieren. Bestimmte Phasen können dabei z. B. beschleunigt oder wiederholt werden. Wird das Cost Benchmarking in zyklischer Form fortgeführt, entsteht ein kontinuierliches Benchmarking, das auch als Benchlearning bezeichnet wird (Camp 1989, S. 225ff.). Mit den jeweiligen Phasen sind spezifische Aktivitäten verbunden (Fischer/Becker/Gerke 2003; Däumler/Grabe 2009, S. 241 ff.; Böhnert 1999, S. 139 ff.), die am Beispiel eines Werkzeugmaschinenherstellers mit zu hohen Herstellkosten illustriert werden.

- **Initiierung**: In dieser Phase wird das Projekt nicht nur gestartet, sondern auch **Ziele und Umfang des Benchmarkings festgelegt**. Hierbei werden prinzipiell qualitative und quantitative Zielsetzungen angegeben, etwa Erhöhung der Produktqualität, Verkürzung der Durchlaufzeit oder Senkung der Herstellkosten. Von erheblicher Bedeutung ist in diesem Schritt das Festlegen der im Vorhaben vertretenen Teammitglieder. Dieses kann ggf. in späteren Schritten ergänzt werden, bereits hier sollte aber auf eine funktional übergreifende Struktur Wert gelegt werden. Ein entsprechender Projektauftrag von Seiten der Geschäftsführung unterstreicht die Relevanz des Vorhabens und das Commitment des Managements für selbiges (Böhnert 1999, S. 139 ff.). *Zieldefinition*

- **Festlegen des Benchmarking-Bereichs**: Wurde festgelegt, in welchem Feld die Leistungsunterschiede existieren und welche Ziele mit dem Projekt verbunden werden, können das Vergleichsobjekt abgegrenzt sowie Benchmarks für dieses festgelegt werden. Für die Reduzierung der Herstellkosten kann als Untersuchungsobjekt der entsprechende interne Produktionsprozess mit seinen diversen Teilprozessen (Informationsprozesse, Logistikprozesse etc.) gewählt werden, als Benchmarks könnten u. a. Work-in-Process gemessen in Kosten, Warte- oder Leerzeiten gewählt werden. *Was wird verglichen?*

- **Analyse und Beurteilung der eigenen Leistungsfähigkeit**: Die eigene Situation bzw. Vorgehensweise müssen zunächst vollständig erfasst und im Detail analysiert werden. Bereits diese systematische Auseinandersetzung kann wertvolle Anhaltspunkte für Verbesserungen geben. Angesichts der Komplexität derartiger Projekte – neben betriebswirtschaftlichem Verständnis ist hier insbesondere technisches Know-how erforderlich – wird die Bedeutung entsprechend zusammengesetzter Teams nochmals deutlich. Im Beispiel kann der Einstieg in das Benchmarking zunächst in einer systematischen Sichtung der vorhandenen Prozessbeschreibungen, z. B. im Qualitätshandbuch sein. Diese sind ggf. – etwa im Falle von Neuerungen – in der Dokumentation zu ergänzen (Däumler/Grabe 2009, S. 242). *Ist-Analyse*

- **Suche nach einem geeigneten Bechmarking-Partner**: Dieser Schritt hat sicherlich eine hohe Bedeutung, denn hier wird de facto festgelegt, wie gut man werden will. Zunächst ist der Kreis derer abzugrenzen, die für ein Benchmarking infrage kommen, d. h. externe oder interne Partner. Für die Auswahl der letztlich als Best Practice definierten Partner können die bereits definierten Benchmarks genutzt werden. Je nach Ausgestaltung ist mit dieser Entscheidung eine Ergänzung des Teams verbunden, da entweder eine unabhängige Instanz – etwa eine Unternehmensberatung – hinzutritt oder interorganisationale Teams mit dem Partner gebildet werden. Darüber hinaus ist festzulegen, wie die relevanten Daten erhoben werden sollen (Sekundärdaten vs. direkte Daten der Vergleichsinstitution). Im Beispiel könnte sich für einen Produktionsprozess möglicherweise ein Unternehmen aus einer Schrittmacherindustrie, z. B. dem Automobilbereich, anbieten. *Mit wem soll verglichen werden?*

Dieses könnte dann sogar unter den eigenen Kunden gefunden werden, sodass eine direkte Zusammenarbeit möglich wäre (Däumler/Grabe 2009, S. 242).

- **Analyse und Vergleich mit dem Partner**: Bei einem direkten Cost Benchmarking werden diverse direkte Besuche vor Ort ausgesprochen sinnvoll sein. In Abstimmung mit dem Team erfolgt dort eine Aufbereitung der Daten entsprechend den definierten Benchmarks sowie ein ausführlicher Vergleich, aus dem sich die Leistungslücke ergibt. Basierend auf diesem Teilschritt werden dann In-depth-Analysen durchgeführt, welche die Gründe für die Überlegenheit des Partners aufzeigen sollen. Sind diese festgestellt, ist ihre Übertragbarkeit auf das eigene Unternehmen zu prüfen (Däumler/Grabe 2009, S. 242).

Gründe für Leistungslücke

Im Beispielprojekt kann der Einstieg in diese Phase über eine Sichtung der Prozessdokumentation erfolgen, an welche sich eine Begehung des Betriebes anschließt. Relevante Inputdaten für das Benchmarking im engeren Sinne können aus verschiedenen Informationssystemen wie ERP[4] oder hinsichtlich der Zeitbedarfe aus der Betriebsdatenerfassung extrahiert werden. Ist die Leistungslücke identifiziert, werden mögliche Ursachen z. B. durch Interviews, Workshops oder ähnliche Vorgehensweisen ausgeleuchtet.

Kostensimulation

Da eine isolierte Betrachtung ausgewählter Facetten des Produktionsprozesses des Partners sicherlich noch nicht ausreichend ist, muss durch das Team geprüft werden, inwiefern diese Erkenntnisse auf das eigene Unternehmen übertragbar sind. Dies könnte im Falle der Optimierung des Produktionsprozesses über Simulationstools erfolgen, die dabei bereits erste Anhaltspunkte für das Optimierungspotenzial ergeben. Da die Ergebnisse bei dieser Benchmarking-Variante ausdrücklich auch nach Kosteneinsparungen beurteilt werden, kann hier auch auf Kostensimulation (Wunderlich 2002) zurückgegriffen werden.

Übertragbarkeit

- **Umsetzung der Benchmarking-Ergebnisse**: Sind die Gründe für die Überlegenheit geklärt und ihre Übertragbarkeit sichergestellt, sind Aktionspläne für die Umsetzung der Verbesserungen zu erstellen. Neben konkreten Zielvorgaben schließt dies auch detaillierte Maßnahmenpakete mit ein. Im Sinne eines systematischen PDCA-Zyklus[5] sind die implementierten Maßnahmen kontinuierlich zu prüfen und ggf. anzupassen. Da bereits in vorhergehenden Phasen Benchmarks definiert wurden, kann der Kontrollschritt zeitgleich mit der Implementierung beginnen. Dabei sollten nicht nur die konkret definierten Ziele, sondern auch das Projekt an sich evaluiert werden. Abbruchkriterien geben Auskunft darüber, ob die Verbesserungen ausreichend sind, eine Neu-Initiierung, oder eine Einstellung des Vorhabens erforderlich sind (Böhnert 1999, S. 153 f.).

Projektevaluation

---

4 ERP (Enterprise-Resource-Planning) bzw. Unternehmensressourcenplanung bezeichnet die unternehmerische Aufgabe, die in einem Unternehmen vorhandenen Ressourcen (Kapital, Betriebsmittel oder Personal) möglichst effizient für den betrieblichen Ablauf einzusetzen und somit die Steuerung von Geschäftsprozessen zu optimieren. Ein ERP-System ist damit eine komplexe Anwendungssoftware zur Unterstützung der Ressourcenplanung eines gesamten Unternehmens.

5 PDCA-Zyklus beschreibt einen vierphasigen Problemlösungsprozess, der seine Ursprünge in der Qualitätssicherung hat. PDCA steht hierbei für Plan–Do–Check–Act, was ins Deutsche auch als Planen-Tun-Überprüfen-Umsetzen übersetzt wird. Der PDCA-Zyklus findet ebenfalls Anwendung beim kontinuierlichen Verbesserungsprozess bzw. Kaizen.

Im Fallbeispiel können sich bei der Analyse des Partners unter anderem kürzere Rüstzeiten aufgrund flexiblerer Maschinen, geringere Zwischenlagerbestände und damit geringere Wartezeiten aufgrund einer gut abgestimmten Fließmontage ergeben haben. Wenngleich der Kauf neuer Maschinen zunächst geringere Priorität haben dürfte, können organisatorische Änderungen in der Fließmontage zeitnah umgesetzt werden. Durch Verkürzung der Taktzeiten können hierbei die auf die Produkte verrechneten Fertigungskosten und damit die Herstellkosten reduziert werden.

4.1.4.4 Vor- und Nachteile

4.1.4.4.1 Vorteile

Ohne Zweifel sind Cost Benchmarking sowie Benchmarking im Allgemeinen mächtige Instrumente, um notwendige Veränderungen etwa bei Produktqualität oder Kostenstruktur zu entdecken, zu quantifizieren und konkrete Anhaltspunkte für das Schließen der Lücke zu identifizieren (Däumler/Grabe 2009, S. 242 ff.):

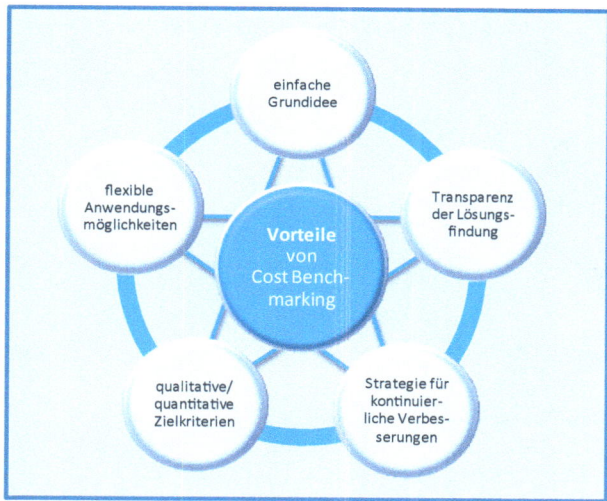

Abbildung 4.15 Vorteile von Cost Benchmarking

- Das Tool ist ausgesprochen **flexibel**: es können sowohl Produkte und Dienstleistungen, als auch Organisationseinheiten, Prozesse und sogar Strategien miteinander verglichen werden.
- Dem Verfahren kann dabei ein **umfangreicher Zielkatalog** zugrunde gelegt werden, der gleichermaßen qualitative wie quantitative Größen umfasst. Diese ergänzen sich grundsätzlich, denn für quantitative Diskrepanzen können über qualitativ-orientierte Analysen Ansatzpunkte zur Optimierung gefunden werden (Gleich/Brokemper 1997, S. 204).
- Die Grundidee des Benchmarkings ist zudem bestechend **einfach** – sich am „Klassenbesten" orientieren und die eigene Leistung systematisch verbessern.
- Erfreulicherweise liefert die Methodik nicht nur die Vorgehensweise für den konkreten Vergleich, sondern hält mit den erwähnten In-depth-Analysen auch

Umfang von und Gründe für Leistungslücken

ein Instrumentarium bereit, das Auskunft über die Gründe der überlegenen Lösung liefert. Genau diese sind es, die das untersuchende Unternehmen finden und in angepasster Form bei sich umsetzen möchte.

Als zyklisches Instrument kontinuierlich einsetzbar

- Das Benchmarking ist dabei nicht nur für den einmaligen Gebrauch konzipiert, sondern kann, eingebunden in einen entsprechenden Zyklus, eine Strategie für kontinuierliche Verbesserungen darstellen. Auch dies unterstreicht die Flexibilität des Ansatzes deutlich.

4.1.4.4.2 Nachteile

Es ist deutlich geworden, dass Benchmarking ein sehr mächtiges Tool sein kann, mit dem allerdings auch spezifische Probleme verbunden sind (Gleich/Brokemper 1997, S. 205 ff.; Däumler/Grabe 2009, S. 242 ff.):

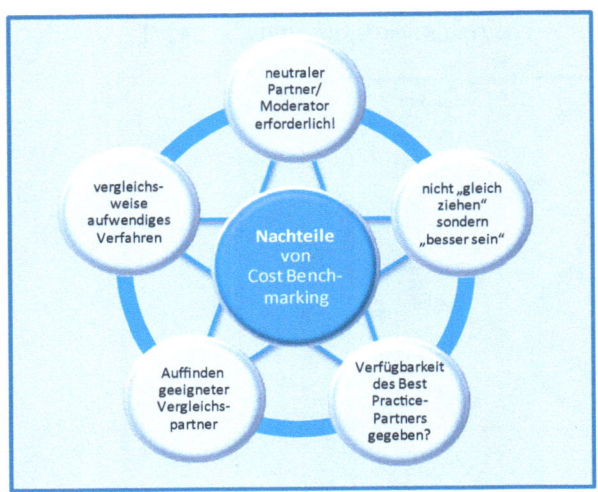

Abbildung 4.16 Nachteile von Cost Benchmarking

Hoher Aufwand

- Wie insbesondere in Abschnitt 4.1.4.3. bei der Beschreibung des Instruments deutlich wurde, ist das Benchmarking je nach Ausprägung vergleichsweise aufwendig. Dies betrifft insbesondere das Sammeln und Aufbereiten der Daten.

- In engem Zusammenhang hiermit steht die Frage des Auffindens geeigneter Partner. Direkte Konkurrenten, deren Situation wohl am einfachsten übertragbar ist, werden in einem Benchmarking ungern Auskunft über die Faktoren geben, die ihren Wettbewerbsvorteil ausmachen. Gleichzeitig sind der Verfügbarkeit sekundärer Daten Grenzen gesetzt. Das Finden des richtigen Partners ist damit nicht trivial.

- Ist die Verfügbarkeit des Best Practice-Partners nicht gegeben, hat man sich nicht selten mit zwar Besseren, aber eben nicht den Besten zu begnügen. Hier ist kritisch zu hinterfragen, ob unter solchen Bedingungen ein Benchmarking-Projekt in ausreichendem Maße Verbesserungen generieren kann.

Einholen statt Überholen

- Eine wesentliche Schwäche liegt auch im grundlegenden Ansatz der Methode: diese ist auf „Einholen" der derzeit Besten ausgerichtet. Dies sollte aber für jedes Unternehmen ein Zwischenschritt auf dem Weg zur Spitze sein. Letztlich unterstützt Benchmarking das „Überholen" nur sehr bedingt.

Insgesamt stellt der Ansatz aber ein sehr nützliches Tool dar, das in vergleichsweise kurzer Zeit zu deutlichen Verbesserungen führen kann.

4.1.4.5 Erfolgsfaktoren

Benchmarking-Projekte erfreuen sich nicht zuletzt aufgrund ihrer einfach zu verstehenden Methodik durchaus einer gewissen Beliebtheit. Selbstverständlich können auch diese Projekte scheitern, etwa wegen schlechten Datenmaterials, dysfunktionalen Projektteams oder internen Widerständen bei der Implementierung der Verbesserungen. Im Folgenden wird auf einige besonders wichtige Erfolgsfaktoren genauer eingegangen (Däumler/Grabe 2009, S. 243 ff.).

Abbildung 4.17 Erfolgsfaktoren Cost Benchmarking (Quelle: in Anlehnung an Däumler/Grabe 2009, S. 243; Markin 1992, S. 20)

- Obgleich das Verfahren eine ausgesprochen einfache Grundidee hat, ist seine konsequente Umsetzung alles andere als trivial. Dies hängt insbesondere mit der gerade bei größeren Projekten gegebenen Komplexität zusammen. Für einen erfolgreichen Benchmarking-Verlauf ist eine **sorgfältige Planung** unabdingbar, denn dies trägt erheblich zu einem effizienten und effektiven Projektergebnis bei (Däumler/Grabe 2009, S. 243).

- Bereits erwähnt wurde, dass den zentralen Kern des Benchmarking-Projekts ein geeignetes **Team** darstellt. Dieses sollte funktionsübergreifend strukturiert sein; ggf. können später auch Externe, etwa Vertreter der Vergleichsunternehmen integriert werden. Besonderes Augenmerk sollte im Falle des Cost Benchmarkings auf einer geeigneten Kombination des Expertenwissens sein, neben technisch orientierten Vertretern sind insbesondere Mitarbeiter mit kostenrechnerischem Know-how und Erfahrung in verschiedenen Kostenrechnungssystemen wünschenswert (Markin 1992, S. 20).

- Für das Projekt ist außerdem ein deutliches Commitment des Top Managements erforderlich (Markin 1992, S. 20), sowohl für den Vergleich selbst als auch die sich daran anschließenden Verbesserungsmaßnahmen. Gerade der letztgenannte Punkt weist auch auf ein sehr viel weitergehendes Erfordernis hin: das eigene Unternehmen muss Verbesserungen schnell und effizient umsetzen. Dies setzt eine entsprechende Veränderungsbereitschaft der Mitarbeiter voraus. Es sind allerdings nicht nur motivations-orientierte Faktoren, die eine Umsetzung der Verbesserungsmaßnahmen im Unternehmen behindern können. Studien betonen auch die Hindernisse, die auf Wissensdefiziten basieren, wie z. B. Aufnahmefähigkeit oder ursächliche Mehrdeutigkeiten (Szulanski 1996). Diesen Aspekten ist bei der Entwicklung der Aktionspläne daher besondere Aufmerksamkeit zu widmen.

- Hinsichtlich der Durchführung des Projekts sollte besondere Aufmerksamkeit der Datenverfügbarkeit, d. h. der Datensammlung, -aufbereitung und -analyse, gelten. Ein akkurates Vorgehen ist sowohl in qualitativer als auch in quantitativer Hinsicht essentiell, um Vergleichbarkeit der Benchmarks und die Übertragbarkeit der Ergebnisse sicherzustellen. Informationssysteme bieten für die Detail-Analysen sowohl von technischen als auch von Kostendaten vielfältige Möglichkeiten, etwa Drill-down[6]-Navigation im Rahmen von OLAP[7]-Applikationen, mit denen selbst eine extrem große Anzahl an Datensätzen vergleichsweise bequem ausgewertet werden kann.

- Darüber hinaus muss vom Standpunkt der Kostenrechnung aus der Kompatibilität der Kostenrechnungssysteme besonderes Augenmerk geschenkt werden. Die Verwendung ähnlicher Systeme vereinfacht die Vergleichbarkeit deutlich. Dasselbe gilt für die von den betrachteten Unternehmen verwendeten Erfolgsgrößen. So nutzen manche Unternehmen Return-on-Sales als Benchmark, während andere auf Return-on-Equity abstellen. Sofern die Kompatibilität nicht gegeben ist, sind entsprechende Umrechnungen auf eine einheitliche Basis zu prüfen.

4.1.4.6 Beispiel

Anhand des Beispiels „Möglichkeiten zur Senkung der Herstellkosten" sollen Szenarien des Cost Benchmarkings näher verdeutlicht werden.

Die KTS GmbH, ein mittelständischer Hersteller von Werkzeugmaschinen zur Blechbearbeitung, hatte ein neues Produkt eingeführt, die KTS 3030. Diese Maschine kann Bleche sowohl schneiden als auch stanzen und wird über CNC-Programmierung gesteuert. Das Kundenspektrum reicht von kleinen Lohnunternehmern in der

---

6 Drill-down bezeichnet im Allgemeinen die Navigation in hierarchischen Daten, d.h. die Daten können bis zur operativen Datenbasis unter Verwendung von Orientierungshilfen abgerufen werden. Beispiel: die Umsätze eines Unternehmens sind in einem Data-Warehouse mit Angaben zu Zeitraum, Produktsparte und Filiale gespeichert und können nach jeder dieser Dimensionen zusammengefasst und ausgewertet werden.

7 OLAP (Online Analytical Processing) wird zu den Methoden der analytischen Informationssysteme gezählt und desweiteren den hypothesengestützten Analysemethoden zugeordnet. OLAP-Systeme beziehen ihre Daten entweder aus den operationalen Datenbeständen eines Unternehmens oder aus einem Data-Warehouse (Datenlager).

Blechbearbeitung bis hin zu großen Automobilkonzernen. Der Absatz der KTS 3030, die unstrittigerweise ein sehr gutes Produkt darstellt und de facto eine Marktlücke geschlossen hat, lief allerdings relativ schleppend.

Als wesentlichen Problempunkt nannten viele Interessenten den ausgesprochen hohen Preis der Maschine. Um insbesondere beim Nachziehen der Wettbewerber nicht komplett den Markt zu verlieren, wurde eine umfassende Analyse der Kostenstruktur beschlossen.

Ein Projektteam mit Mitarbeitern aus Produktion, Entwicklung, Betriebsmittelkonstruktion, Qualitätssicherung, Einkauf und Vertrieb wurde damit beauftragt, Verbesserungsvorschläge mit dem Ziel einer deutlichen Reduzierung der Herstellkosten zu erarbeiten.

In den ersten Teamworkshops wurde die Kostenstruktur analysiert und die Hauptkostentreiber identifiziert. Dabei zeigte sich, dass durch die werkstattorientierte Produktion bzw. Montage ein relativ hoher Betrag an Fertigungskosten verursacht wurde und zudem eine relativ hohe Durchlaufzeit mit einer hohen Schwankung festzustellen war. Es wurde daher beschlossen, den Montageprozess einem Benchmarking zu unterwerfen, als Haupt-Benchmarks wurden

- Herstellkosten, insbesondere Fertigungskosten,
- Durchlaufzeit sowie
- WIP[8] gewählt.

Im ersten Schritt wurden die Prozessdokumentationen geprüft. Da diese erstaunlicherweise unvollständig waren, wurden die Dokumentationen komplett neu ausgearbeitet und bereits hier im Rahmen von Workshops Verbesserungsmöglichkeiten identifiziert.

Großkunde als Vergleichspartner

Die Frage war nun, mit welchen Unternehmen der Vergleich durchgeführt werden sollte. Nach eingehenden Beratungen schieden direkte oder indirekte Wettbewerber aus, da diese zum einen sehr wahrscheinlich die Zusammenarbeit abgelehnt hätten und zum anderen wohl selbst mit diversen Effizienzproblemen zu kämpfen haben. Stattdessen wurde beschlossen, die Kooperation mit einem der größten KTS-Kunden zu suchen, einem Hersteller von Druckmaschinen. Dieser hat Produkte ähnlicher Komplexität, fertigt als Weltmarktführer aber deutlich höhere Stückzahlen.

Nach einer entsprechenden Vereinbarung mit dem Kunden wurden einige seiner Mitarbeiter in das Team integriert. Als Vergleichsobjekt wurde dann die Montage einer Druckmaschine gewählt, die etwa denselben Arbeitsaufwand wie die KTS 3030 aufwies. Basierend auf Daten aus dem ERP- und BDE-System[9] wurden zahlreiche Kennzahlen definiert und berechnet. Hier zeigte sich, dass insbesondere Wartezeiten und damit das WIP erheblich niedriger als bei KTS waren. Hauptgrund hierfür war offensichtlich das unterschiedliche Montageprinzip des Kunden, denn dort wurde die Maschine im Rahmen einer Fließmontage hergestellt. Dabei wurden die Maschinenkörper auf einen Träger aufgesetzt, der über ein einfaches Schienensystem an die nächste Station weitergegeben wurde.

---

8   WIP = Work in Process
9   BDE = Betriebsdatenerfassung

Nach eingehender Prüfung kam das Team zu der Erkenntnis, dass die Fließmontage nicht nur ein sinnvoller Ansatzpunkt war, sondern dieser auch für die Montage der KTS 3030 umsetzbar ist. In Zusammenarbeit mit der Fertigungsplanung des Kunden wurde ein Simulationsmodell erstellt, in welchem die KTS 3030 über eine Fließlinie mit zwölf Stationen montiert wurde.

Eine Auswertung der Kenndaten der Simulation ergab, dass die Durchlaufzeit um mehr als 30 % gesenkt werden konnte, WIP um fast 40 % und die Fertigungskosten um ca. 28 %. Wirklich neu beschafft werden mussten nur die Wägen zum Transport der Maschinen; da diese auf dem Luftkissen-Prinzip basieren war kein Schienensystem notwendig.

Die Geschäftsführung der KTS GmbH war nach der Präsentation des Teams von der Idee begeistert und stimmte der Umgestaltung der Montage sofort zu. Bereits sechs Monate später wurde die erste KTS 3030 nach dem neuen Prinzip hergestellt. In Verbindung mit anderen Optimierungsmaßnahmen konnten die Herstellkosten um insgesamt 35 % gesenkt werden.

4.1.4.7 Übungsaufgaben

Auf beigefügter CD finden Sie die Lösungen der folgenden Aufgaben.

Aufgabe 4.1.4.7 - 1

Grenzen Sie das Cost Benchmarking von der allgemeinen Version des Instruments ab – worin besteht die Besonderheit?

Aufgabe 4.1.4.7 - 2

Cost Benchmarking verwendet qualitative und quantitative Benchmarks. Warum sollten bei den quantitativen Zielen auch nicht-monetäre Größen betrachtet werden?

Aufgabe 4.1.4.7 - 3

Inwiefern kann für ein effektives Cost Benchmarking auch der Vergleich mit branchenfremden Unternehmen sinnvoll sein?

Aufgabe 4.1.4.7 - 4

Sie haben im Beispiel das Unternehmen KTS GmbH kennengelernt. Diese Firma kommt aus Stuttgart und ist international aktiv. Auf dem deutschen Markt hält KTS GmbH Marktanteile zwischen 50 und 70 %. Ein japanischer Konkurrent möchte nun in Deutschland aktiv werden und zunächst in den Stanzmaschinen-Markt einsteigen. Welchen Beitrag könnte Cost Benchmarking bei der Abwehr dieser Strategie leisten?

4.1.5 Fallstudie Schuler GmbH – Target Costing

Fortsetzung von Kap. 3.2.5.

Herr Schuler kommt auf Herrn Maier mit der Konkurrenzanalyse einer Marketingagentur zu, welche er zum Anlass nahm, die Preisgestaltung zu überdenken. Er hat sich aufgrund der Wettbewerberinformationen für eine(-n) Gewinnaufschlag/Gewinnmarge entschieden und daraus resultierend „Zielkosten" definiert.

Herr Maier wird nun beauftragt zu kalkulieren, ob diese „Zielkosten" für die Produkte Halogen und Xenon realisierbar wären. Er erinnert sich aus seiner bisherigen Berufspraxis, dass eine Berechnung im Rahmen des Target Costings hier zielführend sein müsste.

Eine Ermittlung der sogenannten **Allowable Costs oder auch Zielkosten** im Vergleich mit den tatsächlich auflaufenden Kosten anhand der Prozesskosten könnte hier Gewissheit bringen.

Aufgabenstellung: Target Costing

a) Ermitteln Sie für die Produkte Xenon und Halogen und deren Komponenten die zugehörigen Zielkostenindices und stellen Sie sie mit Kundennutzen und Kostenanteil in tabellarischer Form dar.

b) Vervollständigen Sie für die beiden Produkte jeweils ein Zielkostenkontrolldiagramm.

c) Stellen Sie in tabellarischer Form für die beiden Produkte Target Costs, Prozesskosten und die Target Gap dar.

Interpretieren Sie die Ergebnisse und erstellen Sie eine entsprechende Schlussfolgerung.

Benötigte Informationen: Target Costing

Herr Maier liegt – wie bekannt – die Anfrage der VCO AG vor. Deren Preisanfrage von 166 € für Halogen und 796 € für Xenon nimmt er als Grundlage für den Zielpreis (Target Price bzw. Marktpreis). Die Target Margin bzw. der geplante Gewinnaufschlag wird – in Abweichung vom bisher pauschal mit 10 % definierten Wert – nach Marktrecherche auf 14 € für Halogen und 40 € für Xenon festgelegt. Nachfolgende Tabelle veranschaulicht die Festlegungen:

Tabelle 4.12 Fixierung der Ziele

Produkt	Halogen	Xenon
Target Price [€] bzw. Zielpreis	166 €	796 €
Target Margin [€] bzw. Zielmargin	14 €	40 €
Target Costs [€] bzw. Zielkosten	152 €	756 €

- Aus der Kostenrechnung erhält Herr Maier eine Übersicht über die Kosten der einzelnen Bauteile/Komponenten eines Scheinwerfers. Grundlage soll die Prozesskostenrechnung sein.
- Hinsichtlich des Nutzens hat die von Herrn Schuler beauftragte Marketingagentur eine Umfrage bei den Kunden bezüglich der Kundenwünsche/Nutzeneinschätzung für beide Produkte durchgeführt. Die Kunden haben bei der Befragung drei Produktfunktionen angegeben, die ihnen bei Scheinwerfern wichtig sind, und zwar „Lichtausbeute, Design und Haltbarkeit"! Hierbei schätzten die Befragten den Nutzen der einzelnen Produktfunktionen in Prozent wie folgt ein:

Funktion „Lichtausbeute": 70 % (höchste Bedeutung)
Funktion „Design": 10 % (niedrigste Bedeutung)
Funktion „Haltbarkeit": 20 %

Zusätzlich wurde im Rahmen der Umfrage bzw. in Zusammenarbeit mit der Entwicklungsabteilung abgestimmt, welchen Beitrag die einzelnen Komponenten zur Erfüllung der Kundenwünsche beitragen bzw. welche Kosten diese verursachen. Das Ergebnis zeigt nachfolgende Tabelle:

Tabelle 4.13 Präzisierung der Kundenperspektive

Komponente	Erfüllungsanteil Lichtausbeute	Erfüllungsanteil Design	Erfüllungsanteil Haltbarkeit	Kostenanteil (Prozesskosten)	
				Xenon	Halogen
Leuchtmittel	35 %	20 %	65 %	43 %	12 %
Reflektor	60 %	45 %	10 %	42 %	45 %
Streuscheibe	5 %	35 %	25 %	15 %	43 %

- Zur Visualisierung der Zielkostenbetrachtung erhält Herr Maier aus der Kostenabteilung Vorlagen für die Zielkostendiagramme:

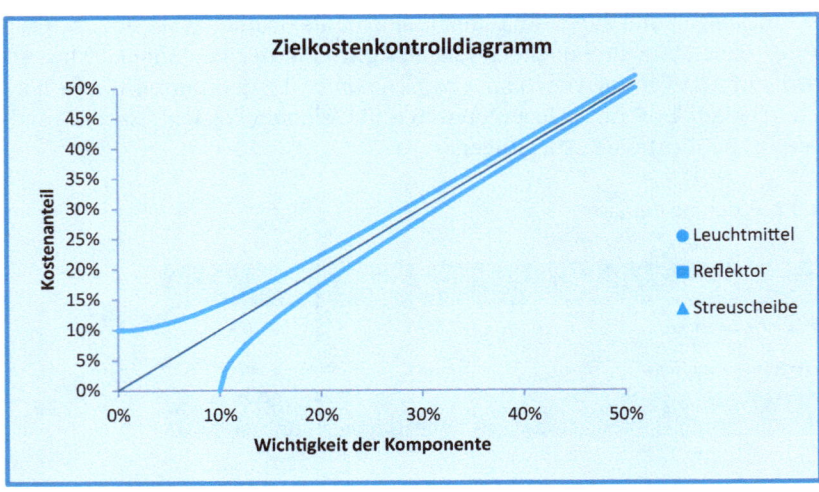

Abbildung 4.18 Visualisierung der Zielkosten

4.1 Grundlagen des Kostenmanagements

Lösungsweg: Target Costing

Aufgrund der vorliegenden Daten kann nun wie folgt kalkuliert werden:

1. Schritt: Ermittlung der Gewichtung und Kostenanteile der einzelnen Komponenten/Baugruppen anhand der vorliegenden Daten, dazu:

- Bildung der Summe aus den Produkten der gewichteten Kundenwünsche und der Erfüllungsanteile der Komponenten/Baugruppe. (gewichteter Kundenwunsch × Erfüllungsanteil = Kundennutzen)
- Beispiel Leuchtmittel Xenon:
  a) Gewichteter Kundenwunsch Lichtausbeute × Erfüllungsanteil Lichtausbeute Leuchtmittel + gewichteter Kundenwunsch Design × Erfüllungsanteil Design Leuchtmittel + gewichteter Kundenwunsch Haltbarkeit × Erfüllungsanteil Haltbarkeit = (70 % × 35 %) +(10 % × 20 %) + (20 % × 65 %) = 0,395
  b) Kostenanteil (Prozesskosten) ablesen, im Beispielsfall = 43 % = 0,43
- Ermittlung des Zielkostenindex:
- Zielkostenindex = Kundenutzen/Kostenanteil
- Übersichtliche Darstellung der Ergebnisse (Umwandlung der Angaben in % in absolute Werte, siehe auch Aufzählungspunkt b) oben):

Tabelle 4.14 Kundenbewertungen

Produkt	Baugruppe	Kundennutzen	Kostenanteil	Zielkostenindex
Halogen	Leuchtmittel	0,395	0,120	3,292
	Reflektor	0,485	0,450	1,078
	Streuscheibe	0,120	0,430	0,279
	Summe	**1,000**	**1,000**	
Xenon	Leuchtmittel	0,395	0,430	0,919
	Reflektor	0,485	0,420	1,155
	Streuscheibe	0,120	0,150	0,800
	Summe	**1,000**	**1,000**	

Zielkostenindex > 1 zeigt, dass der Kundennutzen größer als der Anteil an den Kosten ist. Die Kosten sind somit vertretbar, rein theoretisch dürfte die Baugruppe noch teurer sein.

Zielkostenindex < 1 zeigt, dass die Kosten im Verhältnis zum Kundennutzen tendenziell zu hoch sind. Einsparungen in diesen Bereichen wären angebracht.

2. Schritt: Eintragen der Ergebnisse in die gegebenen Zielkostenkontrolldiagramme:

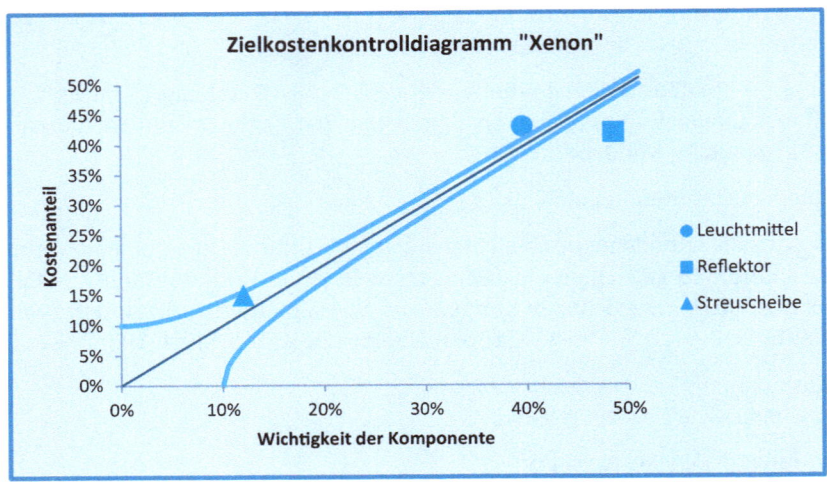

Abbildung 4.19 Zielkorridor XENON

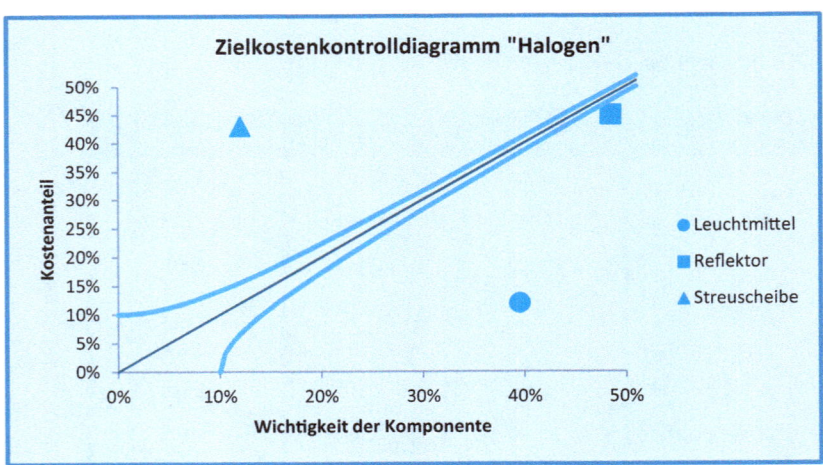

Abbildung 4.20 Zielkorridor Halogen

3. Schritt: Aufstellen einer Tabelle zur Ermittlung der Allowable / Target Costs.

- Target Margin = gegeben
- Allowable / Target Costs = Target Price − Target Margin
- Target Gap = Allowable / Target Costs − Ist-Kosten
- Für die komponentenspezifischen Zahlen für die Allowable Costs = Gewichtung Komponente bzw. Baugruppe * Allowable- bzw. Target Costs

- Für die komponentenspezifischen Zahlen für die Prozesskosten = Kostenanteil Komponente bzw. Baugruppe * Prozesskosten
- Target Gap = Allowable / Target Costs – Prozesskosten

Tabelle 4.15 Allowable / Target Costs

GESAMTPRODUKT	Xenon	Halogen
Target Price	796,00 €	166,00 €
Target Margin	40,00 €	14,00 €
Allowable/ Target Costs	756,00 €	152,00 €
Prozesskosten	677,54 €	147,40 €
Target Gap	+ 78,46 €	+ 4,60 €

Schlussfolgerungen: Target Costing

Es wird nunmehr deutlich, dass **beide Produkte mit den angedachten Zielmargen und daraus resultierenden Zielkosten zu einem Zielpreis führen, der durch den in der Preisanfrage angegebenen Nettoverkaufspreis der VCO AG abgedeckt ist**. Sowohl bei „Xenon" als auch bei „Halogen" liegt ein positives Target Gap vor, wobei das von „Xenon" besonders positiv wäre.

Die Target Gap beziehungsweise der Zielkostenindex, aufgeschlüsselt nach einzelnen Komponenten bzw. Baugruppen, zeigt aber auch deutlich, welche Baugruppen für ihre Erfüllung der Kundenwünsche eigentlich zu teuer sind bzw. bei welchen Handlungsbedarf besteht.

4.1.6 Fallstudie Schuler GmbH – Life Cycle Costing

Bei einem Treffen mit einem ehemaligen Kommilitonen, Herrn Moser, erzählt Herr Maier auch von seinem neuen Job bei der Firma Schuler GmbH. Er schwärmt unter anderem auch von seinen erfolgreichen Kalkulationen zuletzt mithilfe des Target Costings. Herr Moser erzählt von seinem Aufbaustudium, welches er aktuell besuche und dass sie gerade das Life Cycle Costing behandeln. Neugierig lässt sich Herr Maier das System erklären und besonders die Betrachtung des Produktes über den gesamten Lebenszyklus und die darauf basierende Kalkulation des Netto Verkaufspreises hat es Herrn Maier angetan, und er beschließt, das Life Cycle Costing in Anlehnung an Däumler/Grabe (2009) auch für die Schuler GmbH für den Zeitpunkt des Produktionsbeginnes umzusetzen.

Aufgabenstellung: Life Cycle Costing

c) Ermitteln Sie für die beiden Produkte Xenon und Halogen die Auszahlungsbarwerte und die Mengenbarwerte. Daraus sind die dynamischen Stückkosten und der Nettoverkaufspreis zu errechnen. Stellen Sie den Rechenweg in detaillierter und übersichtlicher Form dar.

d) Interpretieren Sie die Ergebnisse und treffen Sie eine entsprechende Schlussfolgerung.

Benötigte Informationen: Life Cycle Costing

Aus der Kostenabteilung lässt sich Herr Maier eine Übersicht der gesamten auflaufenden Kosten der beiden Produkte „Xenon" und „Halogen" zukommen:

Als Berechnungsgrundlage will Herr Maier die Kapitalwertmethode[10] verwenden. Er erstellt sich daher eine Übersicht über sinnvolle Formeln und Begriffsdefinitionen:

Barwert = Gegenwartswert / present value, bezeichnet den Wert einer Zahlung / des Kapitals zu einem bestimmten Zeitpunkt.

Endwert = terminal value, bezeichnet den Wert einer Zahlung / des Kapitals am Ende des betrachteten Zeitraums

Rente = periodische Abfolge von Zahlungen

Tabelle 4.16 Kostenübersicht

	Xenon	Halogen
jährl. Entwicklungskosten	250.000,00 €	120.000,00 €
Entwicklungsdauer [Jahre]	2	2
jährliche Auszahlungen	3.081.366,16 €	2.097.116,98 €
jährl. Stückzahlen [St.]	4800	14400
Produktionsdauer [Jahre]	7	7
jährliche Nachsorgekosten	92.440,98 €	31.456,75 €
Nachsorgezeitraum [Jahre]	5	5
Kalkulationszinssatz	8%	8%
Gewinnaufschlag	10%	10%

Abzinsung = Diskontierung, bezeichnet ein Vorgehen der Finanzmathematik zur Ermittlung des Werts einer in der Zukunft liegenden Zahlung zu einem Zeitpunkt, der vor der Zahlung liegt.

Aufzinsung = bezeichnet das genau entgegengesetzte Vorgehen zur Abzinsung.

Auszahlungsbarwert = Barwert aller Auszahlungen

Mengenbarwert = Barwert aller Produktionsmengen

---

10 Nähere Erläuterungen hierzu finden sich im Kapitel 5.2.3. „Dynamische Verfahren der Wirtschaftlichkeitsrechnung"

Vorzuleistende Auszahlungen = Alle Auszahlungen, die vor Produktionsbeginn anfallen, typischerweise Kosten für Forschung und Entwicklung, Kauf und Einrichtung von Produktionsanlagen, Bau von Gebäuden etc.

Nachzuleistende Auszahlungen = Alle Auszahlungen die nach dem Produktionsende anfallen, wie Sanierungen, Vernichtung von Produktionsmitteln, Regulierung von Schadenersatzansprüchen etc.

Dynamische Stückkosten = Stückkosten unter Einbeziehung sämtlicher Auszahlungen (vorzuleistende, laufende und nachzuleistende). Zu errechnen als Quotient aus Auszahlungsbarwert zu Mengenbarwert.

Diskontierungsfaktor $\quad \dfrac{1}{(1+i)^n}$

Rentenbarwertfaktor $\quad \dfrac{(1+i)^n - 1}{i \times (1+i)^n}$

Rentenendwertfaktor $\quad \dfrac{(1+i)^n}{i}$

$i\quad$ Variable für den Kalkulationszinssatz

$n\quad$ Variable für den Bezugszeitraum. Es ist unbedingt zu beachten, dass dieser unterschiedlich ausfallen kann, je nachdem, zu welchem Zeitpunkt man ab- oder aufzinst!

Lösungsweg: Life Cycle Costing

Folgendes Schema in Abbildung 4.21 stellt die grundlegende Vorgehensweise für die Kostenermittlung anschaulich dar.

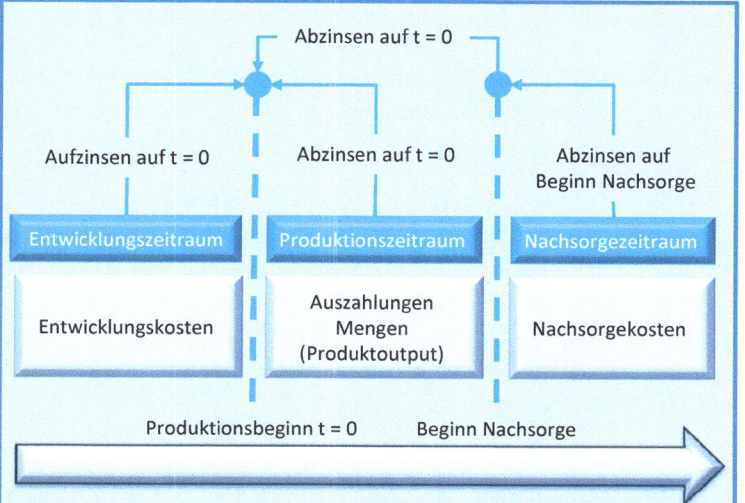

Abbildung 4.21 Zurechnungsschema

1. Schritt: Abzinsen der nachzuleistenden Auszahlungen auf $t = 0$: Dazu werden zuerst die nachzuleistenden Auszahlungen auf den Beginn des Nachsorgezeitraumes abgezinst. Bei den Zahlungen im Nachsorgezeitraum handelt es sich effektiv um eine Rente, daher ist der Rentenbarwertfaktor zu verwenden, um den Barwert zu Beginn des Nachsorgezeitraumes zu ermitteln. Dieser Barwert muss aber nun noch weiter abgezinst werden, da gemäß Aufgabenstellung der Barwert zum Produktionsbeginn ($t = 0$) ermittelt werden soll. Der vorhandene Barwert wird also über den Diskontierungsfaktor auf den Produktionsbeginn abgezinst. Es sind somit die jährlichen Nachsorgekosten mit dem Rentenbarwertfaktor und dem Diskontierungsfaktor zu multiplizieren:

$$\text{jährl. nachzuleistende Auszahlungen} = \text{jährliche Nachsorgekosten} \times \frac{(1+i)^n - 1}{i \times (1+i)^n} \times \frac{1}{(1+i)^n}$$

2. Schritt: Im Falle der jährlichen Auszahlungen ist der Fall einfacher gelagert. Es handelt sich in diesem Fall auch um eine Rente, die über den Produktionszeitraum ausgezahlt wird. Somit ist hier der Barwert zu Beginn des Produktionszeitraumes ($t = 0$) mithilfe der Multiplikation der jährlichen Auszahlungen mit dem Rentenbarwertfaktor zu ermitteln. Es erfolgt somit ein Einbeziehen der jährlichen Auszahlungen im Produktionszeitraum durch Abzinsung:

$$\text{lfd. jährl. Auszahlung} = \text{jährliche Auszahlungen} \times \frac{(1+i)^n - 1}{i \times (1+i)^n}$$

3. Schritt: Auch die vorzuleistenden Auszahlungen stellen ein Rente dar. Da die Zahlungen aber dem Bezugszeitpunkt $t = 0$ vorgelagert sind, muss hier der Endwert der Rentenzahlungen ermittelt werden. Dies geschieht durch die Multiplikation der jährlichen Entwicklungskosten mit dem Rentenendwertfaktor. Es wird somit ein Aufzinsen der vorzuleistenden Auszahlungen auf $t = 0$ vorgenommen:

$$\text{jährl. vorzuleistende Auszahlung} = \text{jährl. Entwicklungskosten} \times \frac{(1+i)^n - 1}{i}$$

4. Schritt: Ermitteln des Mengenbarwertes durch Abzinsung auf $t = 0$, durch analoges Vorgehen zu den lfd. jährlichen Auszahlungen:

$$\text{jährl. Stückzahlen} \times \frac{(1+i)^n - 1}{i \times (1+i)^n}$$

5. Schritt: Summieren der Auszahlungsbarwerte und teilen durch den Mengenbarwert ergibt dynamische Stückkosten von 652,52 €/St. für das Produkt „Xenon" und 145,79 €/St. für das Produkt „Halogen".

6. Schritt: Durch Aufschlagen eines Gewinnes von 10 % (dyn. Stückkosten × 1,10) Ermittlung des empfehlenswerten Nettoverkaufspreises von 717,77 € für das Produkt „Xenon" und 160,37 € für das Produkt „Halogen".

Beispielrechnung für Xenon:

1. Schritt: jährl. nachzuleistende Auszahlungen

$$= 89.760{,}91 \times \frac{(1+0{,}08)^5 - 1}{0{,}08 \times (1+0{,}08)^5} \times \frac{1}{(1+0{,}08)^7} = 209.116{,}72 \text{ (€)}$$

2. Schritt: lfd. jährl. Auszahlung

$$= 2.992.030{,}48 \times \frac{(1+0{,}08)^7 - 1}{0{,}08 \times (1+0{,}08)^7} = 15.577.617{,}92 \; (\text{€})$$

3. Schritt: jährl. vorzuleistende Auszahlung

$$= 250000 \times \frac{(1+0{,}08)^2 - 1}{0{,}08} = 520.000 \; (\text{€})$$

4. Schritt: Mengenbarwert

$$= 4800 \times \frac{(1+0{,}08)^7 - 1}{0{,}08 \times (1+0{,}08)^7} = 24.990{,}58 \; (\text{€})$$

5. Schritt: Dynamische Stückkosten

= Auszahlungsbarwert (Summe Schritt 1 bis 3) / Mengenbarwert
= 16.306.734,64 / 24.990,58 = 652,52 €/St

6. Schritt: Nettoverkaufspreis

= (1+ Gewinnaufschlag) × dynamische Stückkosten = 1,1 × 652,52 €/St.
= 717,77 €.

Ergebnisse für Halogen:

- Jährl. nachzuleistende Auszahlungen = 71.212,60 €
- Lfd. jährliche Auszahlung = 10.609.603,47 €
- Jährlich vorzuleistende Auszahlung = 249.600,00 €
- Mengenbarwert = 74.971,73
- Auszahlungsbarwert = 10.930.416,07 €
- Dynamische Stückkosten = 145,79 €/St.
- Nettoverkaufspreis = 160,37 €/St.

Schlussfolgerungen: Life Cycle Costing

Es wird aus dem Life Cycle Costing deutlich, dass die angestrebten Nettoverkaufspreise durchaus haltbar erscheinen, wenn man den gesamten Lebenszyklus der Produkte in Betracht zieht. Es ist somit festzustellen, dass mit einem errechneten Nettoverkaufspreis von 717,77 € für „Xenon" und 160,37 € für „Halogen" der vorgegebene Gewinnaufschlag unter Einbeziehung aller Kosten des Lebenszyklus erreicht werden kann. Das Angebot mit einem Nettopreis von 796 € für „Xenon" und 166 € für „Halogen" ist erfüllbar.

Fortsetzung der Fallstudie in Kap. 4.2.3.

4.2 Spezielle Anwendungsfälle im Engineering

4.2.1 Einführung

Gegenstand dieses Kapitels sind Methoden, die im engen Zusammenhang mit der Kostenrechnung als solcher stehen, gleichzeitig jedoch Kenntnisse diverser Managementdisziplinen einbinden.

Nachfolgend sollen für Ingenieure und Wirtschaftsingenieure bzw. interessierte Leser im Allgemeinen Grundlagen dieser Techniken in einem kurzen Abriss dargestellt werden und anhand der Fallstudien vertieft werden.

4.2.2 Value Management

Die Wertanalyse ist in den 1940er Jahren bei General Electric vor dem Hintergrund enormer Preissteigerungen bei Grundstoffen entwickelt worden (Bender 1993, S. 140). Ziel war die Entwicklung einer Methode zur Suche nach alternativen Materialien. 1954 führte das US Schiffsamt ein Wertanalyse-Programm zur Beeinflussung der Kosten für Schiffe und Ausrüstung durch. In Deutschland wurde die Wertanalyse 1959 in der Kraftfahrzeug- und der Elektroindustrie eingeführt. Seit 1973 gibt es eine Wertanalyse-Norm (DIN 69910). Das Konzept wurde mit Unterstützung der EU zum Value Management weiterentwickelt und gipfelte in der neuen Norm DIN EN 12973. Nach dieser Norm wird das Value Management wie folgt definiert (Deutsches Institut für Normung e. V. 2009, S. 7 ff.):

„Value Management ist ein Managementstil, der besonders geeignet ist, Menschen zu motivieren, Fähigkeiten zu entwickeln sowie Synergien und Innovation zu fördern, jeweils mit dem Ziel, die Gesamtleistung einer Organisation zu maximieren …".

Abgrenzung zwischen Value Management und Wertanalyse

Die Definition für Wertanalyse aus der DIN 69910 lässt sich kurz und prägnant wie folgt zusammenfassen (Bender 1993, S. 142): „Die Wertanalyse ist ein System zur Lösung komplexer Probleme, die nicht oder nicht vollständig algorithmierbar sind". Die Wertanalyse kann als Ausgangsbasis des Value Management angesehen werden. Sie ist innerhalb des Value Managements die am häufigsten angewandte Methode.

4.2.2.1 Grundsätze des Value Management

Charakteristika des Value Management

Value Management kann als Querschnittsansatz verstanden werden, mit dem das finanzielle, materielle und menschliche Gesamtvermögen der Organisation zu einem verbesserten Ergebnis geführt wird und damit die Erwartungen der Aktionäre bzw.

Kunden erfüllt. Charakteristisch für das Value Management sind folgende Aspekte (DIN Deutsches Institut für Normung e.V. 2009, S. 9 ff.):

- „Schlüsselprinzipien beachten", d. h. die Vereinigung verschiedener Elemente in einem einzigen System, wie z. B. Managementstil, positive menschliche Dynamik, Beachtung externer und interner Umfeldfaktoren und der wirksame Einsatz von Methoden und Werkzeugen.
- „Wertziele setzen" umschreibt das Zielemanagement auf den verschiedenen Unternehmensebenen.
- „Einrichtung einer Rahmenstruktur", die die verschiedenen Organisationsebenen umfasst, um einerseits eine positive Geisteshaltung zu erzeugen und andererseits die Anwendung von Methoden und Werkzeugen zu erleichtern.
- „Das Wertekonzept bzw. der Wert" befassen sich mit der Kernfrage nach der Beziehung zwischen der Befriedigung von Bedürfnissen und den dazu benötigten Ressourcen.

Nachfolgende Abbildung visualisiert erfolgreiches Value Management durch eine Rahmenstruktur, die obige Aspekte vereint:

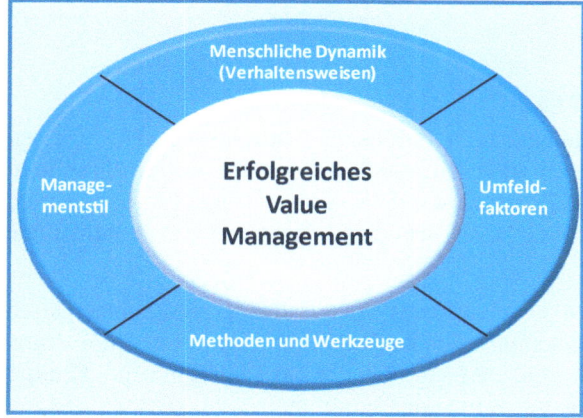

Abbildung 4.22 Erfolgreiches Value Management nach DIN EN 12973 (Quelle: in Anlehnung an DIN 2009)

In Abgrenzung zum klassischen Projektmanagement leistet das Value Management seinen Beitrag in Form von erhöhtem Vertrauen, dass eine Phase ausreichend abgeschlossen ist und somit die Voraussetzung für einen Eintritt in eine neue gegeben ist.

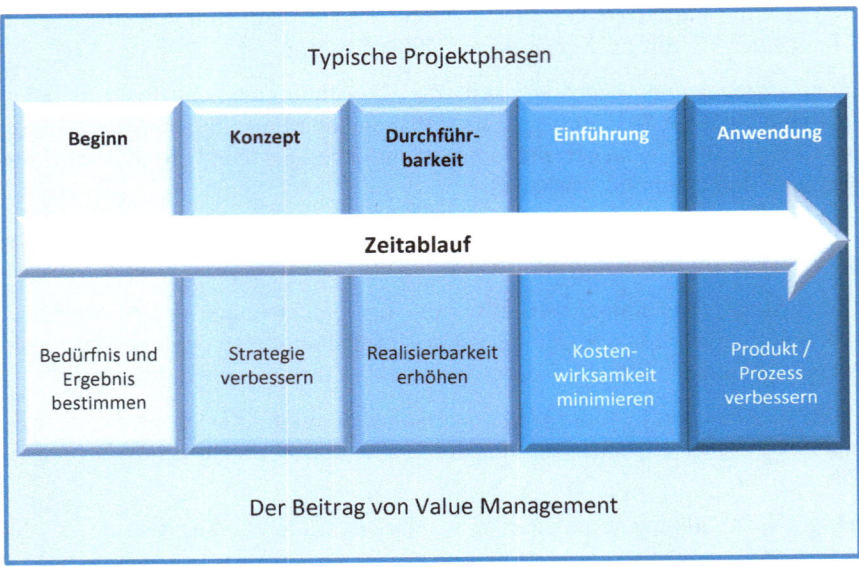

Abbildung 4.23 Projektmanagement versus Value Management (Quelle: in Anlehnung an DIN 2009)

4.2.2.2 Methoden und Werkzeuge

Im Rahmen dieses Buches sollen aus dem Fundus der **Methoden und Werkzeuge des Value Management** vier gesondert dargestellt werden. Für weiterführende Informationen sei auf DIN EN 12972 verwiesen (DIN Deutsches Institut für Normung e. V. 2009, S. 7 ff.) verwiesen, die u. a. als Grundlage nachfolgender Ausführungen diente:

Wertanalyse als übergeordnetes Instrument des Value Management

- **Wertanalyse (WA)**: Sie ist die am häufigsten verwandte Methode bei der Durchführung einer Value Management-Studie. In ihren Ursprüngen war die Wertanalyse eine reine „Kostensenkungsmethode", bei der das Objekt in seine Funktionen zerlegt wurde, die Kosten der einzelnen Funktionen analysiert wurden und dann über die Notwendigkeit dieser befunden wurde. Dies dokumentiert auch der Begriff „Wert" in seiner allgemeinen Form als Verhältnis von „Funktionen zu Kosten" und im Zusammenhang mit dem Value Management als Beziehung zwischen „Befriedigung von Bedürfnissen" und dem dazu benötigten „Einsatz an Ressourcen".

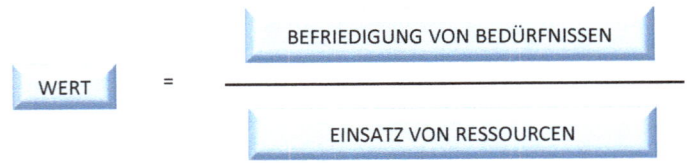

Abbildung 4.24 Definition Wert im Sinne der DIN EN 12973 (Quelle: in Anlehnung an DIN 2009)

Es findet somit eine Abwägung zwischen beiden Faktoren statt, wobei nicht die kostengünstigste Lösung, sondern die mit dem höchsten Gewinn gesucht wird.

Methodisch erfolgt die Umsetzung in Form von 10 Prozessschritten unter Einbezug bestimmter Werkzeuge, wie „**Funktionenanalyse (FA)**", Techniken für die Ermittlung von „**Funktionenkosten (FK)**" und der „Funktionalen Leistungsbeschreibung (FLB)". Insofern kann man die „**Wertanalyse (WA)**" auch als methodisches Herzstück des Value Managements betrachten.

Auf der CD finden Sie weitere Informationen zum Thema.

Nachfolgende Abbildung 4.25 gibt einen Überblick hinsichtlich des schrittweisen Vorgehens und der verwendeten Werkzeuge:

Weitere Werkzeuge des Value Managements

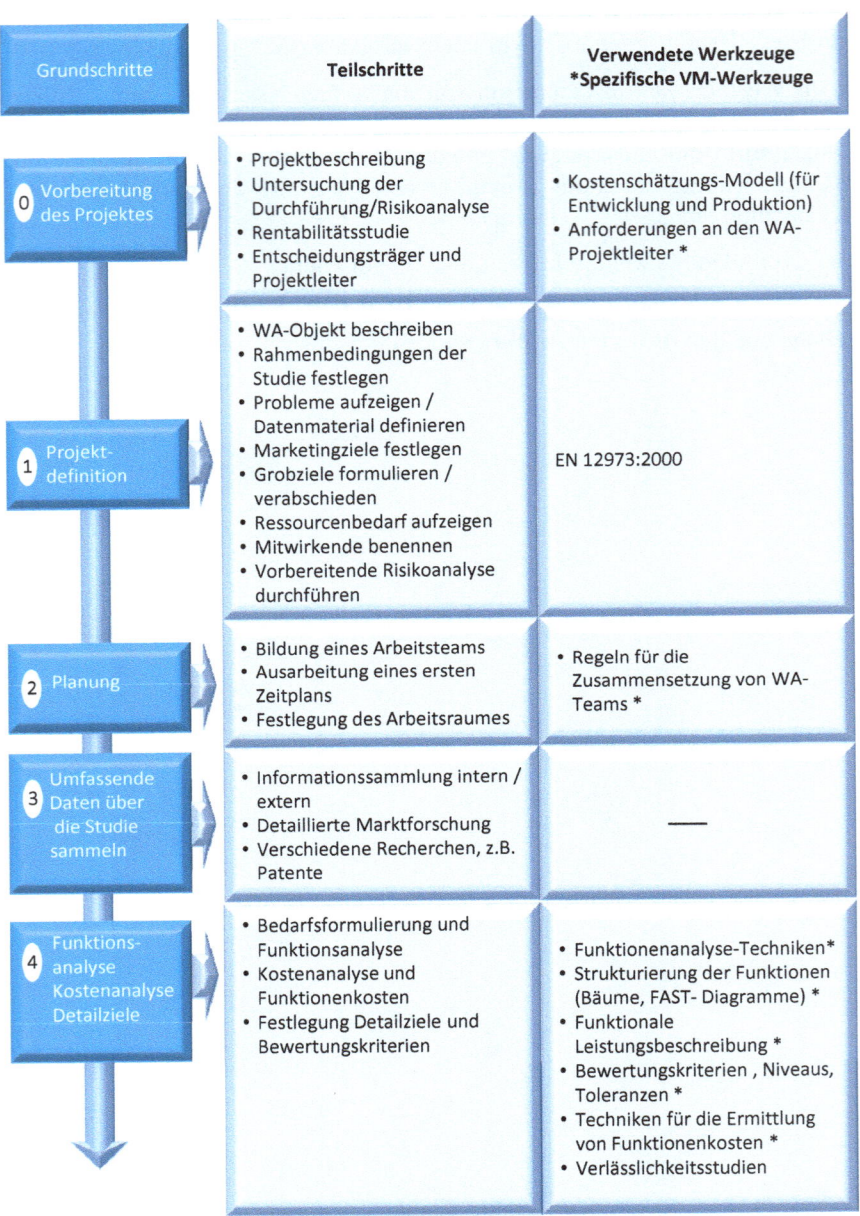

Abbildung 4.25a Wertanalyse Arbeitsplan DIN EN 12973 (Quelle: in Anlehnung an DIN 2009)

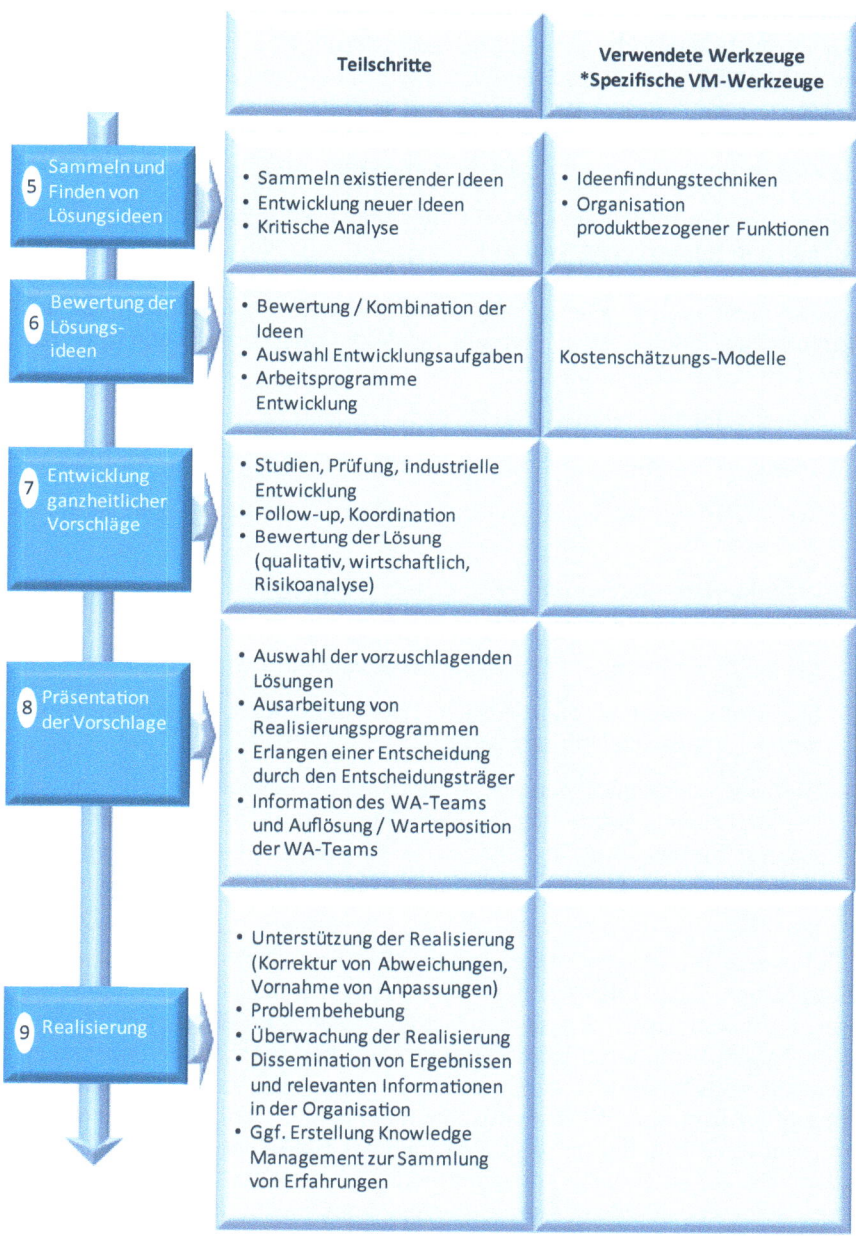

Abbildung 4.25b Wertanalyse Arbeitsplan DIN EN 12973 (Quelle: in Anlehnung an DIN 2009)

Funktionenanalyse zur Erfassung der Produktfunktionen

- **Funktionenanalyse (FA)**: Sie verfolgt das Ziel der Identifizierung von Funktionen, der Validierung als auch der Charakterisierung und dient somit der Bestimmung der Funktionen eines Produktes oder Systems bzw. deren Quantifizierung und fördert die Kommunikation zwischen den Verantwortlichen für die Gestaltung und Entwicklung des Produktes. Als Ergebnis liefert die Funktionenanalyse ein Modell zur Beschreibung der Funktionen und ihrer Beziehungen.

Funktionen werden im Rahmen der Funktionenanalyse in zwei Kategorien unterteilt, nämlich in **nutzerbezogene Funktionen**, die darstellen, was das Produkt „tut bzw. tun muss", um die Nutzerbedürfnisse zu befriedigen („Wofür"), sowie **produktbezogene Funktionen** bzw. technische Funktionen, die den Produktmechanismus beschreiben. Sie stellen somit sicher, dass das Produkt funktioniert und Nutzerfunktionen erfüllt werden („Wie").

Der **Prozess der Funktionenanalyse** kann wie folgt beschrieben werden:

(1) Erkennen und Auflisten der Funktionen

(2) Systematisieren der Funktionen, z. B. in Form einer Tabelle oder eines Funktionenbaums

(3) Charakterisierung der Funktionen, d. h. Quantifizierung der erwarteten Erfüllung von Funktionen

(4) Aufstellung einer hierarchischen Funktionenordnung

(5) Bewertung der Funktionen in Form einer Gewichtung, d. h. Quantifizierung der hierarchischen Ordnung

Zu den Methoden der Funktionenanalyse gehören u. a. die natürliche oder intuitive Suche, die Methode der Interaktion mit dem Umfeld und die FAST-Methode (Funktionen Analyse System Technik). Letztgenannte Methode dient der Darstellung der nutzer- und produktbezogenen Funktionen für ein Produkt.

Das FAST-Diagramm zur Ermittlung der Funktionsfolgen

Das **FAST-Diagramm** dient der Darstellung einer logischen Funktionsfolge bezogen auf ein Produkt. Die **übergeordnete Funktion (ÜF)** stellt den Ausgangspunkt des Diagramms dar. Sie gibt das Ziel des Produktes an. Die **Basisfunktion (BF)** ergibt sich aus der übergeordneten Funktion. Danach treten im Rahmen des Funktionspfads die **Folgefunktionen (FF)** auf. Mit dem Erreichen der Systemgrenze treten die akzeptierten **Funktionen (AF)** auf, wobei diese nicht Gegenstand der Untersuchung sind. **Parallelfunktionen (PF)** sind Hilfsfunktionen, aus denen weitere Funktionsfolgen resultieren können. Im oberen Bereich des FAST-Diagramms sind die Spezifikationen (z. B. gesetzliche Auflagen) definiert, einmalige Funktionen während der Lebensdauer des Produktes sowie ständige Funktionen. **Unnötige Funktionen (UF)** sind zu entfernen. Etwaige Lücken bzgl. der Funktionen können durch die W-Fragen, d. h. „Wie/Wodurch" bzw. „Warum/Wozu" aufgedeckt werden. Folgende Vorgehensweise ist hierbei sinnvoll:

Schritt-1: Funktionen kostenmäßig bedeutsamer Komponenten formulieren.

Schritt-2: Bildung von Funktionsfamilien erfolgt mit der „Warum/Wozu"-Fragestellung.

Schritt-3: Funktionen, die ähnliche Zwecke erfüllen, werden in Funktionsgruppen zusammengefasst. Danach erfolgt die Ermittlung der Basisfunktion für eine Funktionsfamilie in Form eines paarweisen Vergleichs mit allen Funktionen der Familie.

Schritt-4: Die Bestimmung der Basisfunktion des Gesamtproduktes erfolgt, indem man die Basisfunktionen der Familien gruppiert und deren Basisfunktion bestimmt.

Schritt-5: Die Bestimmung des logischen Funktionspfads erfolgt durch Anwendung der W-Fragen („Wie/Wodurch" bzw. „Warum/Wozu").

Schritt-6: Verbindung der Funktionsfamilien mit dem logischen Pfad, woraus entsprechende Verzweigungen entstehen.

FAST-Diagramm als Visualisierungsinstrument

Nachfolgende Abbildung 4.26 stellt das FAST-Diagramm in seinem schematischen Aufbau dar:

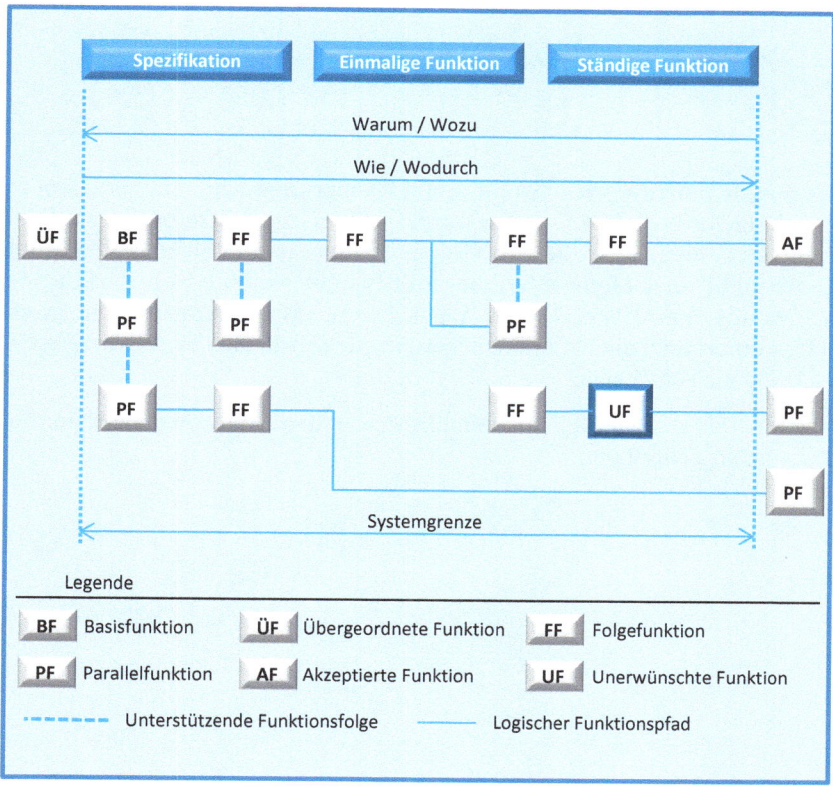

Abbildung 4.26 FAST-Diagramm – modifizierte Darstellung (Quelle: in Anlehnung an Schlink 2004)

Funktionenkosten – Zuordnung von Kosten zu den Funktionen

- **Funktionenkosten (FK)**: Mit der Aufteilung der Kosten auf Funktionen eines Produktes sollen neue Erkenntnisse gewonnen werden, wie ein Produkt betrachtet werden kann. Unter Funktionenkosten wird hier die Gesamtheit der Aufwendungen verstanden, um eine Funktion des Produktes bereitzustellen.

Zwecks Kalkulation von nutzer- als auch produktbezogenen Funktionenkosten eignet sich die Funktionenkosten-Matrix, bei der die **Kosten der Teile bzw. Baugruppen des Produktes auf die Funktionen aufgeteilt werden**. Die Summe der Kosten der Teile/Baugruppen, die für die Funktion notwendig sind, liefert die Kostenschätzung für die betrachtete Funktion. Nachfolgende Tabelle liefert einen Überblick:

Tabelle 4.17 Funktionenkostenmatrix (Quelle: in Anlehnung an DIN 2009)

Funktionen / Teile	Funktion 1 €	%	Funktion 2 €	%	Funktion 3 €	%	Teilekosten €	%
Teil 1	a				b		a+b	
Teil 2			c		d		c+d	
Teil 3	e		f				e+f	
Funktionenkosten	a + e		c + f		b + d		a +b + c + d + e + f	

Funktionale Leistungsbeschreibung als Anforderungskatalog

- **Funktionale Leistungsbeschreibung (FLB)**: hierunter wird ein Dokument zur Darstellung der Bedürfnisse eines Antragstellers bzgl. nutzerbezogener Funktionen verstanden. Über dieses Dokument kann ein **Antragsteller von dem Konstrukteur oder Lieferanten einen Entwurf bzw. eine Konstruktion für das Produkt einfordern**, das den Wünschen des Nutzers optimal entspricht. Insofern unterstützt die Funktionale Leistungsbeschreibung auch den Vergleich verschiedener Vorschläge.

Nachfolgende Abbildung 4.27 gibt einen Einblick in den Arbeitsplan der Funktionalen Leistungsbeschreibung:

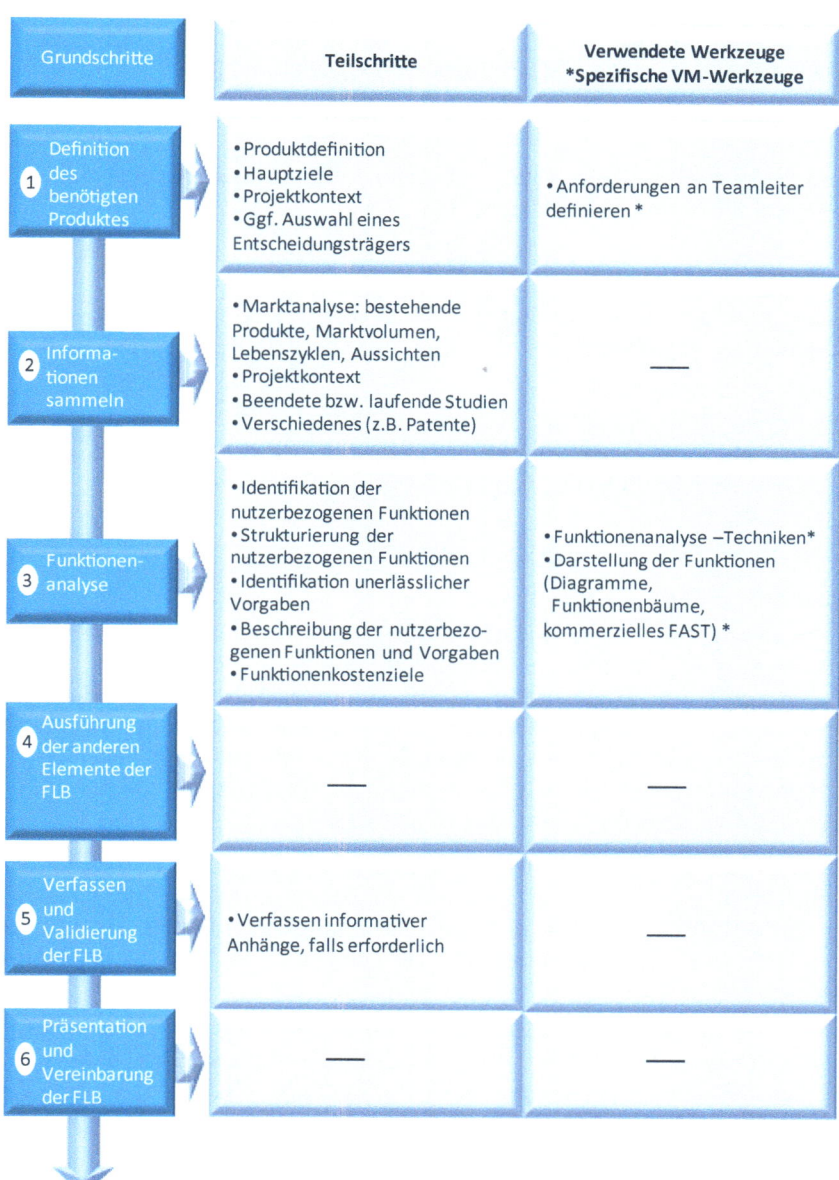

Abbildung 4.27 Funktionale Leistungsbeschreibung DIN EN 12973 (Quelle: in Anlehnung an DIN 2009)

4.2.2.3 Übungsaufgaben

Auf beigefügter CD finden Sie die Lösungen der folgenden Aufgaben.

Aufgabe 4.2.2.3-1

Inwiefern handelt es sich beim Value Management um einen Management-Ansatz und weniger um ein Kostenrechnungssystem?

Aufgabe 4.2.2.3-2

Welche Hauptzielsetzungen verfolgt die Wertanalyse? Stellen Sie diese anhand selbst gewählter Beispiele dar!

Aufgabe 4.2.2.3-3

Die Wertanalyse dient primär der Produktoptimierung. Inwiefern könnte das Instrument auch für die Optimierung von Prozessen eingesetzt werden?

4.2.3 Fallstudie Schuler GmbH – Wertananlyse

Fortsetzung der Fallstudie von Kap. 4.1.6.

Durch den Geschäftsführer der Schuler GmbH, Herrn Schuler, wurde ad hoc ein Projektteam gebildet, da ihm ein Lieferant ein neues Xenon-Leuchtmittel mit geringstmöglicher Anlaufzeit angeboten hat. Im konkreten Fall hieße das, dass alle drei Lichtfunktion Abblendlicht, Fernlicht und Lichthupe über ein Xenon Leuchtmittel realisierbar wären. Dies würde bedeuten, dass mit geringem Aufwand das bisherige Produkt „Xenon" auf den neuesten Stand gebracht werden könnte, ohne eine grundlegende Neuentwicklung tätigen zu müssen.

Insgesamt würde der neue Scheinwerfer zu Kosteneinsparungen führen, da das Leuchtmittel für die Lichthupe und somit ein Reflektor wegfallen könnte. Aufgrund der geringeren Hitzeentwicklung des Xenon Leuchtmittels könnte zudem eine Streuscheibe aus Polycarbonat anstatt aus Glas zugekauft werden, was weitere Kosten einsparen könnte.

Herr Maier übernimmt dazu ein interdisziplinäres Wertanalyse-Projektteam, um die Modifizierung des Xenon Scheinwerfers zu untersuchen, denn eine Reduktion der Selbstkosten würde Herrn Schuler die Annahme des Preisangebotes der VOC AG natürlich „erleichtern".

Schwerpunkt der Untersuchung soll die Erstellung einer „Funktionenanalyse mittels FAST[11]-Diagramm" und die Ermittlung der „Funktionskosten" nach DIN 12973 Teilaufgabe 4 des Deutschen Instituts für Normung e. V. (2002) sein. Teilaufgaben 0 bis 3 wurden bereits erarbeitet.

Aufgabenstellung: Wertanalyse

    e) Erstellen Sie das FAST-Diagramm für den modifizierten Xenon-Scheinwerfer.

    f) Ermitteln Sie in tabellarischer Form die Funktionenkosten [%] und machen Sie diese über einen Wertindex vergleichbar. Führen Sie dies sowohl für den Xenon-Scheinwerfer als auch für den modifizierten Xenon-Scheinwerfer durch.

---

11 FAST = Funktional Analysis SysTem

Interpretieren Sie die Ergebnisse und formulieren Sie eine entsprechende Schlussfolgerung, in welcher Sie eine Empfehlung bezüglich der Realisierung des Projektes abgeben.

Benötigte Informationen: Wertanalyse

- Herr Maier entscheidet sich für eine Wertanalyse nach DIN EN 12973:2000, deren Ablauf aus der folgenden Abbildung deutlich wird:

Grundschritte	Teilschritte	Verwendete Werkzeuge *Spezifische VM-Werkzeuge
0 Vorbereitung des Projektes	• Projektbeschreibung • Untersuchung der Durchführung/Risikoanalyse • Rentabilitätsstudie • Entscheidungsträger und Projektleiter	• Kostenschätzungs-Modell (für Entwicklung und Produktion) • Anforderungen an den WA-Projektleiter *
1 Projektdefinition	• WA-Objekt beschreiben • Rahmenbedingungen der Studie festlegen • Probleme aufzeigen / Datenmaterial definieren • Marketingziele festlegen • Grobziele formulieren / verabschieden • Ressourcenbedarf aufzeigen • Mitwirkende benennen • Vorbereitende Risikoanalyse durchführen	EN 12973:2000
2 Planung	• Bildung eines Arbeitsteams • Ausarbeitung eines ersten Zeitplans • Festlegung des Arbeitsraumes	• Regeln für die Zusammensetzung von WA-Teams *
3 Umfassende Daten über die Studie sammeln	• Informationssammlung intern / extern • Detaillierte Marktforschung • Verschiedene Recherchen, z.B. Patente	—
4 Funktionsanalyse Kostenanalyse Detailziele	• Bedarfsformulierung und Funktionsanalyse • Kostenanalyse und Funktionenkosten • Festlegung Detailziele und Bewertungskriterien	• Funktionenanalyse-Techniken* • Strukturierung der Funktionen (Bäume, FAST- Diagramme) * • Funktionale Leistungsbeschreibung * • Bewertungskriterien, Niveaus, Toleranzen * • Techniken für die Ermittlung von Funktionenkosten * • Verlässlichkeitsstudien

Abbildung 4.28a Schematischer Ablauf Wertanalyse (Quelle: in Anlehnung an DIN 2009 und DIN EN 12973)

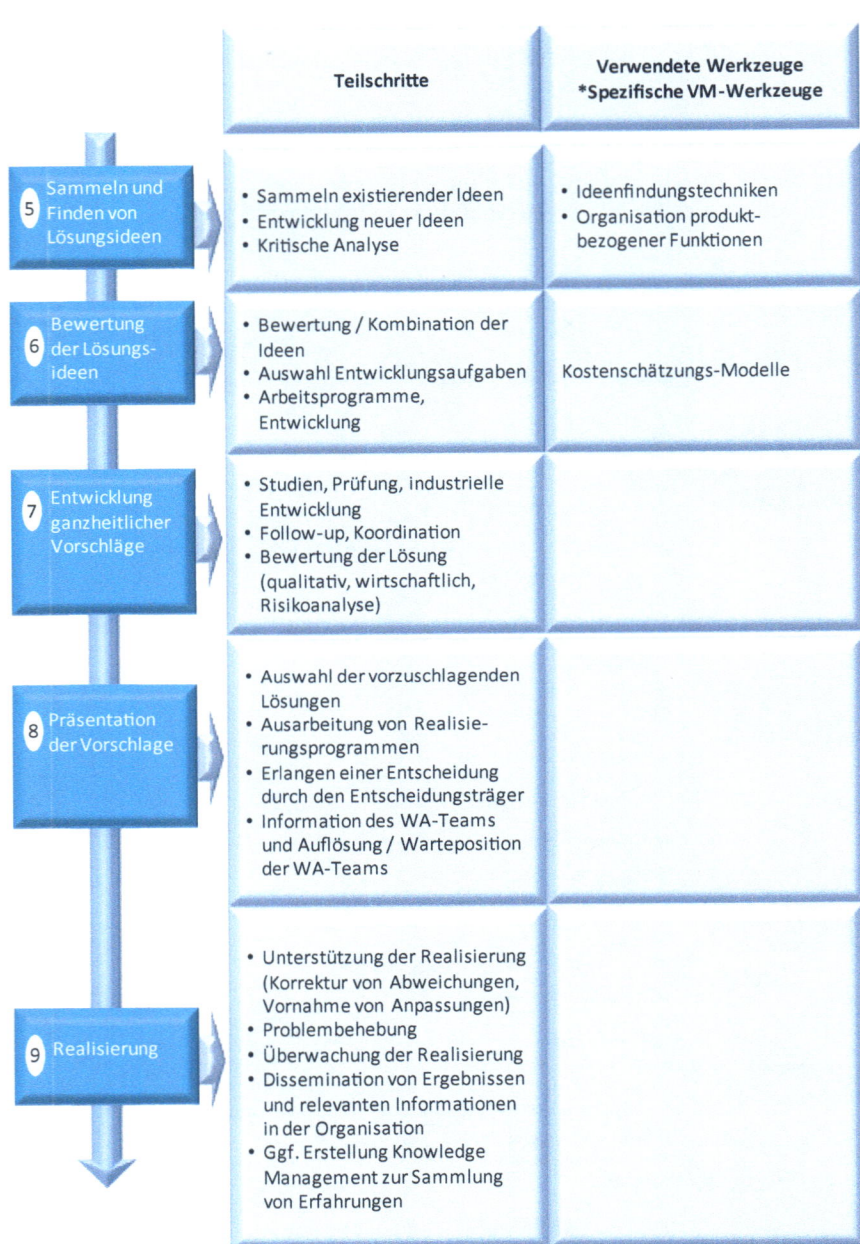

Abbildung 4.28b Schematischer Ablauf Wertanalyse (Quelle: in Anlehnung an DIN 2009 und DIN EN 12973)

- Für den Fall der Wertanalyse bei der Schuler GmbH sind die Punkte 0 – 3 schon erfolgt. So ist von Herrn Schuler das Projekt schon vorbereitet, definiert und teilweise geplant worden. Die restliche Planung des Projektes hat das Team unter Herrn Maier selbst durchgeführt. Die umfassende Datensammlung aus Punkt 3 wurde von einer Marketingagentur durchgeführt. Diese Agentur hat folgende Funktionen identifiziert:

Tabelle 4.18 Ergebnis Datensammlung

Spezifikationen	Übergeordnete Funktionen	Basisfunktion	Folgefunktionen	Ständige Funktionen	Unerwünschte Funktionen	Akzeptierte Funktionen
Verwendung Polycarbonat Streuscheibe	Beleuchtung im Rahmen der StVZO sicherstellen	Vorfeld beleuchten	Vor Außeneinwirkung schützen	Ansprechendes Design sicherstellen	Wärme erzeugen	Strom bereitstellen
Reduktion auf ein Leuchtmittel		Einsatzbereitschaft gewährleisten	Leuchtmittel schützen			Leuchtmittel bereitstellen
Selbstkosten < 697,77 €		Sichtbarkeit herstellen	Durch Streuscheibe schützen			
		Lichtsignale abgeben	MTBF erhöhen			
			Xenon Leuchtmittel verwenden			
			Licht erzeugen			
			Stromkreis herstellen			
			Stromkreis öffnen oder schließen			

- Zur Durchführung der Funktionenanalyse nutzte Herr Maier das FAST-Diagramm:

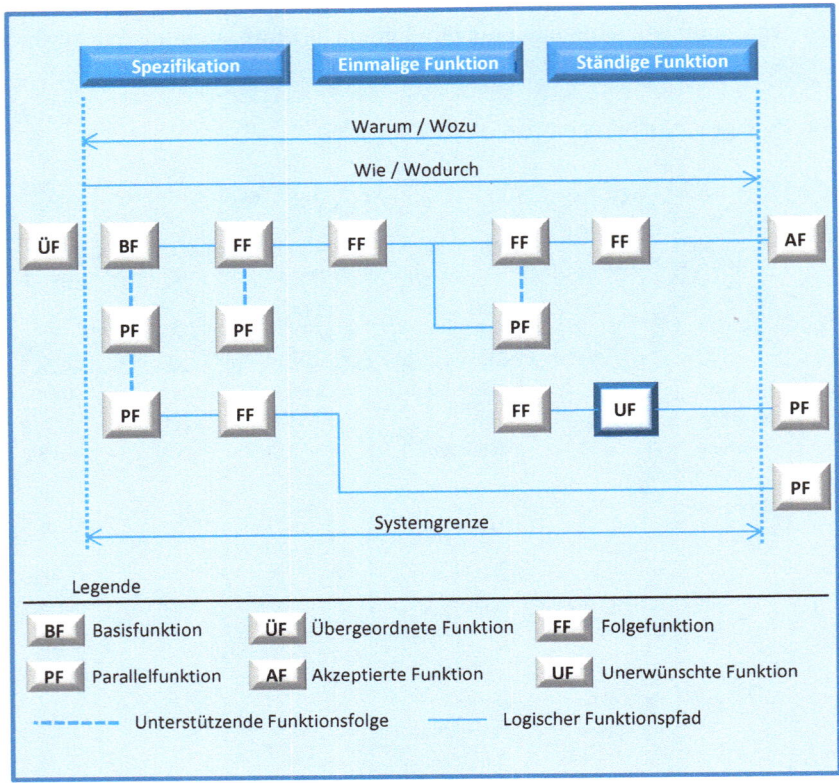

Abbildung 4.29 FAST-Diagramm – modifizierte Darstellung (Quelle: in Anlehnung an Schlink 2004)

- Die Kostenabteilung stellte folgende Übersicht über die Selbstkosten des geänderten Scheinwerfers zur Verfügung:

Tabelle 4.19 Funktionenkosten-Matrix

Funktionenkosten-Matrix
Übersicht über die Selbstkosten Xenon und modifizierte Xenon Scheinwerfer

Produkt	Funktionen / Teile	Vorfeld beleuchten	Lichtsignale abgeben	Sichtbarkeit herstellen	Einsatzbereitschaft gewährleisten	Ansprechendes Design sicherstellen	Teilekosten
		%	%	%	%	%	%
Xenon	Leuchtmittel	48	4	2	44	3	43
	Reflektor	68	19	1	7	5	42
	Streuscheibe	16	10	5	64	6	15
	Funktionenkosten	51,66	11,23	1,87	31,19	4,05	100
Xenon modifiziert	Leuchtmittel	51	0	0	47	2	46
	Reflektor	85	0	0	12	3	40
	Streuscheibe	15	8	4	69	5	14
	Funktionenkosten	59,57	1,07	0,51	35,94	2,91	100

- Die Marketingagentur hatte durch eine Kundenbefragung die Wichtigkeit der einzelnen Funktionen für den modifizierten Xenon-Scheinwerfer quantifizieren können:

Tabelle 4.20 Bewertung der Wichtigkeit

Funktionen	Vorfeld beleuchten	Lichtsignale abgeben	Sichtbarkeit herstellen	Einsatzbereitschaft gewährleisten	Ansprechendes Design sicherstellen	Summe
Wichtigkeit	60 %	10 %	7 %	20 %	3 %	100 %

Lösungsweg: Wertanalyse

1. Schritt – Funktionenanalyse:

Erstellung des FAST-Diagramms auf Basis der Vorlage und der gegebenen Funktionen:

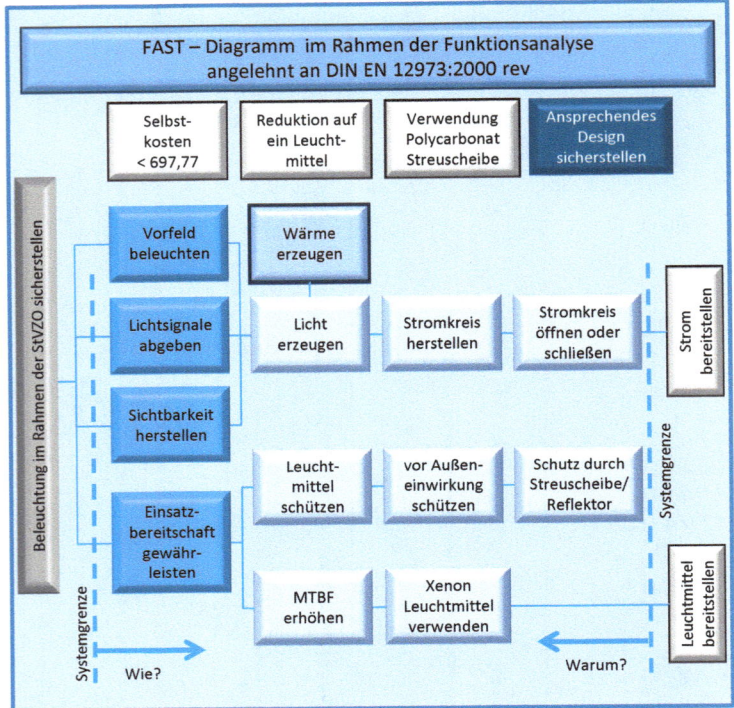

Abbildung 4.30 FAST-Diagramm (Quelle: in Anlehnung an DIN 2009 und DIN EN 12973)

2. Schritt – Funktionenkosten:

Aus den vorhandenen Daten für die Kostenanteile der einzelnen Komponenten und Funktionen wird ein Wertindex für die vergleichende Darstellung der Funktionen der einzelnen Scheinwerfer gebildet:

Tabelle 4.21 Funktionenkosten-Matrix

Funktionen	Vorfeld beleuchten	Lichtsignale abgeben	Sichtbarkeit herstellen	Einsatzbereitschaft gewährleisten	Ansprechendes Design Sicherstellen	Summe
Wichtigkeit [w] (%)	60	10	7	20	3	100
Funktionenkosten Xenon [fX] (%)	51,66	11,23	1,87	31,19	4,05	100
Funktionenkosten Xenon modifiziert [fXm] (%)	59,57	1,07	0,51	35,94	2,91	100
Wertindex „Xenon" [w/fX]	1,16	0,89	3,75	0,64	0,74	
Wertindex „Xenon" modifiziert [w/fXm]	1,01	9,36	13,65	0,56	1,03	

Schlussfolgerungen: Wertanalyse

Aus den erfolgten Analysen lässt sich ersehen, dass durch **Einführung des modifizierten Xenon Scheinwerfers der Wertindex fast aller Funktionen in positiver Sicht befördert** wird bzw. in einem vertretbaren Bereich bleibt.

Lediglich im Falle der Funktion „Einsatzbereitschaft gewährleisten" ist die Funktion im Vergleich zur Wichtigkeit tendenziell zu kostenintensiv. Da eine Kostenreduktion erreicht wird und die Wertindizes sich verbessert haben, ist eine Umstellung auf den modifizierten Xenon Scheinwerfer zu befürworten.

Es lassen sich somit folgende Punkte für den modifizierten Xenon Scheinwerfer festhalten:

- Die Funktionen lassen sich weiterhin im vom Kunden gewünschten Umfang realisieren.

- Der Wertindex für die Funktionen:
  - Lichtsignale abgeben
  - Sichtbarkeit herstellen
  - ansprechendes Design sicherstellen

  sinkt teils drastisch.

- Der Wertindex für die Funktion „Vorfeld beleuchten" steigt leicht, befindet sich aber weiterhin in einem optimalen Bereich.
- Der Wertindex für die Funktion „Einsatzbereitschaft gewährleisten" sinkt, hier sollte eventuell noch eine Optimierung der Kosten erfolgen, um diesen Wert zu verbessern.

Insgesamt kann festgestellt werden, dass der **modifizierte „Xenon"-Scheinwerfer die Kundenanforderungen zu geringeren Kosten erfüllt und daher seinen Zweck erfüllt**. Das Projekt kann somit in die Realisierung übergehen, womit die Wertanalyse abgeschlossen wäre.

Fortsetzung der Fallstudie in Kap. 4.2.6.

4.2.4 Kostenschätzverfahren

4.2.4.1 Einführung

Zielsetzung des Abschnitts

Die schnelle **Reaktion auf Angebotsanfragen** einerseits als auch der **Zwang zur Beeinflussung der Kosten** im frühen Stadium des Produktes – nämlich der Design- und Konstruktionsphase – andererseits, lassen den **Bedarf an geeigneten Kostenschätzverfahren** erkennen.

Der Einsatz der klassischen Kalkulationsverfahren im Sinne der Kostenträgerstückrechnung scheitert an dieser Stelle, da deren Einsatz das Vorhandensein der dem Produkt zugehörigen Kosten auf Basis der Zeichnungen, Einkaufskonditionen, Stücklisten voraussetzt. Ebenfalls fehlt mangels Zuordnung des geeigneten Produktionsverfahrens der aus der Produktion resultierende Kostenblock. **Kostenschätzverfahren können demnach wie folgt definiert werden** (Günther/Schuh 1998, S. 381 ff.):

> „... Kalkulationsverfahren, die früher und mit geringerem Arbeits- und Zeitaufwand als herkömmliche Kalkulationsverfahren und meist ohne Berücksichtigung eines konkreten Mengen- und Zeitgerüstes des zu kalkulierenden Erzeugnisses durchgeführt werden können".

Sie sind somit im Kontext der Kalkulationsarten der Vorkalkulation zuzuordnen. Hinsichtlich der Systematisierung der Kostenschätzverfahren soll auf die Darstellung von Coenenberg/Fischer/Günther in Anlehnung an Günther und Schuh (1998) zurückgegriffen werden (Coenenberg/Fischer/Günther 2009, S. 511 ff.):

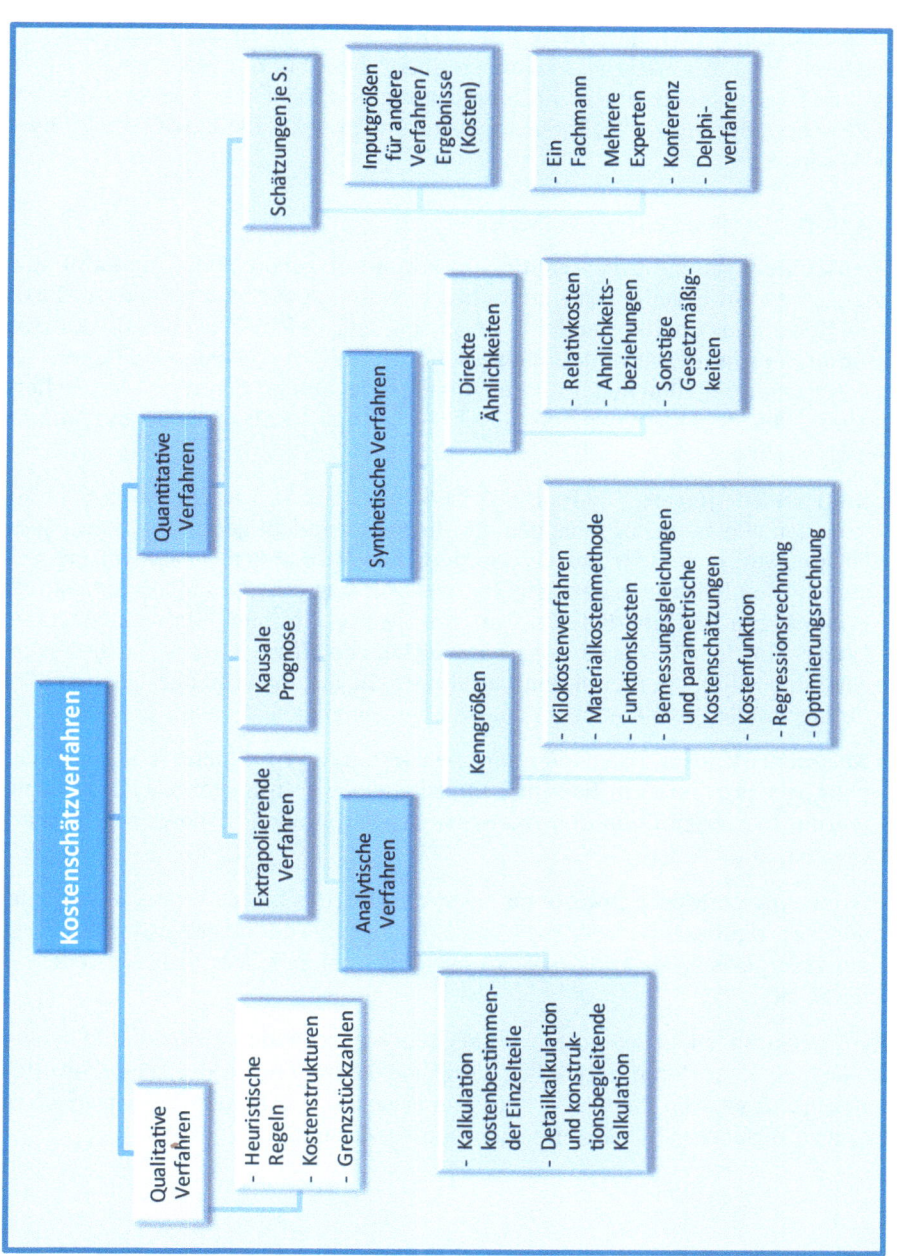

Abbildung 4.31 Kostenschätzverfahren (Quelle: Coenenberg/Fischer/Günther 2009, S. 511)

Wie in Abbildung 4.31 dargestellt, lassen sich die Verfahren im Wesentlichen in qualitative und quantitative Verfahren unterteilen. Für ein vertiefendes Literaturstudium wird auf das Buch „Kostenrechnung und Kostenanalyse" von Coenenberg/Fischer/Günther (2009) bzw. „Angebots- und Projektkalkulation" von Bronner (2008) verwiesen.

4.2.4.2 Qualitative Schätzverfahren

Qualitative Verfahren als Informationsgeber hinsichtlich der Kostenauswirkungen

Kostenschätzung auf Basis qualitativer Verfahren geben nicht Auskunft darüber, „... was ein Erzeugnis voraussichtlich kostet, sondern ... zeigen auf Basis betrieblicher oder überbetrieblicher Erfahrung auf, welche Kostenauswirkungen bestimmte Fertigungsbesonderheiten (z. B. die Wahl verschiedener Fügeverfahren von Karosserieteilen in der Automobilindustrie) haben" (Coenenberg/Fischer/Günther 2009, S. 511). Folgende Verfahren können in diesem Zusammenhang genannt werden:

- **Heuristische Regeln**: Die Heuristik ist definiert als „... Vorgehensweise zur Lösung von allgemeinen Problemen, für die keine eindeutigen Lösungsstrategien bekannt sind oder aufgrund des erforderlichen Aufwands nicht sinnvoll erscheinen; sie beinhaltet in erster Linie Daumenregeln auf der Grundlage subjektiver Erfahrungen und überlieferter Verhaltensweisen (Gabler Wirtschaftslexikon, 2009)". Hinsichtlich der Kostenschätzung können dies z. B. Hinweise/Erfahrungen mit bestimmten Produktionsverfahren sein, die aus Kostengesichtspunkten für bestimmte Produkte mehr oder weniger geeignet sind.

- **Kostenstrukturen**: Dieses Verfahren basiert auf der „... hierarchischen Zerlegung von Produkten in Bau- und Einzelteile sowie in Kostenblöcke ... zur erfahrungsbasierten Definition von Kostenschwerpunkten (Coenenberg/Fischer/Günther 2009, S. 512)."

- **Grenzstückzahlen**: Schwerpunkt dieses Verfahrens ist der Vergleich verschiedener Fertigungsverfahren/Materialien mit dem Ziel der Identifikation des Fertigungsverfahrens/Materials, das ab einer bestimmten Stückzahl das kostengünstigere ist.

Obige Verfahren haben den Vorteil der leichten und schnellen Anwendbarkeit, aber den Nachteil, dass deren Ergebnisse Vergleiche/Abwägungen darstellen, letztlich aber keine „fassbaren Zahlen" für eine umfassende Kalkulation liefern. Insofern sind diese Verfahren stets um eine quantitative Variante zu ergänzen.

4.2.4.3 Quantitative Schätzverfahren

Bei diesen Verfahren wird ein quantitativer Zusammenhang zwischen den Kosten und den Fertigungsverfahren/Materialien hergestellt. Folgende Verfahren stehen zur Verfügung (Coenenberg/Fischer/Günther 2009, S. 514 ff.):

- **Extrapolierende Verfahren**: Hierbei geht man davon aus, dass die Erzeugniskosten sich im Zeitablauf ändern, z. B. geht man von einem jährlichen Preisanstieg bei bestimmten Rohstoffen wie Erdöl aus. Dass dieses mit Ungenauigkeit verbunden ist, mag man an der Entwicklung der Rohölpreis der letzten Jahre ablesen.

- **Schätzungen im engeren Sinne**: Dieses Verfahren basiert auf der Beurteilung von kostenrelevanten Sachverhalten durch interne oder externe Individuen (z. B. einzelne Experten) bzw. Gruppen (z. B. Expertengruppen – Delphi-Methode). Die Erfahrungen zeigen, dass derartige Schätzungen durchaus ungenau sein können, so kann z. B. die Zusammensetzung des Expertenteams wesentlichen Einfluss auf die Schätzqualität nehmen.

- **Kausale Prognosen**: Grundgedanke ist hier das „Ursache-Wirkungs-Prinzip". Nachfolgend werden die in diesem Zusammenhang relevanten analytischen und synthetischen Verfahren vorgestellt.

4.2.4.4 Analytische Verfahren

Die analytischen Verfahren lassen sich in drei Arten unterteilen (Coenenberg/Fischer/Günther 2009, S. 515 ff.):

- **Kalkulation kostenbestimmender Einzelteile**: Hierbei erfolgt eine Betrachtung der Einzelteile eines Produktes im Sinne einer ABC-Analyse, wobei A-Teile an den Gesamtkosten die größte Bedeutung haben und demzufolge detailliert kalkuliert werden. Für alle anderen Teile werden Zuschlagssätze verwendet.

Beispiel:

Am Produkt M soll das Vorgehen verdeutlicht werden. Hierbei werden die Kosten mittels ABC-Analyse hinsichtlich möglicher Schwerpunkte hin untersucht.

Das Ergebnis ist in der nachfolgenden Tabelle festgehalten:

Tabelle 4.22 Kalkulation von Produkt M; ABC-Analyse der Herstellkosten

Kalkulation kostenbestimmender Einzelteile des „Produktes M"				
Teil	Stück	Stückpreis €	∑ €	Anteil an HK
Baugruppe A				
→ Teil 1	8	5,98	47,84	2,37%
→ Teil 2	46	21,41	984,86	48,81%
Summe Baugruppe A			**1.032,70**	**51,18%**
Baugruppe B				
→ Teil 3	54	0,20	10,80	0,54%
→ Teil 4	1	275,00	275,00	13,63%
→ Teil 5	2	0,65	1,30	0,06%
→ Teil 6	1	73,00	73,00	3,62%
→ Teil 7	2	130,00	260,00	12,89%
→ Teil 8	2	42,00	84,00	4,16%
→ Teil 9	1	142,00	142,00	7,04%
→ Teil 10	8	0,12	0,96	0,05%
→ Teil 11	2	12,00	24,00	1,19%
→ Teil 12	4	1,45	5,80	0,29%
→ Teil 13	1	5,26	5,26	0,26%
Summe Baugruppe B			**882,12**	**43,72%**
Baugruppe C				
→ Teil 14	1	102,31	102,31	5,07%
→ Teil 15	4	0,12	0,48	0,02%
Summe Baugruppe C			**102,79**	**5,09%**
Herstellkosten der Teile			**2.017,61**	**100,00%**
Montagekosten			215,00	
Probelauf			60,45	
Fertigungsrisiko			116,23	
Summe HK - Produkt M			**2.409,29**	

75,33 %

Das Beispiel veranschaulicht, dass die Teile 2, 4 und 7 insgesamt 75,33 % der Herstellkosten ausmachen und somit für die detaillierte Kalkulation in Betracht gezogen werden sollten.

- **Detailkalkulation**: Bei diesem Verfahren wird das Produkt ebenfalls in seine Einzelteile zerlegt, allerdings werden dann auch alle Teile einzeln kalkuliert. Als Datenbasis dienen existierende Nachkalkulationen vergleichbarer Produkte des Unternehmens. Letzterer Aspekt weist gleichzeitig auf die Anfälligkeit dieses Verfahrens hin, da ohne Vergangenheitsdaten eine derartige Kalkulation nicht durchführbar ist.

- **Konstruktionsbegleitende Kalkulation**: Im Gegensatz zu den beiden anderen Verfahren wird dieses eingesetzt, wenn das Fertigungsverfahren bereits läuft. Ziel ist es, tagesgenaue Kostendaten zur Verfügung zu stellen und damit eine ständige Kostenüberwachung sicherzustellen.

4.2.4.5 Synthetische Verfahren

Die synthetischen Verfahren lassen sich in zwei große Gruppen aufteilen, in „Kenngrößenbasierte Verfahren" und „Verfahren direkter Ähnlichkeiten" (Coenenberg/Fischer/Günther 2009, S. 517 ff.).

- **Kilokostenverfahren**: Grundlage ist die Annahme, dass die Kosten des Produktes sich proportional zu dessen Gewicht verhalten. Daraus lässt sich der Gewichtskostensatz HK_g (= Herstellkosten des Vergleichsproduktes HK_{alt} durch Gewicht des Vergleichsproduktes G_{alt}) in €/kg ableiten, der dann die Grundlage für die Schätzung der Herstellkosten des neuen bzw. modifizierten Produktes HK_{neu} auf Basis des neuen Gewichtes G_{neu} ist. Es gilt folgende Berechnung:

Unterteilung der Verfahren auf Basis von Kenngrößen

$$HK_{neu} = HK_g \times G_{neu}$$

Geeignet scheint dieses Verfahren insbesondere für gleichartige, materialkostenlastige Produkte zu sein.

Beispiel:

Für das Produkt K wurde ein Gewicht (G_{alt}) von 2,30 kg gemessen und somit ein Gewichtskostensatz (HK_G) von 57,05 €/kg ermittelt, was Herstellkosten von 131,22 € entspricht. Bei einer Gewichtseinsparung von 300 g lassen sich folgende Herstellkosten errechnen:

$$HK_{neu} = HK_G \times G_{neu} = 2\,(\text{kg}) \times 57{,}05 \left(\frac{€}{\text{kg}}\right) = 114{,}10\ €$$

- **Materialkostenmethode**: Dieser Methode liegt die Annahme zugrunde, dass in der Vergangenheit eine konstante Relation „m" zwischen den Materialkosten MK_{alt} und den Fertigungskosten FK_{alt} im Bezug auf die Herstellkosten HK_{alt} besteht. Liegen z. B. die Materialkosten eines Neuproduktes MK_{neu} vor, so kann man mittels dieser die neuen Herstellkosten HK_{neu} hochrechnen/abschätzen:

$HK_{neu} = MK_{neu} / m$

Für vertiefende Informationen sei auf die VDI-Richtlinie 2225 Blatt 1 verwiesen.

Beispiel:

Für das obige Produkt K würden sich unter der Annahme, dass sich die Materialkosten MK_{neu} bei 77 € bewegen und der Materialkostenanteil „m" bei 70 % festgelegt wird, Herstellkosten in Höhe von 110 € ergeben:

$$HK_{neu} = \frac{MK_{neu}}{m} = \frac{77\,€}{0{,}7} = 110\,€$$

- **Funktionskosten**: Schwerpunkt dieses Verfahrens sind die Funktionen eines Produktes. Hierzu wird eine Funktionsanalyse durchgeführt, um die Funktionen zu erfassen und den Beitrag der jeweiligen Einzelteile zur Funktionserfüllung. Für nähere Details sei auf den Abschnitt Wertanalyse als auch Target Costing verwiesen, da beide Abschnitte den obigen Grundgedanken der Funktionskosten widerspiegeln.

- **Bemessungsgleichung**: Sie setzt sich aus einer Kosten- und Beanspruchungsgleichung zusammen. Erstere versucht den Zusammenhang zwischen den technischen Merkmalen des Produktes und dessen Kosten abzubilden, die Beanspruchungsgleichung dient der Darstellung, inwiefern die technischen Funktionen erfüllt sind. Beide zusammen ebnen den Weg zur Entwicklung wirtschaftlich und technisch optimierter Produkte. Trotz der Tatsache, dass dieser Ansatz vielversprechend ist, kommt er aufgrund der Komplexität bei der Gleichungserstellung nur bedingt zum Einsatz.

- **Kostenfunktionen**: Sie dienen zur Abbildung des Zusammenhangs zwischen verschiedenen Kostenbestimmungsgrößen als unabhängige Variablen und den Kosten als abhängige Variablen, auf deren Grundlage dann die Kostenschätzungen erfolgen. Die Generierung der Kostenfunktionen kann mittels „Regressionsanalyse" und „Optimierungsrechnungen" erfolgen. Hinsichtlich einer detaillierten Darstellung sei der interessierte Leser auf Backhaus et al. – Multivariate Analysemethoden (2008) – verwiesen.

Unterteilung der Verfahren direkten Ähnlichkeiten

Bei der zweiten Gruppe – Verfahren direkter Ähnlichkeiten – werden auf Basis bestehender Vor- und Nachkalkulationen entsprechende Kostenschätzungen durchgeführt. Dieser Gruppe werden folgende Verfahren zugerechnet:

- **Relativkosten**: Dieses Verfahren setzt voraus, dass eine große Ähnlichkeit zwischen den verwendeten Materialien besteht. Zur Ermittlung der neuen Materialkosten MK_{neu} wird im ersten Schritt die Relativkostenzahl k'_v – verstanden als Verhältnis zwischen den Kosten des Vergleichsmaterials zum Bezugsmaterial/

Referenzmaterial – ermittelt. Unter Berücksichtigung des Volumens V des neuen Werkstoffs, der Kosten des Bezugsmaterials pro Volumeneinheit k_{v0} und des Gemeinkostenfaktors für das Material „1 + g" gilt folgende Formel für die Materialkostenberechnung:

$$MK_{neu} = (V \cdot k'_v \cdot k_{v0}) \cdot (1 + g)$$

Beispiel:

Für das Gehäuse des Produktes M wird Kunststoff vom Typ PP-A (Bezugsmaterial) verwendet mit einer spezifischen Dichte (d_0) von 1,05 kg/m³. Dieser Kunststoff wird zum Preis (k_{G0}) von 57,05 €/kg bezogen.

Der mit dem Vorgang beauftragte Controller will nun die neuen Materialkosten für das Gehäuse (relevantes Volumen = 0,41 m³) unter Verwendung des neuen Kunststoffs PP-B (Vergleichsmaterial) mithilfe der Relativkostenrechnung ermitteln. Dazu verwendet er folgende Formel:

$$MK_{neu} = (V \cdot k_V \cdot k_{V0}) \cdot (1 + g)$$

- $V =$ Volumen
- $k_V =$ Relativkostenzahl ((Kosten des Vergleichmaterials)/(Kosten des Bezugsmaterials)) = 1,08
- $k_{V0} =$ Kosten des Bezugsmaterials pro Volumeneinheit = $k_{G0} \cdot d_0$
- $g =$ Gemeinkostenzuschlagssatz = 10 %

Somit ergibt sich:

$$MK_{neu} = 0{,}41\,\text{m}^3 \times 1{,}08 \times \left(57{,}05\frac{\text{€}}{\text{kg}} \times 1{,}05\frac{\text{kg}}{\text{m}^3}\right) \times (1 + 0{,}1) = 29{,}18\,\text{€}$$

- **Ähnlichkeitsbeziehungen**: Hier dient die geometrische Ähnlichkeit eines Produktes als Grundlage für die Kostenschätzung. So kann z. B. bei geometrisch ähnlichen Produkten eine doppelte Größe des zu kalkulierenden Produktes im einfachsten Fall zu entsprechend doppelten Kosten führen. Quellen für Ähnlichkeitsbeziehungen können unternehmensinterne Daten oder die Literatur sein.

- **Sonstige Gesetzmäßigkeiten**: Hierzu zählen u. a. die „Mengengesetze", mit denen die Abhängigkeit produzierter Stückzahl und Kosten betrachtet wird, die „Leistungsgesetze" zur Einbindung von Aspekten wie denen der Economies of Scale oder der Auslastung sowie die Toleranzgesetze mit deren Hilfe ein Zusammenhang zwischen der Veränderung von Maßstabsabweichungen und den Fertigungskosten dargestellt wird. So kann die Einengung der Toleranzen die Kosten der Arbeitsgänge um ein Mehrfaches erhöhen.

Beispiel:

Als Beispiel für die Relevanz der Ähnlichkeitsbeziehungen soll nachfolgendes Beispiel in Anlehnung an Bronner (2008) dienen. Bei einem sich in der Planung befindlichen Scheinwerfer wird überlegt, das Tagfahrlicht durch Erhöhung der Anzahl der Leuchtdioden designtechnisch flexibler und attraktiver zu gestalten. Im Endeffekt heißt das, dass die Tagfahrleuchten verlängert werden sollen. Der Controller wird diesbezüglich mit einer Kostenschätzung beauftragt. Lt. den Ähnlichkeitsbeziehungen bzw. Wachstumsgesetzen (vgl. Bronner 2008, S.29) gilt folgende Beziehung:

- Die Materialkosten ähnlicher Teile steigen proportional zur 3. Potenz des Längenverhältnisses.
- Die Fertigungskosten ähnlicher Teile steigen proportional zur 2. Potenz des Längenverhältnisses.
- Die Rüstkosten ähnlicher Teile steigen etwa proportional zur Wurzel aus den Längenverhältnissen.

Im vorliegenden Fall beträgt das Längenverhältnis zwischen den Tagfahrlichtvarianten (i und i +1) 1,025. Für die Ursprungsgröße des Tagfahrlichtes (i = 1) mit 4 LED liegen folgende Daten vor:

- Materialkosten = 20 €
- Fertigungskosten = 2 €
- Rüstkosten = 3 €

Es ergibt sich somit folgende Kostenschätzung für die Tagfahrlichtvarianten 1 bis 6:

Tabelle 4.23 Kostenschätzungen (Quelle: in Anlehnung an Bronner 2008, S. 29)

Benennung	Wachstumsfaktor		Tagfahrlicht Variante					
			1	2	3	4	5	6
Längenfaktor	$w =$	1,025	1,000	1,025	1,051	1,077	1,104	1,131
Materialkosten	$w^3 =$	1,077	24,00 €	25,85 €	27,83 €	29,97 €	32,28 €	34,76 €
Fertigungskosten	$w^2 =$	1,051	2,00 €	2,10 €	2,21 €	2,32 €	2,44 €	2,56 €
Rüstkosten	$w^{0,5} =$	1,012	3,00 €	3,04 €	3,08 €	3,11 €	3,15 €	3,19 €
Summe			29,00 €	30,98 €	33,12 €	35,41 €	37,87 €	40,51 €

4.2.4.6 Zusammenfassende Bewertung

Die vorgestellten Schätzverfahren zeichnen sich jeweils durch eine **Abwägung zwischen der Genauigkeit** einerseits und dem **Aufwand hinsichtlich der Datenerhebung** andererseits aus (Coenenberg/Fischer/Günther 2009, S. 535 ff.). Somit kann **kein Verfahren als ideal** – sprich hohe Genauigkeit bei geringem Aufwand – **angesehen werden**. Somit muss stets fallweise entschieden werden.

Vorteil an Genauigkeit versus Nachteil Aufwand

Auf beigefügter CD befinden sich weitere Beispiele zur Vertiefung des Sachverhaltes.

Auf der CD finden Sie darüber hinaus weitere Informationen zum Thema „Kostenschätzungen".

4.2.5 Kosten-Nutzenanalyse – Nutzwertanalyse

4.2.5.1 Kosten-Nutzenanalyse

Die Praxis zeigt, dass gerade bei komplexen Planungsaufgaben und Investitionsvorhaben, z. B. im Bereich der Fertigungsautomatisierung, die Auswahl und Entscheidung für eine Lösung allein aufgrund einer Wirtschaftlichkeitsrechnung oft zu Fehlentscheidungen führen kann, deren Auswirkungen nicht oder nur unter großen Verlusten rückgängig gemacht werden können.

Gefahr von Fehlentscheidungen

Komplexe Entscheidungsfindung im Zusammenhang mit langfristigen und kapitalintensiven Projekten gewinnt deshalb in der Praxis immer mehr an Bedeutung. Die Schwierigkeiten einer solchen Entscheidungsfindung liegen in der Regel darin, dass zum Beispiel wertmäßig anhand von Wirtschaftlichkeitskennziffern erfassbare Vorteile häufig nicht ausreichen, zumal sie im Voraus nicht immer genau bestimmbar sind.

Meist liegt eine Entscheidungssituation vor, die durch drei Punkte charakterisiert werden kann:

- es müssen mehrere Prinziplösungen miteinander verglichen werden,
- es ist eine Vielfalt wichtiger Entscheidungsgrößen zu beachten, zwischen denen funktionale Beziehungen oft nicht angegeben werden können,
- der Entscheidungsträger muss die relative Wichtigkeit dieser Größen persönlich (subjektiv) einschätzen.

Ganzheitliche Betrachtung von Entscheidungen

Die Erfahrungen zeigen, dass neben den quantifizierbaren auch wertmäßig nicht erfassbare Kosten-Nutzenaspekte eine wesentliche Rolle bei der Entscheidungsfindung spielen. Für derart komplexe Entscheidungssituationen haben sich Verfahren der Kosten-Nutzen-Analyse besonders in der Praxis bewährt.

Die Verfahren der Kosten-Nutzen-Analyse dienen zum Vergleich von Handlungsalternativen unter Vorgabe eines oder mehrerer Ziele und unter Verwendung formaler Rechenverfahren für das Bestimmen des erwarteten Nutzens und des nötigen Aufwandes.

Dabei werden die Erfolgswahrscheinlichkeit und die Veränderung der in die Rechnung einbezogenen Werte berücksichtigt.

Die Vor- und Nachteile lassen sich wie folgt zusammenfassen (Tabelle 4.24):

Eingesetzt wird die Kosten-Nutzen-Analyse bei wirtschaftswissenschaftlichen Fragenstellungen, im Verwaltungsbereich aber auch u. a. bei verschiedenen technischen Aspekten aus den Bereichen der Entwicklung und Produktion.

Das grundsätzliche Vorgehen bei einer Kosten-Nutzen-Analyse ist in Abbildung 4.32 dargestellt. Unter Umweltbeschreibung versteht man eine Beschreibung wichtiger politischer, soziologischer, technischer und wirtschaftlicher Größen mit Angaben der Wahrscheinlichkeit ihres Eintreffens in der Zukunft. Die Alternativen sind alle infrage kommenden Projekte, Vorgehensweisen und Unternehmensziele.

Tabelle 4.24 Vor- und Nachteile von Kosten-Nutzen-Analysen

Vorteile	Nachteile
Nicht monetäre Ziele finden Berücksichtigung	Eingang von subjektiven Wertungen / Willkür
Direkte Vergleichbarkeit möglicher Alternativen	Probleme bei der Auswahl der Gewichtungen und Auswahlkriterien
Objektivierung der Auswahlentscheidung	Höherer Zeit- und Arbeitsaufwand
Systematisierung des Entscheidungsprozesses	

Zielrahmen

Der **Zielrahmen** (Zielsystem) besteht aus einem Katalog gewichteter und geordneter Ziele. Aus der hierachisch niedrigen Stufe des Zielsystems leiten sich die Zielkriterien und die Kriterien zur Rangfolgebestimmung der betrachteten Alternativen ab.

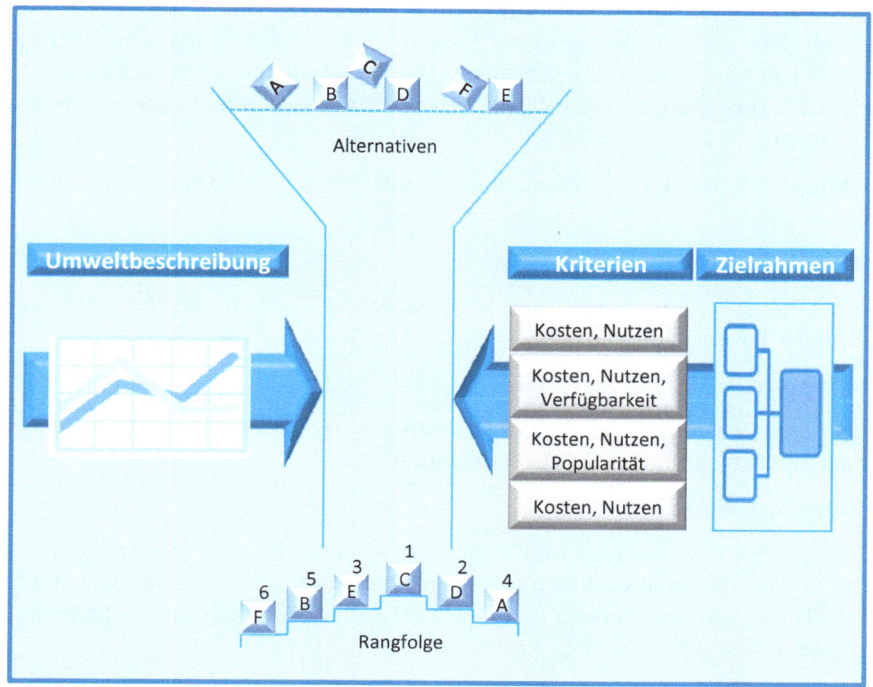

Abbildung 4.32 Schema der Kosten-Nutzen-Analyse

Aus dem Spektrum dieser Kosten-Nutzen-Analysen soll nun wegen ihrer Bedeutung für die betriebliche Praxis die Nutzwertanalyse näher beschrieben werden.

4.2.5.2 Prinzip der Nutzwertanalyse

Die Nutzwertanalyse ist eine Planungsmethode, die der systematischen Vorbereitung von Entscheidungen dient. Hierbei geht sie von einem subjektiven Wertbegriff aus, der für jeden Anwender einen anderen Inhalt haben kann.

> Die Nutzwertanalyse kann definiert werden als Untersuchung einer Menge von Lösungsalternativen mit dem Zweck, die Alternativen nach einem vorgegebenen Ziel in eine Rangordnung zu bringen.

Um diese Rangordnung zu ermitteln, muss für jede Prinziplösung der Nutzwert bestimmt werden. Der Nutzwert wird nicht allein aufgrund objektiver Informationen über die Zielerträge der Lösungsalternativen ermittelt, sondern es werden in gleichem Maße subjektive Informationen berücksichtigt. Bei der Zusammenstellung der Zielkriterien ist es möglich, sowohl wertmäßig erfassbare als auch wertmäßig nicht erfassbare sowie mit unterschiedlichen Einheiten (z. B. kN, kW, €) und Faktoren (z. B. Sicherheitsfaktor) versehene Kriterien zu berücksichtigen. Der Nutzwert muss also nicht notwendigerweise in Geldeinheiten angegeben werden. Er muss vielmehr als dimensionsloser Ordnungsindex für die verschiedenen zu bewertenden Lösungen verstanden werden und kann verbal oder in Zahlen ausgedrückt sein. Mit der Nutzwertanalyse wird es möglich, vorliegende Lösungsalternativen hinsichtlich verschiedenartiger Zielkriterien einer komplexen Bewertung zugänglich zu machen.

Die Nutzwerte werden in folgenden Arbeitsschritten bestimmt (vgl. Abbildung 4.33):

Arbeitsschritt 1:

Aufstellen des Zielsystems, Zusammenstellen der Zielkriterien für die Beurteilung der Lösungsalternativen.

Arbeitsschritt 2:

Gewichtung der Zielkriterien, d. h. Festlegen der Bedeutung jedes einzelnen Zielkriteriums in Bezug auf den Gesamtnutzen.

Arbeitsschritt 3:

Feststellen der Zielerträge und Ermitteln der Zielwerte, d. h. Bewerten der Lösungsalternativen hinsichtlich der Frage, inwieweit die einzelnen Zielkriterien erfüllt werden. Der Zielwert kann deshalb auch als Erfüllungsgrad bezeichnet werden.

Arbeitsschritt 4:

Bestimmen der Nutzwerte, d. h. Berechnen der Teilnutzwerte aller Lösungsalternativen. Die Summe der Teilnutzwerte ergibt die jeweiligen Nutzwerte der Lösungsalternativen (Wertsynthese).

Arbeitsschritt 5:

Erstellen einer Rangordnung für die Lösungsalternativen anhand der ermittelten Nutzwerte.

Arbeitsschritt 6:

Überprüfung der Ergebnisse der Nutzwert-Analyse, d. h., die Stabilität der Ergebnisse wird hinterfragt. Hierbei werden z. B. gezielt die Gewichtungen verändert, die im Rahmen der Analyse als kritisch oder diskussionswürdig eingestuft wurden. Ziel dieser Veränderung im Rahmen der Sensitivitätsanalyse ist es, mögliche Veränderungen im Hinblick auf die Ergebnisse, sprich der Rangordnung der Lösungsalternativen, aufzuzeigen.

Im Folgenden sollen diese Arbeitsschritte der Nutzwertanalyse an einer aus dem Montagebereich stammenden Aufgabe beispielhaft erläutert werden.

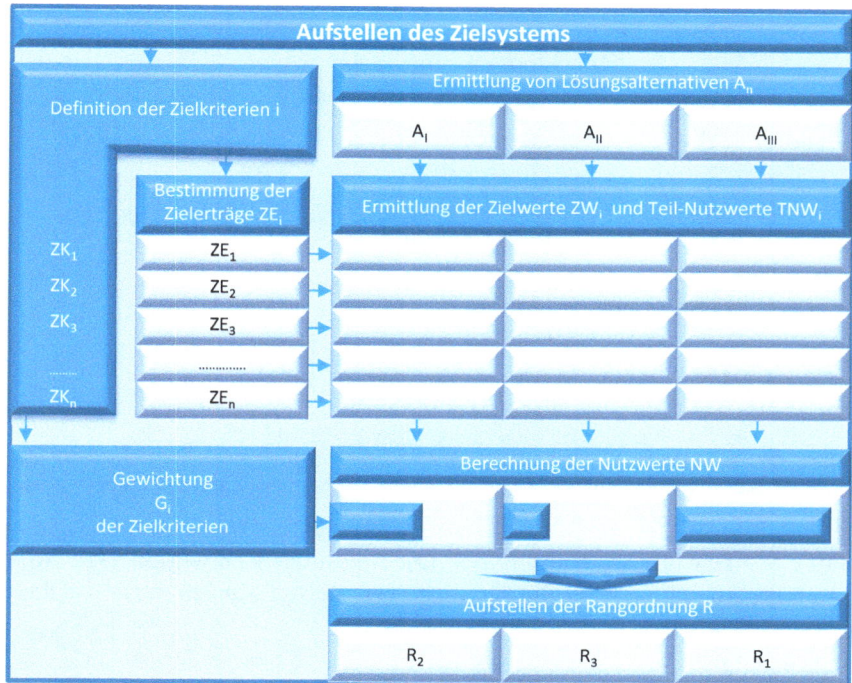

Abbildung 4.33 Schematischer Ablauf der Nutzwertanalyse

4.2.5.3 Beispiel Montageaufgabe[12]

Der Wandler eines mechanischen Filters besteht aus vier Einzelteilen. Er wird entsprechend der Darstellung in Abbildung 4.34 gefügt, wobei während des Fügevorganges noch zusätzlich der Arbeitsvorgang „Benetzen der Berührungsflächen mit Flussmittel" notwendig wird.

---
12 In Anlehnung an Voegele (1985) und Kiener (1974).

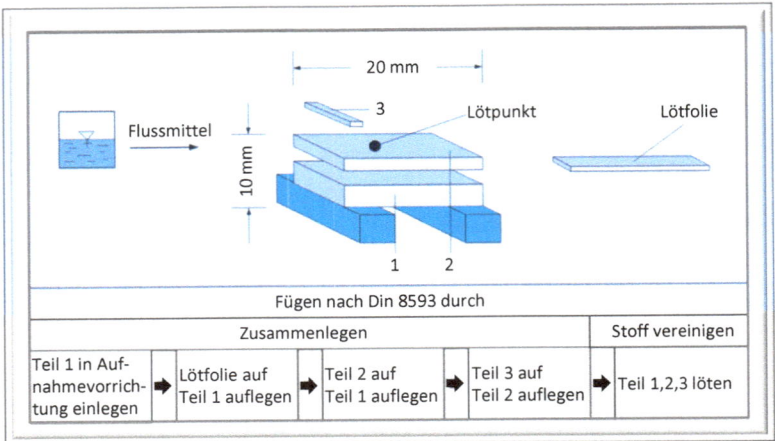

Abbildung 4.34 Montageaufgabe: Fügen eines Wandlers für mechanische Frequenzfilter mit der Folge der Fügevorgänge nach DIN 8593 (2003)

Für diese Montageaufgabe wurden vier Prinziplösungen entwickelt (vgl. Abbildung 4.35 bis Abbildung 4.38) die sämtliche geforderten Mindestwerte der Randbedingungen erfüllen, z. B.:

- Fügegenauigkeit,
- Stückzahl,
- technische Erfordernisse.

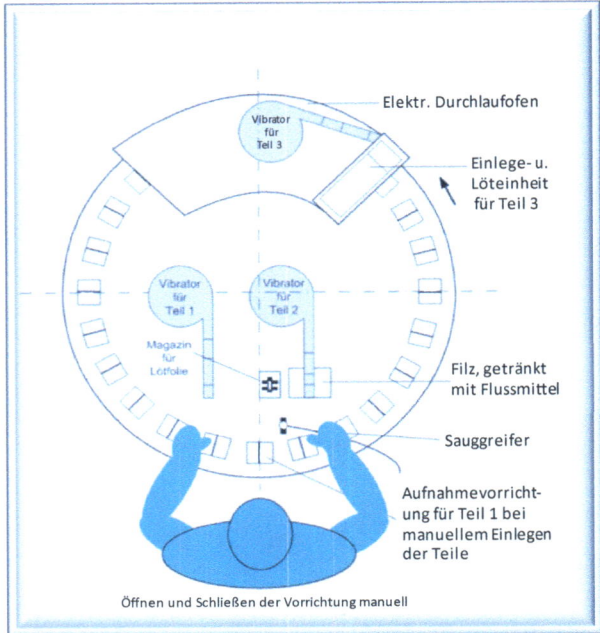

Abbildung 4.35 Prinziplösung I: Rundschalttisch mit manuellem Einlegen der Teile mithilfe eines Sauggreifers

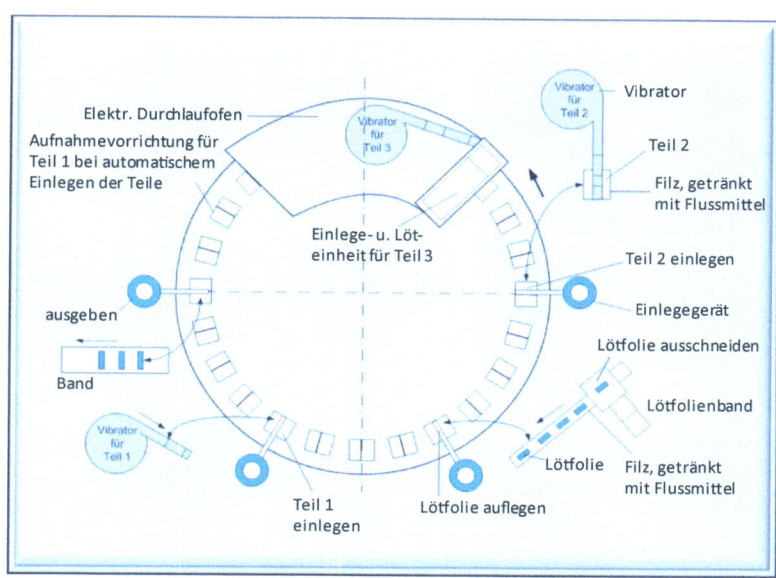

Abbildung 4.36 Prinziplösung II: Rundschalttisch mit Einlegegeräten und Sauggreifern

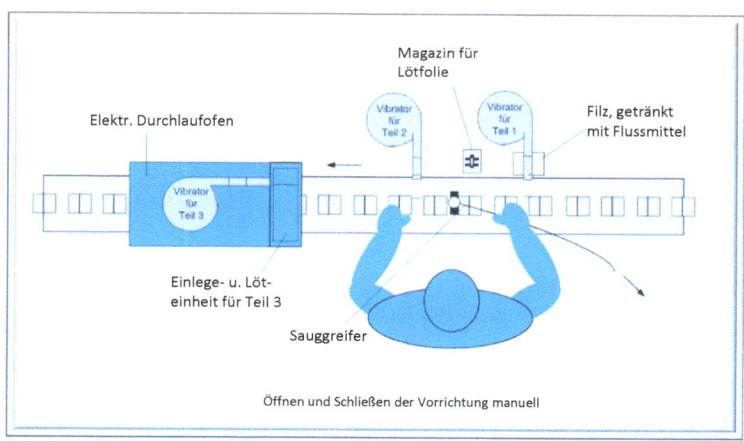

Abbildung 4.37 Prinziplösung III: Stahlband oder Kettenumlauf mit manuellem Einlegen der Teile mithilfe eines Sauggreifers

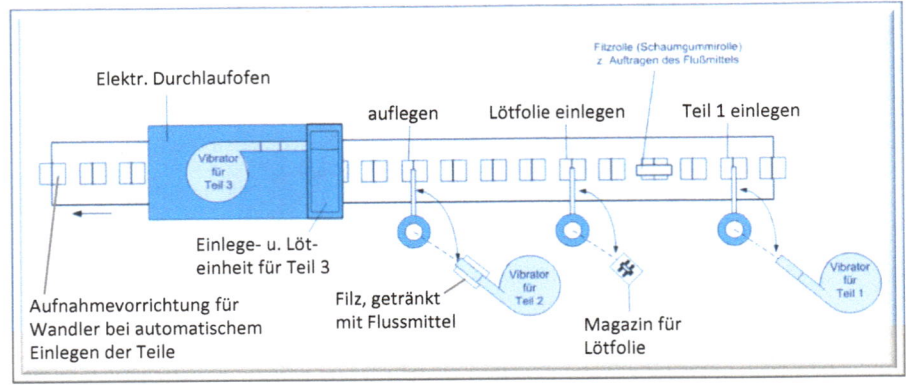

Abbildung 4.38 Prinziplösung IV: Stahlband oder Kettenumlauf mit Einlegegeräten und Sauggreifern

4.2.5.3.1 Aufstellen des Zielsystems und der Zielkriterien

Zielsystem des Unternehmens

Der erste Schritt bei der Anwendung der Nutzwertanalyse ist zunächst das Aufstellen des sogenannten **Zielsystems**. Ein Unternehmen hat gewöhnlich nicht nur einzelne, voneinander unabhängige Ziele, sondern einen Komplex untereinander verflochtener Einzelziele, die in ihrer Gesamtheit dieses Zielsystem darstellen. Es enthält demnach Ziele aus dem typischen Zielrahmen des Unternehmens als auch projektbezogene Ziele.

Für das Montagebeispiel „Fügen des Wandlers eines mechanischen Filters" waren produktionstechnische, wirtschaftliche und projektbezogene Ziele maßgebend. Diese drei Ziele dienen der Auswahl der Beurteilungs- bzw. Zielkriterien, die bei der nutzwertanalytischen Betrachtung der Montageaufgabe zugrunde gelegt werden sollen[13].

Zielkriterienkatalog

Das Ergebnis dieser Kriteriensuche sollte ein **Zielkriterienkatalog** sein; die Anzahl der Kriterien richtet sich nach den Anforderungen, die an die Lösungsalternativen

---

13 Es wird vorausgesetzt, dass die Nutzwertanalyse kaum für leicht überschaubare Entscheidungen angewendet wird. Erscheint sie jedoch notwendig, so sollte das Spektrum der Zielkriterien möglichst alle Ziele sämtlicher betroffener Unternehmensbereiche umfassen. Dies kann dadurch erreicht werden, dass sich alle Unternehmensbereiche im Rahmen einer Gruppenarbeit an der Zielkriteriensuche beteiligen. Durch dieses Vorgehen – darin liegt der besondere Vorteil der Nutzwertanalyse – werden offensichtliche Fehlentscheidungen ausgeschlossen.

(Prinziplösungen) gestellt werden. Natürlich darf die Kriterienzahl nicht zu groß werden, da sonst für die Gewichtung dieser Kriterien die relativen Gewichtungsunterschiede verschwindend klein werden. Bei einer zu kleinen Anzahl von Kriterien wird diese relative Gewichtungsdifferenz sehr groß, sodass ein einziges Zielkriterium mit großer Wahrscheinlichkeit das Ergebnis der Nutzwertanalyse bestimmt. Deshalb sollten bei praktischen Nutzwertanalysen nie weniger als fünf und nie mehr als zehn Zielkriterien verwendet werden.

Tabelle 4.25 Zielkriterien und deren Gewichtung für die Montageaufgabe „Fügen des Wandlers eines mechanischen Filters"

i	Zielkriterien		Gewichtung des Zieles g_i in %	
1	Herstellungsaufwand	in €	10	
2	Personalkosten	in €/Jahr	6	
3	Ausbringungsreserve	in Stück/min	6	
4	Platzbedarf	in m²	4	
5	Wartung, Verschleiß	in €/Woche	8	
6	Sicherheitsfaktor für die erreichbare Qualität		22	
7	Automatisierungsgrad	in %	15	53 %
8	Zuverlässigkeit	in %	16	
9	Umweltbeeinflussungsfaktor		4	
10	Umrüstaufwand	in min	9	
	Gesamtziel entspricht der Summe der Zielgewichtungen		100	

Tabelle 4.25 zeigt für das Fallbeispiel die erarbeiteten Zielkriterien. Sicher lassen sich mehrere Zielkriterien auch für andersartige Montageaufgaben in anderen Unternehmen verwerten, größtenteils müssen sie aber nach dem entsprechenden Zielrahmen des jeweiligen Unternehmens und für die besondere Montageaufgabe neu erarbeitet werden.

4.2.5.3.2 Gewichtung der Zielkriterien

Die Gewichtung der gewählten Zielkriterien (vgl. Tabelle 4.25) drückt die relative Bedeutung jedes einzelnen Kriteriums im Rahmen der durchgeführten Nutzwertanalyse aus.

Relative Bedeutung der Ziele

Gesamtziel = Zusammenfassung der Teilziele

Die **ausgewählten Zielkriterien stellen in ihrer Gesamtheit das Gesamtziel dar** (Gewichtungssumme = 100 %). Es gilt nun, die Gewichtungen (in %) der einzelnen Zielkriterien, bezogen auf das Gesamtziel, zu bestimmen.

Ein einfaches Verfahren ist hierbei die Bildung des Mittelwertes aus den Gewichtungsvorschlägen der Gruppenmitglieder. Dies ist eine einfache und für das Unternehmen äußerst taugliche Methode, da sie neben einem Minimum an Arbeitsaufwand eine bestmögliche Berücksichtigung der Zielvorstellungen jedes einzelnen Unternehmensbereiches bedeutet. Am Montagebeispiel „Fügen des Wandlers eines mechanischen Filters" wurden für die Zielkriterien 6, 7 und 8 die Gewichtung mit 22 %, 15 % und 16 % festgestellt (siehe Tabelle 4.25).

Es sei besonders darauf hingewiesen, dass die Gewichtung und die Auswahl der Zielkriterien sowie das Feststellen der Zielerträge jeweils von der Montageaufgabe und der Firmensituation abhängen.

4.2.5.3.3 Feststellen der Zielerträge

Zielerfüllung

Im Rahmen des ersten Arbeitsschrittes müssen nun die Zielerträge der Lösungsalternativen hinsichtlich der Zielkriterien festgelegt werden. Mit dem Zielertrag (**Angabe der Zielerfüllung**) wird die Leistung der Lösungsalternativen in Bezug auf ein bestimmtes Zielkriterium bezeichnet. Das Festlegen dieser Zielerträge erfordert im Allgemeinen ein großes Maß an Arbeitsaufwand, da viele Einzelinformationen verarbeitet werden müssen.

Im Beispielfall müssen die Zielerträge für die Prinziplösungen (Lösungsalternativen) bestimmt werden. Somit müssen Kalkulationen durchgeführt und Faktoren bestimmt werden, die vorwiegend auf Schätzungen beruhen. Wesentlich bei der Bestimmung dieser Zielerträge sind deren Verhältnisse zwischen den Lösungsalternativen, da es nicht auf die Absolutwerte bei der Bestimmung der besten Alternativlösung ankommt. Die Zielerträge (vgl. Tabelle 4.25) treten mit den verschiedensten Einheiten (€, kg, min, Stück/min usw.) oder als dimensionsloser Faktor (Sicherheitsfaktor, Umweltstörfaktor) auf. Zusammengefasst werden diese Zielerträge tabellarisch in einer sogenannten Zielertragsmatrix. Auf das Ermitteln der Zielerträge der Lösungsalternativen in Bezug auf die zehn Zielkriterien nach Tabelle 4.25 soll hier nur beispielhaft eingegangen werden. Die Zielerträge für die Zielkriterien 1...5, 9 und 10 ergeben sich aus Kalkulationen mit betriebsspezifischen Erfahrungswerten oder bei der Anwendung der üblichen Verfahren der Arbeitszeitermittlung. Im Weiteren soll hier wegen ihrer Bedeutung nur auf das Festlegen der Zielerträge der Zielkriterien 6, 7 und 8 (53 % an der Gesamt-Zielgewichtung) näher eingegangen werden.

- Zielkriterium 6: „**Sicherheit der erreichbaren Qualität beim gesamten Prozeßablauf**"

    Forderungen an den Fertigungsablauf:

    fehlerfreie Lötung der Teile 1, 2 und 3,

    Einhalten der Fügetoleranzen.

    Mögliche Fehler, die bei der Fertigung auftreten können sind z. B.:

Lötfehler:

a) ungenügende Benetzung mit Flussmittel,
   Doppelbelegung durch aneinanderhaftende Teile, z. B. Teil 2 Lötfolie,

b) Einlegefehlstellen (Teil 1, 2, 3 oder Lötfolie nicht vorhanden),

c) ungenügend arbeitende Heizeinheit (für die Bewertung vernachlässigbar, da die Zeiteinheiten an allen vier Prinziplösungen identisch sind),

d) Beschädigung an den Teilen 1, 2, 3 und der Lötfolie.

Fügefehler:

e) Einlegeungenauigkeit, hervorgerufen durch den Tisch, den Einlegevorgang selbst, die Kette oder die Ermüdung der Bedienungsperson,

f) Toleranzabweichungen bei Teil 2, 3 und der Lötfolie.

Durch geeignete Maßnahmen (Fühler, Sensoren, Lichtschranken) müssen diese möglichen Fehler vermieden werden. In der Tabelle 4.26 sind Maßnahmen zur Vermeidung der Fehler für die Prinziplösungen I–IV tabellarisch dargestellt.

Tabelle 4.26 Maßnahmen a) bis f) zur Vermeidung der Fehler beim Fertigungsablauf für die Montageaufgabe „Fügen des Wandlers eines mechanischen Filters"

	Maßnahmen zur Vermeidung der Fehler			
	Prinziplösung I	Prinziplösung II	Prinziplösung III	Prinziplösung IV
(a)	visuelle Kontrolle durch Bediener	Füllstandskontrolle	visuelle Kontrolle durch Bediener	Füllstandskontrolle
(b)	visuelle Kontrolle	1) Lichtschranke bei Teil 2, 3 2) bei Lötfolie keine	visuelle Kontrolle	1) Lichtschranke bei Teil 2, 3 2) bei Lötfolie keine
(c)	visuelle Kontrolle	pneumatische Sicherungen (Steuerung)	visuelle Kontrolle	siehe Lösung II
(d)	visuelle Kontrolle	keine	visuelle Kontrolle	keine
(e)	visuelle Kontrolle: – kontinuierlicher Betrieb – manuelle Einlegekorrekturen – Auswechseln des Bedieners	taktweiser Betrieb: – Lichtschranken – pneumatische Taster (nicht bei Lötfolie) – Vibrationsgeräte	siehe Lösung I	siehe Lösung II
(f)	– Teil 2 mit Plustoleranz: passt nicht in Vorrichtg. – Teil 2 mit Minustoleranz: keine – Lötfolienplättchen: visuell	– Teil 2 mit Plustoleranz: (sehr schwierig) – Teil 2 mit Minustoleranz: keine – Lötfolienplättchen: keine	siehe Lösung I pneumatische Taster	siehe Lösung II

Die Beurteilung dieser Maßnahmen ergibt den jeweiligen Ausschusskoeffizienten der einzelnen Maßnahme. Der Mittelwert der Ausschusskoeffizienten stellt den mittleren Qualitätsfaktor für den gesamten Fertigungsablauf dar (vgl. Tabelle 4.27).

Tabelle 4.27 Mittlerer Qualitätsfaktor für den gesamten Fertigungsablauf für die Montageaufgabe „Fügen des Wandlers eines mechanischen Filters"

Fehler beim Fertigungsablauf	Ausschusskoeffizienten für Lösungsalternative			
	I	II	III	IV
a	1,0	0,6	1,0	0,6
b	1,0	0,5	1,0	0,5
c	0,9*	1,0	0,9*	1,0
d	0,9*	0	0,9*	0
e	0,9*	0,6	0,9*	0,6
f	0,9	0,5	0,9	0,5
Mittlerer Qualitätsfaktor	0,9	0,5	0,9	0,5

1,0: kein Ausschuss   0: nur Ausschuss
*: Ermüdung des Bedieners, nicht sichtbare Haarrisse

- Zielkriterium 7: „**Automatisierungsgrad**"

Für den Aussagewert bei der Angabe des Automatisierungsgrades ist die genaue Bezeichnung der Fertigungsvorgänge und der Bestimmungsmethode notwendig. Außerdem muss das betreffende System abgegrenzt werden.

- Bezeichnung des Fertigungsvorganges: Fügen der Teile 1, 2 und 3
- Abgrenzung des Systems: es wird nur die Funktion Werkstückhandhabung in das System einbezogen.
- Bestimmungsmethode: aus den bestehenden Methoden zum wertmäßigen Bestimmen des Automatisierungsgrades wird die Methode „Ermittlung des Quotienten von zwei Vergleichseinheiten" gewählt.

Als Vergleichseinheit werden genommen: Anzahl der vom Menschen (m) und von der Maschine (a) ausgeführten Handhabungsfunktionen (vgl. Tabelle 4.28).

Tabelle 4.28 Bestimmung des Automatisierungsgrades A in % für die Montageaufgabe „Fügen des Wandlers eines mechanischen Filters". (m Anzahl der vom Menschen und a Anzahl der von der Maschine auszuführenden Handhabungsfunktionen)

	Handhabungsfunktionen	Prinziplösungen							
		I		II		III		IV	
		m	a	m	a	m	a	m	a
1	Werkstückbewegung auf der Grundeinheit		x		x		x		x
2	Öffnen und Schließen der Spannvorrichtung	x			x	x			x
3	Ordnen, Bereitstellen Teil 1		x		x		x		x
4	Ordnen, Bereitstellen Teil 2/3		xx		xx		xx		xx
5	Schneiden, Magazinieren Lötfolie	x	x	x	x	x	x	x	x
6	Benetzen Lötfolie	x			x	x			x
7	Benetzen Teil 2/3	x	x		xx	x	x		xx
8	Einlegen Teil 1	x			x	x			x
9	Einlagen Lötfolie	x			x	x			x
10	Einlegen Teil 2/3	x	x		xx	x	x		xx
11	Ausgeben Bauteil komplett	x			x	x			x
	Σ m und Σ a	8	7	1	14	8	7	1	14
	A	46		93		46		93	

Der Automatisierungsgrad A in % wird demnach wie folgt definiert:

$$A = \frac{\sum a}{\sum (m + a)} \times 100$$

- Zielkriterium 8: „Zuverlässigkeit"

Ein geeignetes Maß für den Zielertrag in Bezug auf das Zielkriterium „Zuverlässigkeit" würde die Summe der Stillstandszeiten der Montageeinrichtung während eines bestimmten Zeitraumes darstellen. Für die Prinziplösungen können diese Stillstandszeiten jedoch nicht erfasst werden, sodass ein entsprechendes Äquivalent bestimmt werden muss. Bei der Berechnung des Automatisierungsgrades wurden elf Handhabungsfunktionen (vgl. Tabelle 4.28) für die Montageaufgabe „Fügen des Wandlers eines mechanischen Filters" ermittelt. Für die Handhabungsfunktionen 1 bis 11 können die Funktionsträger (Maschinenelemente, der Mensch) angegeben werden. Es kann angenommen werden, dass mit der Anzahl der Funktionsträger die Ausfallwahrscheinlichkeit der Gesamtanlage steigt und somit die Zuverlässigkeit sinkt. Wird nun für die einzelnen Funktionsträger jeweils ein Zuverlässigkeitsfaktor (in %) geschätzt, so kann der gesamte Zuverlässigkeitsfaktor Z_{ges} der Anlage wie folgt angegeben werden:

$$Z_{ges} = Z_1 \cdot Z_2 \cdot Z_3 \ldots = \prod_{i=1}^{i=11} Z_i$$

Für die Prinziplösungen I–IV ergeben sich mit dieser Methode die Zuverlässigkeitsfaktoren:

$Z_I = 98\,\%$, $Z_{II} = 99\,\%$, $Z_{III} = 93\,\%$, $Z_{IV} = 94\,\%$.

4.2.5.3.4 Ermittlung der Zielwerte

Beurteilung der Teillösungen

Nach den bisher durchgeführten Arbeitsschritten „Aufstellen des Zielsystems und Zusammenstellung der Zielkriterien", „Gewichten der Zielkriterien" sowie „Feststellen der Zielerträge" stellt sich nun die Aufgabe, die Alternativlösungen hinsichtlich der Zielerfüllung zu beurteilen. Dazu sind nun die Zielerträge gegeneinander abzuwägen, zu vergleichen und in einer Rangfolge zu ordnen. Anschließend wird dann der sogenannte Zielwert, der auch als Zielerfüllungsgrad bezeichnet werden kann, ermittelt. Das Festlegen des Erfüllungsgrades kann zum Beispiel durch die Angabe einer Punktzahl geschehen, die beispielsweise zwischen 0 und 10 liegen kann. Stellt nun die Punktzahl 10 die bestmögliche Bewertung dar, ergibt sich die ranghöchste Lösungsalternative als diejenige mit der höchsten Punktzahl.

Eine noch feingliedrigere Möglichkeit zum Ermitteln des Zielwertes ist das Bewerten durch Zielfunktionen. Hierbei werden zunächst die entscheidungswichtigen Zielertragsbereiche der Lösungsalternativen in Bezug auf die Zielkriterien festgelegt. Innerhalb dieser entscheidungsbedeutsamen Bereiche der Zielerträge werden die Zielwertfunktionsverläufe geschätzt. Die Zielwertfunktion y wird begrenzt durch die beste und die geringste Zielerfüllung. Bei Verwendung von Punktzahlen bedeutet dies, dass bei bestmöglicher Zielerfüllung der Zielwert einen Höchstwert, z. B. $y_{max} = 10$ Punkte, und bei Nichterfüllung des Zieles ein absolutes Minimum ($y_{min} = 0$ Punkte) annimmt. Mit den Zielerträgen der Lösungsalternativen im Hinblick auf die Zielkriterien, die aus der erwähnten Zielwertmatrix entnommen werden können, wird mithilfe der Zielwertfunktion der zugehörige Zielwert ermittelt.

In Abbildung 4.39 sind für die einzelnen Montage-Prinziplösungen die gültigen Zielwertfunktionen hinsichtlich der Zielkriterien 1–10 aufgezeigt:

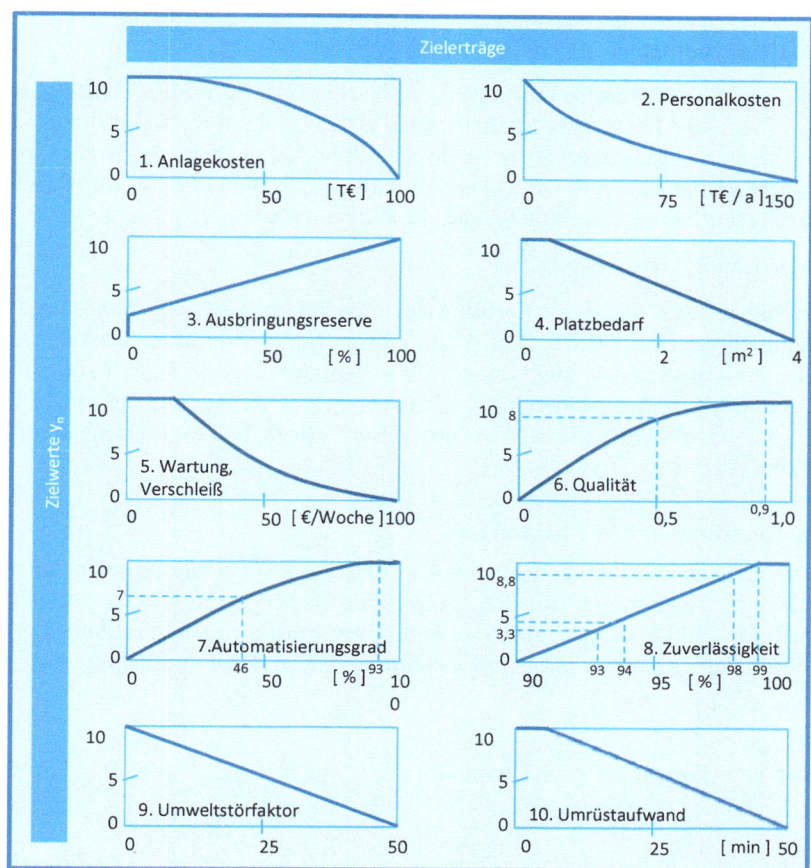

Abbildung 4.39 Zielwertfunktionen: y_n Funktion (Zielertrag); $y_{n\,max}$ = 10 Punkte; $y_{n\,min}$ = 0 Punkte

Die Erklärung dieser Zielwertfunktionen soll beispielhaft anhand der Zielkriterien 6, 7 und 8 (siehe Tabelle 4.3) geschehen:

- Zielkriterium 6: „Sicherheit der erreichbaren Qualität"

Der entscheidungswichtige Zielertragsbereich liegt für die Qualitätssicherheit zwischen dem Sicherheitsfaktor 0 und 10. Gleichzeitig stellen diese beiden Zielertragswerte die Grenzwerte dar, d. h. die höchste (Zielwert y_n = 10 Punkte) und die geringste Zielerfüllung (y_n = 0 Punkte). Damit sind zwei Punkte der Zielwertfunktion festgelegt. Die Nutzwertanalysegruppe ermittelte als wichtigen Funktionspunkt den Sicherheitsfaktor 0,5 als Zielertragswert und den Zielwert mit $y_{0,5}$ = 8 Punkte. Nach Abschätzung weiterer Funktionspunkte ließ sich die Zielwertfunktion des Zielkriteriums 6 wie dargestellt ableiten.

- Zielkriterium 7: „Automatisierungsgrad"

Der Verlauf des Automatisierungsgrades fußt ebenfalls auf der Festlegung prägnanter Kurvenpunkte, d. h., es wurden die Zielvorstellungen des Unternehmens festgelegt und anschließend wurde eine Annäherung der Zielwertfunktionen an die Zielvorgabe vorgenommen.

Mit zunehmendem Automatisierungsgrad ergibt sich ein degressiver Anstieg des Zielwertes. Dies wird leicht verständlich, wenn der Zielwert mit der Produktivität eines Unternehmens gleichgesetzt wird, da auch hier der typische degressive Verlauf mit Annäherung an einen Grenzwert auftritt. In diesem Fall beträgt der Automatisierungsgrad 100 %, d. h., eine weitere Produktivitätssteigerung ist gleich null.

- Zielkriterium 8: „Zuverlässigkeit"

Der Zielertragsbereich des Zielkriteriums Zuverlässigkeit liegt zwischen dem Zuverlässigkeitsfaktor 90 ... 100 %. Dem Minimalwert (y_{min} = 0 Punkte) wird ein Zuverlässigkeitsfaktor von 90 % zugeordnet. Mit steigender Zuverlässigkeit sollte der Zielwert linear zunehmen, wobei der Höchstwert (y_{max} = 10 Punkte) bei einem Sicherheitsgrad von 99 % erreicht werden muss. Damit liegt die Zielwertfunktion für die Zuverlässigkeit fest.

4.2.5.3.5 Bestimmen des Nutzwertes

Mit den erarbeiteten Zielwerten, die in der sogenannten Zielwertmatrix festgehalten werden, und der Gewichtung des entsprechenden Zielkriteriums muss zunächst der **Teilnutzen der Lösungsalternative** berechnet werden. Dies geschieht durch Multiplizieren des Zielwertes mit dem Gewichtungsfaktor des entsprechenden Zielkriteriums:

$$\text{Teilnutzen}_i = \text{Zielwert } y_i \times \text{Gwichtsfaktor } g_i$$

So errechnet sich z. B. der gerundete Teilnutzen des Zielkriteriums 8 „Zuverlässigkeit" für die Prinziplösung/Lösungsalternative A_I wie folgt:

$$\text{Teilnutzen} = 8{,}8 \text{ (siehe Abbildung 4.39)} \times 16 \text{ (siehe Tabelle 4.25)} = 141.$$

Der Nutzwert, d. h. der Gesamtnutzen einer Lösungsalternative, wird hier durch Addition der Teilnutzen dieser Lösungsalternative bestimmt.

$$\text{Nutzwert} = \sum_{i=1}^{n} \text{Zielwert } y_i \times \text{Gewichtungsfaktor } g_i$$

Diese Addition setzt natürlich einheitliche Maßstäbe bei der Zielwertberechnung voraus. Durch die einheitliche Begrenzung (max-min) und die Einteilung der Zielwertachse (Kardinalzahlen) bei den Zielwertfunktionen wurde diese Forderung eingehalten. Neben dieser Additionsregel sind andere Verknüpfungen möglich, z. B. durch Multiplikation der Teilnutzen. Bei unterschiedlich gewichteten Zielkriterien hat sich die Additionsregel als wirksamste Regel erwiesen.

4.2.5.3.6 Erstellen einer Rangordnung

Nachdem die Nutzwerte in der beschriebenen Weise für die Lösungsalternativen I–IV berechnet wurden, wird die Rangordnung entsprechend der Nutzwerte aufgestellt. Damit stellt sich die Lösungsalternative mit dem höchsten Nutzwert (höchste Punktzahl) als beste Lösung dar (vgl. Tabelle 4.29). Im Beispielfall nach Abbildung 4.34 ist das die Prinziplösung I (vgl. Abbildung 4.35), die verwirklicht wurde.

Tabelle 4.29 Ergebnisse der Nutzwertanalyse für das Fallbeispiel

Zielkriterien (i)	Gewichtung g_i in %	A I Rundschalttisch Halbautomat			A II Rundschalttisch Vollautomat			A III Stahlband Halbautomat			A IV Stahlband Vollautomat		
ZE = Zielertrag / ZW = Zielwert / TN = Teilnutzen		ZE	ZW y_i	TN $y_i \times g_i$	ZE	ZW y_i	TN $y_i \times g_i$	ZE	ZW y_i	TN $y_i \times g_i$	ZE	ZW y_i	TN $y_i \times g_i$
1. Herstellaufwand in T€	10	20	10	100	80	2	20	30	9	90	100	0	0
2. Personalkosten in T€/Jahr*)	6	50	5	30	5	9	54	50	5	30	5	9	54
3. Ausbringungsreserve in %	6	100	10	60	80	8	48	80	8	48	80	8	48
4. Platzbedarf in qm	4	2	6	24	3	3	12	3	3	12	3	3	12
5. Wartung, Verschleiß in €/Woche	8	20	8	64	80	2	16	30	7	56	100	0	0
Zwischensumme 1:				278			150			236			114
6. mittlerer Qualitätsfaktor	22	0,9	10	220	0,5	8	176	0,9	10	220	0,5	8	176
7. Automatisierungsgrad in %	15	46	7	105	93	10	150	46	7	105	93	10	150
8. Zuverlässigkeit in %	16	98	8,8	141	93	3,3	53	99	10	160	94	4,5	72
Zwischensumme 2:				466			379			485			398
9. Umweltbeeinflussung	4	25	5	20	10	8	32	25	5	20	10	8	32
10. Umrüstaufwand in min	9	20	8	72	40	2	18	20	8	72	40	2	18
Zwischensumme 3:	[100]			92			50			92			50
Nutzwert:				834			579			813			562
Rangordnung:				R1			R3			R2			R4

*) Basis: Ein-Schichtbetrieb

4.2.5.3.7 Sensitivitätsanalyse

Prüfung Stabilität

Mittels Sensitivitätsanalyse wird die Stabilität der Ergebnisse der Nutzwertanalyse hinterfragt, mit anderen Worten, die ermittelte Rangordnung wird auf Zufälligkeit untersucht. Hierzu können sowohl die Gewichtungen als auch die Zielwerte einer Modifikation unterzogen werden.

Im Rahmen dieser Sensitivitätsanalyse soll aus Vereinfachungsgründen lediglich eine Betrachtung der „Gewichtungen" erfolgen. In der Praxis wird eine Modifikation aller relevanten Faktoren empfohlen, insbesondere solcher Faktoren, die subjektiven Einschätzungen unterliegen bzw. Diskussionsbedarf generierten. In unserem „einfachen Fall" werden die Gewichtungen der Zielkriterien 6, 7 und 8 modifiziert:

Tabelle 4.30 Sensitivitätsanalyse

Zielkriterien	Bisherige Gewichtungsfaktoren	Neue Gewichtungsfaktoren
Nr. 6: Qualitätsfaktor	22 %	16 %
Nr. 7: Automatisierungsgrad	15 %	15 %
Nr. 8: Zuverlässigkeit	16 %	22 %

Hiernach wird davon ausgegangen, dass der Qualitätsfaktor „übergewichtet" und die Zuverlässigkeit „untergewichtet" war. Der Automatisierungsgrad wird als „konstant" angenommen. Daraus ergeben sich folgende Veränderungen, dargestellt in nachfolgender Tabelle 4.31 in blauer Schriftfarbe.

Die Ergebnisse zeigen, dass trotz Modifikation der Gewichtungen die Lösungsalternative AI in der Rangordnung auch weiterhin Platz 1 einnimmt. Insofern kann – in diesem vereinfachten Fall – davon ausgegangen werden, dass die Lösung stabil ist. Dies gilt auch für die anderen Lösungsalternativen.

Im Ordner „4" auf beigefügter CD befinden sich weitere Beispiele zum Thema „Kosten-Nutzen-Analyse".

Tabelle 4.31 Ergebnisse nach Durchführung Sensitivitätsanalyse

Zielkriterien (i)	Gewichtung g_i in %	A I Rundschalttisch Halbautomat ZE	A I ZW y_i	A I TN $y_i \times g_i$	A II Rundschalttisch Vollautomat ZE	A II ZW y_i	A II TN $y_i \times g_i$	A III Stahlband Halbautomat ZE	A III ZW y_i	A III TN $y_i \times g_i$	A IV Stahlband Vollautomat ZE	A IV ZW y_i	A IV TN $y_i \times g_i$
ZE = Zielertrag ZW = Zielwert TN = Teilnutzen													
1. Herstellaufwand in T€	10	20	10	100	80	2	20	30	9	90	100	0	0
2. Personalkosten in T€/Jahr*)	6	50	5	30	5	9	54	50	5	30	5	9	54
3. Ausbringungsreserve in %	6	100	10	60	80	8	48	80	8	48	80	8	48
4. Platzbedarf in qm	4	2	6	24	3	3	12	3	3	12	3	3	12
5. Wartung, Verschleiß in €/Woche	8	20	8	64	80	2	16	30	7	56	100	0	0
Zwischensumme 1:				278			150			236			114
6. mittlerer Qualitätsfaktor	22	0,9	10	220	0,5	8	176	0,9	10	220	0,5	8	176
7. Automatisierungsgrad in %	15	46	7	105	93	10	150	46	7	105	93	10	150
8. Zuverlässigkeit in %	16	98	8,8	141	93	3,3	53	99	10	160	94	4,5	72
Zwischensumme 2:				466			379			485			398
9. Umweltbeeinflussung	4	25	5	20	10	8	32	25	5	20	10	8	32
10. Umrüstaufwand in min	9	20	8	72	40	2	18	20	8	72	40	2	18
Zwischensumme 3:	[100]			92			50			92			50
Nutzwert:				834			579			813			562
Rangordnung:				R1			R3			R2			R4

*) Basis: Ein-Schichtbetrieb

4.2.6 Fallstudie Schuler GmbH – Nutzwertanalyse

Fortsetzung der Fallstudie aus Kap. 4.2.3

Im Rahmen einer Fahrzeugneuentwicklung kommen die Verantwortlichen der VOC AG auf die Fa. Schuler GmbH für eine Beratung in Bezug auf die Scheinwerfer zu. Für ein neues Luxus-Sportwagenmodell steht die Auswahl bzw. Entwicklung der Scheinwerfer an. Die VOC AG möchte die Entwicklungsarbeiten bzw. die Auswahl der Scheinwerfertechnik gerne der Firma Schuler übertragen. Erneut wird Herr Maier von Herrn Schuler für dieses Projekt eingesetzt. Das Ergebnis des Projektes soll eine Handlungsempfehlung für die VOC AG in Bezug auf die zu verwendende Leuchttechnik sein. Herr Maier wählt daher die Nutzwertanalyse als auch Sensitivitätsanalyse, um anhand der Vorgaben der VOC AG zu einem aussagekräftigen Ergebnis zu kommen.

Aufgabenstellung: Nutzwertanalyse

i) Führen Sie anhand der Vorgaben eine Nutzwertanalyse für die drei Produkte durch und stellen Sie die Ergebnisse vollumfänglich in tabellarischer Form dar.

j) Führen Sie eine Sensitivitätsanalyse für die Nutzwertanalyse durch, indem Sie folgende Szenarien unterstellen:

   I) *Szenario 1*: Aufgrund einer kompakten Motorbauweise steht den Scheinwerfern mehr Bauraum zur Verfügung. Die Gewichtung des Zielkriteriums „Geringer Bauraum" sinkt daher von 4 auf 2.

   II) *Szenario 2*: Aufgrund ausufernder Kosten für das neue Sportwagenmodell und einer einsetzenden Wirtschaftskrise werden Kostensenkungen beschlossen. Dem zufolge tritt auch bei den Scheinwerfern das Zielkriterium „Niedriger Preis" mehr in den Fokus und steigt in seiner Gewichtung von 2 auf 5. Zudem wird auch die Energieeffizienz in den Mittelpunkt gerückt, um den Verbrauch des Fahrzeuges möglichst gering zu halten. Das Zielkriterium „Niedriger Energieverbrauch" steigt somit in seiner Gewichtung von 1 auf 4.

k) Interpretieren Sie ebenfalls Ihre Ergebnisse und ziehen Sie aus der Rechnung eine entsprechende Schlussfolgerung über Aussage und Sinn der Nutzwertanalyse.

Benötigte Informationen: Nutzwertanalyse

Die VOC AG stellt eine Übersicht mit von den VOC-Experten ausgewählten Zielkriterien und Gewichtungen zur Verfügung:

Tabelle 4.32 Zielkriterien

Zielkriterien	Gewichtung
	1 - 5 (niedrig [lo]- hoch [hi])
Hohe Leuchtstärke	5
Geringe Hitzeentwicklung	2
Geringer Bauraum	4

Tabelle 4.32 *(Fortsetzung)* Zielkriterien

Zielkriterien	Gewichtung
	1 - 5 (niedrig [lo]- hoch [hi])
Niedriger Preis	2
Hohe Ausfallsicherheit	3
Möglichkeit des individuellen Designs	4
Niedriger Energieverbrauch	1

Im Rahmen des Projektes konnte das Projektteam des Herrn Maier für die verschiedenen Leuchttechniken auf bestehende Zielwerte zurückgreifen, womit die Grunddaten für die Durchführung der Nutzwertanalyse vorliegen:

Tabelle 4.33 Zielwerte

Lösungsalternative		Halogen	Xenon	LED
Zielkriterien	Gewichtung	Zielwert	Zielwert	Zielwert
	1 - 5 (lo- hi)	1 - 10 (lo - hi)	1 - 10 (lo - hi)	1 - 10 (lo - hi)
Hohe Leuchtstärke	5	5	10	8
Geringe Hitzeentwicklung	2	3	7	4
Geringer Bauraum	4	9	4	7
Niedriger Preis	2	10	6	1
Hohe Ausfallsicherheit	3	2	6	10
Möglichkeit des individuellen Designs	4	4	4	10
Niedriger Energieverbrauch	1	5	7	6

Lösungsweg: Nutzwertanalyse

Zur Lösung der Aufgabe sind die Teilnutzwerte (TN) der einzelnen Zielkriterien als auch die Nutzwerte der Lösungsalternativen zu ermitteln.

1. Schritt:

Mittels Nutzwertanalyse werden die „Teilnutzen (TN)" je Zielkriterium durch Multiplikation der „Zielwerte (ZW)" mit den „Gewichtungen(G)" ermittelt. Die Summe je Lösungsalternative ergibt den „Nutzwert", wie in nachfolgender Tabelle dargestellt:

Tabelle 4.34 Ergebnis Nutzwertanalyse

Lösungsalternative		Halogen		Xenon		LED	
Zielkriterien	Gewichtung	Zielwert	TN	Zielwert	TN	Zielwert	TN
	1 - 5 (lo- hi)	1 - 10 (lo - hi)		1 - 10 (lo - hi)		1 - 10 (lo - hi)	
Hohe Leuchtstärke	5	5	25	10	50	8	40
Geringe Hitzeentwicklung	2	3	6	7	14	4	8
Geringer Bauraum	4	9	36	4	16	7	28
Niedriger Preis	2	10	20	6	12	1	2
Hohe Ausfallsicherheit	3	2	6	6	18	10	30
Möglichkeit des individuellen Designs	4	4	16	4	16	10	40
Niedriger Energieverbrauch	1	5	5	7	7	6	6
Nutzwert			114		133		154
Rangfolge			3		2		1

2. Schritt:

Mittels Sensitivitätsanalyse wird die Stabilität der Ergebnisse obiger Analyse überprüft. Hierzu werden beispielhaft zwei Szenarien – in einfacher Form – durchgeführt.

Szenario 1: Aufgrund einer kompakten Motorbauweise steht den Scheinwerfern mehr Bauraum zur Verfügung. Die Gewichtung des Zielkriteriums „Geringer Bauraum" sinkt daher von **4 auf 2**:

Tabelle 4.35 Ergebnis Sensitivitätsanalyse Szenario 1

Lösungsalternative		Halogen		Xenon		LED	
Zielkriterien	Gewichtung	Zielwert	TN	Zielwert	TN	Zielwert	TN
	1 - 5 (lo- hi)	1 - 10 (lo - hi)		1 - 10 (lo - hi)		1 - 10 (lo - hi)	
Hohe Leuchtstärke	5	5	25	10	50	8	40
Geringe Hitzeentwicklung	2	3	6	7	14	4	8
Geringer Bauraum	2	9	18	4	8	7	14
Niedriger Preis	2	10	20	6	12	1	2
Hohe Ausfallsicherheit	3	2	6	6	18	10	30

Tabelle 4.35 *(Fortsetzung)* Ergebnis Sensitivitätsanalyse Szenario 1

Lösungsalternative		Halogen		Xenon		LED	
Zielkriterien	Gewichtung	Zielwert	TN	Zielwert	TN	Zielwert	TN
	1 - 5 (lo- hi)	1 - 10 (lo - hi)		1 - 10 (lo - hi)		1 - 10 (lo - hi)	
Möglichkeit des individuellen Designs	4	4	16	4	16	10	40
Niedriger Energieverbrauch	1	5	5	7	7	6	6
Nutzwert			96		125		140
Rangfolge			3		2		1

Szenario 2: Aufgrund ausufernder Kosten für das neue Sportwagenmodell und einer einsetzenden Wirtschaftskrise werden Kostensenkungen beschlossen. Dem zufolge tritt auch bei den Scheinwerfern das Zielkriterium „Niedriger Preis" mehr in den Fokus und steigt in seiner Gewichtung von 2 auf 5. Zudem wird auch die Energieeffizienz in den Mittelpunkt gerückt, um den Verbrauch des Fahrzeuges möglichst gering zu halten. Das Zielkriterium „Niedriger Energieverbrauch" steigt somit in seiner Gewichtung von **1 auf 4**:

Tabelle 4.36 Ergebnis Sensitivitätsanalyse Szenario 2

Lösungsalternative		Halogen		Xenon		LED	
Zielkriterien	Gewichtung	Zielwert	TN	Zielwert	TN	Zielwert	TN
	1 - 5 (lo- hi)	1 - 10 (lo - hi)		1 - 10 (lo - hi)		1 - 10 (lo - hi)	
Hohe Leuchtstärke	5	5	25	10	50	8	40
Geringe Hitzeentwicklung	2	3	6	7	14	4	8
Geringer Bauraum	4	9	36	4	16	7	28
Niedriger Preis	5	10	50	6	30	1	5
Hohe Ausfallsicherheit	3	2	6	6	18	10	30
Möglichkeit des individuellen Designs	4	4	16	4	16	10	40
Niedriger Energieverbrauch	4	5	20	7	28	6	24
Nutzwert			159		172		175
Rangfolge			3		2		1

Schlussfolgerungen: Nutzwertanalyse

Anhand der Nutzwertanalyse lässt sich feststellen, dass die Lösungsalternative „LED- Scheinwerfer" am besten geeignet scheint, die Zielkriterien im geforderten Umfang zu erfüllen. Dies gilt sowohl für die Ausgangslösung, als auch für die beiden Szenarien.

Aus der Sensitivitätsanalyse ist zu erkennen, dass sich die Rangfolge relativ beständig gegenüber Veränderungen erweist, wobei sich die Nutzwerte der Lösungsalternative „Xenon" und „LED" im Szenario 2 mit den Werten 172 bzw. 175 stark annähern.

Ende der Fallstudie „Schuler GmbH"

5 Wirtschaftlichkeitsrechnung

Theorie und Praxis

Ein Aspekt, dessen Bedeutung praktisch in allen Teilen dieses Buches herausgestellt wurde, ist das absolute Kernziel eines Unternehmens: Gewinne erwirtschaften. Im einfachsten Fall kann dieses Ziel als „den größtmöglichen Gewinn oder die größtmögliche Rentabilität erwirtschaften" beschrieben werden. Was aber ist zu tun, damit dieses simple Ziel erreicht werden kann?

Für das Unternehmen stellt sich eine im Prinzip einfache Aufgabe: alles unternehmen, was Gewinn abwirft, alles unterlassen, was Verluste verursacht. Da man sicherlich oftmals verschiedene gewinnsteigernde Alternativen hat, aber nur begrenzte Ressourcen und Möglichkeiten, diese konsequent umzusetzen, muss das Unternehmen demnach die Produkte, Prozesse etc. herausfiltern, die einen möglichst großen Beitrag zur Gewinnerzielung ergeben. Verlustbringende Aktionen sind so weit als möglich zu vermeiden oder wenigstens zu minimieren.

Wann immer also in einem Unternehmen eine wichtige Entscheidung zu treffen ist, hat diese zumindest mittelbar mit der Frage zu tun, welchen Erfolgsbeitrag die jeweiligen Entscheidungsalternativen bringen. Ganz konkret stellt sich für die Entscheider dann die Aufgabe, für jede Alternative zwei Aspekte zu prüfen:

- Was kostet die Alternative?
- Was bringt die Alternative?

Mit anderen Worten: wie wirtschaftlich – sprich: wie vorteilhaft aus der Gewinn-Perspektive betrachtet – ist eine Alternative? Diese Frage kann im Grunde in zwei Unterpunkte gegliedert werden:

- Ist eine Alternative überhaupt wirtschaftlich vorteilhaft?
- Wie vorteilhaft ist die Lösung im Vergleich zu den konkreten Alternativen?

Um auf diese Fragen Antwort zu geben, kann auf ein reichhaltiges Instrumentarium zurückgegriffen werden. So kann z. B. bei verschiedenen Alternativen geprüft werden, welchen Gewinn diese für sich betrachtet ergeben würden. Eine komplexere Methode würde beispielsweise untersuchen, welche Renditen auf das zu investierende Kapital verschiedene zur Diskussion stehende Lösungen ergeben.

Da sich der Gewinn aus Erlösen abzüglich Kosten ergibt, bieten sich diese zwei Ansatzpunkte an, um die Wirtschaftlichkeit einer Lösung zu prüfen. Die genaue Auswahl der Methode hängt dabei von der Komplexität der Entscheidungssituation, der Bedeutung des Investments sowie sicherlich auch von der Datenverfügbarkeit ab.

5.1 Einführung

5.1.1 Begriffsdefinitionen

5.1.1.1 Die Begriffe Wirtschaftlichkeitsrechnung und Investitionsrechnung

Wirtschaftlichkeitsrechnung und Investitionsrechnung sind zwei Begriffe, die sowohl in der Theorie als auch in der Praxis nicht immer klar auseinandergehalten werden, oftmals auch als Synonyme verwendet werden.

> Im vorliegenden Zusammenhang soll Wirtschaftlichkeitsrechnung als eine Rechnung verstanden werden, „bei der anhand bestimmter Wirtschaftlichkeitskriterien einzelne Bereiche des Betriebes im Zeitablauf, im Vergleich zu Vorgabewerten oder zu anderen Betrieben untersucht und miteinander verglichen werden" (Lücke 1991, S. 414), um zu ermitteln, welche von diesen die Vorteilhafteste ist.

Spezialform Investitionsrechnung

Die besonders wichtige praktische Anwendung der Wirtschaftlichkeitsrechnung auf die Beurteilung von vorgesehenen Investitionen soll als Investitionsrechnung bezeichnet werden.

Daneben gibt es eine Reihe anderer spezieller Formen der Wirtschaftlichkeitsrechnung, wie sie in Abbildung 5.1 beispielhaft einzelnen Funktionen eines Unternehmens zugeordnet sind.

Zur Wirtschaftlichkeitsrechnung gehört weiterhin die Beantwortung von Fragen wie Wahl der optimalen Losgröße bzw. optimalen Bestellmenge, Beurteilung von Einschicht- oder Mehrschichtbetrieb, Eigenfertigung oder Fremdbezug, Kauf oder Miete usw.

Da der Schwerpunkt dieses Kapitels auf der Beurteilung der unterschiedlichen Verfahren der Wirtschaftlichkeitsrechnung liegt und die Anwendungsbeispiele aus dem Bereich praktischer Investitionen gewählt werden, könnte demnach auch von Investitionsrechnung gesprochen werden.

Quantitative Analysen

In jedem Fall handelt es sich aber um ausschließlich quantitative Betrachtungen, bei denen es sich beispielsweise um die Ermittlung folgender Kennzahlen handelt:

- Differenz zwischen Ertrag und Aufwand
- Quotient aus mengenmäßigem Ertrag und mengenmäßigem Einsatz
- Quotient aus Gewinn und Kapital (Rentabilität)
- Quotient aus Ertrag und Aufwand
- Quotient aus Istaufwand und Sollaufwand.

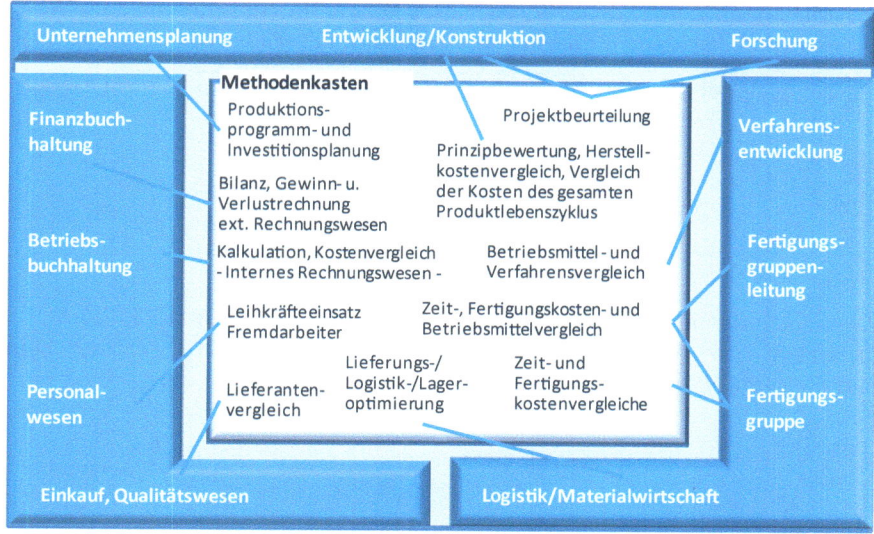

Abbildung 5.1 Formen der Wirtschaftlichkeitsrechnung in verschiedenen Funktionsbereichen eines Unternehmens

Für die **Entscheidungsfindung** haben jedoch häufig neben der quantitativen Rechnung auch **qualitative** bzw. nicht monetär eindeutig erfassbare **Kriterien,** wie Arbeitssicherheit, Umweltschutz oder Ästhetik, gleichermaßen hohe Bedeutung. Die Analyse qualitativer Einflussgrößen auf Wirtschaftlichkeitsuntersuchungen soll jedoch hier nicht im Vordergrund stehen.

5.1.1.2 Absolute und relative Wirtschaftlichkeit

Man spricht von **absoluter** Wirtschaftlichkeit, wenn folgende Ungleichung gilt:

$$\frac{\text{Ertrag}}{\text{Aufwand}} > 1 \quad \text{oder} \quad \frac{\text{Leistung (Umsatzerlöse)}}{\text{Kosten}} > 1$$

Dies bedeutet ein Übersteigen der Erträge (Umsatzerlös) über die Aufwendungen (Kosten) bzw. einen Einnahmenbetrag, der größer als die Summe der Ausgaben ist.

Über einen längeren Zeitraum muss ein Unternehmen absolut wirtschaftlich arbeiten, um überleben zu können.

Unternehmen muss langfristig wirtschaftlich sein

Beispiel:

Ein Engineering-Dienstleister erhält für eine Computersimulation 6.000,- €. Wenn seine Gesamtkosten 5.000,- € betragen, so errechnet sich die absolute Wirtschaftlichkeit zu

$$\frac{6.000\,€}{5.000\,€} = 1{,}2$$

Vergleich von Alternativen: relative Wirtschaftlichkeit

Man spricht dann von **relativer** Wirtschaftlichkeit, wenn zwei oder mehrere Vorhaben hinsichtlich konstanten Kosten oder Erträgen miteinander verglichen werden.

So ist beispielsweise ein Vorhaben B gegenüber einem Vorhaben A relativ wirtschaftlicher, sofern bei gleichen Erlösen gilt:

$$\frac{\text{Kosten } B}{\text{Kosten } A} < 1$$

Beispiel

in Getriebehersteller verkauft ein bestimmtes Getriebe für 800,- €/Stück. Die Selbstkosten betragen beim alten Herstellungsverfahren 650,- €/Stück, beim neuen dagegen 600,- €/Stück. Beide Verfahren sind demnach als **absolut wirtschaftlich** zu bezeichnen. Das neue Verfahren ist jedoch **relativ wirtschaftlicher** als das alte:

$$\frac{600}{650} = 0{,}92$$

5.1.1.3 Begriff der Investition

Kapital vs. Vermögen

Kapital und Vermögen bringen auf zwei verschiedene Arten die im Betrieb zu einem bestimmten Zeitpunkt vorhandenen Werte zum Ausdruck. Das **Kapital stellt die Summe aller vom Unternehmer bzw. anderen Geldgebern zur Verfügung gestellten Geldmittel dar** (Eigenkapital + Fremdkapital), während das Vermögen die konkrete Verwendung des Kapitals im Unternehmen anzeigt (Abbildung 5.2).

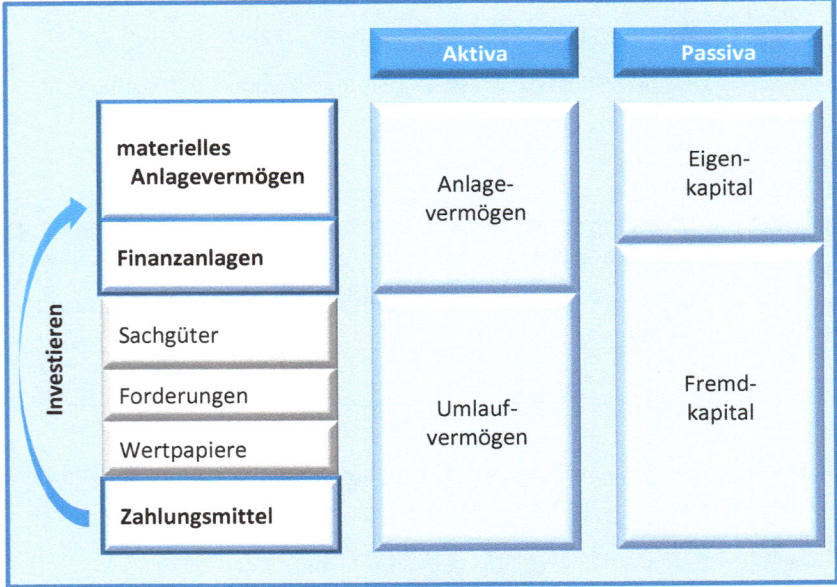

Formen von Investitionen

Abbildung 5.2 Investition als Überführung von Zahlungsmitteln in Anlagevermögen

Die Beschaffung der finanziellen Mittel (Kapitalbeschaffung) wird als **Finanzierung** bezeichnet. Im Vermögensbereich schlagen sich diese Werte zunächst als Zahlungsmittel nieder, bevor sie zur Erhaltung und Erweiterung des Betriebsprozesses eingesetzt werden.

> Die Überführung von Zahlungsmitteln in Sachvermögen oder Finanzvermögen nennt man **Investition**.

In der betriebswirtschaftlichen Literatur wird der Begriff der Investition unterschiedlich weit gefasst. So wird auch der **Strom aller Auszahlungen in Verbindung mit dem Produktionsprozess – also auch Ausgaben für menschliche Arbeitskraft, Werkstoffe, Fremdleistungen usw. – als Investition bezeichnet**. Die zum Produktionsprozess gehörende Investition beginnt mit der Auszahlung und endet mit der vollständigen Wiedergeldwerdung (Liquidation) des Investitionsobjektes, also durch die Einzahlung (vgl. z. B. Däumler/Grabe 2007, S. 11 ff.).

In der betrieblichen Praxis wird häufig nur von Investitionen im Zusammenhang mit dem Erwerb von **Sachgüter**n des Anlagevermögens gesprochen. Dann ist die Investition die Umwandlung von flüssigem Kapital in Realvermögen (langfristig gebundenes Kapital). Oft wird auch das Ergebnis dieses Umwandlungsprozesses, nämlich das Objekt, in dem das Kapital gebunden ist, als Investition bezeichnet (vgl. Burkhardt/Kostede/Schumacher 1994).

Bei der Anwendung des Investitionsbegriffs auf die Beschaffung von Anlagegütern können die in Abbildung 5.3 gezeigten **Investitionsarten** unterschieden werden.

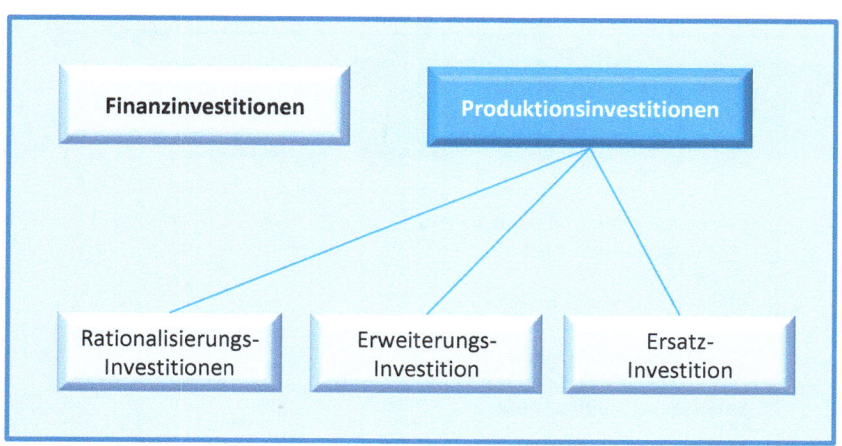

Abbildung 5.3 Investitionsarten (Quelle: in Anlehnung an Staehlin/Suter/Siegwart 2007, S. 21 ff.)

Finanzinvestitionen legen Kapital in Finanzprojekten fest, die keine unmittelbare Beziehung zum Produktionsprozess haben wie z. B. Wertpapiere und Beteiligungen. Die Finanzinvestitionen haben dabei vor allem die in Abbildung 5.4 aufgezeigten Ziele.

Ziele von Finanzinvestitionen

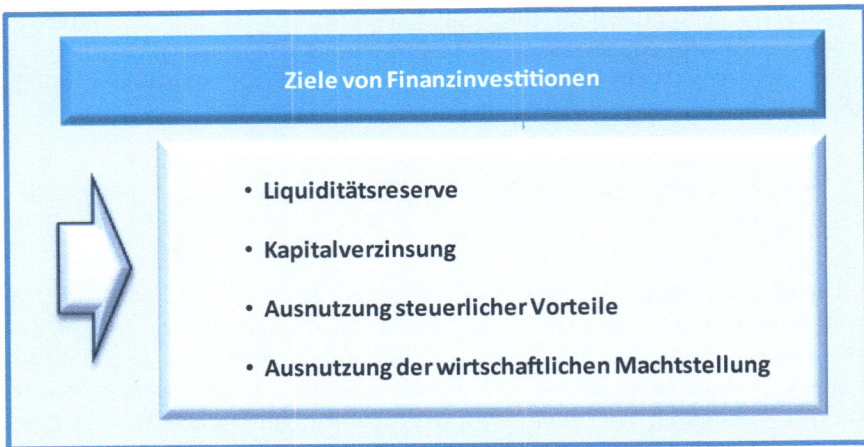

Abbildung 5.4 Ziele der Finanzinvestitionen (Quelle: in Anlehnung an Staehlin/Suter/Siewart 2007, S. 22 ff.)

Produktionsinvestitionen binden Kapital in Anlagen, die den Produktionsprozess ermöglichen. Sie sind direkt am Produktionsprozess beteiligt (z. B. Bearbeitungszentrum) oder mittelbar für den Produktionsprozess erforderlich (z. B. Fabrikgebäude). Die Kapitalkosten von Produktionsinvestitionen gehen deshalb in die Kosten der produzierten Erzeugnisse ein.

Produktionsinvestitionen, die im Mittelpunkt der folgenden Betrachtungen stehen sollen, verfolgen dabei die in Abbildung 5.5 gezeigten Ziele.

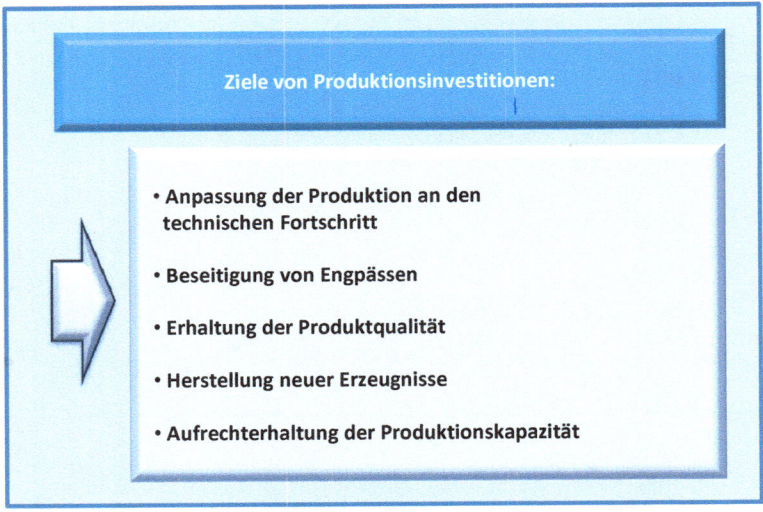

Abbildung 5.5 Ziele der Produktionsinvestitionen

Neben den für den Aufbau eines Unternehmens erforderlichen Gründungs- oder Anfangsinvestitionen unterscheidet man die sogenannten laufenden Investitionen entsprechend ihrer Auswirkungen auf den Produktionsprozess in:

Anfangs- vs. laufende Investitionen

- **Rationalisierungsinvestitionen**, sie binden Kapital mit dem Ziel einer wirtschaftlicheren Leistungserstellung bei konstanter Kapazität und Produktqualität. Noch nutzbare vorhandene Anlagen werden zum Zwecke der Kostensenkung durch modernere und wirtschaftlichere Lösungen ersetzt.

- **Erweiterungsinvestitionen**, sie zielen auf eine Erweiterung der Kapazität durch Beseitigung von Engpässen bei gleicher Produktqualität ab. Sinnvoll sind sie immer dann, wenn keine Absatzbeschränkungen bestehen und die möglichen höheren Umsätze die Rückgewinnung des eingesetzten Kapitals und einer angemessenen Rendite sichern.

- **Ersatzinvestitionen**, sie stellen den Kapitaleinsatz dar, der die Fortführung der bisherigen Produktion mit gleicher Kapazität, gleicher Qualität ohne besondere Rationalisierung vorsieht. Ersatzinvestitionen sind erforderlich, wenn vorhandene Betriebsmittel infolge von Verschleiß, Alterung oder Zerstörung durch neue, gleichwertige Einrichtungen ersetzt werden müssen.

Infolge der technischen Weiterentwicklung und wechselnder Konjunkturlage muss die Unternehmensleitung bemüht sein, mit Ersatzinvestitionen gleichzeitig zu rationalisieren und/oder zu erweitern und so die Produktion hinsichtlich Menge und Qualität an die geänderten Verhältnisse anzupassen.

Demnach lassen sich auch in der Praxis die Grenzen dieser drei Investitionsarten nicht immer klar erkennen: Es handelt sich meist um Kombinationen von zwei, eventuell sogar aller drei Investitionsarten (vgl. Abbildung 5.6).

Mischformen sind typisch für die Praxis

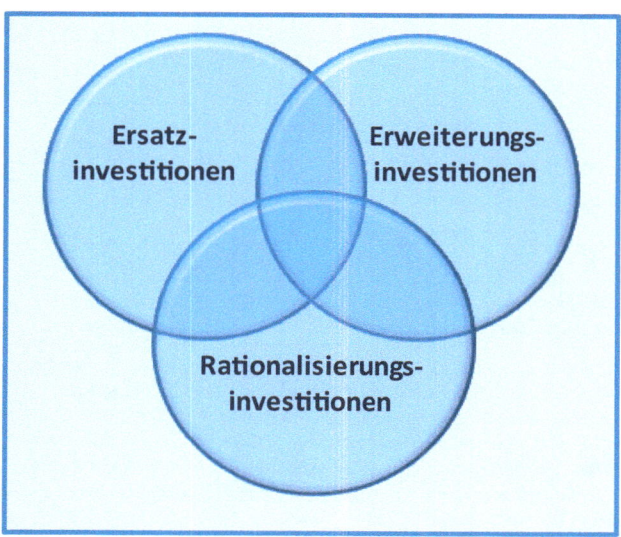

Abbildung 5.6 Kombination verschiedener Investitionsarten

5.1.1.4 Weitere wichtige Begriffe

Uneinheitliche Terminologie

Leider ist es für den Nicht-Betriebswirt bzw. Nicht-Kaufmann und damit auch für den Ingenieur oder Techniker nicht immer einfach, sich in die Begriffswelt der Kostenrechnung wie auch der Wirtschaftlichkeitsrechnung hineinzufinden. Das liegt einerseits an der Komplexität dieser Materie, andererseits an nicht immer eindeutig und allgemein akzeptierten Begriffsdefinitionen. Im Folgenden sind die für das Thema relevanten Begriffe aufgeführt, wobei einige dieser bereits in den vorhergehenden Kapiteln vorgestellt worden sind.

Tabelle 5.1 Wichtige Grundbegriffe zur Wirtschaftlichkeitsrechnung

Aufwand	Periodenbezogener Werteverzehr, der z. B. neben den Kosten auch betriebsfremde Aufwandspositionen enthält.
Ausgaben/Einnahmen	Effektive Zahlungsströme.
Ertrag bzw. Betriebsertrag	Umsatzerlöse, erweitert um die Bestandsveränderungen und (aktivierten) Eigenleistungen. Unternehmensgewinn wird auch als "Ertrag" bezeichnet.
Ergebnis (Gewinn oder Verlust)	Für die Ermittlung des Gewinns wird die Differenz von Ertrag und Aufwand gebildet. Das Betriebsergebnis ist die Differenz von Unternehmensergebnis und "neutralem" Ergebnis oder auch die Differenz von Ertrag und Kosten.
Kapitaleinsatz (Anschaffungskosten, Anschaffungswert)	Als Kapitaleinsatz werden neben dem Bezugswert einer Anlage sämtliche Kosten bezeichnet, die bis zur Herstellung ihrer Leistungsbereitschaft entstehen (Nettokauf- bzw. Herstellkosten einer Investition, Zusatzanlagen, Projektierungskosten, Anschaffungsnebenkosten, Umbau- und Installierungskosten, Anlaufkosten und Finanzierungskosten).
Kapitalkosten	Summe aus jährlicher kalkulatorischer Verzinsung und kalkulatorischer Abschreibung des für ein Investitionsobjekt investierten Kapitals.
Wiederbeschaffungswert	Notwendiger Betrag, um ein aus dem Betrieb ausscheidendes Wirtschaftsgut zu ersetzen.
(Kalkulatorischer) Zinsfuß	Geforderte (kalkulatorische) Verzinsung eines für Investitionszwecke verwendeten Kapitalbetrages.
Rentabilität	Maßzahl für die durchschnittliche Verzinsung des eingesetzten Kapitals.
Amortisation	Wiedergewinnung von in Investitionsobjekten gebundenen Werten.
Buchwert	Wert, mit dem Vermögensgegenstände (Investitionen) in der Bilanz oder in der Anlagenbuchhaltung ausgewiesen werden.
Restbuchwert	Kalkulatorischer oder bilanzieller Buchwert am Ende der Nutzungsdauer.
Restwert	Verkaufserlös einer Anlage nach Ablauf ihrer Nutzungszeit, vermindert um eventuelle Abbruchkosten (auch: Liquidationswert, Resterlöswert, usw.).
(Kalkulatorische) Nutzungsdauer	Zeitraum von Inbetriebnahme einer Anlage bis zu dem Zeitpunkt, an dem ein weiterer Gebrauch unmöglich/nicht mehr sinnvoll ist. Die Nutzungsdauer kann durch rechtliche und technische Gegebenheiten begrenzt sein; überwiegend sind es aber wirtschaftliche Gründe. Daneben gibt es die steuerliche Nutzungsdauer, die von betriebsüblicher Nutzung ausgeht. Über die steuerliche Nutzungsdauer werden die (steuerlichen) Abschreibungswerte ermittelt, die zur Reduzierung des zu versteuernden Gewinns führen.

5.1.2 Anwendung der Wirtschaftlichkeitsrechnung im Rahmen der Investitionsplanung

5.1.2.1 Bedeutung von Investitionen

Grundvoraussetzung für die Produktionsaufnahme eines Unternehmens ist die Investition. Es hat sich immer deutlicher gezeigt, dass **Investitionsentscheidungen mit die folgenschwersten Entscheidungen** in industriellen Unternehmen darstellen. Sie binden knappes Kapital (Geld) mit häufig ungewissen Erfolgen und beeinflussen dadurch auch die Kostenstruktur. Von den Investitionsentscheidungen hängt es weitgehend ab, ob und wie ein Unternehmen den Anforderungen des Marktes gerecht werden kann, ob es in der Lage ist, sich durchzusetzen und zu wachsen, oder aber ob es über kurz oder lang seinen Platz anderen, stärkeren Konkurrenten überlassen muss. Richtig oder falsch investieren heißt somit Erfolg oder Misserfolg, Aufstieg oder Niedergang eines Unternehmens. Die **Investitionspolitik** ist deshalb in vielen Unternehmen in den Vordergrund des Interesses gerückt worden, über sie wird fast immer auf der höchsten Entscheidungsinstanz beraten. Investitionen sollten nicht dem Zufall, vagen Hoffnungen oder allein dem Spürsinn der Unternehmensführung überlassen werden, sondern auf der Grundlage einer **langfristigen Investitionsplanung** mit den damit verbundenen Wirtschaftlichkeitsbetrachtungen getätigt werden.

Systematische Investitionspolitik

5.1.2.2 Problematik der Investitionsplanung

> Kernaufgabe der Investitionsplanung ist die systematische gedankliche Vorwegnahme der dispositiven und operativen Maßnahmen, die bei der Beschaffung, Ergänzung und Erhaltung der Betriebsausrüstung ergriffen werden sollen.

Die Investitionsplanung muss immer als ein Teilproblem im Rahmen der gesamtbetrieblichen Planungen gesehen werden. Sie berücksichtigt dabei nicht nur kurzfristige, sondern vor allem auch langfristige Planungen bezüglich der Finanzen, des Absatzes, des Produktionsprogramms und der hierfür notwendigen Kapazität.

Bezug zu anderen betrieblichen Planungsaufgaben

Die wichtigste dieser Kennzahlen ist dabei die Rentabilität, die anzeigt, in welcher Höhe sich das Kapital in einer Abrechnungsperiode verzinst hat.

$$\text{Rentabilität} = \frac{\text{Gewinn aus der Investition}}{\text{Kapitaleinsatz für die Investition}}$$

5.1.2.3 Phasen der Investitionsplanung

Richtlinien für die Investitionsplanung

Aufgrund des angestiegenen Investitionsbedarfes in der Industrie erstellen größere Unternehmen **Richtlinien zur Erfassung der Planung und Ausführung von Investitionen**. Diese Richtlinien können ein Investitionsprojekt vom Investitionsvorschlag bis zur Investitionsnachrechnung umfassen, wobei im Wesentlichen folgende **Phasen** unterschieden werden:

- Investitionsvorschlag (Meldung des Investitionsbedarfes)
- Untersuchung des Investitionsvorschlags
    - Voruntersuchung (Wirtschaftlichkeitsrechnung)
    - Hauptuntersuchung
- Investitionsprogramm (Aufstellen einer Rangordnung)
- Investitionsentscheidung (z. B. durch Vorstandsbeschluss)
- Investitionsausführung (z. B. Kauf oder Herstellung einer Anlage)
- Investitionsnachrechnung (Kontrolle)

Organisationale Einbindung

Für diese Phasen werden die benötigten Daten und Entscheidungen meist in schriftlicher Form festgelegt. Vielfach wird mit der **Einteilung von Investitionsprojekten in Klassen** entsprechend ihrer Bedeutung und ihres Umfanges (z. B. in unabdingbare und gewünschte Investitionen bzw. nach dem Investitionsvolumen) der Ablauf in den sechs Phasen individueller gestaltet.

Eine zentrale Stelle im Unternehmen sollte die einzelnen Investitionsprojekte während aller Phasen steuern und überwachen und so für einen zügigen Projektablauf und eine wirksame Kontrolle beitragen. Wichtige Aufgaben dieser sind dabei:

- **Erkennen von Investitionsmöglichkeiten**: Allgemein gesagt werden Investitionsmöglichkeiten erkannt, indem man gewisse Maßnahmen untersucht, die geeignet erscheinen, zusätzliche Gewinne zu erbringen bzw. entstehende Verluste zu verringern bzw. zu verhindern. Das Erkennen von Investitionsmöglichkeiten besteht nicht allein darin, einzelne Investitionsobjekte unabhängig voneinander zu betrachten, vielmehr muss die Investitionsplanung und Wirtschaftlichkeitsrechnung im Allgemeinen eine Vielzahl von sich gegenseitig ausschließenden, ergänzenden oder auch ineinander übergehenden Investitionsmöglichkeiten betrachten.

- **Bewertung**: Bei der Aufstellung eines Investitionsprogramms für einen Planungszeitraum sieht sich die Unternehmensführung in aller Regel einer Anzahl **konkurrierender Investitionsprojekte** gegenübergestellt. Übersteigt der Investitionsbedarf die vorhandenen Mittel, so erhebt sich die Frage, welche Investitionsprojekte ausgewählt und in welcher zeitlichen Reihenfolge sie ausgeführt werden. Um diese Frage zu klären, müssen die Investitionsprojekte **nach Kriterien geordnet** werden, die ihre relative Vorteilhaftigkeit ausdrücken. Als zusätzliche Alternative ist dabei immer die Rendite des Kapitals zu berücksichtigen, die sich ergeben würde, wenn man das verfügbare Kapital zur Tilgung von Schulden oder zur Anlage am Kapitalmarkt verwenden würde. Folgende Kriterien sind hierbei verwendbar:

Tabelle 5.2 Quantitative Kriterien zur Beurteilung von Investitionen

- ➤ Risiko des Kapitaleinsatzes
- ➤ Rentabilität des Investitionskapitals
- ➤ Rückflussdauer des Investitionskapitals
- ➤ Technische Leistungsfähigkeit der Investition
- ➤ Beanspruchung der Liquidität des Unternehmens

Neben diesen quantitativen Größen spielen aber auch zahlreiche, nicht zahlenmäßig erfassbare Faktoren eine Rolle. Hierzu gehören:

Tabelle 5.3 Qualitative Kriterien zur Beurteilung von Investitionen

- ➤ Allgemeine Betriebsfaktoren (z.B. einheitlicher Maschinenpark)
- ➤ Umweltfaktoren (z.B. Lärmbelästigung)
- ➤ Arbeitssicherheit (z.B. gefahrlose Bedienung)
- ➤ Auswirkungen auf andere Anlagen (z.B. Engpässe im Materialfluss)
- ➤ Marktfaktoren (z.B. Absatzerwartungen für ein bestimmtes Produkt)

- **Kontrolle**: Entscheidungen über künftige Investitionsprojekte können aufgrund der Nachprüfung bereits durchgeführter Investitionen wirkungsvoll verbessert werden. Diese Nachberechnung kann jedoch genau genommen erst nach Ablauf der Nutzungsdauer ermittelt werden, was den Erkenntniswert dieser Nachrechnung natürlich stark beeinträchtigt und nur auf eine Bestätigung der damals gemachten Annahmen reduziert werden könnte.

  Relativ häufig wird dies über Teilnachrechnungen durchgeführt. Diese Kontrollen sind zwar nicht vollständig, aber wesentlich aktueller als vollständige Nachrechnungen, und in vielen Fällen sind wesentliche Wirkungen der Investitionsprojekte schon nach einem oder nach zwei Jahren erkennbar. Das systematische Auswerten dieser Erfahrungen kann damit zu einer wesentlichen Entscheidungshilfe für zukünftige, ähnlich gelagerte Investitionsprojekte werden.

5.1.2.4 Grundsätzliche Fragestellungen bei der Wirtschaftlichkeitsrechnung

Im Rahmen von Wirtschaftlichkeitsrechnungen lassen sich drei grundsätzliche Fragestellungen unterscheiden (vgl. Heinen 1991):

1. **Das Problem der Beurteilung eines einzelnen Investitionsprojektes**

   Hierbei wird die Frage gestellt, ob eine bestimmte Investitionsmöglichkeit unter dem Gesichtspunkt der Gewinnerzielung vorteilhaft ist oder nicht. Mit anderen Worten: Lohnt sich der Einsatz des für das geplante Objekt benötigten Kapitals oder kann das Geld außerhalb des Unternehmens eine bessere Verzinsung erbringen?

   Ist Objekt vorteilhaft?

2. Das Wahlproblem

Welche Alternative ist die beste?

Wenn der Investor die Möglichkeit hat, zwischen mehreren alternativen Investitionsobjekten zu wählen, entsteht die Frage nach der Bestimmung der besten Alternative. Der Umstand, dass unter mehreren möglichen und an sich vorteilhaften Investitionen nur eine oder einige realisiert werden können, kann auf folgenden Ursachen beruhen:

- Der für Investitionszwecke verfügbare Betrag ist begrenzt, er reicht nicht für alle vorteilhaften Investitionen aus.

- Einige der möglichen Investitionen sind technische Alternativen, d. h., sie erfüllen die gleichen oder ähnliche technische Funktionen und schließen sich damit gegenseitig aus. Wird das eine Investitionsobjekt verwirklicht, so wäre dann die Realisierung des Alternativobjektes sinnlos.

3. Das Ersatzproblem

Soll eine Anlage durch eine neue ersetzt werden?

Während im Falle des Wahlproblems davon ausgegangen wird, dass noch keine der sich darbietenden Investitionsmöglichkeiten realisiert ist, stellt sich das Ersatzproblem als ein Vergleich zweier oder mehrerer Alternativen dar, von denen eine bereits verwirklicht ist. Es geht um die Frage, ob eine bereits installierte Anlage durch eine neue, funktionsgleiche Anlage ersetzt werden soll oder nicht. Ganz allgemein wird dabei der Istzustand (vor der Investition) mit dem angenommenen künftigen Zustand (nach der Investition) verglichen.

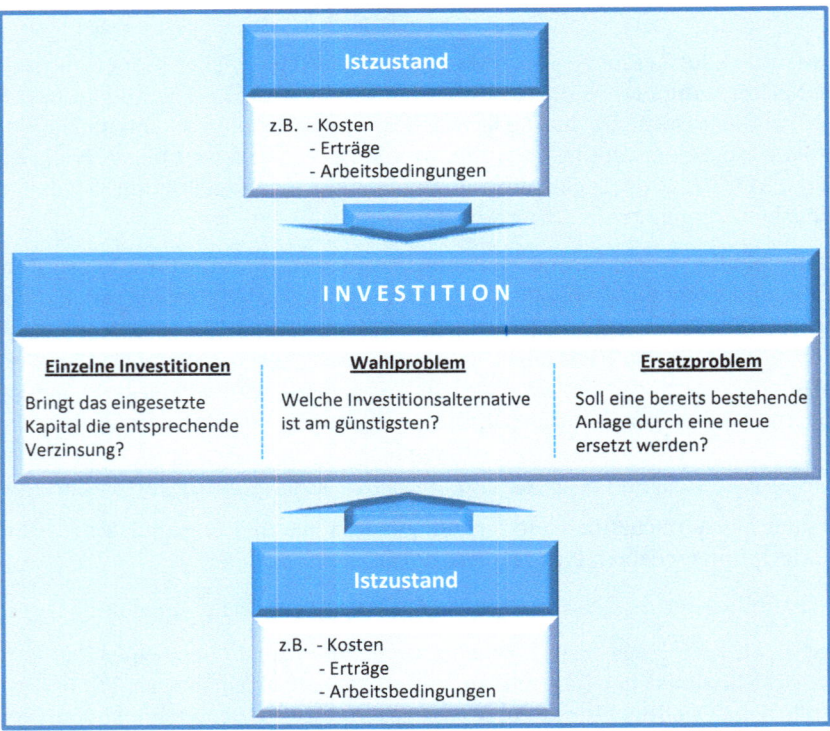

Abbildung 5.7 Vergleich der Zustände vor und nach Durchführung einer geplanten Investition

In Abbildung 5.7 ist eine schematische Zusammenstellung der Fragestellungen zur Beurteilung von Einzelinvestitionen bzw. zur Lösung des Wahl- und des Ersatzproblems gezeigt. In jedem Fall wird ein als bekannt vorausgesetzter Istzustand mit einem angestrebten Zustand in der Zukunft verglichen.

Ganz allgemein wird eine Investition dann als vorteilhaft angesehen, wenn der angenommene Zustand nach Durchführung der Investition günstigere Ergebnisse als der bisherige Zustand erwarten lässt.

5.2 Verfahren der Wirtschaftlichkeitsrechnung

5.2.1 Überblick über die Verfahren der Wirtschaftlichkeitsrechnung

Investitionsrechnung und Wirtschaftlichkeitsrechnung werden hier als synonyme Begriffe für Rechenverfahren verwendet, die als **Vorausschau- oder Kontrollrechnung** die Vorteilhaftigkeit einzelner oder mehrerer Investitionsobjekte im Vergleich zueinander untersuchen. Dies erfolgt im Hinblick auf eine bestimmte betriebliche Zielsetzung unter Beachtung der für den Betrieb gegebenen Restriktionen.

Die Wirtschaftlichkeitsrechnungen lassen sich in eine Reihe von Verfahren unterteilen, die sich hinsichtlich Randbedingungen, praktischer Durchführbarkeit und Genauigkeit unterscheiden. Dabei wird folgende Gliederung häufig vorgenommen[1]:

Verfahren zur Bewertung von Alternativen

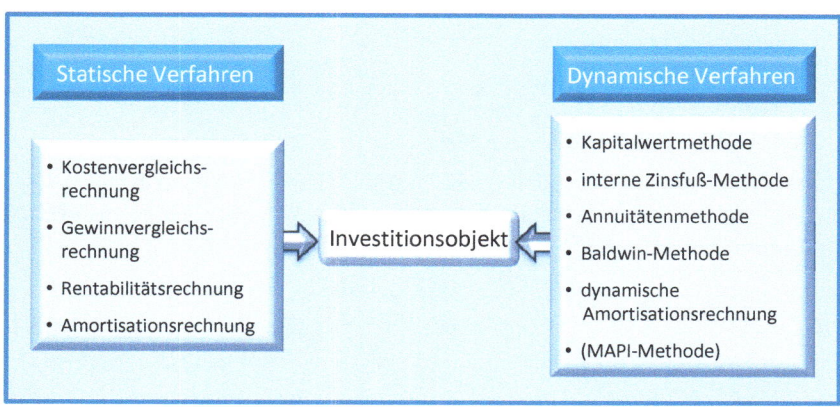

Abbildung 5.8 Methoden zur Wirtschaftlichkeitsberechnung

---

1 Es handelt sich hierbei um die sog. „klassischen" Verfahren, im Gegensatz zu den „modernen" Verfahren. Die modernen Methoden berücksichtigen Simultanplanungsprobleme, unsichere Erwartungen u. a.; sie sind durchweg mathematisch anspruchsvoller und werden in der Praxis im Hinblick auf die schwierige Datenbeschaffung nur in Ausnahmefällen angewendet.

Die Verfahren unterscheiden sich dabei in ihrer grundsätzlichen Betrachtung des Faktors Zeit:

- Als „statische" Verfahren werden diejenigen Rechenmethoden verstanden, bei denen zeitliche Unterschiede beim Anfall der Kosten und Erträge – wie auch des Kapitaleinsatzes – nicht berücksichtigt werden. Sie arbeiten in der Regel mit jährlichen Durchschnittswerten, die meistens aus der ersten Nutzungsperiode abgeleitet und auf die Folgeperioden übertragen werden.

- Demgegenüber werden bei „dynamischen" Verfahren durch Diskontierung die zeitlichen Unterschiede im Anfall der Kosten und Erträge wertmäßig berücksichtigt. Somit werden beispielsweise Erträge einer Investition, die im ersten Jahr anfallen, höher bewertet als Erträge aus späteren Nutzungsjahren, weil die Erträge des ersten Jahres durch die Möglichkeit ihrer Reinvestition höhere Zinserträge erwirtschaften können als die des letzten Jahres. Je weiter der Zahlungsvorgang in der Zukunft liegt, desto stärker wirkt sich die Abzinsung auf den Barwert aus. Den Diskontsatz bezeichnet man dabei als Kalkulationszinsfuß.

Wahl des richtigen Verfahrens

Die Wahl des Verfahrens der Wirtschaftlichkeitsrechnung hängt nicht zuletzt von dem zu beurteilenden Investitionsprojekt ab. Häufig werden von den Unternehmen im Rahmen von Investitionsentscheidungen gleichzeitig mehrere Verfahren angewendet. Hierbei kann es dann u. U. zu einer unterschiedlichen Vorteilhaftigkeitsreihenfolge der untersuchten Investitionsobjekte kommen; z. B. kann das Objekt mit der kürzeren Kapitalrückflussdauer eine niedrigere Kapitalverzinsung erbringen als das mit der längeren Rückflussdauer. Zielkonflikte derart lassen sich dann lösen, indem man z. B. eine Höchstzeit der Rückflussdauer als Nebenbedingung vorgibt und dann von den möglichen Alternativen das Investitionsobjekt auswählt, das unter Einhaltung dieser Restriktion die höchste Kapitalverzinsung erbringt.

5.2.2 Statische Verfahren

5.2.2.1 Überblick über die statischen Verfahren der Wirtschaftlichkeitsrechnung

Abbildung 5.9 stellt die bereits oben erwähnten statischen Verfahren der Wirtschaftlichkeitsrechnung gegenüber. Es handelt sich in allen vier Fällen um einfache Rechenmethoden, die mit relativ wenig Datenmaterial durchführbar sind.

Obwohl vielfach auf ihre Unzulänglichkeit hingewiesen wird, handelt es sich doch um in der Praxis weit verbreitete Methoden, die vor allem dort angewendet werden, wo

- eine Wirtschaftlichkeitsrechnung einfach und schnell durchgeführt werden soll

- über Investitionen geringerer Bedeutung und entsprechend geringen Wertes entschieden wird

- sehr unsichere Ausgangsdaten vorliegen.

Abbildung 5.9 Die statischen Verfahren der Wirtschaftlichkeitsrechnung

5.2.2.2 Kostenvergleichsrechnung

Bei der Anwendung der Kostenvergleichsrechnung sind zwei Problemstellungen zu unterscheiden:

Varianten

a) Im Rahmen des **Wahlproblems** soll entschieden werden, welche von mehreren funktionsgleichen (bzw. -ähnlichen) Investitionsalternativen vorzuziehen ist. Dabei wird unterstellt, dass entweder eine der zur Diskussion stehenden Alternativen ohne Berücksichtigung ihrer Wirtschaftlichkeit realisiert werden kann, oder aber die verglichenen Alternativen sind bereits als wirtschaftlich einzustufen im Hinblick auf andere Kriterien bzw. ihre Wirtschaftlichkeit ist offensichtlich.

Es werden also verglichen:
Kosten der Alternative I ↔ Kosten der Alternative II

Dies heißt in Worten: Der (relative) Gewinn einer Alternative besteht im Kostenvorteil gegenüber einer zweiten Alternative.

b) Im Rahmen des Ersatzproblems soll entschieden werden, ob eine bereits vorhandene Anlage durch eine neue Anlage ersetzt werden soll (Rationalisierungsinvestition).

Es werden also verglichen:
Kosten vor der Investition ↔ Kosten nach der Investition

Dies heißt in Worten: Der (**relative**) **Gewinn einer Investition** ergibt sich aus den Kosten vor der Investition minus den Kosten nach der Investition.

Berücksichtigung aller Kosten

Grundsätzlich sind alle während der Nutzungsdauer entstehenden/verursachten Kosten durch die Investition in die Rechnung einzubeziehen. Dabei handelt es sich im Wesentlichen um

- Kapitalkosten (kalkulatorische Abschreibungen, kalkulatorische Zinsen),
- Betriebskosten (Energiekosten, Werkzeugkosten, Löhne/Gehälter inkl. Sozialabgaben, Raumkosten, Versicherungskosten) und
- Instandhaltungskosten (Materialkosten, Personalkosten und Fremdleistungskosten für die Instandhaltung).

Kostenarten gleicher Höhe irrelevant

Da es bei Kostenvergleichen nicht auf die absolute Höhe dieser Kostenarten ankommt, sondern nur auf deren Differenzen, können diejenigen Kostenarten, die für alle betrachteten Alternativen gleich sind, aus der Betrachtung herausgelassen werden.

Es werden in jedem Fall jährliche Durchschnittswerte für die Kosten gebildet, wobei entweder voraussichtliche „echte" Durchschnitte über die gesamte Nutzungsdauer abgeschätzt werden oder aber vereinfachend die Kosten des ersten Jahres zugrunde gelegt werden.

Bezugspunkte für Vergleiche

- **Kostenvergleich je Zeiteinheit**
  Werden Investitionsobjekte mit gleicher mengenmäßiger Leistung (nicht Kapazität!) verglichen, so genügt ein Vergleich der Gesamtkosten pro Periode.

- **Kostenvergleich je Leistungseinheit**
  Sollen dagegen Alternativen mit unterschiedlicher Produktionsleistung verglichen werden, müssen jeweils die Kosten je Leistungseinheit miteinander verglichen werden (vgl. Tabelle 5.4).

Tabelle 5.4 Ansätze für Kostenvergleiche

	Kostenvergleich	
	je Zeiteinheit	je Leistungseinheit (Stückkostenvergleich)
allgemeine Voraussetzung	funktionsgleiche (ähnliche) Investitionsalternativen	
spezielle Voraussetzung	Periodenleistung gleich hoch (nicht Kapazität)	Stückerlöse gleich hoch

Wenn dabei allerdings unterschiedliche Absatzzahlen mit damit verbundenen Ertragsveränderungen zum Tragen kommen, genügt eine reine Kostenvergleichsrechnung nicht. Es muss eine Erweiterung um die Ertragswerte zum Gewinnvergleich angestellt werden (vgl. folgendes Kapitel).

Beispiel

Bestimmung der kostengünstigeren Alternative durch einen Stückkostenvergleich bei unterschiedlicher Produktionskapazität, unterschiedlicher Periodenleistung, aber gleichen Stückerlösen (Nettoliquidationserlös bei beiden Anlagen 0 €) (vgl. Tabelle 5.5).

Tabelle 5.5 Beispiel zum Stückkostenvergleich

			Anlage I	Anlage II
1	Anschaffungswert	(€)	100.000	50.000
2	Nutzungsdauer	(Jahre)	8	8
3	Kapazität	(LE/Jahr)	20.000	17.000
4	Auslastung	(LE/Jahr)	12.000	11.000
5	kalk. Abschreibung (linear)	(€/Jahr)	12.500	6.250
6	kalk. Zinsen (pk=10%)	(€/Jahr)	5.000	2.500
7	sonstige fixe Kosten	(€/Jahr)	980	600
8	**Summe der fixen Kosten**	(€/Jahr)	**18.480**	**9.350**
9	fixe Kosten je Leistungseinheit (LE)	(€/LE)	1,54	0,85
10	Löhne und Lohnnebenkosten	(€/LE)	0,45	0,90
11	Materialkosten	(€/LE)	0,10	0,10
12	Energiekosten	(€/LE)	0,10	0,15
13	sonst. variable Kosten	(€/LE)	0,15	0,20
14	**Summe der variablen Kosten je LE**	(€/LE)	**0,80**	**1,35**
15	**Summe der Kosten je LE**	(€/LE)	**2,34**	**2,20**

Der Stückkostenvorteil von 0,14 € spricht zugunsten der weniger kapitalintensiven, dafür aber lohnintensiveren Anlage II.

Beispiel

Unter Verwendung der Zahlen von Beispiel 1 lässt sich die kritische Produktionsmenge bestimmen, ab der sich ein Einsatz der Anlage I lohnen würde. Eine derartige **Grenzmengenrechnung** kann sowohl rechnerisch als auch grafisch (vgl. Abbildung 5.10) durchgeführt werden, indem am kritischen Punkt Gleichheit der Gesamtkosten beider Alternativen gefordert wird.

1.) Allgemeiner Lösungsansatz

$$FK_I + s_{grenz} \times VK_I = FK_{II} + s_{grenz} \times VK_{II}$$

daraus folgt:

$$S_{grenz} = \frac{FK_{II} - FK_{I}}{VK_{I} - VK_{II}}$$

2.) Grafischer Lösungsansatz

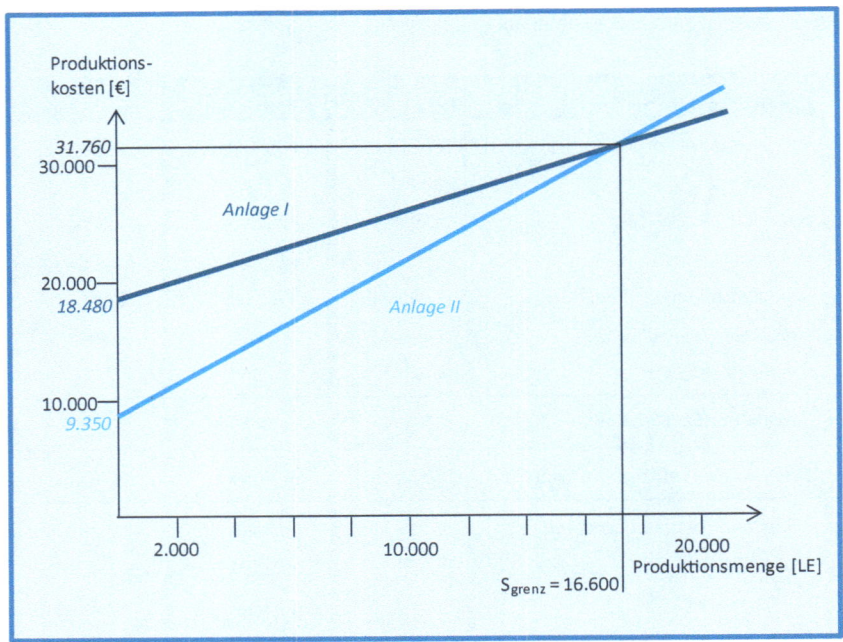

Abbildung 5.10 Ermittlung der kritischen Produktionsmenge zweier Anlagen

3.) Rechnerischer Lösungsansatz

Tabelle 5.6 Kostenanteile

	Anlage I	Anlage II
	(€)	(€)
fixe Kosten	18.480	9.350
variable Kosten	0,8	1,35

$$S_{grenz} = \frac{9.350 - 18.480}{0{,}80 - 1{,}35} = \frac{-9.130}{-0{,}55} = 16.600 \ [LE]$$

Ermittlung kritische Produktionsmenge

Die Ermittlung der kritischen Produktionsmenge ist vor allem dann sinnvoll, wenn die geplante Produktionsmenge schwer abschätzbar ist bzw. großen Unsicherheiten unterliegt. In diesem Fall kann eine wesentliche Entscheidungshilfe gegeben werden, indem die Produktionsmenge bestimmt wird, ab der sich auf jeden Fall ein besseres Ergebnis bei Einsatz der Anlage mit den höheren Fixkosten einstellen wird.

Vergleicht man mehr als zwei Alternativen miteinander, so ergeben sich auch mehrere kritische Produktionsmengen.

Beispiel

Kostenvergleich bei einer Rationalisierungsinvestition mithilfe von Maschinenstundenkosten (Ersatz einer alten Maschine I durch eine neue Maschine II vergleichbarer Leistungsfähigkeit, aber geringerer variabler Kosten, vgl. Tabelle 5.7).

Tabelle 5.7 Beispiel zum Kostenvergleich

			Maschine I	Maschine II
1	Maschinenwert	(€)	30.000 (Resterlöswert)	100.000 (Neuwert)
2	Nutzungsdauer	(Jahre)	5	10
3	Energiekosten je Betriebsstunde	(€/h)	15	10
4	Lohnkosten (inkl. Nebenkosten)	(€/h)	20 = 43 €/h	10 = 23 €/h
5	Instandhaltungskosten	(€/h)	8	3

Die Bestimmung der kritischen Nutzungszeit:

Bei der kritischen Nutzungszeit der beiden Betriebsmittel sind die Einsparungen an Betriebskosten durch die neue Maschine (20,- €/h) den höheren Kapitalkosten durch die neue Maschine (7.500,- €/Jahr bei p_k = 10 %) gleichzusetzen.
Ab einer Nutzungszeit von 375 h/Jahr (7.500 : 20) lohnt sich der Ersatz der alten durch die neue Maschine.

In gleicher Weise wie oben lässt sich aber auch für dieses Beispiel bei Annahme von 1.500 Stunden pro Jahr ein Gesamtkostenvergleich bei gleicher Leistung aufstellen (vgl. Tabelle 5.8).

Tabelle 5.8 Beispiel zum Kostenvergleich

			Maschine I	Maschine II
1	kalkulatorische Abschreibung	(€/Jahr)	6.000	10.000
2	kalkulatorische Zinsen	(€/Jahr)	1.500	5.000
3	Betriebskosten	(€/Jahr)	1.500 x 43 €/h = 64.500	1.500 x 23 €/h = 34.500
4	Gesamtkosten	(€/Jahr)	72.000	49.500
5	**Kostendifferenz**	(€/Jahr)		22.500

Wenn die zu vergleichenden Maschinen unterschiedliche technische Leistungsfähigkeit (Fertigungszeit pro Stück) besitzen, genügt es selbstverständlich nicht, einen reinen Zeitvergleich auf der Basis von Maschinenstundensätzen durchzuführen, sondern es müssen die Fertigungskosten pro Stück ermittelt werden.

Zusammenfassende Beurteilung der Kostenvergleichsrechnung (vgl. Blohm/Lüder/Schaefer 2006, S. 134 ff.):

- Bei der Kostenvergleichsrechnung wird unterstellt, dass **die Erträge der verglichenen Investitionsprojekte gleich hoch** sind. Letztlich geht es aber nicht um eine Minimierung der Kosten, sondern um eine Maximierung des Gewinns.
- Die Kostenvergleichsrechnung arbeitet immer mit **Durchschnittswerten** (durchschnittlicher Auslastung, durchschnittliche Kosten).
- Die Kostenvergleichsrechnung liefert keinen absoluten Maßstab für die Beurteilung der Wirtschaftlichkeit einer Investition. Sie kann **lediglich zur Auswahl** einer von mehreren Alternativen herangezogen werden.
- **Zeitliche Unterschiede** im Anfall der Kosten werden **nicht berücksichtigt**.

Mit den hier genannten Punkten lässt sich erklären, dass die Kostenvergleichsrechnung vor allem zur Beurteilung von Ersatz- und Rationalisierungsinvestitionen verwendet werden sollte, da nur bei diesen Investitionsarten von gleichbleibenden Erträgen ausgegangen werden kann.

Weitere Beispiele, die verschiedene Aspekte der Kostenvergleichsrechnung vertiefen, finden sich auf der CD.

5.2.2.3 Gewinnvergleichsrechnung

Bei der Gewinnvergleichsrechnung wird der **jährliche Gewinn** vor Durchführung der Investition dem erwarteten jährlichen Gewinn nach Durchführung der Investition bzw. der Gewinn verschiedener Alternativen gegenübergestellt.

Varianten Wie auch bei der Kostenvergleichsrechnung lassen sich zwei Problemstellungen unterscheiden:

a) Beim **Wahlproblem** geht es um den Wirtschaftlichkeitsvergleich mehrerer zur Auswahl stehender Investitionsobjekte

   Gewinn der Alternative I   ↔   Gewinn der Alternative I

b) Beim Problem der Beurteilung einer **einzelnen Investition** lautet die Rechnung folgendermaßen:

   Gewinn vor der Investition   ↔   Gewinn nach der Investition

Allgemein erfolgt die Gewinnvergleichsrechnung als Gegenüberstellung von Ertrags- und Kostendifferenzen:

$$G = (E_I - K_I) - (E_{II} - K_{II})$$

G Gewinn
$E_{I, II}$ Erträge der Investitionen I, II
$K_{I, II}$ Kosten der Investitionen I, II

Diese Rechnung lässt sich grundsätzlich für jede Investitionsart anstellen; sinnvoll ist sie jedoch nur dann, wenn sich durch qualitative oder quantitative Änderungen des Produktionsvolumens die Erträge ändern. Da dies insbesondere bei Erweiterungsinvestitionen gegeben ist, findet dort der Gewinnvergleich die häufigste Anwendung.

Sinnvoll bei Änderung des Ertrags

Während die Ermittlung der Erträge und Betriebskosten keine prinzipiellen Schwierigkeiten aufwirft, gibt es bei den Kapitalkosten zum Teil eine Unsicherheit bei der Berücksichtigung der kalkulatorischen Zinsen.

Ob kalkulatorische Zinsen im Gewinnvergleich verrechnet werden oder nicht, hängt vom Zweck ab, der mit der Rechnung verfolgt wird. Wenn die Wirtschaftlichkeitsrechnung zum Ziel hat festzustellen, welchen jährlichen Überschuss ein neu anzuschaffendes Objekt erbringen wird, um den Verzicht auf eine anderweitige Kapitalverwendung zu rechtfertigen, so müssen neben den Abschreibungen auch die kalkulatorischen Zinsen angesetzt werden. Mit diesen Mitteln hätten ja Schulden getilgt bzw. eine Anlage am Kapitalmarkt getätigt werden können.

Ggf. Berücksichtigung kalkulatorischer Zinsen

Will man dagegen mithilfe des Gewinnvergleichs nur den jährlichen Überschuss feststellen, sind kalkulatorische Zinsen nicht bei den Kapitalkosten zu berücksichtigen. In diesem Fall muss die zweite Funktion der Wirtschaftlichkeitsrechnung, nämlich die Frage, ob die Höhe des Gewinns zur Rechtfertigung der Investition ausreicht, der noch zu behandelnden Rentabilitätsrechnung übertragen werden (Biergans 1979). Da im Regelfall mit einer Gewinnvergleichsrechnung eine Rentabilitätsbetrachtung verbunden wird, ist es deshalb zweckmäßig, kalkulatorische Zinsen bei der Gewinnvergleichsrechnung nicht zu berücksichtigen.

Beispiel

Folgendes Beispiel soll verwendet werden, um die generelle Unzulänglichkeit der Gewinnvergleichsrechnung bei der Rangfolgenbildung innerhalb eines begrenzten Investitionsbudgets ausführlich darzustellen (vgl. ZVEI 1971):

Herr Neu erhält von seinem Chef, Herrn Alt, die Aufgabe, vier Investitionsobjekte auf ihre Wirtschaftlichkeit hin zu untersuchen und hieraus einen Investitionsplan für das nächste Jahr zusammenzustellen. Alle vier Investitionsprojekte lassen sich voneinander unabhängig und gleichzeitig realisieren. Das Investitionsbudget des nächsten Jahres ist auf 110.000,- € beschränkt.

Herr Neu ermittelt die Daten für die einzelnen Investitionsprojekte. Eine Gewinnvergleichsrechnung ergibt folgende Aufstellung:

Tabelle 5.9 Daten zu den Investitionsobjekten

	Alternative I	Alternative II	Alternative III	Alternative IV
Kapitaleinsatz (€)	80.000	20.000	100.000	10.000
Gewinn (€)	30.000	10.000	35.000	2.000

Nach kurzem Überlegen kommt Herr Neu zu dem Schluss:

Die Alternative mit dem größten Gewinn ist die beste, also plane ich die einzelnen Alternativen nach der Größe ihrer Gewinne ein, bis das Investitionsbudget verbraucht ist. Es ergibt sich für ihn folgende Rangordnung von Investitionsalternativen:

Tabelle 5.10 Rangordnung

			Gewinn	Kapitaleinsatz
1.	Alternative III	(€)	35.000	100.000
2.	Alternative I	(€)	30.000	80.000
3.	Alternative II	(€)	10.000	20.000
4.	Alternative IV	(€)	2.000	10.000

Zuerst verplant er also die Alternative III, für die restlichen 10.000,- € des Investitionsbudgets kann er nur noch die Alternative IV realisieren, die mit 10.000,- € Kapitaleinsatz noch einen Gewinn von 2.000,- € verspricht. Herr Neu legt seinem Chef nun also folgenden Investitionsplan vor:

Tabelle 5.11 1. Entwurf Investitionsplan

Investitionsprojekt		Kapitaleinsatz	Gewinn
Alternative III	(€)	100.000	35.000
Alternative IV	(€)	10.000	2.000
Gesamt	(€)	110.000	37.000

Erstaunt muss Herr Neu jedoch feststellen, dass dieser Investitionsplan von seinem Chef verworfen wird, da der vorgeschlagene Investitionsplan nicht den optimal erreichbaren Gewinn erziele, optimal sei folgender Investitionsplan:

Tabelle 5.12 2. Entwurf Investitionsplan

Investitionsprojekt		Kapitaleinsatz	Gewinn
Alternative I	(€)	80.000	30.000
Alternative II	(€)	20.000	10.000
Alternative IV	(€)	10.000	2.000
Gesamt	(€)	110.000	42.000

Weitere Beispiele, die verschiedene Aspekte der Gewinnvergleichsrechnung vertiefen, finden sich auf der CD.

Zusammenfassende Beurteilung der Gewinnvergleichsrechnung

- Die Gewinnvergleichsrechnung ist vor allem für die **Beurteilung von Erweiterungsinvestition**en mit geänderter Ertragssituation geeignet.
- Wie auch bei der Kostenvergleichsrechnung können aber **keine zeitlichen Unterschiede** im Verlauf von Kosten und Erträgen berücksichtigt werden. Auch bei der Durchschnittswertbildung wird eine Investition mit anfangs hohen und später fallenden Überschüssen genauso beurteilt wie ein Projekt, dessen Gewinnkurve umgekehrt verläuft.
- Die Gewinnvergleichsrechnung ermöglicht **keine Beurteilung des Kapitaleinsatzes** und kann nur den Überschuss einer jeden Investition feststellen.

5.2.2.4 Rentabilitätsrechnung

Die Rentabilitätsrechnung baut auf den von der Kostenvergleichsrechnung oder Gewinnvergleichsrechnung erhaltenen Zahlen auf; sie wird in der Praxis immer im Zusammenhang mit diesen beiden Rechnungen angestellt.

Ziel des Verfahrens ist die Bestimmung der **Rentabilität einer Investition**, dem Verhältnis von Gewinn aus einer Investition und dem durchschnittlichen dafür eingesetzten Kapital:

Rentabilität einer Investition

$$\text{Rentabilität (\% Jahr)} = \frac{\text{Ø jährlicher Gewinn (€/Jahr)}}{\text{Ø Kapitaleinsatz (€)}} \times 100$$

Für den Vergleich **verschiedener Rentabilitätsziffern** ist es wesentlich, dass die zugrunde gelegten Begriffe stets im gleichen Sinn verwendet werden. Dabei ist es zweckmäßig, von folgenden Definitionen auszugehen:

- Der durchschnittliche jährliche **Gewinn** ist der während der Nutzungsdauer durch das Investitionsobjekt verursachte durchschnittliche zusätzliche Gewinn.
- Der durchschnittliche **Kapitaleinsatz** ist der zusätzliche durchschnittlich benötigte Kapitaleinsatz, der für die Durchführung des betrachteten Investitionsobjektes erforderlich ist (vgl. Abbildung 5.11).

$$\text{Ø } KE = 1/2\, KE_{ab} + KE_{na}$$

- ØKE   Ø Kapitaleinsatz
- KE_{ab} Kapitaleinsatz für abnutzbares Vermögen
- KE_{na} Kapitaleinsatz für nicht abnutzbares Vermögen

Es wird die Verwendung dieser Größe anstatt der Verwendung des **gesamten** Kapitaleinsatzes vorgezogen, da im Regelfall nicht die Kapitalverzinsung im ersten Jahr, sondern die durchschnittliche Rentabilität während der gesamten Nutzungsdauer interessiert. Prinzipiell ändert sich hierdurch jedoch an der Aussagefähigkeit des Ergebnisses nichts (konsequenterweise müsste demnach oben von „durchschnittlicher Rentabilität" im Gegensatz zur „Rentabilität des ersten Jahres" gesprochen werden).

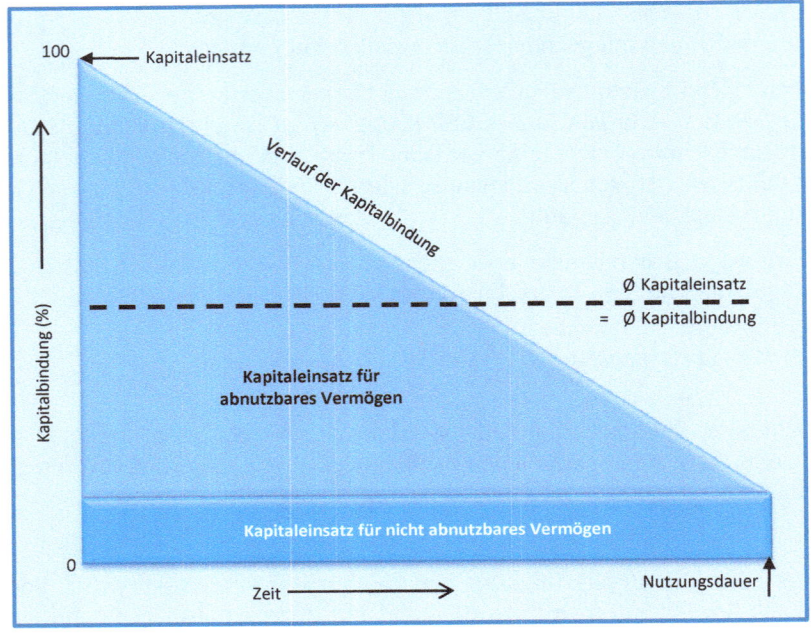

Abbildung 5.11 Berechnung des Ø Kapitaleinsatzes

Berechnung kalkulatorischer Zinsen

Hinsichtlich der Berücksichtigung der **kalkulatorischen Zinsen** ist noch eine Anmerkung vorzunehmen: Eventuell beim (davorliegenden) Gewinn- oder Kostenvergleich bereits bei den Kosten berücksichtigte – d. h. den Gewinn schmälernde – kalkulatorische Zinsen müssen bei der Rentabilitätsrechnung hinzugerechnet werden, um eine Aussage über die Gesamtrentabilität zu erhalten. Im anderen Fall wird nur die die kalkulatorischen Zinsen übersteigende Kapitalverzinsung errechnet.

Im englischen Sprachgebrauch ist die Verwendung des Begriffes „**Return on Investment" (ROI)** für Rentabilität üblich. Vielfach wird die oben genannte Rentabilitätsformel mit dem Umsatzerlös erweitert, wodurch sich folgende Schreibweise ergibt („ROI-Formel"):

$$ROI = \frac{\text{Gewinn}}{\text{Umsatzerlös}} \times \frac{\text{Umsatzerlös}}{\text{Kapitaleinsatz}} \times 100$$

Diese Aufteilung in die zwei Terme „**Umsatzrentabilität**" (d. h. Gewinn/Umsatzerlös) und „**Kapitalumschlag**" (d. h. Umsatzerlös/Kapitaleinsatz) ist zweckmäßig, da sie eine differenzierte Analyse der Rentabilität zulassen. So unterscheidet man auch in der Umgangssprache Unternehmen mit „kleiner Gewinnspanne" (Umsatzrendite) und „großem Umsatz" (Kapitalumschlag) wie beispielsweise Industriebetriebe, Supermärkte, Großtankstellen usw. und umgekehrt wie beispielsweise handwerkliche Betriebe, Boutiquen, Spezialgeschäfte.

Beispiel

Eine im Gebrauch befindliche Anlage A soll durch eine modernere Anlage N mit gleicher Leistung ersetzt werden (Rationalisierungsinvestition). Es soll ermittelt werden, wie groß die Rentabilität des gegenüber einer Generalüberholung der alten Anlage zusätzlich einzusetzenden Kapitals für die neue Anlage ist (Nutzungsdauer bzw. Restnutzungsdauer in beiden Fällen 8 Jahre, vgl. Tabelle 5.13).

Tabelle 5.13 Beispiel zur Rentabilitätsrechnung – Ausgangsdaten

			Anlage A	Anlage N
1	Kapitaleinsatz (Kauf bzw. Generalüberholung)	(€)	60.000	100.000
2	zusätzlicher Kapitaleinsatz	(€)		40.000
3	Betriebskosten	(€/Jahr)	40.000	30.000
4	zusätzliche kalkulatorische Abschreibungen	(€/Jahr)		5.000
5	zusätzliche kalkulatorische Zinsen ($P_k = 10\,\%$)	(€/Jahr)		2.000
6	Zusätzlicher Ertrag			3.000

Damit ergibt sich die Rentabilität ROI zusätzlich eingesetzten Kapitals zu:

$$ROI = \frac{\text{Zus. Ertrag} + \text{Betriebskostenersparnis} - \text{zus. kalk. Abschreibungen}}{\varnothing \text{ Kapitaleinsatz}} \times 100$$

Daraus folgt:

$$ROI = \frac{3.000 + 10.000 - 5.000}{20.000} \times 100 = 40\,\%$$

Anmerkungen:

- Hätte man in diesem Beispiel statt des durchschnittlich mehr benötigten Kapitals das gesamte mehr benötigte Kapital zugrunde gelegt, so hätte sich folgende Rentabilität des ersten Jahres ergeben:

$$ROI = \frac{\text{zus. Ertrag} + \text{Kostenersparnis (im 1. Jahr)}}{\text{Kapitaleinsatz}} \times 100$$

Daraus folgt:

$$ROI = \frac{3.000 + 5.000}{40.000} \times 100 = 20\%$$

- Hätte man die zusätzlichen kalkulatorischen Zinsen von der Betriebskostenersparnis abgezogen, so hätte sich die über den kalkulatorischen Zinssatz von 10 % hinausgehende Kapitalverzinsung ergeben:

Daraus folgt:

$$ROI = \frac{3.000 + 10.000 - 5.000 - 2.000}{20.000} \times 100 = 30\,\%$$

Beispiel (Erweiterungsinvestition)

In diesem Beispiel soll die Rentabilität im Falle einer Erweiterungsinvestition ermittelt werden. Anlage N soll **zusätzlich** zur alten Anlage A beschafft werden, um einen Kapazitätsengpass zu beseitigen (vgl. Tabelle 5.14).

Tabelle 5.14 Beispiel zur Rentabilitätsrechnung

			Anlage N
1	Kapitaleinsatz	(€)	100.000
2	zusätzlicher Ertrag	(€)	50.000
3	Betriebskosten	(€/Jahr)	30.000
4	kalkulatorische Abschreibungen	(€/Jahr)	12.500
5	kalkulatorische Zinsen ($P_k = 10\,\%$)	(€/Jahr)	5.000

In diesem Fall errechnet sich die Rentabilität des eingesetzten Kapitals folgendermaßen:

$$ROI = \frac{\varnothing\ \text{Gewinn}}{\varnothing\ \text{Kapitaleinsatz}} \quad \text{oder}$$

$$ROI = \frac{\text{zusätzlicher Ertrag} - \text{Betriebskosten} - \text{kalk. Abschreibungen}}{\varnothing\ \text{Kapitaleinsatz}} \times 100$$

$$= \frac{50.000 - 30.000 - 12.500}{50.000} \times 100 = 15\,\%$$

Weitere Beispiele, die verschiedene Aspekte der Rentabilitätsrechnung vertiefen, finden sich auf der CD.

Zusammenfassende Beurteilung der Rentabilitätsrechnung

- Bei **Kapitalknappheit** – dem Normalfall in der betrieblichen Praxis – ist die Rentabilität ein geeignetes Kriterium, um Anlagen, die um einen begrenzten Investitionsetat konkurrieren, in eine Rangordnung zu bringen.

- **Übersteigen die für Investitionszwecke verfügbaren Geldmittel die lohnenden Anlagemöglichkeiten**, so versagt die Rentabilitätsrechnung als Beurteilungsinstrument: in diesem Fall muss die Entscheidung mithilfe der Kostenvergleichsrechnung bzw. Gewinnvergleichsrechnung fallen.

- Wie alle statischen Rechenverfahren unterstellt die Rentabilitätsrechnung einen **gleichbleibenden Gewinnverlauf** über der Nutzungsdauer. Es wird näherungsweise mit dem „Durchschnittsgewinn" oder dem Gewinn des ersten Jahres gerechnet.

- Die Rentabilitätsrechnung ist sowohl für **Erweiterungs- als auch für Rationalisierungsinvestitionen** anwendbar und hat infolge ihrer **Einfachheit** in der Praxis – vor allem für überschlägige Betrachtungen – sehr große Bedeutung erlangt.

    Hohe Relevanz für die Praxis

- Als Dispositionsinstrument besitzt die Rentabilitätsrechnung die Möglichkeit, die Rentabilität auszuwählender Investitionsobjekte an einer **Mindestrentabilität** zu messen, die betriebsspezifisch festgelegt wird. Damit wird ein gleichbleibendes Kriterium der Investitionsbeurteilung geschaffen, das auch eine Abstimmung mit der Kapitalbeschaffungspolitik bzw. der Beurteilung von Finanzinvestitionen ermöglicht.

- Sie lässt Aussagen über die **absolute Vorteilhaftigkeit der Investitionsalternativen** zu.

- Es werden in der Praxis 2 Arten unterschieden:
    - Rentabilität des Eigenkapitals
    - Rentabilität des Gesamtkapitals

5.2.2.5 Amortisationsrechnung

Die Amortisationsrechnung baut – wie auch die Rentabilitätsrechnung – auf den Zahlen der Kostenvergleichs- bzw. Gewinnvergleichsrechnung auf. Ziel dieses Verfahrens ist die **Ermittlung des Zeitraumes, in dem das für eine Investition eingesetzte Kapital über die Erträge wiedergewonnen** wird. Die Amortisationsdauer bzw. -zeit ist definiert als das Verhältnis von Kapitaleinsatz für eine Investition und dem durchschnittlichen jährlichen Rückfluss (Wiedergewinnung, Cashflow).

Ziel: Berechnung der Amortisationsdauer

$$\text{Amortisationsdauer (Jahre)} = \frac{\text{Kapitaleinsatz (€)}}{\text{durchschn. jährl. Rückfluss (€/Jahr)}}$$

Eine Investition wird dann positiv beurteilt, wenn die Amortisationszeit – oder auch Wiedergewinnungs- bzw. Rückflusszeit – möglichst kurz bzw. kürzer als die geforderte Höchstamortisationsdauer ist.

Die Amortisationszeit ist eine wesentliche Kenngröße zur Beurteilung des **Risikos des Kapitalverlust**es und der **Liquiditätsauswirkung**en einer Investition. Je kürzer die Amortisationszeit, desto geringer ist das Risiko. Als Grundvoraussetzung jeder wirtschaftlich sinnvollen Investition muss die folgende Bedingung erfüllt sein (vgl. Abbildung 5.12):

Amortisationszeit (*AZ*) < Nutzungsdauer (*ND*)

Cashflow

Während die Größe Kapitaleinsatz („Anschaffungskosten") wenig Unsicherheiten aufwirft, bedarf der Begriff Wiedergewinnung bzw. Cashflow einer kurzen Klärung: Ein Teil des Cashflows ist der im Rahmen der Gewinnvergleichsrechnung ausgewiesene jährliche **Überschuss** der Investition. Dazu zählen noch die über die **kalkulatorischen Abschreibungen** freigesetzten Mittel der Investition. Vorausgesetzt, sie sind durch die hereingeflossenen Erträge abgedeckt.

Unterschiedlich wird in der Praxis und in der betriebswirtschaftlichen Literatur das Problem der **kalkulatorischen Zinsen** gehandhabt, die im Rahmen der Gewinn- oder Kostenvergleichsrechnung abgezogen wurden. Es sollten diejenigen bei der Gewinnermittlung abgezogenen kalkulatorischen Zinsen dem Cashflow zugerechnet werden, die die Höhe der Fremdkapitalzinsen übersteigen (Blohm/Lüder/Schaefer 2006, s. 49 f, S. 126 f). Das bedeutet, dass die ausgabewirksamen Fremdkapitalzinsen im Gegensatz zu den Zinsen auf das Eigenkapital **nicht** zum Cashflow gehören.

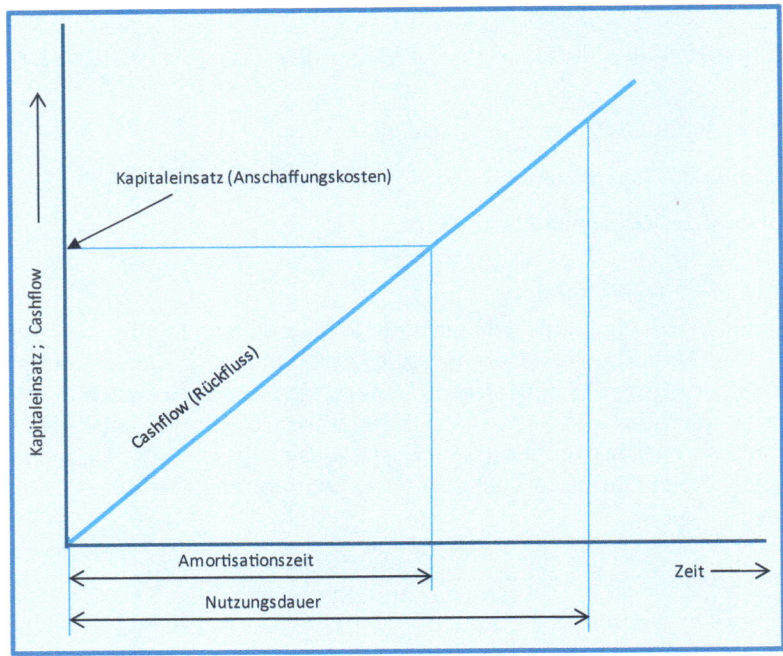

Abbildung 5.12 Amortisationszeit und Nutzungsdauer

Kapitalstruktur des Unternehmens als Ausweichgröße

Da allerdings nicht immer die Finanzierung jedes einzelnen Investitionsobjektes bekannt ist, kann man in der praktischen Arbeit häufig nur mit der **(durchschnittlichen) Kapitalstruktur** des gesamten Unternehmens arbeiten.

Damit lautet der Rückfluss formelmäßig:

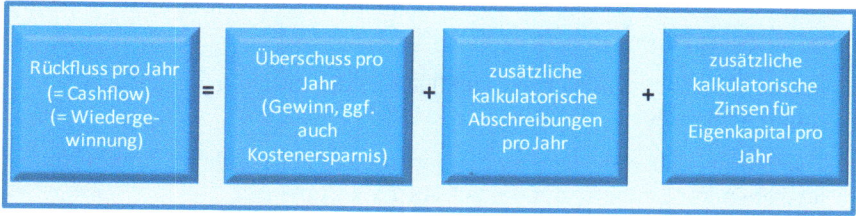

Abbildung 5.13 Berechnung Cashflow

Beispiel

Zwei zur Auswahl anstehende Verfahren sollen hinsichtlich ihrer Amortisationszeit verglichen werden (der Kapitalrückfluss wird als jährlich gleichbleibend angenommen (vgl. Tabelle 5.15).

In diesem Beispiel würde man sich nach der Amortisationsrechnung für das Verfahren II entscheiden, da sich hier eine um 0,7 Jahre kürzere Amortisationszeit ergibt.

Tabelle 5.15 Beispiel zur Amortisationsrechnung

			Verfahren I	Verfahren II
1	Kapitaleinsatz	(€)	50.000	60.000
2	Nutzungsdauer	(Jahre)	5	5
3	kalkulatorische Abschreibungen	(€/Jahr)	10.000	12.000
4	Gewinn[1]	(€/Jahr)	3.500	8.000
5	Cashflow	(€/Jahr)	13.500	20.000
6	Amortisationszeit	(Jahre)	3,7	3,0

[1] Bei der Gewinnermittlung wurden Abschreibungen und Zinsen als Kosten berücksichtigt. Es wird hier eine Finanzierung ausschließlich durch Fremdkapital unterstellt.

Weitere Beispiele, die verschiedene Aspekte der Amortisationsrechnung vertiefen, finden sich auf der CD.

Zusammenfassende Beurteilung der Amortisationsrechnung

- Die Amortisationsrechnung ermittelt lediglich den **Rückgewinnungszeitraum des eingesetzten Kapitals**. Streng genommen handelt es sich bei der Amortisationsrechnung nicht um eine Wirtschaftlichkeitsrechnung, bei der sich der Überschuss einer Investition ermitteln lässt oder bei der sich Aussagen über die Vorteilhaftigkeit des Kapitaleinsatzes im Hinblick auf die Zielsetzung Gewinnstreben ableiten lassen. Sie erfüllt vielmehr folgende Funktionen (Staehlin/Suter/Siegwart 2007):

- Schaffung einer zusätzlichen Grundlage für die Abschätzung des Risikos des Kapitaleinsatzes
- Erlangung einer Unterlage für die Beurteilung der von Investitionsvorhaben ausgehenden Einflüsse auf die zukünftige Liquidität.

■ Gemessen an einer Soll-Amortisationszeit können auch einzelne Investitionen beurteilt werden, wobei eine obere Grenze für die Wiedergewinnung in Abhängigkeit von der Investitionsart – insbesondere auch der geplanten Nutzungsdauer – gesehen werden muss.

Handhabung in der Praxis

■ In der Praxis wird meistens eine gemeinsame Anwendung der Amortisationsrechnung mit der Rentabilitätsrechnung, aufbauend auf den Ergebnissen des Kosten- bzw. Gewinnvergleichs, angestellt, um allen interessierenden Kriterien, nämlich z. B. Verzinsung des eingesetzten Kapitals

- Vergleich mit anderweitiger Kapitalverwendung
- Ermittlung des Überschusses
- Risikoabschätzung
- Auswirkungen auf die Liquidität,

gerecht werden zu können.

■ Die Erträge nach der Amortisationsdauer und Nettoliquidationserlöse bleiben außer Betracht.

5.2.2.6 Zusammenfassende Betrachtung der statischen Verfahren

Die vorgestellten vier Verfahren der statischen Wirtschaftlichkeitsrechnung vergleichen Kosten, Gewinne, Rentabilitäten oder Amortisationszeiten der zu beurteilenden Investitionsobjekte.

Anwendungsbereiche

Es können damit sowohl Einzelinvestitionen beurteilt, als auch das Wahlproblem (Ersatz-, Rationalisierungsinvestitionen) gelöst werden. Allerdings nicht mit zwingend gleichen Ergebnissen bei allen vier Verfahren.

Grenzen

Häufig werden bei Anwendung der statischen Verfahren Vorwürfe zur kurzfristigen Betrachtung nur des ersten Nutzungsjahres bzw. Durchschnittswertbildung über die gesamte Nutzungsdauer sowie zur fehlenden Einbeziehung zeitlicher Entwicklungen bei den Kosten und Erträgen geäußert. Hierbei handelt es sich aber weniger um verfahrensbedingte Nachteile als vielmehr um die bewusste Anwendung einfacherer Rechenmethoden bei sehr unsicheren Ausgangsdaten bzw. um die Anwendung von Überschlagsrechnungen.

Nutzen

Wenn in der Praxis tatsächlich keine differenzierten Daten für die gesamte Nutzungsdauer vorliegen bzw. ihre genauere Beschaffung nicht gerechtfertigt ist („Wirtschaftlichkeit der Wirtschaftlichkeitsrechnung"), so ist die Anwendung der vorgestellten statischen Rechenverfahren sicher besser als der Verzicht auf jede Form der Wirtschaftlichkeitsrechnung.

5.2.2.7 Übungsaufgaben zu den statischen Verfahren

Die Lösungen zu diesen Aufgaben finden Sie auf der CD.

Aufgabe 5.2.2.7-1 (Rangfolge von Rationalisierungsinvestitionen)

In einem Fertigungsbetrieb sind vier Rationalisierungsvorhaben geplant, die sich auf Maschinen zur spanenden Bearbeitung und auf Transporteinrichtungen beziehen.

Es sind dazu die Daten aus Tabelle 5.16 bekannt:

Welche Rangfolge der Vorziehenswürdigkeit dieser Investitionsvorschläge gibt es unter der Berücksichtigung, dass

a) das zur Verfügung stehende Kapital 360.000,- € übersteigt und keine anderen Investitionsmöglichkeiten außer der Anlage zu 8 % am Kapitalmarkt zur Verfügungen stehen bzw.

b) das zur Verfügung stehende Kapital nicht für die Finanzierung aller vier Vorschläge ausreicht?

Alle Alternativen sollen der Einfachheit halber eine Nutzungsdauer von 5 Jahren haben; es wird ein kalkulatorischer Zinssatz von 8 % zugrunde gelegt.

Tabelle 5.16 Daten von vier Rationalisierungsinvestitionen

	derzeitige Betriebskosten (€)	geplante Betriebskosten (€)	benötigter Kapitaleinsatz (€)
Projekt 1	100.000	62.500	100.000
Projekt 2	100.000	75.000	75.000
Projekt 3	80.000	66.000	40.000
Projekt 4	80.000	70.000	25.000

Aufgabe 5.2.2.7-2 (Gewinnvergleichsrechnung)

In einem Unternehmen, das Beschläge für das Baugewerbe herstellt, wird in einem Produktionsgang der am Markt eingeführte Artikel X hergestellt. Die anhaltende Nachfrage führt zu Überlegungen hinsichtlich einer Kapazitätserweiterung für die Produktion von Artikel X, für die ein Kapitaleinsatz von etwa einer Million € erforderlich ist. Bei einem Stückpreis von 4,- € könnte dadurch der Absatz um 200.000 Stück pro Jahr erhöht werden. Die Erträge des abgeschlossenen Jahres betragen 5,5 Millionen €, die Kostensituation ist in Tabelle 5.17 dargestellt (alle Beträge in €).

Damit ergibt sich ein Gewinn des Unternehmens (vor Steuern) von 665.000,- €.

Es soll die Gewinnsituation nach der Investitionsausführung dargestellt werden, indem die oben angegebenen Ertragsveränderungen und folgende zusätzliche Kosten zu berücksichtigen sind:

- Löhne/Gehälter: 130.000 €
- Rohmaterial: 160.000 €
- Instandhaltung: 55.000 €
- Sonstige Betriebskosten: 10.000 €
- Verwaltungskosten: 60.000 €
- kalkulatorische Zinsen: 50.000 €
- kalkulatorische Abschreibungen: 125.000 €

Tabelle 5.17 Verdichtete Kostenaufstellung eines Unternehmens

	Kosten der Fertigung (in €)	
Betriebskosten	Löhne/Gehälter (incl. Sozialleistungen)	1.360.000
	Rohmaterial	500.000
	Hilfs- und Betriebsstoffe	50.000
	Instandhaltung	300.000
	Sonstige Betriebskosten	800.000
	Summe	3.010.000
Kapitalkosten	Kalkulatorische Abschreibungen	500.000
	kalkulatorische Zinsen	325.000
	Summe	825.000
Kosten des Vertriebs		500.000
Kosten der Verwaltung		300.000
Lagerkosten		200.000
	Summe	1.000.000
Gesamtkosten		4.835.000

Aufgabe 5.2.2.7-3 (Kostenvergleichsrechnung)

Bei der Erweiterungsinvestition von Aufgabe 5.2.2.7-2 ist eine Verpackung des Artikels X von Hand vorgesehen. Im Vergleich dazu sollen zwei maschinelle Einrichtungen untersucht werden, wobei sich folgende Alternativen anbieten:

- Verpackung von Hand
- halbautomatische Verpackungseinrichtung
- vollautomatische Verpackungseinrichtung

Es sind weder Auswirkungen auf die Kostensituation außerhalb des Fertigungsbereiches noch Auswirkungen auf die Ertragssituation zu erwarten. Die geschätzten Betriebskosten im Fertigungsbereich sind in Tabelle 5.18 wiedergegeben. Die Anschaffungskosten betragen bei der halbautomatischen Verpackungsmaschine 120.000,- € und beim Verpackungsautomaten 250.000,- €. Die Nutzungsdauer der beiden maschinellen Einrichtungen wird auf 8 Jahre geschätzt.

Welche der drei Alternativen erscheint bei einer kalkulatorischen Verzinsung von 10 % am kostengünstigsten?

Tabelle 5.18 Daten für einen Kostenvergleich

(Angaben in €/Jahr)	Verpackung von Hand	halbautomatische Verpackung	vollautomatische Verpackung
Löhne	80.000	40.000	12.000
soziale Leistungen	40.000	20.000	6.000
Instandhaltung	0	5.000	15.000
sonstige Betriebskosten	3.000	5.000	8.000

Aufgabe 5.2.2.7-4 (Rentabilitätsrechnung)

Die Rentabilitätsrechnung legt die Ergebnisse z. B. aus der Gewinnvergleichsrechnung zugrunde.

$$\text{Rentabilität (\% Jahr)} = \frac{\varnothing \text{ jährlicher Gewinn (€/Jahr)}}{\varnothing \text{ Kapitaleinsatz (€)}} \times 100$$

a) Wie ist eine Rentabilitätsrechnung für die in Aufgabe 5.2.2.7-2 beschriebene Erweiterungsinvestition aufzustellen? Welche Aussage hat die so errechnete Rentabilitätszahl ROI_1?

b) Wie ist der in Aufgabe 5.2.2.7-3 geschilderte Vergleich der beiden maschinellen Einrichtungen zur Verpackung von Hand mithilfe zweier Rentabilitätsrechnungen durchzuführen? Welche Aussagen können mit diesen beiden Rentabilitätszahlen ROI_2 und ROI_3 gemacht werden?

c) Um nachweisen zu können, ob sich der höhere Kapitaleinsatz für die vollautomatische Anlage lohnt, soll auch hierfür eine Rentabilitätsrechnung angestellt werden. Was bedeutet diese Rentabilitätszahl ROI_4?

Es sollen in allen Fällen Aussagen über die erwartete durchschnittliche Gesamtverzinsung des benötigten Kapitals während der geschätzten Nutzungsdauer erhalten werden.

Aufgabe 5.2.2.7-5 (Amortisationsrechnung)

In Ergänzung bzw. Erweiterung zu Aufgabe 5.2.2.7-4 sollen entsprechende Amortisationsrechnungen durchgeführt werden, um das Risiko des geplanten Kapitaleinsatzes abschätzen zu können:

$$\text{Amortisationszeit} = \frac{\text{Kapitaleinsatz (€)}}{\text{Ø Rückfluss (€/Jahr)}}$$

In Analogie zu Aufgabe 5.2.2.7-4 lauten die gesuchten Amortisationszeiten AZ_1, AZ_2, AZ_3 und AZ_4.

Es soll mit einem Verhältnis Eigenkapital zu Fremdkapital von 1:2 gerechnet werden, d. h., 1/3 der kalkulatorischen Verzinsung bezieht sich auf Eigenkapital und sollte im Cashflow berücksichtigt werden.

Weitere Aufgaben inkl. Lösungen zu den statischen Verfahren befinden sich auf der CD.

5.2.3 Dynamische Verfahren

5.2.3.1 Überblick über die dynamischen Verfahren der Wirtschaftlichkeitsrechnung

Die **statischen Verfahren** der Wirtschaftlichkeitsrechnung legen die bereits beschriebene Vereinfachung zugrunde, dass **Kosten und Erträge während der Nutzungsdauer einer Investition in allen Perioden gleich sind**. So sind z. B. Gewinne in der ersten Nutzungsperiode von gleicher Bedeutung wie solche in späteren Perioden. Bei dieser Vereinfachung können beträchtliche Fehler entstehen, wie durch folgendes Beispiel verdeutlicht wird.

Bei statischer Betrachtung sind 1.000,- € in zehn Jahren auch zum heutigen Zeitpunkt als 1.000,- € zu bewerten, bei dynamischer Betrachtung dagegen haben diese 1.000,- € in der Zukunft nur einen Gegenwert von 463,20 € bei einem Zinssatz von 8 %.

Berücksichtigung zeitlicher Unterschiede

Den dynamischen Verfahren gemeinsam ist – im Gegensatz zu den statischen Verfahren –, dass sie grundsätzlich nicht mit Durchschnittswerten arbeiten, sondern **zeitliche und wertmäßige Unterschiede** im Anfall der Kosten und Erträge berücksichtigen (vgl. Abbildung 5.14).

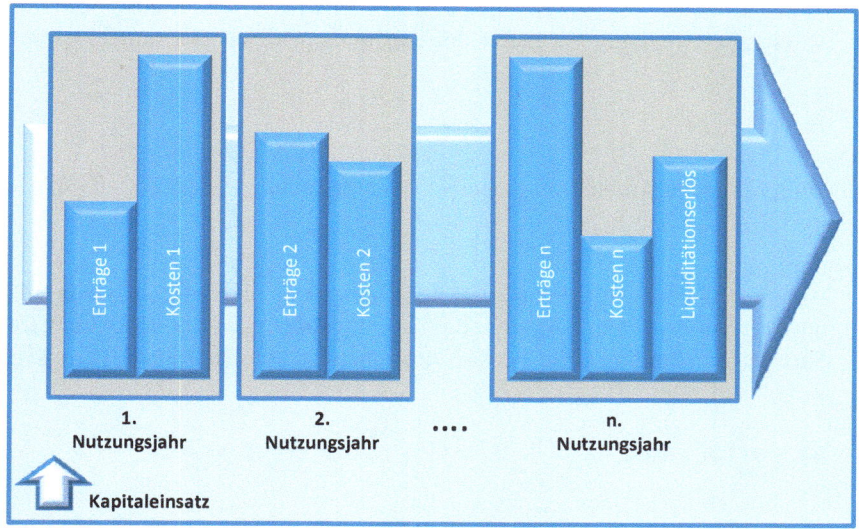

Abbildung 5.14 Kosten- und Ertragsreihe einer Investition

Erreicht wird dies durch **Anwendung der Zinseszins- und Rentenrechnung**, wozu im Folgenden einige grundlegende Zusammenhänge erläutert werden sollen:

a) **Zeitwert:**
   Ertrags- oder Kostenwert zum Zeitpunkt des Entstehens, vor der Diskontierung.

b) **Zinssatz:**
   Für die Überlassung von Kapital werden proportional zur Höhe des Kapitalbetrages und zur Zeitdauer der Überlassung Zinsen bezahlt. Der Proportionalitätsfaktor wird als Zinssatz oder Zinsfuß bezeichnet; er wird im Allgemeinen auf das Jahr bezogen und wird meistens in Prozent angegeben: $p = 10\,\%$ entspricht einem Proportionalitätsfaktor von 0,1.

c) **Aufzinsen:**
   Werden die Jahreszinsen nach Ablauf jedes Jahres dem Kapitalbetrag KE zugeschlagen, so ergibt sich folgende Kapitalentwicklung:
   1. Jahr: $KE_1 = KE_0 + KE_0 \times p = KE_0 \times (1 + p)$
   2. Jahr: $KE_2 = KE_1 + KE_1 \times p = KE_1 \times (1 + p) = KE_0 \times (1 + p)^2$

   t. Jahr: $KE_t = KE_0 \times (1 + p)^t$

   Der Quotient $q^t = (1 + p)^t$ wird als **Aufzinsungsfaktor** bezeichnet, er wird sowohl mit wachsendem Zinssatz als auch mit der Länge des zugrunde gelegten Zeitraums größer.

d) **Abzinsen (Diskontieren):**
   Als Abzinsen wird der Vorgang bezeichnet, bei dem der Wert eines Betrages zu einem zurückliegenden Zeitpunkt gesucht wird. Der **Abzinsungsfaktor**

ist der Kehrwert des Aufzinsungsfaktors q; er wird sowohl mit wachsendem Zinssatz, als auch mit der Länge des zugrunde gelegten Zeitraums kleiner:

$$\frac{1}{q_t} = \frac{1}{(1+p)^t}$$

Für die praktische Arbeit sind diese Faktoren in Tabellen festgehalten (vgl. Tabelle 5.19).

e) **Barwert:**
Wert von Kosten- und Ertragsbeträgen zu einem bestimmten Bezugszeitpunkt t, meistens dem Zeitpunkt des Nutzungsbeginns einer Investition. Der Barwert zum Zeitpunkt der Betrachtung („heute") wird auch als **Gegenwartswert** bezeichnet.

$$\text{Barwert der Kosten } K_0 = \sum_{t=1}^{n} k_t \times (1+p)^{-t} = \sum_{t=1}^{n} k_t \times \frac{1}{q^t}$$

Vergleiche z. B. die Berechnung des Barwertes folgenden Kostenstromes bei p_k = 8 % zu Beginn des ersten Jahres
(1. Jahr: 1.000,- €; 2. Jahr: 2.000,- €; 3. Jahr: 3.000,- €; 4. Jahr: 3.000,- €):

Barwert =   1000 · 0,9259
           + 2000 · 0,8573
           + 3000 · 0,7938
           + 3000 · 0,7350
           = 7226,90 (€)

Im Vergleich dazu wäre bei statischer Betrachtungsweise (p_k = 0 %) die Kostensumme von 9.000,- € ermittelt worden.

Tabelle 5.19 Abzinsungsfaktoren für wichtige kalkulatorische Zinssätze bei Nutzungsdauern von 1 bis 30 Jahren

Jahr	Kalkulatorischer Zinsfuß									Jahr
	5 %	6 %	8 %	10 %	12 %	14 %	15 %	16 %	18 %	
1	0,9524	0,9434	0,9259	0,9091	0,8929	0,8772	0,8696	0,8621	0,8475	1
2	0,9070	0,8900	0,8573	0,8264	0,7972	0,7695	0,7561	0,7432	0,7182	2
3	0,8638	0,8396	0,7938	0,7513	0,7118	0,6750	0,6575	0,6407	0,6086	3
4	0,8227	0,7921	0,7350	0,6830	0,6355	0,5921	0,5718	0,5523	0,5158	4
5	0,7835	0,7473	0,6806	0,6209	0,5674	0,5194	0,4972	0,4761	0,4371	5
6	0,7462	0,7050	0,6302	0,5645	0,5066	0,4556	0,4323	0,4104	0,3704	6
7	0,7107	0,6651	0,5835	0,5132	0,4523	0,3996	0,3759	0,3538	0,3139	7
8	0,6768	0,6274	0,5403	0,4665	0,4039	0,3506	0,3269	0,3050	0,2660	8
9	0,6446	0,5919	0,5002	0,4241	0,3606	0,3075	0,2843	0,2630	0,2255	9
10	0,6139	0,5584	0,4632	0,3855	0,3220	0,2697	0,2472	0,2267	0,1911	10
11	0,5847	0,5268	0,4289	0,3505	0,2875	0,2366	0,2149	0,1954	0,1619	11
12	0,5568	0,4970	0,3971	0,3186	0,2567	0,2076	0,1869	0,1685	0,1372	12
13	0,5303	0,4688	0,3677	0,2897	0,2292	0,1821	0,1625	0,1452	0,1163	13
14	0,5051	0,4423	0,3405	0,2633	0,2046	0,1597	0,1413	0,1252	0,0985	14
15	0,4810	0,4173	0,3152	0,2394	0,1827	0,1401	0,1229	0,1079	0,0835	15

Tabelle 5.19 *(Fortsetzung)* Abzinsungsfaktoren für wichtige kalkulatorische Zinssätze bei Nutzungsdauern von 1 bis 30 Jahren

Jahr	Kalkulatorischer Zinsfuß									Jahr
	5 %	6 %	8 %	10 %	12 %	14 %	15 %	16 %	18 %	
16	0,4581	0,3936	0,2919	0,2176	0,1631	0,1229	0,1069	0,0930	0,0708	16
17	0,4363	0,3714	0,2703	0,1978	0,1456	0,1078	0,0929	0,0802	0,0600	17
18	0,4155	0,3503	0,2502	0,1799	0,1300	0,0946	0,0808	0,0691	0,0508	18
19	0,3957	0,3305	0,2317	0,1635	0,1161	0,0829	0,0703	0,0596	0,0431	19
20	0,3769	0,3118	0,2145	0,1486	0,1037	0,0728	0,0611	0,0514	0,0365	20
21	0,3589	0,2942	0,1987	0,1351	0,0926	0,0638	0,0531	0,0443	0,0309	21
22	0,3418	0,2775	0,1839	0,1228	0,0826	0,0560	0,0462	0,0382	0,0262	22
23	0,3256	0,2618	0,1703	0,1117	0,0738	0,0491	0,0402	0,0329	0,0222	23
24	0,3101	0,2470	0,1577	0,1015	0,0659	0,0431	0,0349	0,0284	0,0188	24
25	0,2953	0,2330	0,1460	0,0923	0,0588	0,0378	0,0304	0,0245	0,0160	25
26	0,2812	0,2198	0,1352	0,0839	0,0525	0,0331	0,0264	0,0211	0,0135	26
27	0,2678	0,2074	0,1252	0,0763	0,0469	0,0291	0,0230	0,0182	0,0115	27
28	0,2551	0,1956	0,1159	0,0693	0,0419	0,0255	0,0200	0,0157	0,0097	28
29	0,2429	0,1846	0,1073	0,0630	0,0374	0,0224	0,0174	0,0135	0,0082	29
30	0,2314	0,1741	0,0994	0,0573	0,0334	0,0196	0,0151	0,0116	0,0070	30

f) **Kapitaleinsatz *KE*:**

Beim Kapitaleinsatz handelt es sich um die Investitionssumme bzw. um die Kosten für die Beschaffung oder Herstellung des benötigten Anlage- und Umlaufvermögens. Zur Ermittlung von **Brutto- und Nettokapitaleinsatz** wird die Rechnung von Tabelle 5.20 vorgeschlagen.

Tabelle 5.20 Bestimmung des Kapitaleinsatzes für eine Investition (Quelle: in Anlehnung an Blohm/Lüder/Schaefer 2006)

1.		Forschungs- und Entwicklungskosten (€)
2.	+	Kosten für die Beschaffung von Grundstücken (€)
3.	+	Kosten für die Beschaffung oder Herstellung von Maschinen und maschinellen Anlagen (€)
4.	+	Kosten für die Beschaffung sonstigen Anlagevermögens (€)
5.	+	Kosten für die Beschaffung zusätzlichen Umlaufvermögens (€)
6.	+	Kosten für künftige Ersatzinvestitionen, Folgeinvestitionen und Großreparaturen (€)
7.	+	Installationskosten (€)
8.	=	**Bruttokapitaleinsatz** (€)
9.	−	Erlöse aus dem Verkauf nicht mehr benötigter alter Anlagen (€)
10.	−	Kosten für vermiedene Großreparaturen (€)
11.	=	**Nettokapitaleinsatz** (€)

g) **Kapitalwert C_0:**
Der Kapitalwert ist die Differenz der diskontierten Kosten (jährliche Betriebskosten k_t sowie Anschaffungskosten bzw. Kapitaleinsatz KE) und der diskontiert Erträge e_t. Die Differenz zwischen den Erträgen e_t und den Betriebskosten k_t ergibt den Rückfluss ($r_t = e_t - k_t$).
Wird als Bezugszeitpunkt der Investitionsbeginn ($t = 0$) gewählt, entspricht dieser Kapitalwert C_0 dem Barwert der Investition:

$$C_0 = \frac{e_1 - k_1}{q} + \frac{e_2 - k_2}{q^2} + \ldots + \frac{e_n - k_n}{q^n} + \frac{L_n}{q^n} - KE$$

$$= \frac{r_1}{q} + \frac{r_2}{q^2} + \ldots + \frac{r_n}{q^n} + \frac{L_n}{q^n} - KE$$

$$= E_0 - K_0 + \frac{L_n}{q^n} - KE$$

$$= R_0 + \frac{L_n}{q^n} - KE$$

Anders ausgedrückt entspricht der Kapitalwert C_0 dem Barwert der Rückflüsse R_0 und des Nettoliquidationserlöses L_n abzüglich des Kapitaleinsatzes KE.

h) **Cashflow:**

Sichtweisen des Cashflows

Statt von Cashflow wird häufig auch von **„Rückfluss"** (Blohm/Lüder/Schaefer 2006, S. 49) oder **„Wiedergewinnung"** gesprochen. Zur Verdeutlichung, dass im Cashflow keine (kalkulatorischen) Kapitalkosten berücksichtigt sind, werden auch die Begriffe „Rohgewinn" (Staehlin/Suter/Siegwart 2007) oder „Rohüberschuss" (Biergans 1979) verwendet. Exakter wäre, die Differenz von Einnahmen und Ausgaben als Cashflow zu bezeichnen, deren Ermittlung jedoch ungleich schwieriger ist als die Ermittlung der Kosten und Erträge, mit denen im Rechnungswesen gearbeitet wird. Zur Ermittlung des Cashflows vor und nach Abzug der Ertragssteuern wird die Rechnung in Tabelle 5.21 vorgeschlagen. Dem jährlichen Rückfluss ist am Ende der Lebensdauer noch der eventuell entstehende Liquidationswert aus dem Verkauf der alten Anlage hinzuzuzählen.

Tabelle 5.21 Ermittlung des Cashflows einer Investition (Quelle: in Anlehnung an Blohm/Lüder/Schaefer 2006, S. 126 f.)

1.		Umsatzerlöse (€/Jahr)
2.	+	Eigenleistungen (€/Jahr)
3.	=	Erträge (€/Jahr)
4.	-	Löhne (€/Jahr)
5.	-	Material (€/Jahr)
6.	-	Instandhaltung (€/Jahr)
7.	-	Werkzeuge (€/Jahr)
8.	-	Energie (€/Jahr)
9.	-	Fremdkapitalzinsen (€/Jahr)
10.	-	Sonstige Kosten (keine Abschreibungen) (€/Jahr)
11.	=	**Cashflow vor Abzug von Ertragssteuern (€/Jahr)**
12.	-	Abschreibungen (€/Jahr)
13.	=	Gewinn vor Abzug von Ertragssteuern (€/Jahr)
14.	-	Ertragssteuern (€/Jahr)
15.	=	Gewinn nach Abzug von Ertragssteuern (€/Jahr)
16.	+	Abschreibungen (€/Jahr)
17.	=	**Cashflow nach Abzug von Ertragssteuern (€/Jahr)**

i) **Discounted cash flow**:
Diskontierter Cashflow, d. h. ab- bzw. aufgezinste Rückflüsse zu einem bestimmten Bezugszeitpunkt.

j) **Der Wiedergewinnungsfaktor** ist der Faktor $1/a_n$, mit dem ein Kapitalbetrag KE zu multiplizieren ist, um den jährlich gleichbleibenden Annuitätsbetrag A zu erhalten, der für die Tilgung (Abschreibung) und Zinsen am Ende („nachschüssig") eines jeden Jahres bei einer Laufzeit von n Jahren und einem Zinssatz p zu zahlen ist (vgl. Tabelle 5.22):

$$A = KE \times \frac{1}{a_n}$$

wobei

$$\frac{1}{a_n} = \frac{q^n \times (q-1)}{q^n - 1} = \frac{q^n \times p}{q^n - 1}$$

Tabelle 5.22 Wiedergewinnungsfaktoren für wichtige kalkulatorische Zinssätze für Nutzungsdauern von 1 bis 30 Jahren

Jahr	Kalkulatorischer Zinsfuß							Jahr
	6 %	8 %	10 %	12 %	14 %	15 %	16 %	
1	1,06000	1,08000	1,10000	1,12000	1,1400	1,15000	1,16000	1
2	0,54544	0,56077	0,57619	0,59170	0,60729	0,61512	0,62296	2
3	0,37411	0,38803	0,40211	0,41635	0,43073	0,43798	0,44526	3
4	0,28859	0,30192	0,31547	0,32923	0,34320	0,35027	0,35737	4
5	0,23740	0,25046	0,26380	0,27741	0,29128	0,29832	0,30541	5
6	0,20336	0,21632	0,22961	0,24323	0,25716	0,26424	0,27139	6
7	0,17914	0,19207	0,20541	0,21912	0,23319	0,24036	0,24761	7
8	0,16104	0,17401	0,18744	0,20130	0,21557	0,22285	0,23022	8
9	0,14702	0,16008	0,17364	0,18768	0,20217	0,20957	0,21708	9
10	0,13587	0,14903	0,16275	0,17698	0,19171	0,19925	0,20690	10
11	0,12679	0,14008	0,15396	0,16842	0,18339	0,19107	0,19886	11
12	0,11928	0,13270	0,14676	0,16144	0,17667	0,18448	0,19241	12
13	0,11296	0,12652	0,14078	0,15568	0,17116	0,17911	0,18718	13
14	0,10758	0,12130	0,13575	0,15087	0,16661	0,17469	0,18290	14
15	0,10296	0,11683	0,13147	0,14682	0,16281	0,17102	0,17936	15
16	0,09895	0,11298	0,12782	0,14339	0,15962	0,16795	0,17641	16
17	0,09544	0,10963	0,12466	0,14046	0,15692	0,16537	0,17395	17
18	0,09236	0,10670	0,12193	0,13794	0,15462	0,16319	0,17188	18
19	0,08962	0,10413	0,11955	0,13576	0,15266	0,16134	0,17014	19
20	0,08718	0,10185	0,11746	0,13388	0,15099	0,15976	0,16867	20
21	0,08500	0,09983	0,11562	0,13224	0,14954	0,15842	0,16742	21
22	0,08305	0,09803	0,11401	0,13081	0,14830	0,15727	0,16635	22
23	0,08128	0,09642	0,11257	0,12956	0,14723	0,15628	0,16545	23
24	0,07968	0,09498	0,11130	0,12846	0,14630	0,15543	0,16467	24
25	0,07823	0,09368	0,11017	0,12750	0,14550	0,15470	0,16401	25
26	0,07690	0,09251	0,10916	0,12665	0,14480	0,15407	0,16345	26
27	0,07570	0,09145	0,10826	0,12590	0,14419	0,15353	0,16296	27
28	0,07459	0,09049	0,10745	0,12524	0,14366	0,15306	0,16255	28
29	0,07358	0,08962	0,10673	0,12466	0,14320	0,15265	0,16219	29
30	0,07265	0,08883	0,10608	0,12414	0,14280	0,15230	0,16189	30

k) **Rentenrechnung:**
Mithilfe der Rentenrechnung ist eine mathematische Ableitung des Wiedergewinnungsfaktors möglich.
Eine Reihe von Zahlungen (Kosten oder Erträge) wird dabei als Rente bezeichnet. Ist der Abstand zweier aufeinanderfolgender Zahlungsvorgänge jeweils ein Jahr und die Rente am Ende eines jeden Jahres („nachschüssig") zu zahlen, so ergibt sich der Wert B_n der Rente b am Ende der Laufzeit n zu (vgl. Kahle/Lohse 1998):

$$B_n = b \times q^{n-1} + b \times q^{n-2} + \ldots + b \times q + b$$
$$= b + b \times q + \ldots + b \times q^{n-2} + b \times q^{n-1}$$

Die Zahlungen des letzten Jahres werden nicht verzinst!

Für den zweiten Ausdruck ist die Summenformel für n Glieder einer geometrischen Reihe mit dem Anfangsglied b und dem Quotienten q anwendbar:

$$B_n = b \times \frac{q^n - 1}{q - 1}$$

Der Ausdruck:

$$\frac{q^n - 1}{q - 1}$$

wird als „nachschüssiger Renten**end**wertfaktor" bezeichnet.

Hieraus lässt sich durch Abzinsung mit $1/q_n$ der Barwert B_0 dieser Zahlungsreihe zu Beginn der Laufzeit errechnen:

$$B_0 = B_n \times \frac{1}{q^n}$$

Entsprechend wird der Ausdruck:

$$a_n = \frac{q^n - 1}{q^n(q - 1)}$$

als „nachschüssiger Renten**bar**wertfaktor" bezeichnet.

Beispiel

Für eine Investition mit konstanten Rückflüssen in Höhe von 30.000,- €/Jahr über eine Nutzungsdauer von fünf Jahren soll der Rückflussbarwert

- a) mithilfe der Abzinsungsfaktoren $1/q^t$ und
- b) mithilfe des Rentenbarwertfaktors a_n ermittelt werden (kalkulatorischer Zinsfuß p_k = 10 %).

Die Lösung für a) ist in Abbildung 5.15 grafisch veranschaulicht dargestellt.

Die relativ aufwändige Rechnung nach a) zeigt Tabelle 5.23.

Bei der Rechnung b) genügt eine einzige Multiplikation:

R_0 = $r \cdot a_n$ (mit $r = r_t$, $t = 1 \ldots 5$)
      = 30.000 · 3,7907 (= 30.000 : 0,26380)
      = 113.721 €

Der Kehrwert dieses Rentenbarwertfaktors a_n heißt **Wiedergewinnungsfaktor**

$$\frac{1}{a_n} = \frac{q^n(q - 1)}{q^n - 1}$$

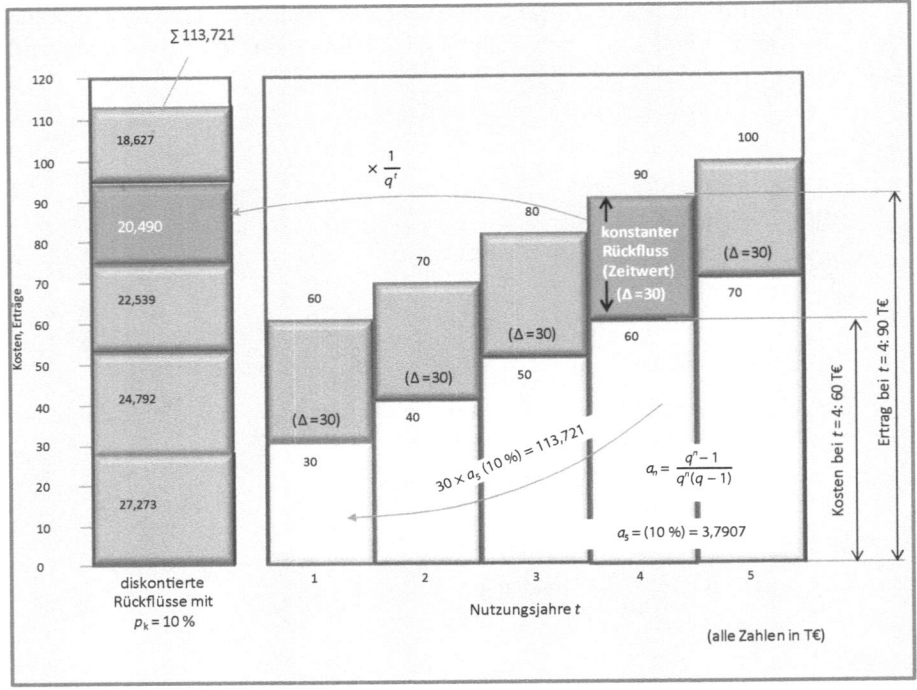

Abbildung 5.15 Ermittlung des Barwertes konstanter Rückflüsse
für a) mithilfe der Abzinsungsfaktoren $1/q^t$ und
b) mithilfe des Rentenbarwertfaktors a_n

Tabelle 5.23 Ermittlung der Barwerte mithilfe von Abzinsungsfaktoren

Jahr	Erträge e_t (Zeitwert) (€/Jahr)	Kosten k_t (Zeitwert) (€/Jahr)	Rückfluss r_t (Zeitwert) (€/Jahr)	Abzinsungsfaktor (p_k=10%)	Rückfluss r_{t0} (€/Jahr)
1	60.000	30.000	30.000	0,9091	27.273
2	70.000	40.000	30.000	0,8264	24.792
3	80.000	50.000	30.000	0,7513	22.539
4	90.000	60.000	30.000	0,6830	20.490
5	100.000	70.000	30.000	0,6209	18.627
				R_0 = 113.721 €	

Es ist leicht zu zeigen, dass bei **vorschüssigen** Zahlungsreihen, bei denen die Zahlungen bereits zu Beginn eines Jahres fällig sind, die oben ermittelten Faktoren für nachschüssige Zahlungen mit q zu multiplizieren sind:

$$B_n^{(v)} = b \times q^n + b \times q^{n-1} + \ldots + b \times q^2 + b \times q$$

$$= b \times q + b \times q^2 + \ldots + b \times q^{n-1} + b \times q^n$$

d. h., dass die Zahlung des letzten Jahres verzinst wird.

Zusammenfassend kann die Aufstellung von Tabelle 5.24 über vor- und nachschüssige Renten*barwert*faktoren, Renten*endwert*faktoren und Wiedergewinnungsfaktoren angegeben werden.

Tabelle 5.24 Faktoren der Rentenrechnung

	nachschüssig	vorschüssig
Renten<u>bar</u>wertfaktor	$a_n^{(n)} = \dfrac{q^n - 1}{q^n(q-1)}$	$a_n^{(v)} = q \times \dfrac{q^n - 1}{q^n(q-1)}$
Renten<u>end</u>wertfaktor	$\dfrac{q^n - 1}{q - 1} = a_n^{(n)} \times q^n$	$q \times \dfrac{q^n - 1}{q - 1} = a_n^{(v)} \times q^n$
Wiedergewinnungsfaktor	$\dfrac{1}{a_n^{(n)}} = \dfrac{q^n(q-1)}{q^n - 1}$	$\dfrac{1}{a_n^{(v)}} = \dfrac{1}{q} \times \dfrac{q^n(q-1)}{q^n - 1}$

1) **Annuität**:
Als **Annuität des Kapitaleinsatzes** wird der jährlich gleichbleibende Betrag für Abschreibung (Tilgung) und Zinsen eines (geschuldeten) Kapitals KE bezeichnet, wobei der Barwert aller Abschreibungen und Zinsen gleich dem Kapital KE ist.

$$A_{kE} = KE \times \frac{1}{a_n}$$

Bei der Annuitätenmethode wird als **Annuität** (des Überschusses bzw. Kapitalwertes) die Aufteilung des **Kapitalwertes** C_0 in gleiche Jahresbeträge für den Überschuss mithilfe des Wiedergewinnungsfaktors bezeichnet; die Annuität entspricht also dem periodisierten Kapitalwert einer Investition:

$$A_{C0} = C_0 \times \frac{1}{a_n}$$

m) Kapitaldienst (Kapitalkosten):
Als Kapitaldienst wird die Summe aus **Zinsen und Abschreibungen** berechnet, die jährlich für eine Investition anzusetzen ist. Selbstverständlich hängt der Kapitaldienst von der zugrunde gelegten Abschreibungsmethode ab, die wiederum von der Art der Nutzung eines Investitionsobjektes (z. B. abnutzbare / nicht abnutzbare Objekte) bestimmt wird.

Bei **linearer Abschreibung** sind zwei Fälle zu unterscheiden:

1. periodenbezogener Kapitaldienst
Mit der jährlichen linearen Abschreibung KE/n und dem in der Periode t durchschnittlich gebundenen Kapital $[1 - (t-1)/n] \, KE$ gilt für den Kapitaldienst der Periode t (vgl. Abbildung 5.16):

$$KD_t = \frac{KE}{n} + \left(1 - \frac{t-1}{n}\right) \times KE \times p_k = KE \times \frac{p_k(n-t+1)}{n}$$

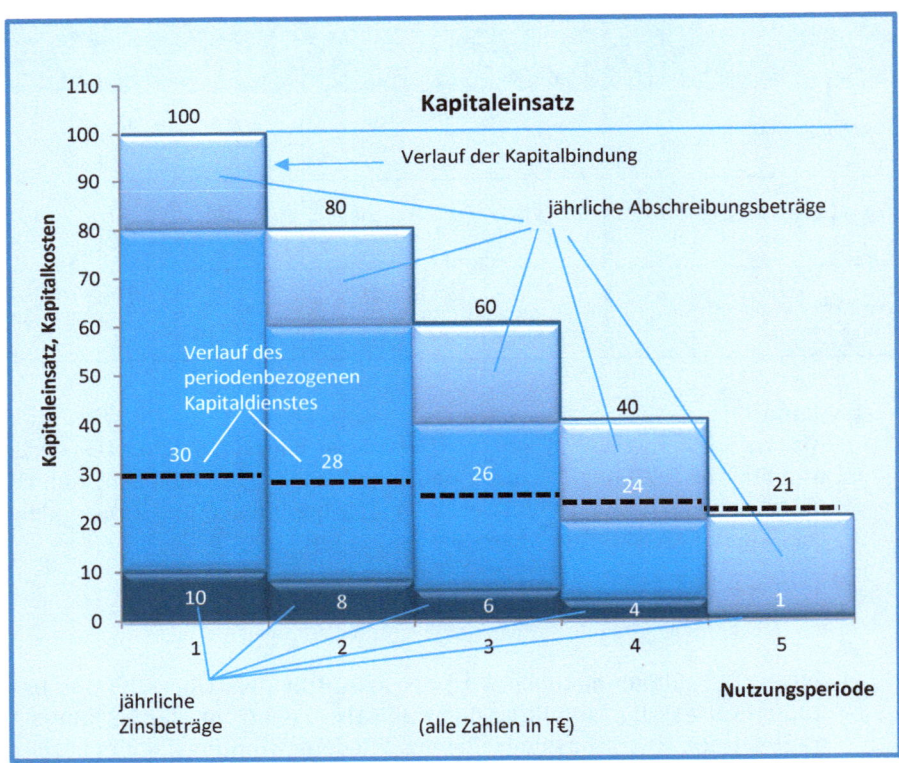

Abbildung 5.16 Bestimmung des periodenbezogenen Kapitaldienstes (alle Zahlen in T€)

2. Durchschnittlicher Kapitaldienst:

Für alle Formen der Wirtschaftlichkeitsberechnungen hat der durchschnittliche Kapitaldienst Ø KD größere Bedeutung. Er errechnet sich aus dem Kapitaleinsatz KE und dem Wiedergewinnungsfaktor $1/a_n$:

$$\emptyset KD = KE \times \frac{1}{a_n}$$

Der durchschnittliche Kapitaldienst entspricht der Annuität des Kapitaleinsatzes $A_{(KE)}$

Nach diesen hier vorgestellten Begriffsabgrenzungen sollen in den nächsten Abschnitten die verschiedenen dynamischen Verfahren vorgestellt werden, die auf diesen Grundlagen aufbauen. Es werden dabei meistens die in Abbildung 5.17 genannten Methoden unterschieden.

In diesem Kapitel werden von den in Abbildung 5.17 genannten dynamischen Verfahren nur die Kapitalwertmethode, die Annuitätenmethode sowie der Ansatz des internen Zinsfußes ausführlich vorgestellt. Der Leser wird für eine vertiefende Beschreibung der übrigen Verfahren auf die CD verwiesen.

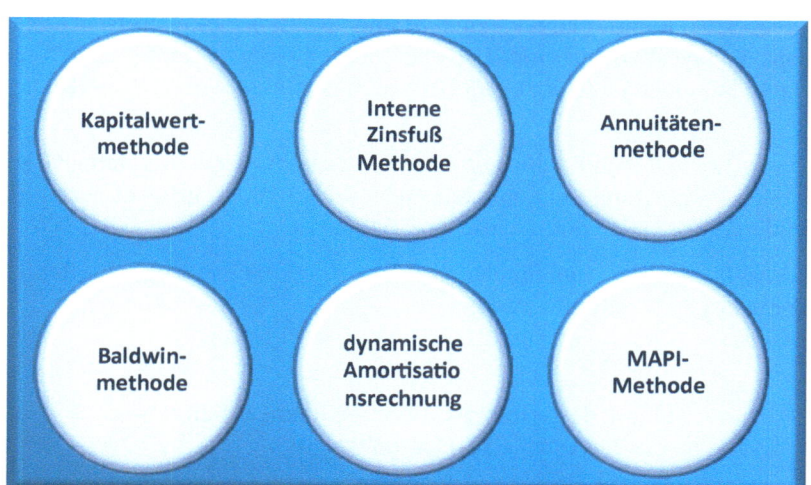

Abbildung 5.17 Dynamische Verfahren der Wirtschaftlichkeitsrechnung

5.2.3.2 Kapitalwertmethode

Bei der Kapitalwertmethode handelt es sich um eine „Totalanalyse" (Biergans 1979) mit dem Ziel, den Gegenwartswert des gesamten Überschusses (Gewinn oder Kosteneinsparung) einer Investition zu ermitteln, der über die Amortisation des Kapitaleinsatzes und die kalkulatorischen Zinsen hinaus zurückfließt. Es handelt sich hierbei also um die Bestimmung des bereits oben definierten Kapitalwertes einer Investition.

Gegenwartswert Gesamtüberschuss

Keine Kapitalkosten

Seine Errechnung erfolgt praktisch, indem man zunächst für jedes Nutzungsjahr auf dieselbe Art wie bei der statischen Wirtschaftlichkeitsrechnung den Gewinn oder die Kostenersparnis einer geplanten Investition feststellt, allerdings mit einem wesentlichen Unterschied: Kapitalkosten werden hierbei nicht angesetzt. Dieser jährliche (Roh-)**Überschuss** bzw. **Rohgewinn** besteht demnach aus der Differenz der **jährlichen Erträge** und der **jährlichen Betriebskosten** der Investition.

Können Überschüsse Kapital und Zinsen erwirtschaften?

Durch Abzug des Kapitaleinsatzes von den diskontierten jährlichen Rohüberschüssen stellt man fest, **ob das Projekt nicht nur die kalkulatorischen Zinsen, sondern auch mindestens den vorgesehenen Kapitaleinsatz erwirtschaften kann.** Dadurch können die für eine statische Betrachtung eingeführten kalkulatorischen Abschreibungen entfallen: Die Anschaffungskosten werden zum Zeitpunkt ihres Anfalls (bzw. ihrer „Ausgabewirksamkeit") berücksichtigt. Folgende Fälle sind zu unterscheiden:

Mögliche Ausprägungen des Kapitalwertes

- $C_0 = 0$
  Eine Investition mit einem Kapitalwert $C_0 = 0$ amortisiert sich aus ihren Rückflüssen und erzielt eine Verzinsung in Höhe des angesetzten kalkulatorischen Zinsfußes. Ein zusätzlicher Gewinn wird nicht erwirtschaftet.

- $C_0 > 0$
  Eine Investition mit dem Kapitalwert $C_0 > 0$ erzielt neben der Rückgewinnung des eingesetzten Kapitals eine Verzinsung, die über dem kalkulatorischen Zinsfuß liegt. Die Investition erbringt also über die Amortisation der für das Projekt benötigten Summe und die kalkulatorischen Zinsen hinaus einen Gewinn.

- $C_0 < 0$
  Eine Investition mit dem Kapitalwert $C_0 < 0$ erreicht dagegen die geforderte kalkulatorische Verzinsung des Kapitaleinsatzes nicht bzw. sie erreicht noch nicht einmal die Amortisation des eingesetzten Kapitals.

Als **Vorteilhaftigkeits**kriterium für eine **einzelne Investition** gilt, dass ihr Kapitalwert größer oder gleich null sein muss:

$C_0 \geq 0$

Für das **Wahlproblem** gilt, dass eine Investition I mit einem Kapitalwert C_0 (I) vorteilhafter als eine Investition II mit C_0 (II) ist, sofern gilt:

C_0 (I) > C_0 (II)

Einsatz: Rangfolgenbildung bei ausreichendem Budget

Da die Kapitalwertmethode – wie auch die Kostenvergleichsrechnung und die Gewinnvergleichsrechnung – keine Aussage über die Verzinsung des eingesetzten Kapitals machen kann, kann sie **nur dann zur Rangfolgenbildung (Wahlproblem) herangezogen werden, wenn die verfügbaren Mittel die Anlagemöglichkeiten übersteigen**. Bei knappen Geldmitteln würde die Kapitalwertmethode falsche Aussagen liefern.

5.2 Verfahren der Wirtschaftlichkeitsrechnung

Beispiel (Grafische Veranschaulichung)

Für eine Investition mit dem Kapitaleinsatz 100.000,- € sind die Kosten- und Ertragsreihen von Tabelle 5.25 geschätzt worden. Der Netto-Liquidationserlös beträgt 0 €.

Tabelle 5.25 Beispiel zur Kapitalwertmethode

Jahr	Erträge (Zeitwert) (€/Jahr)	Kosten (Zeitwert) (€/Jahr)
1	60.000	35.000
2	70.000	40.000
3	90.000	50.000
4	90.000	60.000
5	100.000	75.000

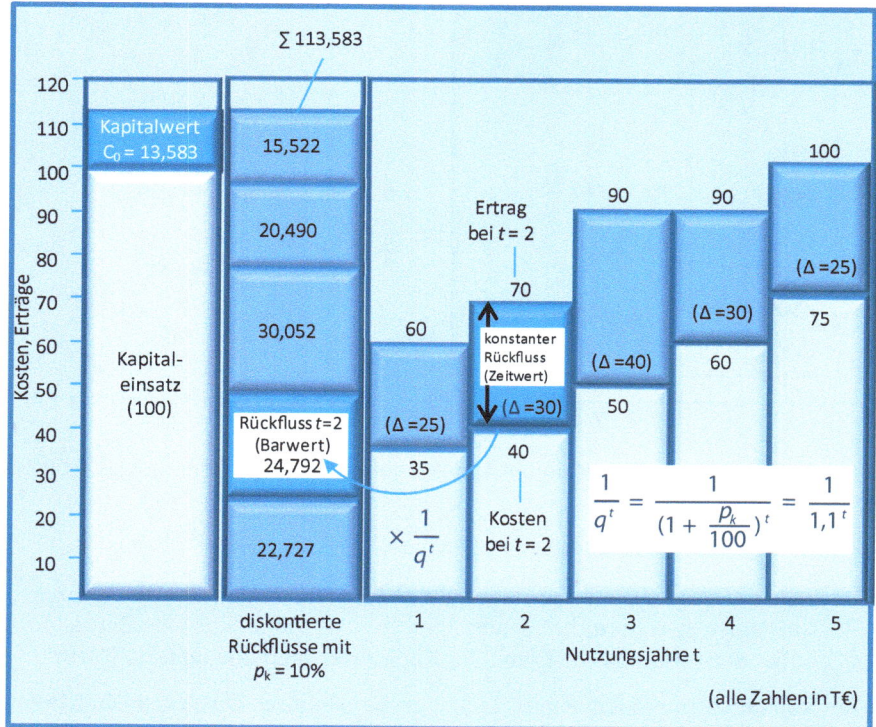

Abbildung 5.18 Bestimmung des Kapitalwertes C_0 einer Investition (zu Beispiel 1)

Mit Abbildung 5.18 wird die Bestimmung des Kapitalwertes bei einem kalkulatorischen Zinssatz $p_k = 10\,\%$ grafisch veranschaulicht. Der Kapitalwert in Höhe von

13.583,- € ergibt sich als Differenz der abgezinsten Rückflüsse (113.583,- €) und des Kapitaleinsatzes (100.000,- €).

Beispiel (Kapitalwert in Abhängigkeit vom gewählten kalkulatorischen Zinsfuß)

Die Ermittlung des Kapitalwertes hängt – wie auch die Ermittlung des Gewinns oder Kostenvorteils bei der statischen Rechnung – direkt von der Höhe des gewählten kalkulatorischen Zinssatzes ab. Mit seiner Zunahme sinkt der Kapitalwert einer untersuchten Investition, bis er von einer gewissen Grenze ab sogar negativ wird, wie mit den nachfolgenden Zahlen beispielhaft gezeigt wird.

Der Kapitaleinsatz für eine Investition beträgt 100.000,- €, die jährlichen Rückflüsse in den vier Nutzungsjahren sind 60.000,- € (1. Jahr), 50.000,- € (2. Jahr), 40.000,- € (3. Jahr) und 30.000,- € (4. Jahr) – vgl. Tabelle 5.25

In Abhängigkeit vom kalkulatorischen Zinsfuß ergeben sich folgende Kapitalwerte:

Tabelle 5.26 Kalkulatorischer Zinsfuß und Kapitalwert

kalkulatorischer Zinsfuß	Kapitalwert (€)
0 %	80.000
10 %	46.408
20 %	22.335
30 %	4.448
40 %	- 9.247
50 %	- 20.001
60 %	- 28.628

Weitere Beispiele, die verschiedene Aspekte der Kapitalwertrechnung vertiefen, finden sich auf der CD.

Zusammenfassende Beurteilung der Kapitalwertmethode

- Die Aussagefähigkeit der Kapitalwertmethode **ähnelt der Aussagefähigkeit von Gewinnvergleichen**, bei denen allerdings nur eine jährliche Betrachtung gegenüber der Gesamtbetrachtung der Kapitalwertmethode angestellt wird.

- Die Kapitalwertmethode eignet sich zur Beurteilung der **Vorteilhaftigkeit von Investitionen im Vergleich zur Anlage zum kalkulatorischen Zinsfuß** (Schuldentilgung oder Kapitalmarktanlage).

- Bei einem **Investitionsetat, der größer ist als alle vorgeschlagenen wirtschaftlichen Investitionsprojekte**, kann mithilfe der Kapitalwertmethode **keine Rangfolgenbildung** vorgenommen werden.

- Für den (realistischeren) Fall der **Kapitalknappheit** ist die Kapitalwertmethode nicht zur Rangfolgenbildung geeignet, da der errechnete „Nettoüberschuss" (Kapitalwert) nicht auf den Kapitaleinsatz bezogen wird, d. h., ein bestimmter Kapitalwert kann sowohl durch einen kleinen Kapitaleinsatz als auch durch einen sehr großen Kapitaleinsatz erreicht werden.

- Wird für die Investition **Kapital ausgeliehen** zu einem Zinssatz von x % und durch die Investition ein **positiver Kapitalwert** erzielt (wobei die Barwerte mit x % abgezinst werden), so ist die **Investition vorteilhaft**.

- **Differenzinvestitionen** für unterschiedliche Kapitaleinsätze alternativer Investitionen können eine Hilfe bei der Entscheidungsfindung sein, bringen aber meist **Willkür** in die Rechnung.

5.2.3.3 Interne Zinsfuß-Methode

Mithilfe des Kapitalwertes wird der Gesamtüberschuss einer Investition bestimmt, ohne eine Aussage über die tatsächliche Rentabilität, also den auf den Kapitaleinsatz bezogenen Gesamtüberschuss zu machen. Dies ist gerade das Ziel der internen Zinsfuß-Methode, die auf den Zahlenwert der Kapitalwertmethode aufbaut. Somit kann **die interne Zinsfuß-Methode mit der Rentabilitätsrechnung** und die Kapitalwertmethode mit der Gewinnvergleichsrechnung verglichen werden, allerdings mit dem wesentlichen Unterschied, dass bei den dynamischen Verfahren eine Zinseszinsrechnung zugrunde gelegt wird.

Ziel: Bestimmung der Rentabilität

Es wird derjenige Zinsfuß als „**interner Zinsfuß**" (p_i) bezeichnet, **bei dem der Kapitalwert einer Investition gerade null wird** bzw. bei dem die Differenz der diskontierten Ertrags- und Kostenreihen gerade null wird. Bei diesem Zinsfuß erbringt eine Investition – entsprechend der Definition des Kapitalwertes – neben der Wiedergewinnung des eingesetzten Kapitals gerade die während der Nutzungsdauer zu erwirtschaftenden Zinsen für dieses Kapital. Damit kann die interne Zinsfuß-Methode als „Umkehrung der Kapitalwertmethode" (Alföldy 1993) bezeichnet werden, bei der nicht ein angenommener kalkulatorischer Zinsfuß zur Berechnung des Gesamtüberschusses dient, sondern es darum geht, den Zinsfuß zu bestimmen, der gerade den Kapitalwert null ergibt.

Umkehrung der Kapitalwertmethode

Bei **schwankenden jährlichen Kosten- und Ertragswert**en muss zur Bestimmung des gesuchten Zinsfußes p_i – bzw. des Aufzinsungsfaktors q_i – die Gleichung n-ten Grades zur Bestimmung des Kapitalwertes gelöst werden:

$$C_0 = \frac{e_1 - k_1}{q_i} + \frac{e_2 - k_2}{q_i^2} + \ldots + \frac{e_n - k_n}{q_i^n} + \frac{L_n}{q_i^n} - KE \stackrel{!}{=} 0$$

Da für alle praktischen Anwendungsfälle eine Näherungslösung auf eine Dezimale für den Zinsfuß p ausreicht, wird in den meisten Fällen mithilfe einer linearen Interpolation zweier **Versuchszinssätze** eine grafische Lösungsermittlung vorgenommen. Diese grob abgeschätzten Versuchszinssätze sollten möglichst nahe bei der gesuchten Lösung für den internen Zinsfuß liegen (bzw. einen möglichst kleinen Betrag für den Kapitalwert ergeben, um keine zu großen Interpolationsfehler zu erhalten). Die analytische Bestimmung kann über folgende Formel erfolgen:

$$p_{i*} \approx p_{i,I} - \frac{C_{0,I}}{C_{0,II} - C_{0,I}} \cdot (p_{i,II} - p_{i,I})$$

Der so ermittelte interne Zinsfuß an sich liefert noch keine Beurteilungsmöglichkeit für Investitionsprojekte. Erst im **Vergleich mit anderen Zinssätzen** erhält der ermittelte interne Zinsfuß seine Aussagefähigkeit:

- Beim **Wahlproblem** zwischen zwei technischen Alternativen ist das Projekt I mit dem höheren internen Zinsfuß p_i (I) dem Projekt II mit dem niedrigen internen Zinsfuß p_i (II) vorzuziehen:

  p_i (I) > p_i (II)

- Für das **Beurteilen einer einzelnen Investition** ist der interne Zinsfuß auch geeignet, wenn er mit dem kalkulatorischen Zinssatz p_k oder mit einer vorgegebenen Mindestverzinsung p_{mind} verglichen wird:

  $p_i > p_k$ bzw. $p_i > p_{mind}$

Beispiel (Grafische Bestimmung des kalkulatorischen Zinsfußes)

Wenn man die Zahlenwerte von Beispiel 2 zur Kapitalwertmethode betrachtet, so erwartet man einen internen Zinsfuß, der zwischen 30 und 40 % liegt, möglicherweise näher an 30 als an 40 %, da der Absolutbetrag des Kapitalwertes bei 30 % (C_0 (30 %) = 4.448,- €) kleiner ist als der bei 40 % (C_0 (40 %) = – 9.247,- €).

Diese beiden Wertepaare werden in ein Koordinatensystem eingetragen, um durch lineare Interpolation den gesuchten Zinsfuß p_i beim Kapitalwert $C_0 = 0$ zu bestimmen (vgl. Abbildung 5.19).

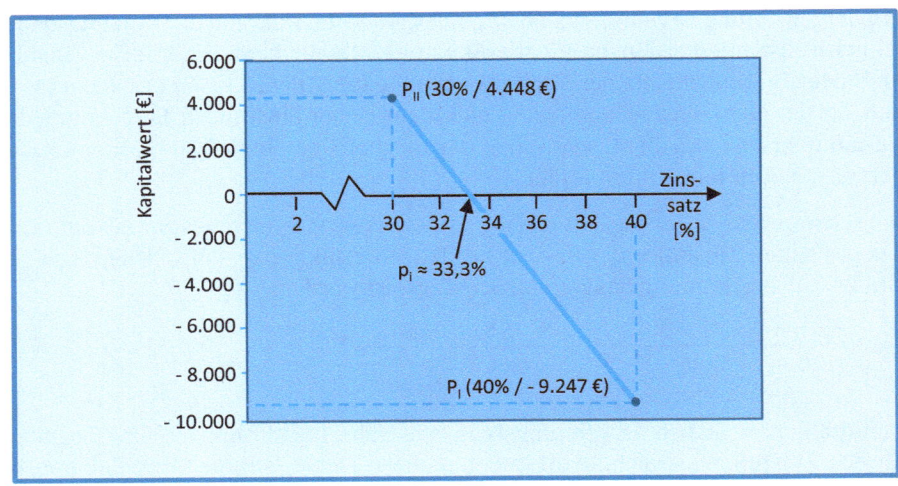

Abbildung 5.19 Grafische Bestimmung des internen Zinsfußes

Unter Verwendung der oben dargestellten Näherungsformel ergibt sich folgender interner Zinsfuß:

$$p_{i*} \approx 0{,}3 - \frac{4.448}{-9.247 - 4.448} \times 0{,}1 \approx 0{,}33$$

Das Ergebnis dieser Rechnung besagt, dass sich das während der Nutzungsdauer gebundene (noch nicht amortisierte) Kapital jährlich mit ca. 33 % verzinst. Liegt der kalkulatorische Zinsfuß unter diesem Wert bzw. liegt dieser Wert über dem internen Zinsfuß einer zu vergleichenden Alternative, ist diese Investition als vorteilhaft zu bezeichnen.

Beispiel (Zusammenhang zwischen Rückfluss, Zinsen und Amortisation)

In Tabelle 5.27 sind die Rückfluss-Zeitwerte einer Investition über 100.000,- € gezeigt; der interne Zinsfuß wurde bereits auf 13,8 % bestimmt.

Ausgehend vom Kapitaleinsatz zu Beginn der Investition (noch nicht amortisiertes Kapital: 100.000,- €) wird mithilfe des internen Zinsfußes von 13,8 % der Zinsbetrag für das erste Jahr in Höhe von 13.800,- € ermittelt. Subtrahiert man diese Zinsen vom Rückfluss des ersten Jahres, so erhält man die Amortisation (Tilgung) des ersten Jahres in Höhe von 16.200,- €. Damit errechnet sich die Kapitalbindung am Ende des ersten Jahres zu 100.000 − 16.200 = 83.800,- € usw.

In der Summe ergeben die addierten Zinsen und Amortisationsbeträge wieder den gesamten Rückfluss (Zeitwerte) in Höhe von 140.000,- €.

Tabelle 5.27 Beispiel zur internen Zinsfluss-Methode (Quelle: in Anlehnung an Blohm/Lüder/Schaefer 2006, S. 52) (ermittelter interner Zinsfluss 13.8%)

Jahr	Kapitaleinsatz (Zeitwert= Barwert) in €	Rückfluss (Zeitwert) in € / Jahr	Zinsen (Zeitwert) in € / Jahr	Amortisation (Zeitwert) in € / Jahr	Noch nicht amortisiertes Kapital zum Jahresende (Zeitwert) in €
0	100.000				100.000
1		30.000	13.800	16.200	83.800
2		40.000	11.564	28.436	55.364
3		30.000	7.640	22.360	33.004
4		20.000	4.555	15.445	17.559
5		20.000	2.441*)	17.559	0
		140.000	40.000	100.000	

*) Auf- und Abrundungsfehler wurden in diesem Wert ausgeglichen

Während die Zinsbeträge mit der Zeit infolge der geringer werdenden Kapitalbindung abnehmen, steigen die Amortisationsbeträge entsprechend. Dies ist noch deutlicher zu erkennen, wenn mit konstanten Rückflüssen gerechnet wird, wie in Tabelle 5.28 gezeigt ist.

Tabelle 5.28 Beispiel zur internen Zinsfluss-Methode (Quelle: in Anlehnung an Biergans 1973) (ermittelter interner Zinsfluss pi =10%)

Jahr	Kapital-einsatz	Rückfluss	Zinsen	Amortisation	Noch nicht amortisiertes Kapital zum Jahresende
	(Zeitwert=Barwert) in €	(Zeitwert) in € / Jahr	(Zeitwert) in € / Jahr	(Zeitwert) in € / Jahr	(Zeitwert) in €
0	100.000				100.000
1		18.744,40	10.000,00	8.744,40	91.225,60
2		18.744,40	9.125,60	9.618,80	81.636,80
3		18.744,40	8.163,70	10.580,70	71.056,10
4		18.744,40	7.105,60	11.638,80	59.417,30
5		18.744,40	5.941,70	12.802,70	46.614,60
6		18.744,40	4.661,40	14.083,00	32.531,60
7		18.744,40	3.253,20	15.491,20	17.040,40
8		18.744,40	1.704,00	17.040,40	0,00
		149.955,20	49.955,20	100.000	

Der Kapitalbindungsverlauf entspricht dabei einer progressiven Abschreibung bzw. einer progressiven Tilgung über der Nutzungsdauer.

Zusammenfassende Beurteilung der internen Zinsfuß-Methode

- Die **Aussagefähigkeit des internen Zinsfußes einer Investition entspricht der Rentabilitätsrechnung**, allerdings mit dem Unterschied, dass zeitlich schwankende Rückflüsse und Zinseszinsen in die Betrachtung eingehen.

Wichtiges Verfahren für die Praxis
- Die interne Zinsfuß-Methode ist das neben der Annuitätenmethode **in der praktischen Anwendung bedeutendste dynamische Verfahren**, da sie eine Aussage über die Vorziehenswürdigkeit alternativer Investitionsvorhaben bei knappen Mitteln ermöglicht.

- Der interne Zinsfuß macht eine Aussage über die Verzinsung des gebundenen, d. h. noch nicht amortisierten Kapitals, nicht aber über den gesamten Kapitaleinsatz während der Nutzungsdauer (es sei denn, man könnte davon ausgehen, dass die Rückflüsse wieder zum internen Zinssatz reinvestiert werden).

5.2.3.4 Annuitätenmethode

Wie die interne Zinsfuß-Methode baut die Annuitätenmethode auf der Kapitalwertmethode auf. Als „**Annuität" (des Kapitalwertes)** wird die Umrechnung des Kapitalwertes in gleiche Jahresbeträge bezeichnet, indem der Kapitalwert mit dem **Wiedergewinnungsfaktor** eines Rückflussstromes multipliziert wird.

Annuitäten = Jahresbeiträge

Damit stellt die Annuitätenmethode – im Gegensatz zur Totalanalyse der Kapitalwertmethode – eine Periodenbetrachtung dar, die Ähnlichkeiten zur Gewinnvergleichsrechnung aufzeigt.

Periodenbetrachtung

Es sind bei der praktischen Berechnung der Annuität zwei Vorgehensweisen zu unterscheiden:

Vorgehensweisen

- Annuität als Produkt von Kapitalwert und Wiedergewinnungsfaktor:

$$A = C_0 \times \frac{1}{a_n}$$

- Annuität als Differenz zwischen jährlich gleichbleibenden Rückflüssen und dem durchschnittlichen Kapitaldienst Ø *KD*:

$$A = r - \text{Ø } KD$$

- Bei den jährlich gleichen Rückflüssen *r* kann es sich dabei entweder um die konstanten Differenzen zwischen Erträgen und Betriebskosten (Zeitwerte) einer Investition handeln oder aber um eine Durchschnittswertbildung mithilfe des ermittelten Rückflussbarwertes R_0 und seiner Multiplikation mit dem Wiedergewinnungsfaktor a_n.

Der Begriff Annuität wird auch allgemeiner verwendet, wenn eine Durchschnittswertbildung mithilfe des Wiedergewinnungsfaktors (= Annuitätenfaktor) vorgenommen wird, z. B.

- **Annuität des Kapitaleinsatzes:**

$$A_{KE} = KE \times \frac{1}{a_n}$$

- **Annuität der Rückflüsse** (bzw. des Rückflussbarwertes, der aus den jährlich schwankenden Rückflüsse r_t erhalten wurde):

$$A_{R0} = r = R_0 \times \frac{1}{a_n}$$

- **Annuität der Erträge** (bzw. des Ertragsbarwertes E_0, der aus den jährlich schwankenden Erträgen e_t erhalten wurde):

$$A_{E0} = e = E_0 \times \frac{1}{a_n}$$

- **Annuität der Kosten** (bzw. des Barwertes der laufenden Kosten K_0, der aus den jährlich schwankenden Kosten k_t resultiert):

$$A_{K0} = k = K_0 \times \frac{1}{a_n}$$

In Zweifelsfällen wird deshalb hier bei der Annuität im engeren Sinne – also des durchschnittlichen jährlichen Überschusses – auch von der Annuität des Kapitalwertes A_{C0} gesprochen.

Beispiel

Als Veranschaulichung der Annuitätenmethode soll das Zahlenbeispiel in Tabelle 5.29 dienen.

Tabelle 5.29 Ausgangsdaten

Jahr	Ertrag (Zeitwert) in € / Jahr	Kosten (Zeitwert) in € / Jahr	Rückfluss (Zeitwert) in € / Jahr	Abzinsungsfaktor $1 / q^t$	Rückfluss (Barwert) in € / Jahr
1	60.000	35.000	25.000	0,9091	22.727
2	70.000	40.000	30.000	0,8264	24.792
3	90.000	50.000	40.000	0,7513	30.052
4	90.000	60.000	30.000	0,683	20.490
5	100.000	75.000	25.000	0,6209	15.522
Summe	410.000	260.000	150.000		113.583

Bei einem Kapitaleinsatz von 100.000,- € ergibt sich bei diesem Kalkulationszinsfuß von p_k = 10 % ein Kapitalwert C_0 = 13.583,- €. Hieraus lässt sich direkt die Annuität bestimmen:

$$A = C_0 \times \frac{1}{a_n} = 13.583 \times 0,2638 = 3.583 \, [€]$$

a_n ergibt sich hierbei, wie oben dargestellt, aus folgender Gleichung:

$$\frac{1}{a_n} = \frac{q^n(q-1)}{q^n - 1} \quad \text{z. B.} \quad \frac{1}{a_5}(10\,\%) = 0,2638$$

Aus der Annuität des Kapitaleinsatzes A_{KE} und der Annuität der Rückflüsse A_{R0} ergibt sich dasselbe Ergebnis wie oben. Das Investitionsvorhaben wird demnach über das eingesetzte Kapital von 100.000 € und kalkulatorischen Zinsen i. H. v. 10 % einen Gewinn von 3.583 € erbringen.

Grafisch kann der Sachverhalt wie folgt dargestellt werden:

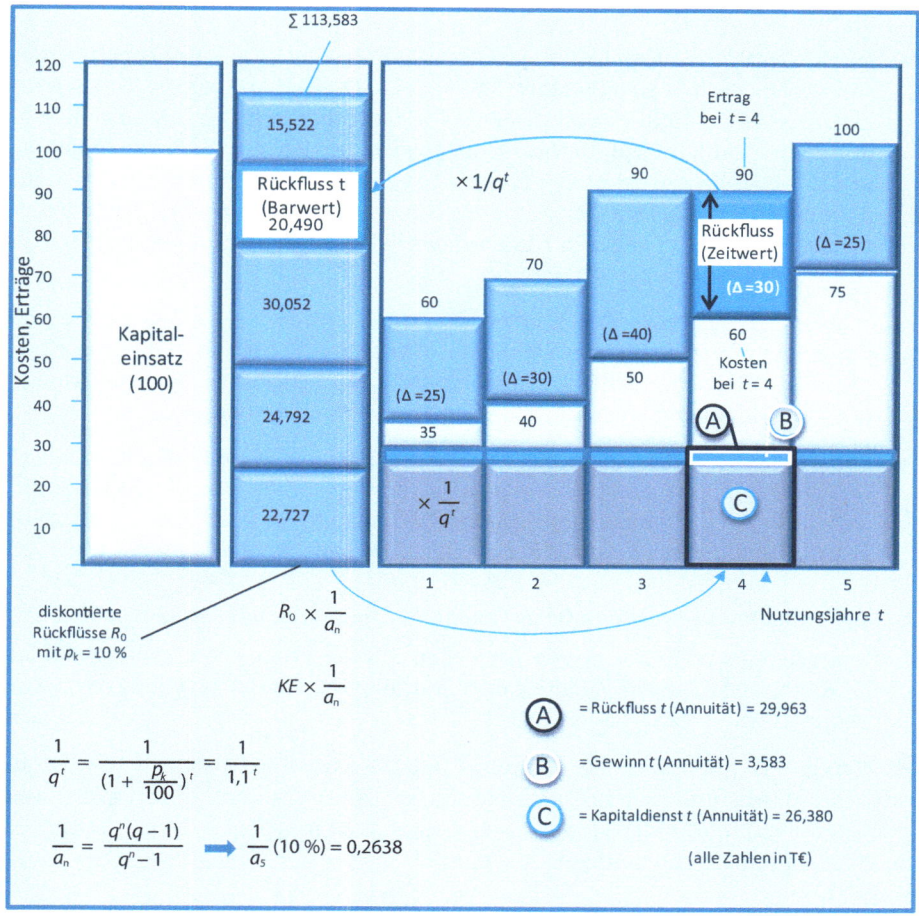

Abbildung 5.20 Grafische Darstellung der Annuitätenmethode

Zusammenfassende Beurteilung der Annuitätenmethode

- Ergebnis der Annuitätenmethode – wie auch der Kapitalwertmethode – ist der **absolute Überschuss einer Investition**, ohne eine Aussage über die Kapitalverzinsung zu machen. Beide Methoden können deshalb nur dann sinnvolle Aussagen machen, wenn **ausreichend Kapital** zur Verfügung steht. Bei knappem verfügbarem Kapital haben beide Methoden die bereits oben beschriebenen Nachteile der Kostenvergleichs- und Gewinnvergleichsrechnung.

- Eine **Ausnahme** hierzu stellt nur die Beurteilung sich **gegenseitig ausschließender technischer Alternativen** dar, die in eine Rangordnung zu bringen sind. Hier kann – wie auch die Kosten- oder Gewinnvergleichsrechnung – die

Nur bei ausreichendem Budget sinnvoll

- Der wesentliche Unterschied zwischen Annuitäten- und Kapitalwertmethode besteht darin, dass es sich im einen Fall um eine Periodenrechnung, im anderen Fall um eine Gesamtrechnung handelt. Der Jahresüberschuss als Beurteilung ist nur dann richtig interpretierbar, wenn es sich um den Vergleich von Objekten mit gleicher Nutzungsdauer handelt bzw. wenn man davon ausgehen kann, dass die Investition mit der kürzeren Nutzungsdauer nach dem Ausscheiden wiederholt wird. Im anderen Fall wird der Periodengewinn immer die kurzfristigere Investition benachteiligen.

- Wie bei der Kapitalwertmethode ist die Einbeziehung von Differenzinvestitionen bei unterschiedlichem Kapitaleinsatz in die Berechnungen nicht notwendig, da – infolge der Prämisse ausreichender Mittel – diese Kapitaldifferenzen nur zum kalkulatorischen Zinssatz angelegt werden können.

- Bei unterschiedlicher Nutzungsdauer sich gegenseitig ausschließender Alternativen ist die Annuitätenmethode der Kapitalwertmethode vorzuziehen, da durch die Periodenbetrachtung Nachfolgeinvestitionen bei der kurzlebigeren Alternative nicht in die Rechnung einbezogen werden müssen.

5.2.3.5 Zusammenfassende Betrachtung der dynamischen Verfahren

Die vorgestellten Verfahren der dynamischen Wirtschaftlichkeitsrechnung vergleichen Kapitalwerte, interne Zinsfüße oder Annuitäten der zu beurteilenden Investitionsobjekte.

Einsatzfelder

Es können mit allen Verfahren sowohl Einzelinvestitionen beurteilt werden als auch das Wahlproblem bei Ersatz- und Rationalisierungsinvestitionen gelöst werden. Es muss darauf hingewiesen werden, dass nicht in jedem Falle alle Verfahren zu gleichen Rangfolgebildungen führen.

Spezifische Voraussetzungen sind zu beachten

Es wurde erwähnt, dass die bei den einzelnen Verfahren unterstellten Annahmen genau zu beachten sind, um keine Fehlinterpretationen der Ergebnisse zu erhalten. Dies bedeutet z. B. die Berücksichtigung der Tatsache, dass die Kapitalwertmethode nur bei ausreichend verfügbarem Kapital eine Alternativenbeurteilung zulässt, während die interne Zinsfußmethode – wie auch die Rentabilitätsrechnung – eine Beurteilung unter der Prämisse begrenzt verfügbaren Kapitals vornimmt.

Bei ausreichenden Daten sind dynamische Verfahren zu bevorzugen

Dem vielfach geäußerten Vorwurf, dass die dynamischen Verfahren zu rechenintensiv und damit für die Praxis abzulehnen seien, muss widersprochen werden. Schwierigkeiten kann es allenfalls bei dem Wunsch einer „exakten" Datenerfassung für mehrere Nutzungsjahre geben. Die dynamischen Verfahren bieten allerdings gegenüber den statischen Verfahren den großen Vorteil der mehrperiodischen Betrachtungsweise, was bei gestuftem Kapitaleinsatz, bei Anlaufproblemen in den ersten Jahren, bei erwarteten Erlösveränderungen usw. wesentlich genauere Aussagen ermöglicht.

Es sollte allerdings nicht die Möglichkeit einer genaueren Rechnung dazu verführen, nicht bekannte bzw. nicht beschaffbare Daten zu fordern. Im Vordergrund der

5.2.3.6 Aufgaben zu den dynamischen Verfahren

Die Lösungen zu diesen Aufgaben finden Sie auf der CD.

Aufgabe 5.2.3.6-1 (Kapitalwertmethode)

Mithilfe der Kapitalwertmethode soll untersucht werden, ob eine Investition über 1 Mio. € mit 15 Jahren Nutzungsdauer als wirtschaftlich bezeichnet werden kann, also einen positiven Kapitalwert erbringt (kalkulatorische Zinsfuß p_k = 10 %, vgl. Tabelle 5.30).

Tabelle 5.30 Ausgangsdaten

Jahre	Ertrag (Zeitwert) (€/Jahr)	Kosten (Zeitwert) (€/Jahr)
1 bis 5	200.000	50.000
6 bis 10	250.000	80.000
11 bis 15	300.000	100.000

Aufgabe 5.2.3.6-2 (Beurteilung einer Einzelinvestition mithilfe der Kapitalwertmethode)

Für eine Rationalisierungsinvestition wird ein Kapitaleinsatz in Höhe von 200.000,- € geplant. Nach voraussichtlich drei Jahren muss die Einrichtung wieder verschrottet werden, wobei ein Liquidationswert in Höhe von 10.000,- € erwartet wird. Es liegen die Schätzungen über die Kosten- und Ertragsentwicklung von Tabelle 5.31 vor.

Tabelle 5.31 Ausgangsdaten

Jahre	Ertrag (Zeitwert) (€/Jahr)	Kosten (Zeitwert) (€/Jahr)
1	320.000	240.000
2	350.000	250.000
3	270.000	210.000

Wie hoch ist der Kapitalwert bei einer angenommenen kalkulatorischen Verzinsung von 6 %?

Aufgabe 5.2.3.6-3 (Interne Zinsfuß-Methode)

Die in Tabelle 5.32 gezeigte Ermittlung des internen Zinsfußes einer Investition führt sowohl beim Versuchszinssatz 10 % als auch beim Versuchszinssatz 25 % zum Kapitalwert C_0 = 0, d. h., es existieren zwei interne Zinsfüße.

Tabelle 5.32 Investition mit zwei internen Zinsfüßen

Jahr	Kosten (Zeitwert) (€/Jahr)	Erträge (Zeitwert) (€/Jahr)	Kosten (Barwert) (€/Jahr)	Erträge (Barwert) (€/Jahr)	Kosten (Barwert) (€/Jahr)	Erträge (Barwert) (€/Jahr)
0	72.727	0	72.727	0	72.727	0
1	0	170.909	0	155.370	0	136.730
2	100.000	0	82.640	0	64.000	0
Summe	172.727	170.909	155.367	155.370	136.727	136.730
Kapitalwerte			$C_{0,10\%}$=0		$C_{0,25\%}$=0	

Wenn auch dieses Beispiel konstruiert ist, kann daran doch die Problematik mehrerer „richtiger" interner Zinsfüße für eine Investition diskutiert werden.

Aufgabe 5.2.3.6-4 (Annuitätenrechnung)

Für eine Erweiterungsinvestition ist ein Kapitalbedarf von 500.000,- € geplant, wobei mit jährlichen Betriebskosten in Höhe von 150.000,- € über die voraussichtliche Nutzungsdauer von 10 Jahren gerechnet wird.

Welche durchschnittlichen Erträge müssen mindestens erwirtschaftet werden, um die kalkulatorische Verzinsung von 8 % zu erreichen?

Aufgabe 5.2.3.6-5 (Miete oder Kauf)

Welche höchste Anfangsmiete kann für ein Bürogebäude vereinbart werden, um kostengünstiger als beim Kauf desselben Objektes zu bleiben?

Tabelle 5.33 Ausgangsdaten

1	Kaufpreis (schlüsselfertig)	€	1.000.000
2	Benötigte Nutzungsdauer	Jahre	20
3	Liquidationserlös nach 20 Jahren (Preissteigerung!)	€	300.000
4	Unterhaltungskosten (nur bei Kauf)	€ / Monat	5.000
5	Kostensteigerung bei den Unterhaltskosten	% / Jahr	8
6	Mietkostensteigerung	% / Jahr	8
7	kalkulatorischer Zinsfuß	% / Jahr	12

5.2.4 Break-even-Analyse

5.2.4.1 Übersicht

Soll ein neues Produkt eingeführt werden oder stellt sich die noch viel fundamentalere Frage, ob ein Unternehmen überhaupt gegründet werden soll, ist unter anderem zu klären, **ab welcher abgesetzten Menge Gewinn erwirtschaftet wird**. An dieser Stelle werden – bezogen auf einen bestimmten Zeitraum – die gesamten Kosten, die mit einem Vorhaben verbunden sind gerade gedeckt, die Umsatzerlöse entsprechen also genau den gesamten Kosten. Auskunft über diese kritische Menge gibt die Break-even-Analyse.

Bestimmung der kritischen Menge

Die Break-even-Analyse zielt jenseits dessen aber auch darauf ab, **Gewinnauswirkungen von Absatzschwankungen sowie Preis- und Kostenveränderungen analytisch zu berechnen und grafisch darzustellen**. Dies stellt im Grunde bereits eine einfache Sensitivitätsanalyse dar.

Sensitivitätsanalyse

Diese Ausführungen implizieren, dass zwei Grundzusammenhänge benötigt werden: eine **Funktion, welche die Kosten des Vorhabens abbildet**, außerdem eine **Repräsentation der Erlösentwicklung in Abhängigkeit von der verkauften Menge**. Basierend auf diesen beiden Funktionen kann die Gewinnfunktion ermittelt werden, über die der Break-even-Punkt (Gewinnschwelle) berechnet werden kann.

Kosten- und Erlösfunktion

Für die Erlösfunktion gilt:

$$E(m) = p \times m$$

- E Erlös
- p Preis
- m Verkaufsmenge

Für die Kostenfunktion gilt:

$$K(m) = k_{fix} + k_{var}(m)$$

- K Gesamtkosten
- k_{fix} Fixkostenanteil
- k_{var} Variabler Kostensatz

Als Gewinnfunktion erhält man damit:

$$G(m) = p \times m - k_{fix} + k_{var}(m)$$

Berechnen der kritischen Menge

Diese Gleichung wird null gesetzt, um die kritische Menge $\hat{m}$ zu bestimmen. Diese ergibt sich dann aus:

$$\hat{m} = \frac{k_{fix}}{p - k_{var}} \quad \text{bzw.} \quad \hat{m} = \frac{k_{fix}}{db}$$

- db Deckungsbeitrag

Die errechnete **kritische Menge** $\widehat{m}$ muss in der betrachteten Periode mindestens abgesetzt werden, damit mit dem Vorhaben Gewinn erwirtschaftet werden kann.

Handlungs-spielraum

Mögliche Risiken können dann rechtzeitig erkannt werden, wenn die laufenden Absatzmengen regelmäßig geprüft werden und Auswirkungen von Änderungen getestet werden. Letzteres kann über entsprechende **Annahmen über die Entwicklung von Marktpreisen oder Kostenstruktur** erfasst und simuliert werden. So muss im Falle eines Anstieges von k_{fix} eine höhere Menge des Produktes verkauft werden, um profitabel zu bleiben.

Ein weiteres wichtiges Kriterium für die Beurteilung der Situation bietet der **Sicherheitskoeffizient**. Er sagt aus, um wie viel Prozent die Break-even-Menge $\widehat{m}$ unter der maximalen Absatzmenge liegt. Letztere kann sich durch **externe Restriktionen** wie Marktvolumen oder interne Beschränkungen wie dem maximalen Output ergeben. Ist demnach der Sicherheitskoeffizient groß, ist bei einer Verschlechterung der Situation der Spielraum für die Ausweitung der Produktions- und Absatzmenge gegeben, sodass die Wahrscheinlichkeit in die Gewinnzone zu kommen bzw. dort zu bleiben, größer ist.

Der Sicherheitskoeffizient ergibt sich aus:

$$SK = \frac{m^{max} - \widehat{m}}{m^{max}} = 1 - \frac{\widehat{m}}{m^{max}}$$

SK Sicherheitskoeffizient
m^{max} Maximal mögliche Absatzmenge

Beispiel

Für ein Produkt kann auf dem Markt ein Verkaufspreis von 20 € pro Stück erzielt werden. Bei Verkauf von 1.000 Stück wird demnach 20.000 € an Erlös erwirtschaftet (vgl. Gesamterlöskurve E_G). Es wird jeweils ein linearer Verlauf der Kosten angenommen, deshalb sind die Kurven Geraden. Bei der Herstellung fallen 7,50 € pro Stück (= variable Kosten k_{var}) und 10.000 € fixe Kosten (k_{fix}) an. Die Frage ist nun, wie viel Stück **mindestens** verkauft werden müssen, damit die Gesamtkosten abgedeckt werden und das Produkt wirtschaftlich produziert werden kann.

Aus Abbildung 5.21 geht hervor, dass das Unternehmen bei einer Ausbringungsmenge von 800 Stück weder Gewinn noch Verlust macht; die Kosten jedoch gedeckt sind. Dieser Punkt wird „**Gewinnschwelle**" oder „**Break-even-Point**" genannt. Können vom Produkt mehr als 800 Stück verkauft werden, dann entsteht ein Gewinn in Höhe der Differenz vom Gesamterlös minus der Gesamtkosten.

Der Break-even zeigt also auf der Grundlage der gegebenen Kostenstrukturen an, **wie viel Einheiten eines Produktes produziert und verkauft werden müssen, um die fixen und variablen Kosten abzudecken.** Abbildung 5.21 verdeutlicht auch die Stellhebel für die Gestaltung des Break-even-Punktes:

- erlösseitige Verbesserung (Erlös = Verkaufspreis × abgesetzte Menge):
  - sind Preis und/oder Menge hoch, dann wird die Erlösgerade steiler,

- in der Folge verschiebt sich der Break-even-Punkt nach links, die Gewinnzone wird früher erreicht.

- **kostenseitige Verbesserung:**
  - durch Maßnahmen wie z. B. Teilefamilienbildung, Anwendung der Regeln des kostengünstigen Konstruierens, Effizienz und Effektivität in der Projektabwicklung bzw. in der eigenen Abteilung, Abbau von fixen Kosten, lassen sich die Selbstkosten des Produktes senken,
  - dadurch wird die Gesamtkostenkurve flacher,
  - in der Folge verschiebt sich der Break-even-Punkt nach links, die Gewinnzone wird früher erreicht.

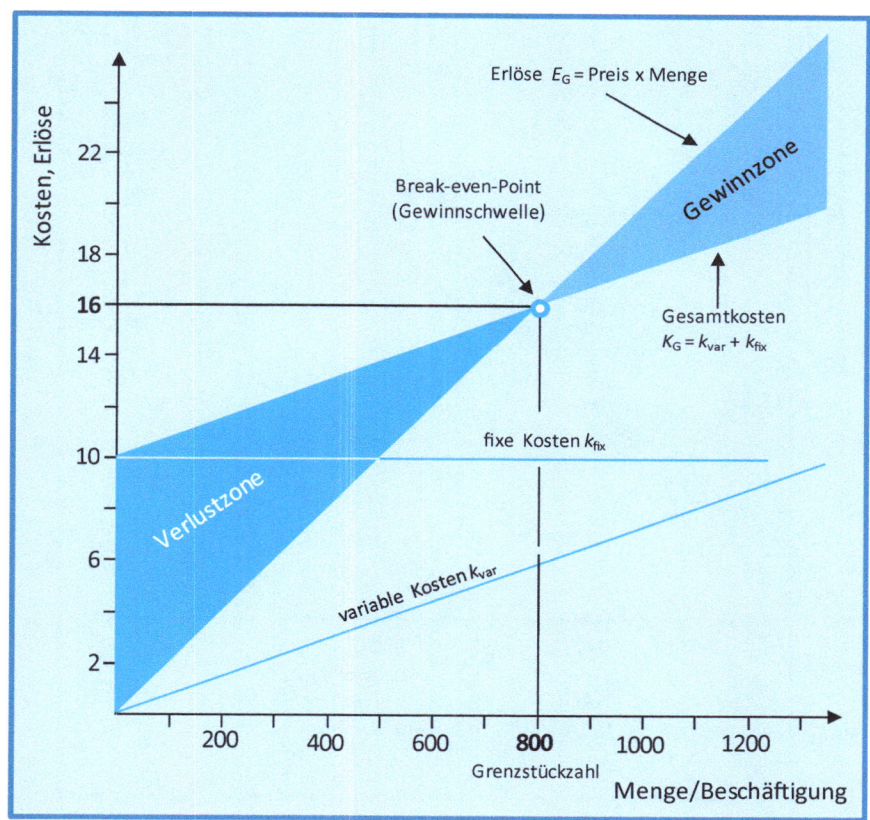

Abbildung 5.21 Break-even-Analyse

In der Praxis zeigt sich immer wieder, dass das (exakte) Abschätzen von Kosten und Preisen bzw. erzielbaren Erlösen mit erheblichen Schwierigkeiten verbunden ist. Nicht nur, dass es hier Unsicherheiten seitens zu erwartender Marktentwicklungen oder ggf. stattfindender innerbetrieblicher Änderungen bei Verfahren und Prozessen geben kann, sondern auch die doch recht unterschiedlichen subjektiven Einschätzungen von Beteiligten erschweren die Konsensbildung. Diesem Umstand kann man durch eine z. B. ± 10-%-Betrachtung bei den Schätzwerten entgegentreten. Anstelle eines Schnittpunktes erhält man nun ein „Schnittfeld", dessen äußere Eckpunkte P_1 (höherer Preis bzw. Erlös bei niedrigeren Kosten), und P_4 (niedriger Preis bzw. Erlös bei höheren Kosten) die Break-even-Spanne (Grenzbereich) bzw. den jeweiligen Break-even-Point kennzeichnen. Für die Punkte P_2 und P_3 gilt Entsprechendes, vgl. Abbildung 5.22.

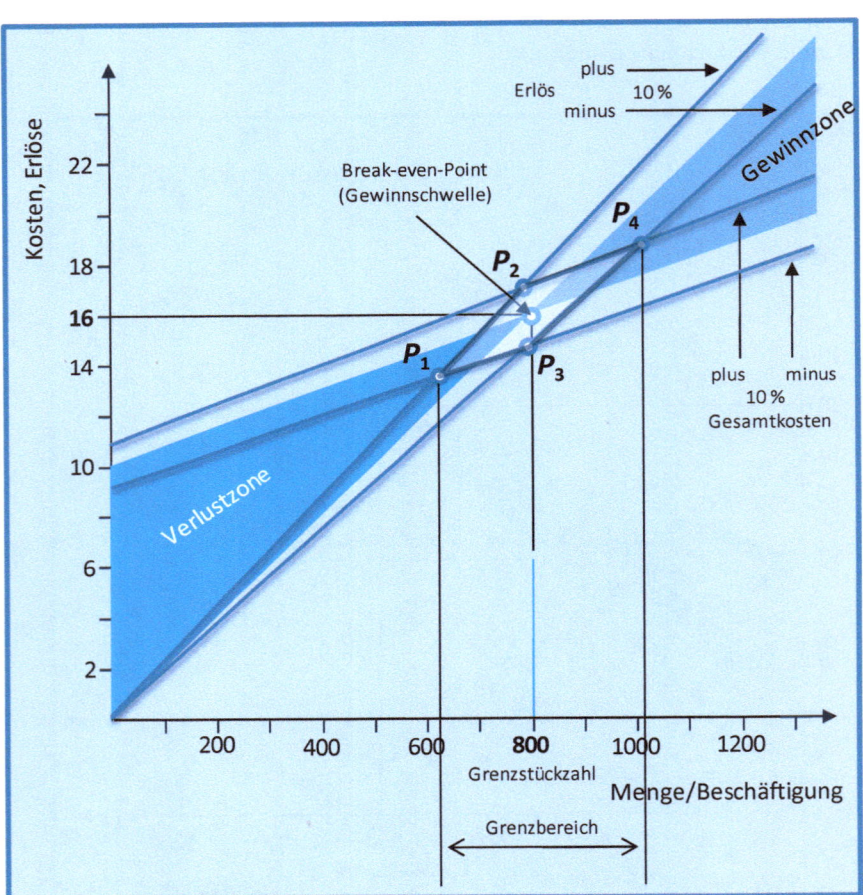

Abbildung 5.22 Break-even-Analyse bei Unsicherheit

Beurteilung Die Break-even-Analyse ist anschaulich und insbesondere einfach zu rechnen. Allerdings liegen ihr zahlreiche vereinfachende Annahmen zugrunde (Günther/Tempelmeier 2003, S. 71):

- Es wird grundsätzlich ein Einprodukt-Fall angenommen, für ein Gesamtunternehmen ist dies sicherlich zu stark vereinfachend, insbesondere da sich das Produktportfolio im Zeitablauf ändert. Gleichwohl kann das Problem auch für einen Mehrprodukt-Fall modelliert werden (Djanani/Schöb 1997, S. 286 f.).

- Lineare Funktionen sind für langfristige Betrachtungen ungeeignet. Aufgrund von Lernkurveneffekten werden die Stückkosten mit wachsender Gesamtausbringungsmenge eher sinken.

- Die Betrachtungsweise ist statisch, Änderungen bei Kostenstrukturen und Marktbedingungen werden nicht berücksichtigt.

- Eine langfristige investitionstheoretische Betrachtung unterbleibt.

5.2.4.2 Übungsaufgaben

Die Lösungen zu diesen Aufgaben finden Sie auf der CD.

Aufgabe 5.2.4.2-1

Stellen Sie dar, was für die Durchführung einer Break-even-Analyse erforderlich ist! Bewerten Sie dabei, wie aufwendig es ist, diese Grundlagen bereitzustellen!

Aufgabe 5.2.4.2-2

Welche Stärken und Schwächen verbinden Sie mit dem Verfahren der Break-even-Analyse? Inwiefern ist diese Methode für den praktischen Einsatz geeignet?

Aufgabe 5.2.4.2-3 (in Anlehnung an Djanani/Schöb 1997, S. 62)

Für ein neues Produkt rechnet die KTS GmbH mit Fixkosten in Höhe von 150.000 €, die proportionalen Selbstkosten betragen 75 €/Stück. Die derzeit verfügbaren Produktionsanlagen erlauben einer Herstellung von 3.500 Stück pro Jahr, die Marktforschung gibt das Marktpotenzial mit ca. 5.500 pro Jahr an.

Zu welchem Preis muss das Produkt verkauft werden, wenn ein Sicherheitsgrad von 20 % und ein Mindestgewinn in Höhe von 9.000 €/pro Stück erwirtschaftet werden soll?

5.2.5 Vom Bewertungsproblem zur Entscheidungsgrundlage

Bei komplexen Investitionsvorhaben mit ihren schwerwiegenden technischen und betriebsorganisatorischen Auswirkungen sollte sich die Entscheidung für die eine oder andere Alternative nicht ausschließlich auf die Ergebnisse aus der Wirtschaftlichkeitsrechnung oder aus der Nutzwertbetrachtung abstützen. Das Ziel muss vielmehr sein, in einer ganzheitlichen Betrachtungsweise neben den Ergebnissen aus der klassischen Wirtschaftlichkeitsrechnung (wie immer sie auch in den einzelnen Unternehmen gehandhabt wird) zusätzlich auch die nicht wertmäßig erfassbaren (qualitativen) Kriterien zu erfassen, z. B. anhand einer Nutzwertanalyse, zu bewerten und in die Entscheidungsfindung einzubeziehen (siehe Abbildung 5.23).

Umfassende Beurteilung von Investitionsvorhaben

In der Praxis hat sich eine grafische Darstellung dieser Entscheidungssituation nach Abbildung 5.24 bewährt. Dabei werden die wertmäßig erfassbaren (monetär quantifizierbaren) Daten und Fakten (z. B. notwendiges Investment und erwartete Einsparungen/Jahr) sowie die entsprechenden Wirtschaftlichkeitskennziffern (z. B. Amortisationszeit, Rentabilität, interner Zinsfuß, Kapitalwert) den Ergebnissen aus der Nutzwertbetrachtung bei den einzelnen Alternativen gegenübergestellt. Zur besseren Vergleichbarkeit können die absoluten Nutzwerte in prozentuale Werte umgerechnet werden, in dem die Alternative mit dem niedrigsten Nutzwert auf 100 % gesetzt wird.

Die Situationsdarstellung nach Abbildung 5.24 stellt die Grundlage für das Abwägen des „Für und Wider" einer Alternative dar. Überlegungen hinsichtlich noch verbleibender Risiken bei der einen oder anderen Alternative können bzw. sollten zusätzlich angestellt werden.

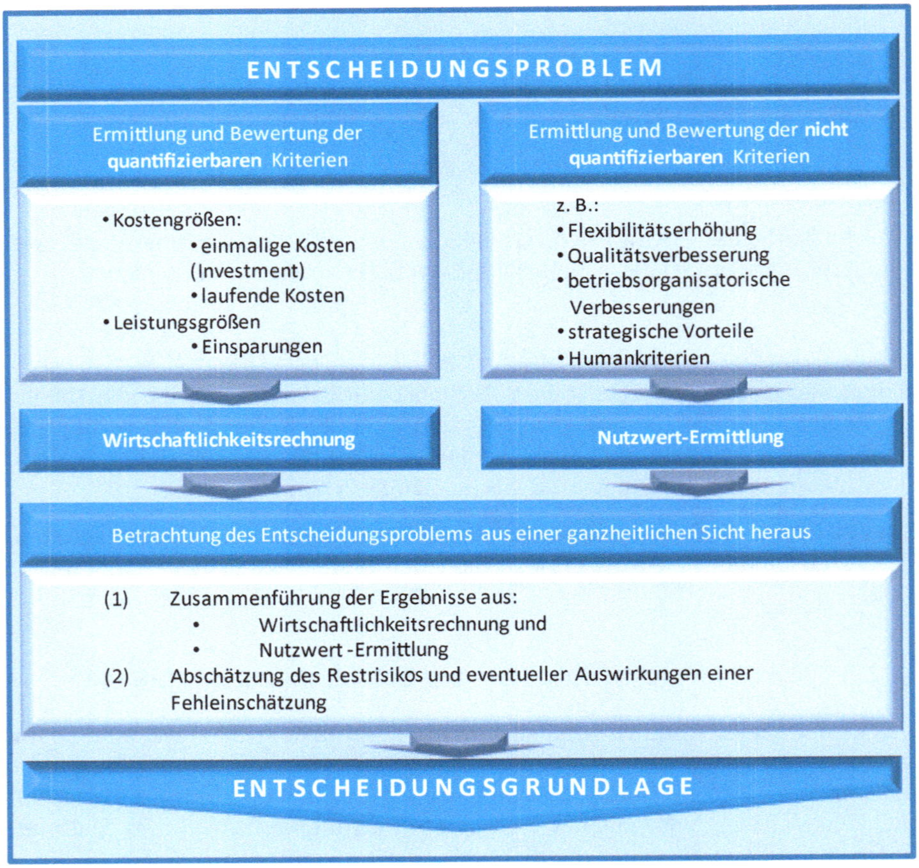

ENTSCHEIDUNGSPROBLEM

Ermittlung und Bewertung der **quantifizierbaren** Kriterien
- Kostengrößen:
  - einmalige Kosten (Investment)
  - laufende Kosten
- Leistungsgrößen
  - Einsparungen

Ermittlung und Bewertung der **nicht quantifizierbaren** Kriterien

z. B.:
- Flexibilitätserhöhung
- Qualitätsverbesserung
- betriebsorganisatorische Verbesserungen
- strategische Vorteile
- Humankriterien

Wirtschaftlichkeitsrechnung

Nutzwert-Ermittlung

Betrachtung des Entscheidungsproblems aus einer ganzheitlichen Sicht heraus

(1) Zusammenführung der Ergebnisse aus:
- Wirtschaftlichkeitsrechnung und
- Nutzwert-Ermittlung

(2) Abschätzung des Restrisikos und eventueller Auswirkungen einer Fehleinschätzung

ENTSCHEIDUNGSGRUNDLAGE

Abbildung 5.23 Ganzheitliche Betrachtungsweise: Vom Bewertungsproblem zur Entscheidungsgrundlage (Voegele 1985)

Oft wird sich bei der Gegenüberstellung von Kosten- und Leistungsgrößen in der klassischen Wirtschaftlichkeitsrechnung ergeben, dass der wertmäßig erfassbare Nutzen geringer ist als die entstehenden Kosten. Es ist nun eine unternehmerische Aufgabe zu entscheiden, ob diese Differenz durch „nichtkostenmäßig erfassbare" Vorteile, die nach der Nutzwertmethode ermittelt wurden, abgedeckt ist und somit die beabsichtigten technischen und betriebsorganisatorischen Veränderungen sinnvoll erscheinen.

Unternehmerische Entscheidung

Das dargelegte Vorgehen hat den Vorteil, dass einerseits eine klare Trennung zwischen objektiven, rechnerisch erfassbaren und andererseits den nicht wertmäßig bestimmbaren (oftmals subjektiven) Kriterien einer Entscheidungsaufgaben möglich ist. Darüber hinaus ist die Entscheidungsgrundlage jederzeit und für jedermann nachvollziehbar.

Trennung verschiedener Kriterientypen

Das vertraute Denken der Praxis in Wirtschaftlichkeitskennzahlen soll nicht ersetzt, sondern vielmehr durch den weiteren Gesichtspunkt des Nutzwertes zu einer gesamtheitlichen Betrachtung des Entscheidungsproblems hingeführt werden (Voegele 1983). Insofern ist das vorgestellte Vorgehen ein ausgezeichnetes Hilfsmittel zur Beurteilung alternativer Systemlösungen, sofern man nicht versucht mehr darin zu sehen, als tatsächlich gesehen werden darf.

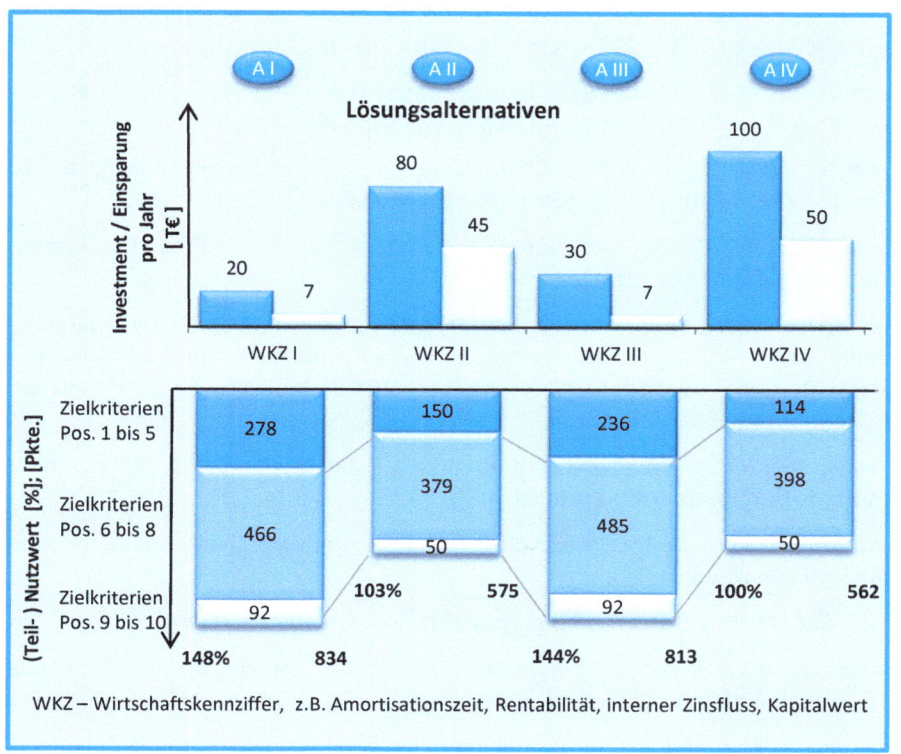

Abbildung 5.24 Gegenüberstellung der Ergebnisse aus der Wirtschaftlichkeitsrechnung und der Nutzwert-Betrachtung (vgl. auch Tabelle 4.29)

Literaturverzeichnis

Adam, D. (1998): Produktions-Management, Wiesbaden: Gabler.

Alföldy, V. (1993): Der interne Zinsfuß, Berlin: Alföldy.

Backhaus, E. P. (2008): Multivariate Analysemethoden Eine anwendungsorientierte Einführung, 12. Aufl., Berlin: Springer.

Bender, G. (1993): Was ist Wertanalyse – und was macht sie für die Industriesoziologie und gesellschaftstheoretisch so interessant?, Arbeit, Bd. 2, Nr. 2, S. 140–158.

Bertrand AG (2010): Bertrand Geschäftsbericht 2009/2010, [Online], http://www.bertrandt.com/images/stories/investor/pdf/geschaeftsberichte/bertrandt_geschaeftsbericht_2009_2010_d.pdf [15 März 2011].

Biergans, E. (1973): Investitionsrechnung – Verfahren der Investitionsrechnung und ihre Anwendung in der Praxis, Nürnberg: Verlage Hans Carl.

Blohm, H.; Lüder, K.; Schaefer, C. (2006): Investition: Schwachstellenanalyse des Investitionsbereichs und Investitionsrechnung, 9. Aufl., München: Vahlen.

Böhnert, A.-A. (1999): Benchmarking: Charakteristik eines aktuellen Managementinstruments, Hamburg: Kovač.

BMF Bundesministerium der Finanzen 2002-01-14: AfA Tabellen, Abschreibungstabelle, AfA, [Online], http://www.bundesfinanzministerium.de/nn_96040/DE/Wirtschaft__und__Verwaltung/Steuern/Veroeffentlichungen__zu__Steuerarten/Betriebspruefung/AfA-Tabellen/005.html [1 April 2011].

Bronner, A. (2008): Angebots- und Projektkalkulation: Leitfaden für Praktiker, 3. Aufl., Berlin, Heidelberg: Springer.

Burkhardt, F.; Kostede, W.; Schumacher, B. (1994): Industriebetriebslehre, 3. Aufl., Ludwigshafen (Rhein): Kiehl.

Camp, R. C. (1989): Benchmarking, New York, NY: Quality Resources.

Coenenberg, A. G.; Fischer, T. M.; Günther, T. (2009): Kostenrechnung und Kostenanalyse, 7. Aufl., Stuttgart: Schäffer-Poeschel.

Däumler, K.-D.; Grabe, J. (2000): Kostenrechnung 1, Grundlagen: mit Beispielen, Fragen und Aufgaben, Antworten und Lösungen, 8. Aufl., Herne: Verlag Neue Wirtschafts-Briefe.

Däumler, K.-D.; Grabe, J. (2007): Grundlagen der Investitions- und Wirtschaftlichkeitsrechnung: Aufgaben und Lösungen, Testklausur. Checklisten, Tabellen für die finanzmathematischen Faktoren, 12. Aufl., Herne: Verlag Neue Wirtschafts-Briefe.

Däumler, K.-D.; Grabe, J. (2009): Kostenrechnung 3 – Plankostenrechnung und Kostenmanagement, 8. Aufl., Herne: Neue Wirtschafts-Briefe.

De Mayer, A. (1992): Management of International R&D Operations, in *Granstrand, O.; Hakansons, L.; Sjölander, S.:* Technology Management and International Business Internationalization of R&D and Technology, Chichester: John Wiley & Sons Ltd.

Deimel, K.; Isemann, R.; Müller, S. (2006): Kosten- und Erlösrechnung: Grundlagen, Managementaspekte und Integrationsmöglichkeiten der IFRS, München: Pearson Studium.

Deming, W. E. (1982): Quality, productivity, and competitive position, Cambridge, Mass.: Mass. Inst. of Technology.

Denzau, V.; Wicher, K. (1992): Betriebliches Rechnungswesen Band 2: Industriebuchführung (IKR), Hamburg: Feldhaus.

Deutsches Institut für Normung e.V. (2002): DIN EN 12973:2000 rev, Berlin: Deutsches Institut für Normung e.V.

DIN 32990 (1987) Teil 1: Berechnungsgrundlagen – Kalkulationsarten und -verfahren.

DIN 8593 (2003): Fertigungsverfahren Fügen, Berlin: Beuth Verlag.

Djanani, C.; Schöb, O. (1997): Grundlagen der Kosten- und Erlösrechnung, Stuttgart [u. a.]: Kohlhammer.

Ebert, G. (2004): Kosten- und Leistungsrechnung Mit einem ausführlichen Fallbeispiel, 10. Aufl., Wiesbaden: Gabler Verlag.

Ehrlenspiel, K.; Kiewert, A.; Lindemann, U. (2007): Kostengünstig Entwickeln und Konstruieren: Kostenmanagement bei der integrierten Produktentwicklung, 6. Aufl., Berlin, Heidelberg [u. a.]: Springer.

Eilenberger, G. (1995): Betriebliches Rechnungswesen: Einführung in Grundlagen – Jahresabschluß, Kosten- und Leistungsrechnung, 7. Aufl., München [u. a.]: Oldenbourg.

Eversheim, W. (ed.) (1996): Prozeßorientierte Unternehmensorganisation: Konzepte und Methoden zur Gestaltung „schlanker" Organisationen, 2. Aufl., Berlin, Heidelberg [u. a.]: Springer.

Fischer, T. M.; Becker, S.; Gerke, S. (2003): Benchmarking, Stuttgart: Schäffer-Poeschel.

Freidank, C.-C. (1994): Kostenrechnung: Einführung in die begrifflichen, theoretischen, verrechnungstechnischen sowie planungs- und kontrollorientierten Grundlagen des innerbetrieblichen Rechnungswesens, 5. Aufl., München, Wien: Oldenbourg.

Gabler Verlag (2009): Gabler Wirtschaftslexikon, [Online], http://wirtschaftslexikon.gabler.de/Archiv/4969/heuristik-v6.html 2009 [28 Juni 2009].

Gaitanides, M. (1983): Prozeßorganisation: Entwicklung, Ansätze und Programme prozeßorientierter Organisationsgestaltung, München: Vahlen.

Gesamtmetall // THINK ING. // Der Ingenieurberuf // Tätigkeitsfelder // nach Fachrichtungen // Wirtschaftsingenieurwesen, [Online], http://www.think-ing.de/think-ing/der-ingenieurberuf/taetigkeitsfelder/nach-fachrichtungen/wirtschaftsingenieurwesen [1 April 2011].

Gleich, R.; Brokemper, A. (1997): Prozesskostenmanagement mit Prozess-Benchmarking: In vier Phasen zum Benchmarkingerfolg – dargestellt an einem Beispiel aus dem Maschinenbau, in *Horváth, P.* Das neue Steuerungssystem des Controllers. Von Balanced Scorecard bis US-GAAP, Stuttgart: Schäffer-Poeschel.

Götze, U. (2010): Kostenrechnung und Kostenmanagement, 5. Aufl., Heidelberg: Springer.

Grosjean, R. K. (2008): Wie lese ich eine Bilanz: Ein Crash-Kurs für Nicht-Fachleute, 14. Aufl., Düsseldorf: Econ Verlag.

Günther, T.; Schuh, H. (1998): Näherungsverfahren für zukünftige Produkt- und Auftragskosten, Kostenrechnungspraxis, S. 381–389.

Günther, H.-O.; Tempelmeier, H. (2003): Produktion und Logistik, 5. Aufl., Berlin, Heidelberg: Springer.

Heinen, E. (ed.) (1991): Industriebetriebslehre: Entscheidungen im Industriebetrieb, Wiesbaden: Gabler.

Hofer, R. (1993): Bilanzanalyse, 5. Aufl., Basel: Lehrmittelverlag des Kantons Basel-Stadt.

Horváth, P.; Renner, A. (1990): Prozeßkostenrechnung – Konzept, Realisierungsschritte und erste Erfahrungen, FB/IE, Bd. 39, Nr. 3, S. 100–107.

Horváth, P.; Seidenschwarz, W. (1992): Zielkostenmanagement, Controlling, Bd. 3, S. 142–150

Huch, B. (1986): Einführung in die Kostenrechnung, 8. Aufl., Basel: Birkhäuser.

Jórasz, W. (2009): Kosten- und Leistungsrechnung: Lehrbuch mit Aufgaben und Lösungen, 5. Aufl., Stuttgart: Schäffer-Poeschel.

Kahle, E.; Lohse, D. (1998): Grundkurs Finanzmathematik, 4. Aufl., München [u. a.]: Oldenbourg.

Kiener, W. (1974): Nutzwertanalyse bei alternativen technischen Lösungen in der Montage, Industrial Engineering, Bd. 4, Nr. 2.

Kilger, W.; Pampel, J.R.; Vikas, K. (1993): Flexible Plankostenrechnung und Deckungsbeitragsrechnung, 10. Aufl., Wiesbaden: Gabler Verlag.

Lindemann, U.; Mörtl, M. (2010): Kostenmanagement in der Produktentwicklung, [Online], http://www.pe.mw.tum.de/studium/vorlesungen/kostenmanagement-in-der-produktentwicklung/koma_ws1011_vo_kap1_einfuehrung [1 April 2011].

Lücke, W. (ed.) (1991): Investitionslexikon, 2. Aufl., München: Vahlen.

Markin, A. (1992): How to Implement Competitive-Cost Benchmarking, Journal of Business Strategy, Bd. 13, Nr. 3, S. 14–20.

Remer, D.; Müllhaupt, E. (2005): Einführen der Prozesskostentrechnung: Grundlagen, Methodik, Einführung und Anwendung der verursachungsgerechten Gemeinkostenzurechnung, 2. Aufl., Stuttgart: Schäffer-Poeschel.

Schönfeld, H.-M.; Möller, H. P. (1995): Kostenrechnung: Einführung in das betriebswirtschaftliche Rechnungswesen mit Erlösen und Kosten, 8. Aufl., Stuttgart: Schäffer-Poeschel.

Schuh, G.; Steinfatt, E. (1993): Konstruktionsbegleitende Prozesskostenrechnung, Zeitschrift für wirtschaftliche Fertigung und Automatisierung, Bd. 7, Nr. 8, S. 344–345.

Schwab, A. J. (2004): Managementwissen für Ingenieure: Führung, Organisation, Existenzgründung, 3. Aufl., Berlin, Heidelberg [u. a.]: Springer.

Schweitzer, M.; Küpper, H.-U. (2008): Systeme der Kosten- und Erlösrechnung, 9. Aufl., München: Vahlen.

Siegwart, H.; Senti, R. (1995): Product Life Cycle Management: die Gestaltung eines integrierten Produktlebenszyklus, Stuttgart: Schäffer-Poeschel.

Staehlin, E.; Suter, R.; Siegwart, N. (2007): Investitionsrechnung, Aufgaben, 10. Aufl., Zürich [u. a.]: Rüegger.

Strecker, A. (1991): Prozeßkostenrechnung in Forschung und Entwicklung, München: Vahlen.

Szulanski, G. (1996): Exploring internal stickiness: impediments to the transfer of best practice within the firm, Strategic Management Journal, Bd. 17, S. 27–43.

Ulrich, P. (1998): Organisationales Lernen durch Benchmarking, Wiesbaden: Deutscher Universitäts-Verlag.

VDI (1964): VDI-Richtlinie 3258 Kostenrechnung mit Maschinenstunden, Düsseldorf: VDI-Verlag.

VDI (1987): VDI-Richtlinie 2235, VDI-Fachbereich Produktentwicklung und Mechatronik.

VDI (1997): VDI-Richtlinie 2222, VDI-Fachbereich Produktentwicklung und Mechatronik.

Voegele, A. (1983): Arbeitssystemwert stützt Investitions-Entscheidung, Computerwoche, November.

Voegele, A. (1985): Kosten-Nutzenanalyse, wt-Z. ind. Fertigung, Bd. 75, Nr. 1–3.

Voegele, A. (1984/1993): Unternehmensplanung und Investitionsplanung, in Warnecke, H. J.: Der Produktionsbetrieb, Band I, pp. 71–89, Berlin: Springer.

Voegele, A. (1984/1993): Vertrieb, in Warnecke, H. J.: Der Produktionsbetrieb, Band III, pp. 1–90, Berlin: Springer.

Voegele, A. (1984/1993): Rechnungswesen, in Warnecke, H. J.: Der Produktionsbetrieb, Band III, pp. 211–252, Berlin: Springer.

Voegele, A. (1997/1999): Konstruktions- und Entwicklungsmanagement, Landsberg/Lech: verlag moderne industrie

Voß, E. (1991): Industriebetriebslehre für Ingenieure: 22 Tabellen; mit Anh.: Für den Gebrauch in Österreich, 6. Aufl., München, Wien: Carl Hanser Verlag.

Warnecke, H. J.; Bullinger, H.-J.; Voegele, A. (1996): Kostenrechnung für Ingenieure, München/Wien: Carl Hanser Verlag.

Warnecke, H. J.; Bullinger, H.-J.; Voegele, A. (1996/2003): Wirtschaftlichkeitsrechnung für Ingenieure, München/Wien: Carl Hanser Verlag.

Weber, J. (ed.) (1992): Kostenrechnung im Mittelstand, Stuttgart: Poeschel.

Wöhe, G.; Döring, U. (2008): Einführung in die allgemeine Betriebswirtschaftslehre, 23. Aufl., München: Vahlen.

Wunderlich, J. (2002): Kostensimulation: simulationsbasierte Wirtschaftlichkeitsregelung komplexer Produktionssysteme, Bamberg: Meisenbach.

Zimmermann, W.; Fries, H.-P.; Hoch, G. (2003): Betriebliches Rechnungswesen, 8. Aufl., München [u. a.]: Oldenbourg.

ZVEI (1987): VDMA: So beurteilen Sie Investitionen in rechnergestützte Fertigungssysteme, Frankfurt: Maschinenbau Verlag.

Sachwortverzeichnis

A

Abgaben 23, 62, 77
Abgrenzung von Aufwand und Kosten 24
Abnutzung 66
Abrechnungsperiode 22, 52, 98, 165, 167
Abrechnungszeitraum 48, 127
Absatz 60
Absatzleistungen 89
Abschreibung 56
Abschreibung, lineare 374
Abschreibung nach Leistung und Inanspruchnahme 71
Abschreibung, progressive 382
Abschreibungsart 67
Abschreibungstabellen 66
Abschreibungsursachen 67
Abschreibungsvorschriften 66
Abschreibungszeiten 73
Abzinsung 365
Abzinsungsfaktor 365
Aktiva 43
aktivierte Eigenleistungen 54
Alternativen 308
Alternativen, sich gegenseitig ausschließende 340
Alternativen, zu vergleichende 350
Amortisation 381
Amortisation des Kapitaleinsatzes 375
Amortisationsrechnung 357
Anderskosten 24
Angebotspreis 21, 34, 130, 165
Anlagegut 66, 72
Anlagemöglichkeit, lohnende 356
Anlagenbewertung 65
Anlagenbuchhaltung 61
Anlagevermögen 335
Anlauf 108
Anlaufkosten 81
Annuität 373, 383
Annuitätenfaktor 383
Annuitätenmethode 383
Annuitätsbetrag 369
Anschaffungskosten 25, 71, 83
Anschaffungswert 65, 74
Äquivalenzzahlen 123
Arbeit 22
Arbeitskosten 53, 62, 63
Arbeitsleistung 63
Arbeitsrisiko 76
Arbeitsstundensatz 106
Arbeitsstundensatzrechnung 106
Aufwand 22, 23, 26
Aufzinsungsfaktor 365
Ausbringung 101
Ausgaben 22, 26, 48
Ausgabewirksamkeit 358, 376
Ausgangsmaterial 120, 134
Automatisierungsgrad 104

B

BAB 91
Barwert 344, 366
Beiträge 62, 77
Beschaffung 60
Beschäftigungsabweichung 175, 176, 182
beschäftigungsfixe Kosten 28
Beschäftigungsgrad 28, 29, 101
Beschäftigungsgradschwankung 101
beschäftigungsvariable Kosten 28

Bestände 118
Bestandsveränderungen 53, 54
Bestellmenge 332
Betriebsabrechnung 36
Betriebsabrechnungsbogen 91, 128
Betriebsbezogenheit 24
Betriebserfolg 26
Betriebsergebnis 26
Betriebsergebnisrechnung 35, 164
Betriebskontrolle 169
Betriebskosten 346, 349, 351, 368
Betriebskostenersparnis 355
Betriebsmittelrisiko 76
Betriebsstoffe 106
Betriebsstoffkosten 62
Bewertung 52, 65, 118
Bezugsgröße 86, 91, 96, 126, 128, 134
Bezugszeitpunkt 369
Bilanz 42
Bilanzgliederung 44
bilanzielle Abschreibungen 25, 74
Bilanzposten 43
Break-even 390
Bruttogehälter 63
Bruttolöhne 63
Budgetrechnung 21

C

Cashflow 357, 369
Cashflow, diskontierter 369

D

degressive Abschreibungen 72
degressiver Kostenverlauf 31
differenzierte
 Zuschlagskalkulation 197
Differenzinvestition 386
discounted Cashflow 369
diskontierte Erträge 368
diskontierte Kosten 368
diskontierter Cashflow 369
Diskontierung 344, 365
Diskontsatz 344
Divisionskalkulation 120
Divisionskalkulationsverfahren 120
Divisionsverfahren 83
Durchschnittsgewinn 357

E

Eigenfertigung 332
Eigenkapital 75, 334, 358
Einheitsprodukt 124
Einnahmen 25, 26
Einsatzmaterial 126
Einschichtbetrieb 109, 332
Einstandspreis 134
Einzelinvestition 343, 386, 387
Einzelkosten 27, 83, 205
Einzelmaterialverbrauch 132
Endkosten 89
Endkostenstellen 88
Energiekosten 103, 108
Entwicklungskosten 20
Erfolg 339
Erfüllungsgrad 320
Ergebnis der gewöhnlichen
 Geschäftstätigkeit 57
Erlös 135
Erlös erhöhen 16
Ersatzinvestition 337
Ersatzproblem 342, 345
Ertrag 25, 26, 58, 333, 344
Erträge, diskontierte 368
Ertragsreihe 377
Ertragsreihe, diskontierte 379
Ertragsveränderung 346
Ertragswert 346, 365, 379
Erweiterungsinvestition 337, 351, 353, 356
Erzeugnis-Einzelkosten 64
Erzeugnis-Gemeinkosten 64
externes Rechnungswesen 20, 79

F

Fertigungsbereich 91
Fertigungsgemeinkosten 102, 106, 128, 131
Fertigungskosten 129, 350
Fertigungslöhne 128
Fertigungsmaterial 128

Fertigungsprozess 120
Fertigungsstelle 132
Finanzierung 42, 335
Finanzprojekte 335
Finanzrechnung 21, 42, 52
Finanzrisiken 76
Finanzsaldo 26
Finanzvermögen 335
Fixkosten 101, 106, 349
Fixkostenanteil 29
Flexible Plankostenrechnung 173
Folgekosten 135
Fremdbezug 332
Fremdkapital 75, 334
Fremdkapitalzinsen 358
Fremdleistungskosten 62, 77

G

Gebühren 62, 77
Gegenwartswert 366, 375
Geldmittel 356
Geldstrom 20, 79
Gemeinkosten 28, 35, 63, 83, 196
Gemeinkostenarten 128, 134
Gemeinkostenerfassung 88
Gemeinkostenplanung 178
Gemeinkostensatz, verrechnete 181
Gemeinkostenüberdeckung 101
Gemeinkostenunterdeckung 101
Gemeinkostenverrechnung 88, 91, 126
Gemeinkostenverursachung 126
Gemeinkostenzuschläge 86, 101
Gemeinkostenzuschlagssatz 91, 96, 116, 127
Gesamtaufwand 53
Gesamtertrag 53
Gesamtkosten 33, 61
Gesamtkostenkurve 172
Gesamtkostenvergleich 349
Gesamtrechnung 386
Gesamtüberschuss 379
Gesamtvariator 178
Geschäftsbuchhaltung 42
Geschäftsjahr 52
Gewerbeertragssteuer 77
Gewinn 35, 42, 53, 345

Gewinn, durchschnittlicher 353
Gewinn, jährlicher 350
Gewinnschwelle 390
Gewinnspanne 130, 354
Gewinn- und Verlustrechnung 20, 42, 79
Gewinnvergleichsrechnung 350, 385
Grenzkosten 33
Grenzmengenrechnung 347
Grundkosten 25
Güterentstehung 34

H

Halbzeug 121
Handelsbilanz 74
Handelsrisiken 76
Hauptkostenstellen 88, 91, 95
Hauptkostenstellenverfahren 91
Hauptprodukt 135
Hauptprozess 197
Herstellkosten 128, 129, 135
Hilfskostenstellen 87, 90, 91, 162
Hilfszeit 107

I

innerbetriebliche Leistungsverrechnung 84, 87, 89, 95, 128
Instandhaltungskosten 108, 346
Instandhaltungszeit 108
internes Rechnungswesen 20, 79
Interpolationsfehler 380
Investition 334, 339
Investition, Bedeutung 339
Investitionen, Phasen 340
Investitionsausführung 340
Investitionsbedarf 340
Investitionsbeginn 368
Investitionsentscheidung 21, 34, 339
Investitionsetat 356, 379
Investitionsgut 66
Investitionsnachrechnung 340
Investitionsobjekt 335, 340, 374
Investitionsplan 352
Investitionsplanung 339

Investitionspolitik 339
Investitionsprogramm 340
Investitionsprojekt 340
Investitionsrechnung 332
Investitionsvorschlag 340
Investition, Überschuss 358
Istkosten 21, 34, 168, 170
Istkostenanfall 83
Istkostenrechnung 178
Istmenge 168

J

Jahreserfolg 42
Jahresfehlbetrag 26, 57
Jahresüberschuss 26

K

Kalkulation 21, 34, 35, 98, 101, 116, 118
Kalkulation, progressive 164
Kalkulation, retrograde 164
Kalkulationsergebnis 118
Kalkulationsobjekte 27
Kalkulationsschema 131
Kalkulationstechnik 120
Kalkulationszinsfuß 344, 384
kalkulatorische Abschreibungen 24, 61, 103, 106, 108
kalkulatorische Kosten 167
kalkulatorische Rechnung 20, 79
kalkulatorischer Erfolg 117
kalkulatorischer Periodenerfolg 26
kalkulatorische Wagnisse 76, 77
kalkulatorische Zinsen 75, 108
Kapazität 337
Kapazitätsauslastung 29
Kapazitätsausnutzungsgrad 101
Kapazitätserweiterung 361
Kapital 42, 332, 334
Kapitalanlage 76
Kapitalbedarf 42
Kapitalbeschaffung 335
Kapitalbindung 381
Kapitalbindungsverlauf 382
Kapitaldienst 374
Kapitaleinsatz 337, 353, 358, 367
kapitalintensiv 347

Kapitalknappheit 356, 379
Kapitalkosten 62, 65, 346, 374
Kapitalmarktanlage 378
Kapitalrückflussdauer 344
Kapitalstruktur 358
Kapitalumschlag 354
Kapitalverlust 357
Kapitalverzinsung 344, 353
Kapitalwert 368, 376, 379
Kapitalwertmethode 375
Kennzahlen 91, 332
Konstruktionskosten 130
Körperschaftssteuer 77
Kosten 26
Kostenartengliederung 78
Kostenartengruppen 63
Kostenartenrechnung 35
Kosten der menschlichen Gesellschaft 62, 77, 78, 80
Kosten, diskontierte 368
kostengünstige Konstruktion 17
Kostenrechnung, Kritik 80
Kostenreihe 379
Kostenremanenz 29
Kosten senken 16
Kostenstellenausgleichsverfahren 91
Kostenstelleneinzelkosten 86
Kostenstellengemeinkosten 86
Kostenstellengliederung 86
Kostenstellenkalkulation 131
Kostenstellenleiter 170
Kostenstellenrechnung 35, 84
Kostenstellenstruktur 91
Kostenstellenumlageverfahren 91
Kostenstellen-Vergleichsbogen 102
Kostenträger 27
Kostenträgerrechnung 86, 116
Kostenträgerstückrechnung 35, 118
Kostenträgerzeitrechnung 35, 117
Kostentreiber 194, 197
Kostenüberdeckungen 101
Kostenumlage 95
Kosten- und Ertragsentwicklung 387
Kosten- und Leistungsrechnung 20, 26, 34, 79
Kostenunterdeckungen 101
Kostenverteilung 135
Kostenverteilungsmethode 137

Kostenverursachung 126
Kostenwert 124, 365
Kostenzusammensetzung 102
Kuppelkalkulation 120, 134
Kuppelproduktion 134
Kuppelprozess 135

L

Lagerbestandsveränderungen 121
Lagerhaltungsrisiken 76
Lagerkosten 134, 168
Lagerung 60, 64
Lastlaufzeit 107
Laufzeit 369
Lebensdauer 368
Leerlaufzeit 107
Leistung 26, 346
Leistungsaustausch 89
Leistungsbewertung 118
Leistungsbezugsgrößen 119
Leistungseinheit 121, 346
Leistungsfähigkeit 349
leistungsmengeninduziert 198
Leistungsprozess 20, 79
Leistungsrechnung 34
Leistungsvergleich 86
lineare Abschreibungen 72
Liquidation 335
Liquidationswert 368
Liquidität 360
Liquiditätsauswirkung 357
Liquiditätsindikator 26
Lohnbuchhaltung 61
Lohneinzelkosten 63, 91
Lohnnebenkosten 62, 63
Lohnzulage 64
Losgröße 332

M

Management by Exception 178
Maschinenkosten 106, 108
Maschinenstundensatz 350
Maschinenstundensatzrechnung 105, 106, 109, 134
Maschinenzeiten 107
Massenfertigung 120
Maßnahmen, dispositive 339

Materialaufwand 56
Materialbereich 91
Materialbuchhaltung 61
Materialeinsatz 122, 136
Materialgemeinkosten 128, 131
Materialgewicht 134
Materialkosten 62, 64, 129, 346
Materialkostenstellen 87
Materialverbrauch 102, 132
Mehrproduktbetrieb 132
Mehrschichtbetrieb 332
mengenabhängige Kosten 28
Mengenabweichung 168, 169
Mengenerfassung 65
Mengenleistung 101
Miete 332
Mindestrentabilität 357
Mindestverzinsung 380
Mittel, freigesetzte 358
Multiplikator 66, 67

N

Nachfrageverschiebungen 77
Nachkalkulation 119
Nebenkostenstellen 88, 162
Nebenprodukt 135
Nettokapitaleinsatz 367
Nettoüberschuss 379
neutraler Aufwand 24
Nominalgüterumlauf 20, 79
Normalgemeinkostensätze 168
Normaljahr 107
Normalkosten 167
Normalkostenrechnung 167
Normalmengen 168
Nutzungsdauer 66, 353
Nutzungszeit 107
Nutzungszeit, kritische 349
Nutzwertanalyse 307

P

pagatorische Rechnung 20, 79
Passiva 43
Patent 67
Periodenbetrachtung 383
Periodengewinn 386
Periodenrechnung 36, 386

Periodenvergleiche 98
Personalaufwand 56
Planbeschäftigungsgrad 170
Plangemeinkosten 181
Plankosten 170
Plankostenrechnung 169, 178, 192
Plankosten, verrechnete 182
Planmenge 181
Planungsrechnung 21
Planverrechnungspreise 171
Platz-Einzelkosten 109
Platz-Gemeinkosten 109
Platzkosten 88, 106
Platzkostenrechnung 106, 107, 108, 109
Preisabweichung 168
Preisentwicklung 171
Preisermittlung 118
Preispolitik 131
Preisuntergrenze 21, 34
primäre Gemeinkosten 93
primäre Kosten 84
Primärkosten 90
Prinzip der nominellen Kapitalerhaltung 74
Produktentstehungsprozess 18
Produktion 121, 131
Produktionsengpass 117
Produktionsfaktoren 22
Produktionskapazität 347
Produktionskosten 121
Produktionsleistung 346
Produktionsmenge, kritische 347
Produktionsprogrammplanung 117
Produktionsstufen 121, 122
Produktivitätsbeurteilung 102
progressive Abschreibung 71
progressiver Kostenverlauf 31
proportionaler Kostenverlauf 30
Prozesskostenrechnung 192
Prozesskostensatz 203
Prozessmenge 203

R

Rationalisierungsinvestition 337, 349, 355
Rationalisierungsmaßnahmen 102

Raumkosten 108
Realgüterumlauf 20
Realvermögen 335
Rechnungsabgrenzungsposten 48
Reininvestition 344
Rendite 340
Rentabilität 339, 353
Rentabilitätsrechnung 353
Rente 370
Rente, nachschüssige 370
Rentenbarwertfaktor, vorschüssiger 373
Rentenendwertfaktor, nachschüssiger 371
Rentenendwertfaktor, vorschüssiger 373
Rentenrechnung 370
Rentenverfahren, dynamisches 375
Restbuchwert 68
Restfertigungsgemeinkosten 106
Restnutzungsdauer 355
Restwertmethode 135, 137
Restwertrechnung 135
Return on Investment 354
Risiko 357
Rohgewinn 368, 376
Rohüberschuss 368, 376
ROI 354
ROI-Formel 354
Rückfluss 357, 368
Rückfluss, jährlicher 357
Rückflussstrom 383
Rücklagen 73

S

Sachgüter 335
sachliche Divergenz 23
Sachvermögen 335
Schätzungen 119
Schlüsselung 90
Schuldentilgung 378
Schutzrechte 67
sekundäre Kosten 84
Sekundärkosten 90
Selbstkosten 106, 128, 130, 133, 166, 334
Selbstkostenermittlung 73
Seriengröße 120

Simulationsplanungsprobleme 343
Sollkosten 21, 172, 174
Sollkostenermittlung 174
Sollkostengerade 182
Sondereinzelkosten 129
Sozialkosten 63
Spaltungspunkt 135
Split-off-Point 135
sprungfixe Kosten 29
starre Plankostenrechnung 171
Stelleneinzelkosten 90, 93
Stellengemeinkosten 90
Steuern 57, 62, 77
Stückkostenvergleich 347
Stückkostenvorteil 347
Stückpreis 361
Substanz, betriebliche 32
Substanzerhaltung 65
Subtraktionsmethode 135

T

Tariflohn 168
Teilprozess 197
Tilgung, progressive 381
Totalanalyse 375, 383
Transport 77
Transportkosten 81
Transportrisiken 76

U

Überschuss 353, 358
Überschuss, jährlicher 351, 384
Umlaufvermögen 367
Umsatz 17
Umsatzerlöse 53, 333
Umsatzrentabilität 354
Unternehmenserfolg 26
Unternehmensgewinn 65
Unternehmensliquidität 26
Unternehmensziele 308
Unternehmerlohn 24

V

variable Kosten 30
Variator 178
Verarbeitungskosten 136

Verbrauchsabweichung 176
Veredelungskalkulation 121
Verfahren, dynamische 364
Verfahrensablauf 135
Verfahren, statische 344
Vergleichsrechnungen 21, 118
Verkaufspreis 130
Verlust 42, 307, 340
Vermögen 42, 334
Vermögen, abnutzbares 353
Vermögen, betriebliches 77
Vermögen, nicht abnutzbares 353
Vermögenssteuer 77
Verschleiß 65
Versuchszinssätze 379
Verteilungsschlüssel 28, 84, 86, 95
Vertriebsgemeinkosten 128, 131
Vertriebskostenstellen 87
Verursachungsprinzip 93
Verwaltungsgemeinkosten 128, 131
Verwaltungskostenstellen 87
Vollkostenrechnung 163
Vorgabekosten 167
Vorkalkulation 119
Vorproduktmenge 122

W

Wagnisse 76
Wagnisverlust 77
Wahlproblem 342, 350, 360, 376, 380, 386
Währungsverluste 77
Wärmeeinheit 137
Weiterverarbeitungskosten 121
Werteverzehr 22, 24
Wertkomponente 134
Wertminderung 23, 65, 108
Wiederbeschaffungskosten 24, 65
Wiederbeschaffungswert 108
Wiedergewinnung 357, 358, 368, 379
Wiedergewinnungsfaktor 369, 373, 383
wirtschaftlich bedingte
   Abschreibungen 67
Wirtschaftlichkeit 91, 166
Wirtschaftlichkeit, absolute 333
Wirtschaftlichkeit, relative 333
Wirtschaftlichkeitsrechnung 332

Wirtschaftlichkeitsrechnung,
    Anwendung 339
Wirtschaftlichkeitsrechnung,
    Verfahren 343
Wirtschaftlichkeitsuntersuchung 86

Z

Zahlungsmittel 335
Zahlungsreihe 371
Zahlungsreihe, vorschüssige 373
Zahlungsvorgänge 20, 79
zeitlich bedingte Abschreibung 67
zeitliche Divergenz 23
Zeitwert 56, 365, 383
Zielkonflikte 344
Zielkriterien 308
Zielrahmen 308
Zielsystem 308
Zinsen 75, 373
Zinsen, zu erwirtschaftende 379
Zinseszinsrechnung 379
Zinssatz 76, 365
Zusatzkosten 24, 61
Zuschlagsätze 91
Zuschlagsbasis 127
Zuschlagsgrundlage 126
Zuschlagskalkulation 120, 126
Zuschlagskalkulation,
    differenzierte 128
Zuschlagskalkulation,
    summarische 126, 128
Zuschlagssatz 96, 131
Zweckaufwand 25
Zwischenkalkulation 119